REIHE WIRTSCHAFT UND RECHT

**Wirtschaftsmathematik**

REIHE WIRTSCHAFT UND RECHT

herausgegeben von
Prof. Dr. Achim Albrecht, Prof. Dr. Peter Pulte
und Rechtsanwalt Stefan Mensler

Ehrenfried Salomon, Werner Poguntke

# Wirtschaftsmathematik

2. Auflage

Die Deutsche Bibliothek – CIP Einheitsaufnahme

**Salomon, Ehrenfried:**
Wirtschaftsmathematik / Ehrenfried Salomon; Werner Poguntke. –
2. überarbeitete und aktualisierte Aufl.. –
Köln: Fortis-Verl.; Wien: Manz; Zürich: Orell Füssli, 2001
ISBN 3-933430-04-6
0101 deutsche buecherei 0292 deutsche bibliothek

Vertrieb

→ in **Deutschland** über InterMedia,
Fuggerstraße 7, D-51149 Köln,
Tel.: 0 22 03 / 30 29-82, Fax: 0 22 03 / 30 29 40
Bestellnr.: 3-933430-04-6

→ in **Österreich** über MANZsche Verlags-
und Universitätsbuchhandlung GmbH,
Siebenbrunnengasse 21, A-1050 Wien,
Tel.: 01 / 531 61 DW 330, Fax: DW 339
Bestellnr.: 3875 0032 001

→ in der **Schweiz** über Sauerländer AG, Verlage,
Laurenzenvorstadt 89, Postfach, CH-5001 Aarau,
Tel.: 062 / 836 86 DW 86, Fax: DW 20
Bestellnr.: 3-933430-04-6

Sie finden uns im Internet unter: http://www.fortis-verlag.de

ISBN: 3-933430-04-6



Umschlaggestaltung und Innenlayout: Horstmann & Trautmann, Köln

## Vorwort

Ein Blick in die Studienpläne der wirtschaftswissenschaftlichen Hochschulen zeigt, dass die Mathematik nach wie vor ein wichtiger Bestandteil des Grundstudiums ist. Demgegenüber steht die Tatsache, dass ein Teil der Studienanfänger eines wirtschaftswissenschaftlichen Studiums neben einer geringen mathematischen Vorbildung eine große Scheu, wenn nicht gar Angst, vor der Auseinandersetzung mit mathematischen Formulierungen und Aussagen besitzt. Eine Ursache dieser verbreiteten Abneigung gegenüber der (Wirtschafts-) Mathematik ist die mangelnde Kenntnis der elementaren Grundlagen der Mathematik und die hieraus resultierende unsichere Rechentechnik.

Darum werden im ersten Kapitel des vorliegenden Lehrbuches die elementaren Grundlagen der Mathematik vermittelt. Darauf aufbauend, wird in den Kapiteln 2 bis 8 der Basisstoff, der in etwa einer zweisemestrigen Grundvorlesung über Wirtschaftsmathematik entspricht, behandelt. Dieser wirtschaftsmathematische Stoff lässt sich in die drei Themenkomplexe untergliedern:

- Finanzmathematik
- Analysis
- Lineare Algebra

In jedem dieser drei Gebiete werden die Grundlagen sowie darauf aufbauende anwendungsfähige mathematische Methoden und Verfahren vorgestellt. Hierbei wird stets berücksichtigt, dass die Mathematik Handwerkszeug und nicht Selbstzweck ist. Daher wird bei der Darstellung auf mathematische Beweise und auf einen für den Nichtmathematiker nur schwer verständlichen Formalismus verzichtet, so dass auch mathematisch kaum vorgebildete Studienanfänger in der Lage sein sollten, den behandelten wirtschaftsmathematischen Stoff zu verstehen.

Für ein mathematisch exaktes, tieferes Eindringen in die wirtschaftsmathematischen Grundlagen ist die in den Studienplänen des Grundstudium vorgesehene Zeit für Wirtschaftsmathematik zu knapp bemessen. Selbst die für ein Grundverständnis der Wirtschaftsmathematik eigentlich unbedingt notwendigen Übungen sind häufig nicht vorgesehen. Es wird daher jedem Leser dringend empfohlen, die Beispiele im Text und besonders die Ende eines jeden Kapitels befindlichen zahlreichen Aufgaben *selbstständig* durchzurechnen und erst danach die eigenen Ergebnisse mit den im Anhang angegebenen ausführlichen Lösungen zu vergleichen.

*Ehrenfried Salomon und Werner Poguntke*

# Inhaltsverzeichnis

Seite

**1 Mathematische Grundlagen ... 11**
1.1 Grundbegriffe der Mengenlehre ... 11
1.1.1 Menge und Teilmenge ... 11
1.1.2 Vereinigung, Durchschnitt, Differenz und Komplement von Mengen ... 15
1.2 Übersicht über Zahlenbereiche ... 17
1.2.1 Natürliche Zahlen ... 17
1.2.2 Ganze Zahlen ... 17
1.2.3 Rationale Zahlen (Brüche) ... 18
1.2.4 Reelle Zahlen ... 18
1.2.5 Anordnung der reellen Zahlen ... 19
1.2.6 Intervalle reeller Zahlen ... 19
1.3 Rechnen mit reellen Zahlen ... 20
1.3.1 Terme ... 20
1.3.2 Rechenregeln für reelle Zahlen ... 21
1.3.3 Rechnen mit Klammern ... 22
1.3.4 Summenzeichen ... 24
1.3.5 Produktzeichen ... 25
1.3.6 Rechnen mit Brüchen ... 26
1.3.7 Rechnen mit Potenzen und Wurzeln ... 30
1.3.8 Rechnen mit Logarithmen ... 33
1.4 Gleichungen ... 35
1.4.1 Begriff der Gleichung ... 35
1.4.2 Lineare Gleichungen ... 37
1.4.3 Quadratische Gleichungen ... 37
1.4.4 Gleichungen dritten und höheren Grades ... 40
1.4.5 Wurzelgleichungen ... 42
1.4.6 Exponential- und Logarithmengleichungen ... 43
1.5 Ungleichungen ... 44
1.5.1 Elementares über Ungleichungen ... 44
1.5.2 Betrag einer reellen Zahl und Ungleichungen ... 46
1.6 Aufgaben ... 48

**2 Einführung in die Finanzmathematik ... 51**
2.1 Arithmetische und geometrische Zahlenfolgen und Reihen ... 52
2.1.1 Zahlenfolgen ... 52
2.1.2 Arithmetische und geometrische Folgen ... 53
2.1.3 Endliche arithmetische und geometrische Reihen ... 55
2.2 Zinsrechnung ... 57
2.2.1 Zinssatz, Zinsrate und Zinsperiode ... 57
2.2.2 Einfache Verzinsung ... 59
2.2.3 Zinseszinsrechnung und gemischte Verzinsung ... 62
2.2.4 Unterjährige Verzinsung ... 66
2.2.5 Vergleich von Zahlungen mit unterschiedlicher Fälligkeit ... 68
2.2.6 Kapitalwertmethode ... 70
2.3 Rentenrechnung ... 72

2.3.1 Grundbegriffe der Rentenrechnung . . . . . 72
2.3.2 Nachschüssige Renten mit übereinstimmender Renten- und Zinsperiode . . . . . 74
2.3.3 Vorschüssige Renten mit übereinstimmender Renten- und Zinsperiode . . . . . 79
2.3.4 Unterjährige Renten bei jährlicher Verzinsung . . . . . 82
2.4 Tilgungsrechnung . . . . . 85
2.4.1 Einführung . . . . . 85
2.4.2 Ratentilgung . . . . . 85
2.4.3 Annuitätentilgung . . . . . 89
2.5 Aufgaben . . . . . 94

**3 Funktionen . . . . . 101**
3.1 Grundlegendes über Funktionen . . . . . 101
3.1.1 Funktionsbegriff . . . . . 101
3.1.2 Darstellungsformen von Funktionen . . . . . 102
3.2 Eigenschaften von Funktionen . . . . . 108
3.2.1 Nullstellen . . . . . 108
3.2.2 Monotonie . . . . . 109
3.2.3 Umkehrfunktion . . . . . 112
3.2.4 Stetigkeit . . . . . 114
3.3 Elementare Funktionen . . . . . 119
3.3.1 Lineare Funktionen . . . . . 119
3.3.2 Ganzrationale Funktionen (Polynome) . . . . . 123
3.3.3 Gebrochen rationale Funktionen . . . . . 127
3.3.4 Wurzelfunktionen . . . . . 129
3.3.5 Exponentialfunktionen . . . . . 131
3.3.6 Logarithmusfunktionen . . . . . 132
3.3.7 Operationen mit Funktionen . . . . . 133
3.4 Einige ökonomische Funktionen . . . . . 135
3.4.1 Kostenfunktionen . . . . . 135
3.4.2 Preis-Absatzfunktionen (Nachfragefunktionen) . . . . . 137
3.4.3 Erlös- und Gewinnfunktionen . . . . . 137
3.5 Aufgaben . . . . . 140

**4 Differentialrechnung . . . . . 143**
4.1 Differentialquotient, Ableitung . . . . . 143
4.2 Differential . . . . . 149
4.3 Technik des Differenzierens . . . . . 151
4.4 Höhere Ableitungen . . . . . 155
4.5 Anwendungen der Differentialrechnung . . . . . 156
4.5.1 Monotonieeigenschaften . . . . . 156
4.5.2 Wendepunkte und Krümmungsverhalten . . . . . 157
4.5.3 Bestimmung von Extrema, Extremwertaufgaben . . . . . 160
4.5.4 Kurvendiskussion . . . . . 167
4.5.5 Elastizitäten . . . . . 170
4.6 Aufgaben . . . . . 173

**5 Integration** .......... **175**
5.1 Stammfunktion und unbestimmtes Integral .......... 175
5.2 Grundintegrale .......... 178
5.3 Technik des Integrierens .......... 179
5.3.1 Integration einer Funktion mit einem konstanten Faktor .... 179
5.3.2 Integral einer Summe (Differenz) zweier Funktionen .......... 180
5.3.3 Partielle Integration .......... 180
5.3.4 Integration durch Substitution .......... 182
5.4 Bestimmtes Integral .......... 184
5.4.1 Kurze Herleitung des bestimmten Integrals .......... 184
5.4.2 Berechnung des bestimmten Integrals mit Hilfe einer Stammfunktion .......... 187
5.4.3 Rechenregeln für das bestimmte Integral .......... 187
5.5 Flächenbestimmung mit dem bestimmten Integral .......... 190
5.6 Einige ökonomische Anwendungen der Integralrechnung .......... 193
5.6.1 Ökonomische Grenzfunktionen und Gesamtfunktionen .... 193
5.6.2 Konsumentenrente .......... 194
5.7 Aufgaben .......... 197

**6 Funktionen von mehreren unabhängigen Variablen** .......... **199**
6.1 Beispiele und grundlegende Begriffe .......... 199
6.2 Grafische Darstellung einer Funktion von zwei Variablen .......... 201
6.3 Differentialrechnung für Funktionen von mehreren Variablen .......... 206
6.3.1 Partielle Ableitungen erster Ordnung .......... 206
6.3.2 Partielle Ableitungen höherer Ordnung .......... 209
6.3.3 Totales Differential .......... 210
6.4 Extremwerte bei Funktionen von mehreren Variablen .......... 211
6.4.1 Extrema ohne Nebenbedingungen .......... 211
6.4.2 Extremwertbestimmung unter Nebenbedingungen .......... 216
6.5 Aufgaben .......... 221

**7 Lineare Algebra** .......... **223**
7.1 Matrizen und Vektoren .......... 223
7.1.1 Grundbegriffe der Matrizenrechnung .......... 223
7.1.2 Sonderfälle von Matrizen .......... 226
7.1.3 Addition von Matrizen .......... 230
7.1.4 Multiplikation einer Matrix mit einem Skalarfaktor .......... 231
7.1.5 Skalarprodukt .......... 232
7.1.6 Multiplikation von Matrizen .......... 233
7.1.7 Inverse einer quadratischen Matrix .......... 238
7.2 Lineare Gleichungssysteme .......... 240
7.2.1 Definition und Beispiele .......... 240
7.2.2 Beispiele zum Gauß-Algorithmus .......... 243
7.2.3 Allgemeine Formulierung des Gauß-Algorithmus .......... 246
7.2.4 Berechnung der Inversen einer Matrix .......... 248
7.3 Aufgaben .......... 253

**8 Lineare Optimierung** . . . . . . . . . . 255
8.1 Standard-Maximum-Problem . . . . . . . . . . 255
8.1.1 Problemstellung und grafische Lösung eines Standard-Maximum-Problems . . . . . . . . . . 255
8.1.2 Simplexalgorithmus . . . . . . . . . . 261
8.1.3 Vollständige Interpretation des optimalen Tableaus . . . . . . . . . . 274
8.2 Zwei-Phasen-Simplexmethode . . . . . . . . . . 278
8.2.1 Maximierungsproblem ohne zulässige Ausgangslösung . . . . . . . . . . 278
8.2.2 Minimierungsprobleme in der linearen Optimierung . . . . . . . . . . 283
8.3 Sonderfälle bei linearen Optimierungsproblemen . . . . . . . . . . 286
8.3.1 Lineare Optimierungsmodelle ohne Lösung . . . . . . . . . . 286
8.3.2 Lineare Optimierungsprobleme mit mehr als einer optimalen Lösung . . . . . . . . . . 288
8.3.3 Degeneration (Entartung) . . . . . . . . . . 290
8.4 Aufgaben . . . . . . . . . . 292

**Lösungen** . . . . . . . . . . 295

**Stichwortverzeichnis** . . . . . . . . . . 325

# 1 Mathematische Grundlagen

Aufgabe dieses Kapitels ist es, Grundkenntnisse zu vermitteln, insbesondere über
- die elementare Mengenlehre,
- das Rechnen mit reellen Zahlen,
- das Lösen von einfachen Gleichungen und Ungleichungen.

Dies alles sind Inhalte, die größtenteils schon in den mittleren Klassen der allgemeinbildenden Schulen behandelt werden. Häufig ist das schon lange her – und, Hand aufs Herz, wer weiß schon zu Beginn eines Studiums alles, was man irgendwann einmal im Mathematikunterricht durchgenommen hat. Natürlich ist nicht alles in der Schule Gelernte von gleicher Bedeutung. Aber was man unbedingt beherrschen muss, das ist sicheres Rechnen. So bestätigt es sich immer wieder, dass eine Hauptursache von Schwierigkeiten mit der Mathematik in der mangelhaften Rechenfertigkeit der Studierenden begründet ist. Wer aber den Umgang mit den Rechenregeln nicht souverän beherrscht, den wird immer ein Gefühl der Unsicherheit (oder gar der Angst) überkommen, sobald er eine Formel zu Gesicht bekommt, und dies wird zukünftig oft (nicht nur im Rahmen der Wirtschaftsmathematik) geschehen. Daher sollte mit Hilfe der gestellten Übungsaufgaben zu Kapitel 1 zunächst selbst herausgefunden werden, ob die eigene Rechenfähigkeit ausreicht. Wer keine Probleme beim Lösen dieser Aufgaben hat, kann sofort zu Kapitel 2 übergehen, andernfalls empfiehlt sich ein gründliches Durcharbeiten des vorliegenden Kapitels.

## 1.1 Grundbegriffe der Mengenlehre

Die Mengenlehre wurde von Georg Cantor (1845 – 1918) am Ende des letzten Jahrhunderts entwickelt, um den Begriff der Unendlichkeit bzw. unendliche Mengen zu analysieren. Heute ist die Mengenlehre eine eigenständige mathematische Disziplin. Im Rahmen der Wirtschaftsmathematik sind jedoch nur die einfachen Grundlagen der Mengenlehre von Interesse. Diese werden später immer wieder, beispielsweise im Zusammenhang mit Funktionen oder auch in der Wahrscheinlichkeitstheorie, benötigt.

### 1.1.1 Menge und Teilmenge

Cantor selbst definierte 1895 eine Menge folgendermaßen:

**Menge**
Unter einer Menge verstehen wir jede Zusammenfassung $M$ von bestimmten wohlunterschiedenen Objekten $m$ unserer Anschauung oder unseres Denkens – welche Elemente der Menge genannt werden – zu einem Ganzen.

Auf diese Definition gründet sich die sogenannte „naive Mengenlehre“, die für wirtschaftsmathematische Zwecke völlig ausreicht.

**Beispiel 1.1**

Beispiele für Mengen sind:

- die Zahlen 1, 2, 3, 4, 7, 12,
- die geraden Zahlen 2, 4, 6, 8, 10, ... ,
- die Gesamtheit der am 30.11.1997 lebenden Menschen mit französischer Staatsbürgerschaft,
- die Buchstaben des Namens Paul.

Eine Menge muss sinnvoll definiert sein, d. h., man muss für jedes beliebige Element genau entscheiden können, ob es zu einer Menge gehört oder nicht. Alle oben stehenden vier Beispiele sind sinnvoll definiert, z. B. gehört der PC, auf dem dieser Text geschrieben wurde, ebenso wie der ehemalige Präsident Mitterrand nicht zur Menge der (Ende November 1997) lebenden französischen Staatsbürger, dagegen ist der Schauspieler Gerard Depardieu ein Element dieser Menge.

Die Elemente einer Menge müssen unterscheidbar sein, das bedeutet: jedes Element ist nur einmal in einer Menge enthalten, mehrfach vorkommende Elemente werden zu einem Element zusammengefasst.

**Beispiel 1.2**

Die Menge der Buchstaben des Wortes „Beispiele“ enthält die Elemente B, e, i, s, p, l. Die mehrfach vorkommenden Buchstaben e (dreimal), i (zweimal) werden in der Menge nur einmal aufgeführt.

## Mengenbezeichnungen

Mengen werden meist mit großen lateinischen Buchstaben A, B, C, ... bezeichnet. Für die Elemente einer Menge werden häufig kleine lateinische Buchstaben a, b, c, ... benutzt. Gehört ein Element $x$ zu einer Menge $X$, so schreibt man dafür abkürzend: $x \in X$. Falls das Element $x$ nicht in $X$ enthalten ist, benutzt man das Symbol: $x \notin X$. Mengen können beschrieben werden, indem man innerhalb zweier geschweifter Klammern alle Elemente (durch Kommata getrennt) explizit aufführt. Auf die Reihenfolge kommt es dabei nicht an.

**Beispiel 1.3**

$A = \{a, b, u, l\}$

$B = \{1, 2, 3, 7, 12, 0, -1, 4\}$

$X = \{\text{Hamburg, Berlin, München, Köln}\}$

Es ist einleuchtend, dass der Versuch, die im Beispiel 1.1 beschriebene Menge aller französischen Staatsbürger explizit aufzuzählen, kaum erfolgreich durchgeführt werden kann. Für solche nur schwer, nur theoretisch oder gar nicht elementeweise zu erfassenden Mengen kann man die Elemente auch verbal oder mittels mathematischer Symbole beschreiben. Dabei wird innerhalb geschweifter Klammern zunächst ein Element stellvertretend genannt, dann folgt ein senkrechter Strich und dahinter eine eindeutige Beschreibung der Elemente.

**Beispiel 1.4**

$A = \{x \mid x \text{ ist Buchstabe des Namens „Paul“}\}$

$B = \{b \mid b \text{ ist eine gerade natürliche Zahl}\}$

$C = \{y \mid y \text{ ist eine Großstadt in Frankreich}\}$

Insbesondere enthält B unendlich viele Elemente im Gegensatz zu den Mengen A und C.

Man beachte: Im definierenden Teil einer Mengendefinition wird häufig das logische „und" (Symbol „∧") bzw. „oder" (Symbol „∨") verwendet. „Und" bedeutet hier „sowohl ..., als auch ...", d. h., die durch „und" verknüpften Bedingungen müssen alle gleichzeitig erfüllt sein. „Oder" verlangt lediglich, dass mindestens eine der durch „oder" verknüpften Forderungen erfüllt sein muss.

**Beispiel 1.5**

Zur Menge A = {x | x ist Studierender oder x ist älter als 40 Jahre} gehören sowohl alle Studierenden als auch alle Menschen über 40 Jahre.

Die Menge A = {x | x ist Studierender und x ist älter als 40 Jahre} besteht dagegen nur aus Studierenden, die älter als 40 Jahre sind.

### Leere Menge

Die Menge A = {y | y ist Studierender an einer Hochschule und y ist jünger als 3 Jahre} enthält kein Element, denn es gibt keinen Studierenden, der jünger als 3 Jahre ist. Eine solche Menge, die kein Element enthält, heißt leere Menge. Sie wird mit { } oder ∅ bezeichnet.

An dieser Stelle mache man sich klar, dass die Mengen {0} und ∅ verschieden sind. Denn die Menge {0} enthält das Element 0 im Gegensatz zur leeren Menge, die kein Element besitzt.

### Venn-Diagramme

Zur grafischen Darstellung von Mengen eignen sich besonders Venn-Diagramme. Hierbei werden Mengen als Flächen (Kreis, Rechteck etc.) und die Elemente als Punkte innerhalb dieser Flächen dargestellt.

**Beispiel 1.6**

1. M = {x | x ist Vorname der vierköpfigen Familie K.} = {Sabine, Martin, Ingeborg}
   Die Menge der Vornamen dieser vierköpfigen Familie besteht nur aus drei Namen, da Vater und Sohn beide Martin heißen.

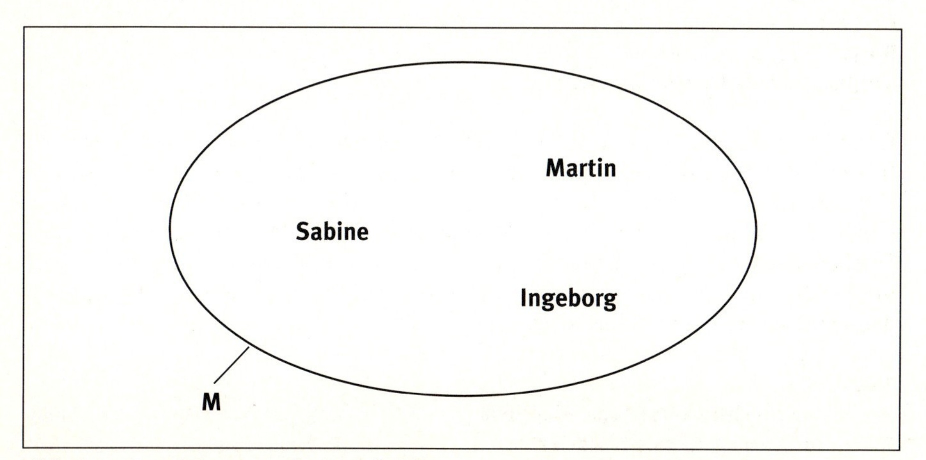


*Abb. 1.1: Venn-Diagramm der Familie K.*

2. $A = \{4, 7, 3, 1\}$, $B = \{2, 19, 1017\}$, $C = \{8\}$.
Das dazugehörige Venn-Diagramm sieht folgendermaßen aus.

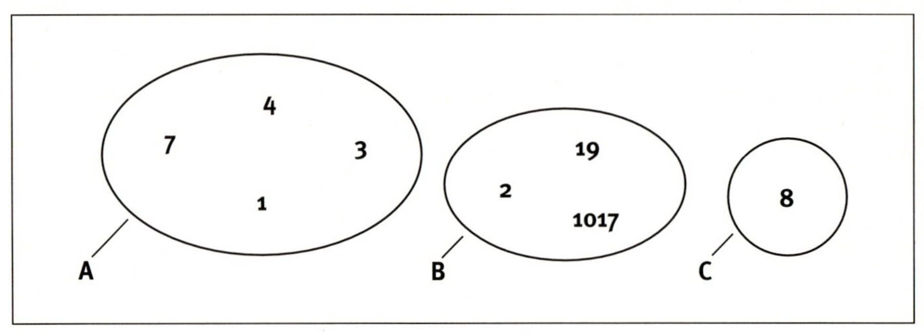


*Abb. 1.2: Venn-Diagramm zu den Mengen A, B und C*

### Teilmenge

Jedes Element der Menge $A = \{2, 4\}$ ist auch Element der Menge B mit $B = \{2, 4, 6, 9\}$. Daher nennt man die Menge A auch eine Teilmenge von B.

> Eine Menge A heißt Teilmenge der Menge B (Symbol $A \subseteq B$), wenn jedes Element von A auch gleichzeitig Element von B ist.

**Beispiel 1.7**
Seien $A = \{2, 4\}$, $B = \{2, 4, 6\}$, $C = \{4, 6\}$, dann gilt $A \subseteq B$, $C \subseteq B$.
$A \subseteq C$ ist falsch, denn das Element 2 aus A liegt nicht in C. In diesem Fall schreibt man $A \not\subseteq C$.

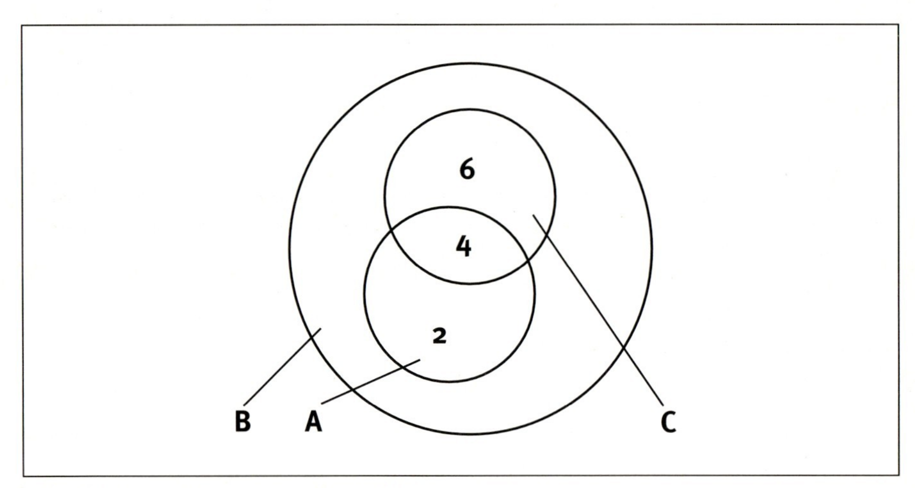


*Abb. 1.3: Venn-Diagramm zu Beispiel 1.7*

Die leere Menge ist Teilmenge jeder Menge, also: $\emptyset \subseteq A$, wobei A eine beliebige Menge ist.

### 1.1.2 Vereinigung, Durchschnitt, Differenz und Komplement von Mengen

Hier werden Operationen eingeführt, mit deren Hilfe man aus vorgegebenen Mengen neue konstruieren kann.

**Schnittmenge**
Der Durchschnitt (die Schnittmenge) zweier Mengen A und B besteht aus denjenigen Elementen, die sowohl zu A als auch zu B gehören. Schreibweise:
$A \cap B = \{x \mid x \in A \text{ und } x \in B\}$

**Beispiel 1.8**

1. Seien $A = \{0, 1, 100, 101, 102, 107\}$, $B = \{0, 1, 98, 99, 102, 107\}$, dann ist $A \cap B = \{0, 1, 102, 107\}$.

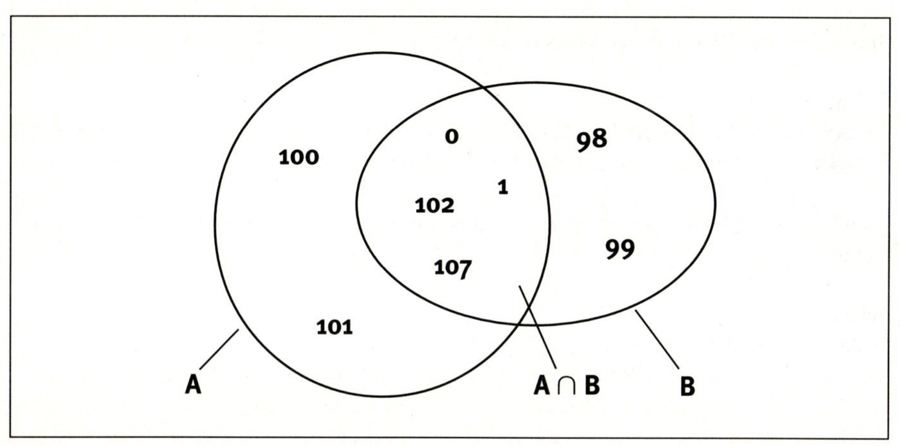


*Abb. 1.4: Venn-Diagramm zu Beispiel 1.8*

2. Seien $X = \{P, A, U, L\}$, $Y = \{P, A, B, L, O\}$, dann ist $X \cap Y = \{P, A, L\}$.

**Vereinigungsmenge**
Die Vereinigung oder die Vereinigungsmenge zweier Mengen A und B ist die Menge aller Elemente, die zu mindestens einer der beiden Mengen A oder B gehören. Schreibweise: $A \cup B = \{x \mid x \in A \text{ oder } x \in B\}$.

**Beispiel 1.9**
Seien $A = \{1, 4, 6, 8\}$ und $B = \{1, 6, 7\}$, dann ist $A \cup B = \{1, 4, 6, 7, 8\}$.

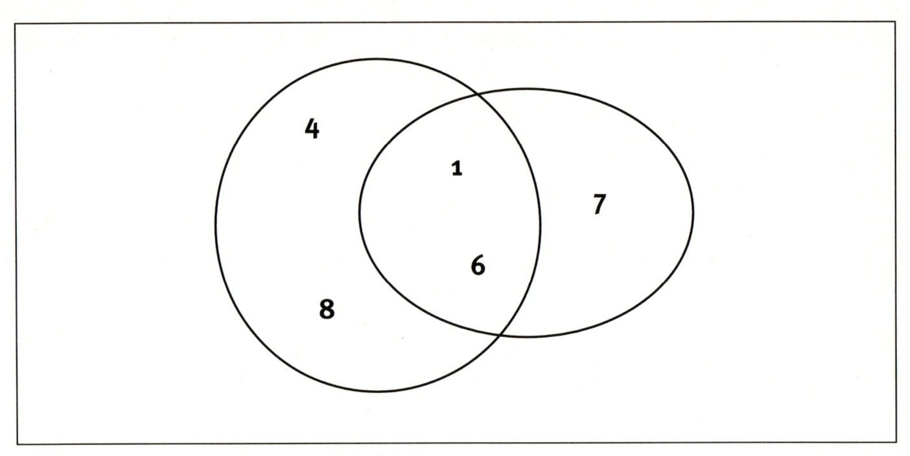


*Abb. 1.5: Venn-Diagramm zu Beispiel 1.9*

**Differenz zweier Mengen**
Unter der Differenz zweier Mengen A und B versteht man die Menge aller Elemente, die zu A, aber nicht zu B gehören. Schreibweise: $A \setminus B = \{x \mid x \in A \text{ und } x \notin B\}$.
Für $A \setminus B$ sagt man auch: A ohne B.

**Beispiel 1.10**
Seien $A = \{0, 1, 100, 101, 102, 107, 109\}$ und $B = \{1, 105, 107, 108, 109\}$,
dann ist $A \setminus B = \{0, 100, 101, 102\}$ und $B \setminus A = \{105, 108\}$.

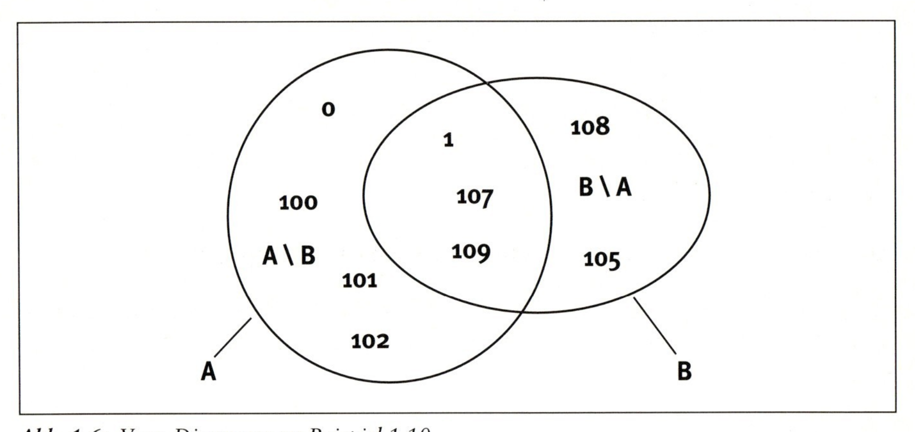


*Abb. 1.6: Venn-Diagramm zu Beispiel 1.10*

**Komplement**
Es sei $A \subseteq B$. Als Komplement von A bezüglich B wird die Menge aller Elemente bezeichnet, die zu B, aber nicht zu A gehören. Schreibweise: $\bar{A} = \{x \mid x \in B \text{ und } x \notin A\}$.

Um eindeutig auszudrücken, auf welche Obermenge sich das Komplement bezieht, kann man die Obermenge als tiefgestellten Index mit angeben. In diesem Fall schreibt man $\bar{A}_B$.

**Beispiel 1.11**
Seien $A = \{4, 6, 8\}$, $B = \{1, 4, 6, 8, 10\}$, dann ist $\bar{A}_B = \{1, 10\} = B \setminus A$.

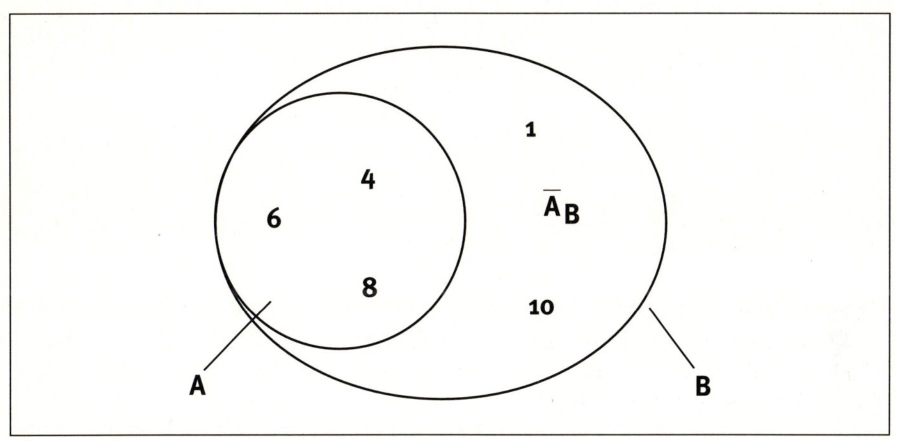


*Abb. 1.7: Venn-Diagramm zu Beispiel 1.11*

## 1.2 Übersicht über Zahlenbereiche

### 1.2.1 Natürliche Zahlen

Beim Abzählen von Gegenständen benutzen schon Kinder im Vorschulalter die Zahlen 1, 2, 3, 4, 5, ... .

Die Menge $\mathbb{N} = \{1, 2, 3, 4, ...\}$ nennt man die Menge der natürlichen Zahlen.

Wenn man zwei natürliche Zahlen addiert oder multipliziert, erhält man als Ergebnis der Verknüpfung stets wieder eine natürliche Zahl aus $\mathbb{N}$.

### 1.2.2 Ganze Zahlen

Wenn man zwei natürliche Zahlen voneinander abzieht, kann es vorkommen, dass das Ergebnis keine natürliche Zahl mehr ist. Deswegen erweitert man die natürlichen Zahlen zur Menge der ganzen Zahlen $\mathbb{Z}$:

$$\mathbb{Z} = \{..., -4, -3, -2, -1, 0, 1, 2, 3, 4, ...\}$$

Innerhalb der ganzen Zahlen kann man unbeschränkt subtrahieren.

### 1.2.3 Rationale Zahlen (Brüche)

Dividiert man die natürliche Zahl 17 durch 2, so ist die Lösung innerhalb der ganzen Zahlen $\mathbb{Z}$ nicht mehr darstellbar. Zur Lösung derartiger Probleme erweitert man die ganzen Zahlen zur Menge der rationalen Zahlen $\mathbb{Q}$:

$$\mathbb{Q} = \{x \mid x = \frac{a}{b}, a, b \in \mathbb{Z}, b \neq 0\}$$

Alle Brüche mit ganzen Zahlen als Zähler und Nenner (der Nenner 0 ist dabei ausgeschlossen) bilden den Bereich der rationalen Zahlen. Beispiele für rationale Zahlen sind:

$$\frac{3}{8}, \frac{2}{1}, -\frac{121}{19}$$

### 1.2.4 Reelle Zahlen

Manchmal trifft man auf die Meinung, dass neben den rationalen Zahlen keine weiteren Zahlen mehr existieren. Doch es lässt sich zeigen, dass sich beispielsweise die Zahlen „$\pi$" oder „$\sqrt{2}$" nicht durch „Brüche" darstellen lassen, sie sind also nicht rational. Solche Zahlen heißen irrational. Die Gesamtheit aller rationalen und irrationalen Zahlen bildet die Menge der reellen Zahlen. Jede reelle Zahl kann man auch als Dezimalzahl mit Vor- und Nachkommastellen darstellen.

**Beispiel 1.12**

$$\frac{4}{2} = 2{,}0; \quad \frac{5}{-2} = -2{,}5; \quad \frac{2}{3} = 0{,}666\ldots = 0{,}\overline{6}; \quad \pi = 3{,}1415292653\ldots; \quad \sqrt{2} = 1{,}414213\ldots$$

Die rationalen Zahlen entsprechen genau den abbrechenden (d. h. mit nur endlich vielen Stellen hinter dem Komma) oder aber den unendlich periodischen Dezimalzahlen. Beispiele für unendlich periodische Dezimalzahlen sind:

$$\frac{1}{3} = 0{,}\overline{3} = 0{,}33333\ldots; \frac{2}{9} = 0{,}\overline{2} = 0{,}22222\ldots$$

Die irrationalen Zahlen dagegen besitzen hinter dem Komma immer unendlich viele Stellen, die keine Gesetzmäßigkeit (keine Periode) aufweisen. Als Beispiele wurden eben $\pi$ und „$\sqrt{2}$ erwähnt. In praktischen Zusammenhängen auftretende irrationale Zahlen werden durch endliche Dezimalzahlen approximiert (angenähert). So genügt es häufig schon, statt mit $\sqrt{2}$ mit 1,41 zu rechnen. Mit Hilfe eines Taschenrechners ist es kein Problem, sich solch eine hinreichend genaue Approximation zu beschaffen.

Grundlage aller zukünftigen Rechen- und Messvorgänge werden die reellen Zahlen sein, die mit $\mathbb{R}$ bezeichnet werden. Diese lassen sich veranschaulichen durch Punkte auf der Zahlengeraden (Zahlenstrahl). Positive Zahlen werden rechts vom Nullpunkt, negative Zahlen links vom Nullpunkt abgetragen.

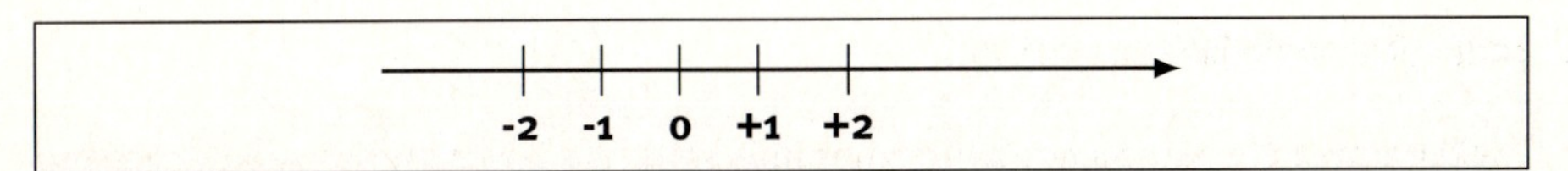


*Abb.1.8: Zahlengerade*

Jeder Punkt auf dieser Zahlengeraden entspricht einer reellen Zahl, und jede reelle Zahl korrespondiert umgekehrt mit einem Punkt auf der Zahlengeraden.

### 1.2.5 Anordnung der reellen Zahlen

Für zwei beliebige reelle Zahlen gilt abhängig von ihrer Anordnung auf dem Zahlenstrahl stets eine der Beziehungen:

- $a < b$ (a kleiner b), d. h. die Zahl a liegt links von b auf dem Zahlenstrahl.

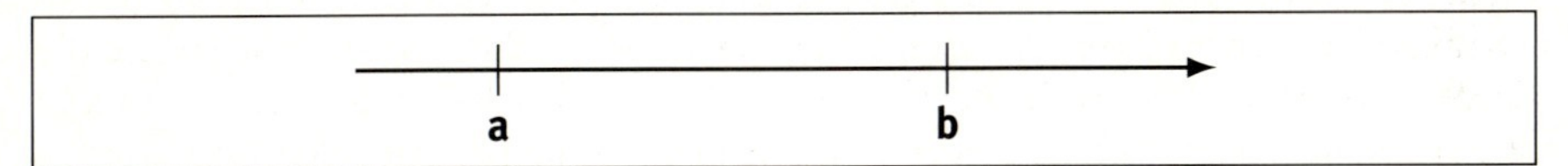


*Abb. 1.9: Zahlengerade mit $a < b$*

- $a = b$ (a gleich b), d. h. a und b fallen auf dem Zahlenstrahl zusammen.
- $a > b$ (a größer b), d. h. die Zahl a liegt rechts von b auf dem Zahlenstrahl.

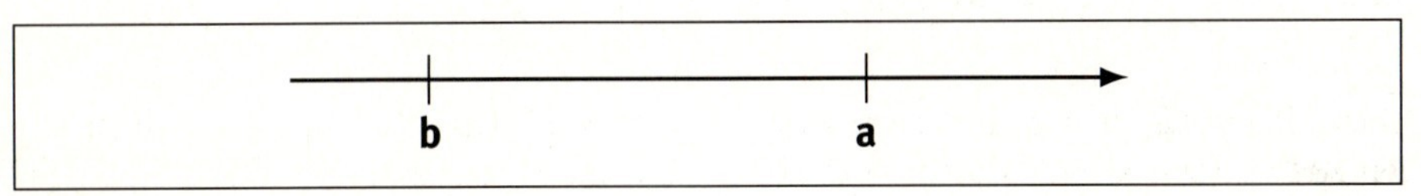


*Abb. 1.10: Zahlengerade mit $a > b$*

Aussagen, die die Symbole „<" oder „>" enthalten, werden als Ungleichungen bezeichnet. Für Ungleichungen sind auch die Symbole „≤" und „≥" zugelassen:

$a \leq b$ (a kleiner gleich b, also $a < b$ oder $a = b$),
$a \geq b$ (a größer gleich b, also $a > b$ oder $a = b$)

**Beispiel 1.13**

Es gilt: $6 < 34$; $-3 > -190$; $5 = \frac{15}{3}$; $5 \leq \frac{15}{3}$; $2 \geq -7$

### 1.2.6 Intervalle reeller Zahlen

Insbesondere im Zusammenhang mit Funktionen werden spezielle Teilmengen der reellen Zahlen benötigt, die man als Intervalle bezeichnet. Intervalle bestehen aus allen reellen Zahlen, die zwischen zwei vorgegebenen Grenzen liegen. Man unterscheidet:

**Endliche Intervalle**

- Abgeschlossenes Intervall: $[a, b] = \{x \in \mathbb{R} \mid a \leq x \leq b\}$
  Hier gehören beide Randpunkte zum Intervall.

- Offenes Intervall: $(a, b) = \{x \in \mathbb{R} \mid a < x < b\}$
  Keiner der beiden Randpunkte gehört zum Intervall. Das offene Intervall (a, b) wird gelegentlich auch durch die Schreibweise ]a, b[ gekennzeichnet.

Bei den folgenden beiden halboffenen Intervallen gehört genau ein Randpunkt zum Intervall.

- $(a, b] = \{x \in \mathbb{R} \mid a < x \leq b\}$
- $[a, b) = \{x \in \mathbb{R} \mid a \leq x < b\}$

**Unendliche Intervalle**

Intervalle, die entweder nach links oder nach rechts unbegrenzt sind, heißen unendliche Intervalle.

Das Zeichen „∞“ symbolisiert „unendlich“. Mit seiner Hilfe unterscheidet man die folgenden unendlichen Intervalle:

- $[a, \infty) = \{x \in \mathbb{R} \mid x \geq a\} = \{x \in \mathbb{R} \mid a \leq x < \infty\}$
- $(a, \infty) = \{x \in \mathbb{R} \mid x > a\} = \{x \in \mathbb{R} \mid a < x < \infty\}$
- $(-\infty, b] = \{x \in \mathbb{R} \mid x \leq b\} = \{x \in \mathbb{R} \mid -\infty < x \leq b\}$
- $(-\infty, b) = \{x \in \mathbb{R} \mid x < b\} = \{x \in \mathbb{R} \mid -\infty < x < b\}$.

Intervalle lassen sich als lückenlose Teilbereiche des Zahlenstrahles (mit oder ohne Endpunkte) darstellen.

**Beispiel 1.14**

$[4, 6] = \{x \in R \mid 4 \leq x \leq 6\}$

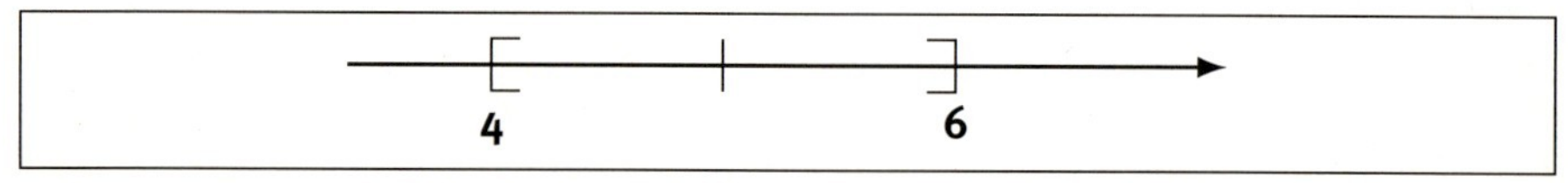


*Abb. 1.11: Zahlengerade mit Intervall [4, 6]*

$(3, 5) = \{x \in R \mid 3 < x < 5\}$

## 1.3 Rechnen mit reellen Zahlen

### 1.3.1 Terme

Ausdrücke, wie z. B. $2 + 4$, $a + b^2 - x$, $(z - y)^2$ nennt man Terme. Ein Term ist also ein mathematischer Ausdruck, der aus Variablen (x, y, a, ...), reellen Zahlen und sinnvollen

Rechenvorschriften besteht. Eine Variable in einem Term steht stellvertretend für irgendeine reelle Zahl. Variable in Termen dienen beispielsweise dazu, allgemeine mathematische Gesetzmäßigkeiten knapp und prägnant zu formulieren. Klar ist, dass $4 \cdot 5$ und $5 \cdot 4$ die gleiche reelle Zahl ergeben. Natürlich gilt auch: $13 \cdot 2 = 2 \cdot 13$; $7 \cdot 1{,}5 = 1{,}5 \cdot 7$; usw.

Um diese Gesetzmäßigkeit in ihrer Allgemeinheit präzise auszudrücken, wählt man sich zwei Buchstaben a, b, die stellvertretend für zwei beliebige reelle Zahlen stehen, und formuliert:

$$a \cdot b = b \cdot a$$

Dieses Gesetz heißt Kommutativgesetz der Multiplikation. Es besagt, dass es auf die Reihenfolge bei der Multiplikation nicht ankommt. Man erhält immer das gleiche Ergebnis.

### 1.3.2 Rechenregeln für reelle Zahlen

In diesem Abschnitt werden die Eigenschaften und Grundgesetze für das Rechnen mit reellen Zahlen kurz wiederholt.

Für zwei beliebige reelle Zahlen $a, b$ ist

- die Summe $a + b$
- die Differenz $a - b$
- das Produkt $a \cdot b$
- der Quotient $\frac{a}{b} (b \neq 0)$

wieder eine reelle Zahl.

Die Grundrechenarten genügen dabei den folgenden Grundgesetzen (Axiomen), die man aus der Schule kennt und meist intuitiv richtig anwendet.

**Kommutativgesetze**

- $a + b = b + a$
- $a \cdot b = b \cdot a$

**Assoziativgesetze**

- $(a + b) + c = a + (b + c)$
- $(ab)c = a(bc)$

**Distributivgesetze**

- $a \cdot (b + c) = ab + ac$
- $(a + b) \cdot c = ac + bc$

Mittels des Distributivgesetzes werden die Addition und Multiplikation miteinander verknüpft.

Das Multiplikationszeichen „·" wird häufig vor Klammern und vor oder nach Variablen (Buchstaben) weggelassen. So schreibt man statt
$2 \cdot a, a \cdot 2, a \cdot b, a \cdot (4 + 7)$ einfach $2a, a2, ab, a(4 + 7)$.

Für Vorzeichen lassen sich die folgenden elementaren Rechenregeln ableiten:

- $-(-a) = +a = a$
- $-(ab) = (-a) \cdot b = a \cdot (-b) = -ab$ („Minus mal Plus ergibt Minus")
- $(-a)(-b) = ab$ („Minus mal Minus ergibt Plus")

Wichtig: Das Minuszeichen vor einem Produkt ändert nur bei einem Faktor das Vorzeichen.

**Beispiel 1.15**

$-(2 \cdot 3 \cdot 4) = (-2) \cdot 3 \cdot 4 = 2 \cdot (-3) \cdot 4 = 2 \cdot 3 \cdot (-4) = -24$

$-(x^2 \cdot y) = (-x) \cdot x \cdot y = x \cdot (-x) \cdot y = x \cdot x \cdot (-y)$

$(-4) \cdot (-7) = +28 = 28$

### 1.3.3 Rechnen mit Klammern

Kommen in einem mathematischen Ausdruck mehrere Operationszeichen (beispielsweise +, ·), aber keine Klammern vor, so gilt die Regel:

Punktrechnung (Multiplikation, Division) geht vor Strichrechnung (Addition, Subtraktion).

**Beispiel 1.16**

$$4 + 7 \cdot 3 = 4 + 21 = 25$$

$$b \cdot 3 + 7 : b + c = 3b + \frac{7}{b} + c$$

Enthält ein Ausdruck dagegen Klammern, so müssen diese zuerst berechnet werden; innerhalb von zwei zusammengehörenden Klammern gilt aber wieder „Punktrechnung vor Strichrechnung".

**Beispiel 1.17**

$(4 + 7) \cdot 3 = 11 \cdot 3 = 33$ (vgl. Bsp. 1.16)

$$(3 + 2 \cdot 7) - 4 \cdot 8 = 17 - 32 = -15$$

$$b \cdot (3 + 7) : (b + c) = \frac{10b}{b + c}$$

Beim Auflösen von Klammern sind die folgenden Regeln zu beachten:
Ein Minuszeichen vor einer Klammer bewirkt, dass nach deren Weglassen die Vorzeichen vor *sämtlichen* Summanden innerhalb der Klammer umgedreht werden.

**Beispiel 1.18**

$-(4 + 7 - 8) = -4 - 7 + 8 = -3$

$-(-a - b + c) - (4 + a) = +a + b - c - 4 - a = b - c - 4$

Hinweis: Häufig findet man den Fehler, dass ein negatives Vorzeichen vor einem Bruch, dessen Zähler aus einer Summe besteht, nur auf den ersten Summanden des Zählers angewandt wird, statt es auf die Vorzeichen sämtlicher Summanden des Zählers anzuwenden.

Falsch ist also: $-\dfrac{12 - 4a + 19b}{3} \;\underline{\;\;}\; \dfrac{-12 - 4a + 19b}{3}$

Richtig dagegen ist: $-\dfrac{12 - 4a + 19b}{3} = \dfrac{-(12 - 4a + 19b)}{3} = \dfrac{-12 + 4a - 19b}{3}$

(denn $-\dfrac{12 - 4a + 19b}{3}$ ist nur eine Kurzschreibweise für $-1 \cdot \dfrac{12 - 4a + 19b}{3}$).

Natürlich kann das negative Vorzeichen auch auf den Nenner angewandt werden, da auch gilt:

$$-\frac{12 - 4a + 19b}{3} = \frac{1}{-1} \cdot \frac{12 - 4a + 19b}{3} = \frac{12 - 4a + 19b}{-3}$$

Man muss also in diesen Fällen Summen (im Zähler wie im Nenner) vor dem Weiterrechnen in Klammern setzen.

**Beispiel 1.19**

**1.** $\dfrac{4}{7} - \dfrac{3 + a - 4}{7} = \dfrac{4 - (3 + a - 4)}{7} = \dfrac{4 - 3 - a + 4}{7} = \dfrac{5 - a}{7}$

**2.** $-\dfrac{4x - 5a\,(2 - 4a + 9b)}{-10ax} = \dfrac{-4x + 5a\,(2 - 4a + 9b)}{-10ax} = \dfrac{-4x + 10a - 20a^2 + 45ab}{-10ax}$

Wendet man das vor dem Bruchstrich stehende Vorzeichen dagegen auf den Nenner an, so erhält man:

$$-\frac{4x - 5a\,(2 - 4a + 9b)}{-10ax} = \frac{4x - 5a\,(2 - 4a + 9b)}{10ax} = \frac{4x - 10a + 20a^2 - 45ab}{10ax}$$

Zwei in Klammern stehende Summen werden miteinander multipliziert, indem *jeder* Summand der ersten Klammer mit *jedem* Summanden der zweiten Klammer unter Beachtung der Vorzeichenregeln multipliziert wird. Das folgende Beispiel enthält auch die für das praktische Rechnen wichtigen drei *binomischen Formeln.*

**Beispiel 1.20**

$(4 - 7 + a)(a - b) = 4a - 4b - 7a + 7b + a^2 - ab = -3a + 3b - ab + a^2$

1. *binomische Formel:* $(a + b)^2 = (a + b)(a + b) = a^2 + 2ab + b^2$
2. *binomische Formel:* $(a - b)^2 = (a - b)(a - b) = a^2 - 2ab + b^2$
3. *binomische Formel:* $(a + b)(a - b) = a^2 - ab + ba - b^2 = a^2 - b^2$

Hinweis: Hier wie auch in einigen folgenden Beispielen werden im Vorgriff auf Abschnitt 1.3.7 schon einfache Potenzen verwendet. Dabei gelten folgende Abkürzungen:
$a^2 = a \cdot a$, $a^3 = a \cdot a \cdot a$ und $a^4 = a \cdot a \cdot a \cdot a$.

Enthält jedes Glied einer Summe denselben Faktor, so kann dieser vor die Klammer gezogen werden (Ausklammern).

**Beispiel 1.21**
$7a + 14b + 21c - 7 = 7(a + 2b + 3c - 1)$
$4xy + 10xz + 2x^2 = 2x(2y + 5z + x)$

Steht innerhalb einer Klammer eine weitere Klammer, so wird zunächst die innere und dann erst die äußere Klammer aufgelöst.

**Beispiel 1.22**
$-2(4x + (7 \cdot 4 + 3)x) = -2(4x + 31x) = -70x$
$-(ab + (b \cdot (4 + 7)) - c) = -(ab + (b \cdot 11) - c) = -ab - 11b + c$

Gelegentlich werden bei Verwendung von mehr als einer Klammer zusätzlich auch „eckige Klammern“ benutzt. In diesem Fall erhält man für das erste Beispiel aus 1.22:

$-2[4x + (7 \cdot 4 + 3)x] = -2[4x + 31x] = -70x$

### 1.3.4 Summenzeichen

Jemand behauptet: 2 + 4 + ... + 32 ergibt 272. Ein anderer dagegen beharrt darauf, dass 2 + 4 + ... + 32 gleich 62 ist. (Er hat die Summe 2 + 4 + 8 + 16 + 32 berechnet.) Über eines sind sich jedoch beide einig: Die drei Punkte zwischen 4 und 32 bedeuten weitere nicht ausgeschriebene Glieder der Summe.

Das Summenzeichen $\sum$ dient dazu, solche Unklarheiten zu vermeiden, denn mit seiner Hilfe kann man Summen kurz, übersichtlich und exakt darstellen.

**Summenzeichen**
Statt $a_m + a_{m+1} + ... + a_n$ schreibt man abkürzend $\sum_{j=m}^{n} a_j$. Es gilt also:

$$\sum_{j=m}^{n} a_j = a_m + a_{m+1} + ... + a_n$$

(gelesen: Summe über alle $a_j$ von j = m bis j = n)

m heißt die Summationsuntergrenze, n entsprechend Summationsobergrenze und j nennt man den Summationsindex. Dieser erhöht sich schrittweise um 1, von m ausgehend und bei n endend. Häufig ist die Summationsuntergrenze m die Zahl 0 oder 1.

**Beispiel 1.23**

1. $\sum_{i=2}^{5} (i+1) = (2+1) + (3+1) + (4+1) + (5+1) = 18$

   (Der Summationsindex i erhöht sich hier ausgehend von 2 schrittweise um 1, bis 5 erreicht ist.)

2. $\sum_{j=1}^{16} 2j = 2 + 4 + 6 + ... + 32 = 272$

3. $\sum_{p=0}^{100} a_p = a_0 + a_1 + a_2 + ... + a_{100}$

4. Bezeichnet man mit $k_i$ die Personalkosten in der i-ten Kalenderwoche eines Unternehmens, so kann man die Personalkosten eines Jahres (immerhin eine Summe mit 52 Summanden) folgendermaßen zusammenfassen:

   $\sum_{i=1}^{52} k_i$ (statt $k_1 + k_2 + ... + k_{52}$)

Für den Summationsindex kann jeder Buchstabe gewählt werden (ausgenommen sind nur Buchstaben, die für die Summationsgrenzen Verwendung finden).

Folgende Regeln gelten für das Summenzeichen:

- $\sum_{i=1}^{m} a = a + a + ... + a$ (insgesamt m Summanden)
- $\sum_{i=m}^{n} (a_i \pm b_i) = \sum_{i=m}^{n} a_i \pm \sum_{i=m}^{n} b_i$
- $\sum_{i=m}^{n} ca_i = c \sum_{i=m}^{n} a_i$

**Beispiel 1.24**

1. $\sum_{i=1}^{5} 4 = 4 + 4 + 4 + 4 + 4 = 20$

2. $\sum_{j=2}^{5} (j-2j) = \sum_{j=2}^{5} j - \sum_{j=2}^{5} 2j = 2 + 3 + 4 + 5 - (4 + 6 + 8 + 10) = -14$

3. $\sum_{k=7}^{10} 4a_k = 4 \sum_{k=7}^{10} a_k = 4 \cdot (a_7 + a_8 + a_9 + a_{10})$

### 1.3.5 Produktzeichen

Wie Summen mit vielen Summanden mittels des Summenzeichen kann man auch Faktoren zusammenfassen.

Das Produkt $\prod_{j=m}^{n} a_i$ ist eine abkürzende Schreibweise für das Produkt

$a_m \cdot a_{m+1} \cdot \ldots \cdot a_n$. Es gilt also: $\prod_{j=m}^{n} a_i = a_m \cdot a_{m+1} \cdot \ldots \cdot a_n$

**Beispiel 1.25**

1. Für das Produkt der natürlichen Zahlen von 1 bis 8 kann man jetzt auch abkürzend schreiben:

$$\prod_{i=1}^{8} i = 1 \cdot 2 \cdot 3 \cdot 4 \cdot 5 \cdot 6 \cdot 7 \cdot 8 = 40.320$$

2. $\prod_{j=2}^{4} a_j = a_2 \cdot a_3 \cdot a_4$.

Ähnlich wie beim Summenzeichen gilt:

$\prod_{j=m}^{n} a = a \cdot a \cdot \ldots \cdot a$ (insgesamt $n - m + 1$ Faktoren).

**Beispiel 1.26**

$$\prod_{j=4}^{8} 7 = 7 \cdot 7 \cdot 7 \cdot 7 \cdot 7 = 16.807$$

### 1.3.6 Rechnen mit Brüchen

Im 16. Jahrhundert galt das Bruchrechnen als eine schwere mathematische Disziplin, die nur für wenige Auserwählte verständlich war. Heute lernt man zwar früh als Schüler das Bruchrechnen, aber dennoch gibt es immer wieder Studierende, die das Rechnen mit Brüchen nicht sicher beherrschen. Für diese Leser ist das folgende Kapitel verfasst, die Könner mögen diesen Abschnitt überschlagen.

**Kürzen und Erweitern eines Bruches**

$\frac{a}{b} = \frac{ac}{bc}$ (Erweitern) bzw. $\frac{ad}{bd} = \frac{a}{b}$ (Kürzen)

Der Wert eines Bruches ändert sich nicht, falls man Zähler und Nenner mit der gleichen Zahl (ungleich Null) multipliziert bzw. falls man einen im Zähler und Nenner vorkommenden gemeinsamen Faktor weglässt.

**Beispiel 1.27**

1. $\frac{4}{7} = \frac{4 \cdot 3}{7 \cdot 3} = \frac{12}{21}$ (Erweitern)

2. $\frac{18}{34} = \frac{2 \cdot 9}{2 \cdot 17} = \frac{9}{17}$ (Kürzen)

3. $\frac{x^2 - y^2}{x + y} = \frac{(x - y)(x + y)}{x + y} = x - y$ (Kürzen)

4. $\frac{ax}{ax + a^2x^2} = \frac{ax}{ax(1 + ax)} = \frac{1}{1 + ax}$ (Kürzen)

Wenn man die vier Beispiele aus 1.27 von rechts nach links liest, verwandeln sich die Beispiele für das Kürzen von Brüchen in Beispiele für Erweitern und umgekehrt.

**Addition und Subtraktion von Brüchen**

Diese Operation ist besonders einfach, wenn die beteiligten Brüche den gleichen Nenner aufweisen, solche Brüche heißen gleichnamig.

**Addition von gleichnamigen Brüchen:**

$\frac{a}{c} + \frac{b}{c} = \frac{a + b}{c}$ bzw. $\frac{a}{c} - \frac{b}{c} = \frac{a - b}{c}$

> Gleichnamige Brüche werden also addiert (subtrahiert), indem man die Zähler addiert (subtrahiert) und die Summe (Differenz) durch den gemeinsamen Nenner dividiert.

**Beispiel 1.28**

1. $\frac{4}{7} + \frac{3}{7} = \frac{7}{7} = 1$

2. $\frac{a}{b} + \frac{c}{b} - \frac{ac}{b} = \frac{a + c - ac}{b}$

3. $\frac{x}{x + y} - \frac{-x + b}{x + y} = \frac{x - (-x + b)}{x + y} = \frac{2x - b}{x + y}$ (vgl. Hinweis nach Beispiel 1.18)

4. $\frac{3}{11} - \frac{5}{11} + \frac{7}{11} = -\frac{1}{11}$

Sollen ungleichnamige Brüche (also Brüche mit unterschiedlichen Nennern) addiert werden, muss man diese zunächst gleichnamig machen. Danach kann man sie gemäß der obigen Regel addieren. Brüche macht man gleichnamig, indem man sie auf einen Hauptnenner bringt. Dazu sucht man einen (möglichst kleinen) Ausdruck, in dem alle beteiligten Nenner als Faktoren vorkommen. Das Produkt aller Nenner ist als Hauptnenner immer tauglich, oft gibt es aber Nenner mit weniger Faktoren, die ebenfalls als Hauptnenner in Frage kommen.

**Beispiel 1.29**

1. $\frac{x}{a} + \frac{b}{y}$

Zunächst wählt man das Produkt der beiden Nenner (also ay) als Hauptnenner. Jeder der zwei beteiligten Brüche wird derart erweitert, dass man den Hauptnenner im Nenner erhält, also:

$$\frac{x}{a} = \frac{xy}{ay}, \quad \frac{b}{y} = \frac{ab}{ay} .$$

Als Ergebnis erhält man zwei gleichnamige Brüche, die man nach der schon bekannten Regel addiert:

$$\frac{x}{a} + \frac{b}{y} = \frac{xy}{ay} + \frac{ab}{ay} = \frac{xy + ab}{ay}$$

2. Analog kann man mehr als zwei Brüche addieren und subtrahieren:

$$\frac{x}{a} - \frac{y}{a^2} + \frac{zy}{xa} = \frac{xa^3x}{xa^4} - \frac{yxa^2}{xa^4} + \frac{zya^3}{xa^4}$$

$$= \frac{x^2a^3 - yxa^2 + zya^3}{xa^4} \quad \text{(Kürzen durch } a^2\text{)}$$

$$= \frac{x^2a - yx + zya}{xa^2}$$

In diesem Beispiel vergrößert sich der Rechenaufwand dadurch erheblich, dass man als Hauptnenner das Produkt aller vorkommenden Nenner gewählt hat. Hätte man statt $xa^4$ den Ausdruck $xa^2$, der ebenfalls alle Nenner als Faktoren enthält, als Hauptnenner verwendet, so entfiele das Kürzen durch $a^2$ im letzten Schritt:

$$\frac{x}{a} - \frac{y}{a^2} + \frac{zy}{xa} = \frac{xxa}{xa^2} - \frac{yx}{xa^2} + \frac{zya}{xa^2} = \frac{x^2a - yx + zya}{xa^2}$$

**Beispiel 1.30**

1. $\frac{2}{7} + \frac{11}{2} + \frac{13}{14} = \frac{2 \cdot 2 + 11 \cdot 7 + 13}{14} = \frac{94}{14} = \frac{47}{7}$

(Stehen nur ganze Zahlen im Nenner, ist das kleinste gemeinsame Vielfache der einfachste Hauptnenner.)

2. $\frac{3}{5} + \frac{4}{15} - \frac{1}{10} = \frac{3 \cdot 6 + 4 \cdot 2 - 1 \cdot 3}{30} = \frac{23}{30}$

3. $\frac{4}{x-2} + \frac{b}{x^2 - 4x + 4} + \frac{3}{x^2 - 4} = \frac{4}{x-2} + \frac{b}{(x-2)^2} + \frac{3}{(x-2)(x+2)}$

$$= \frac{4(x+2)(x-2) + b(x+2) + 3(x-2)}{(x+2)(x-2)^2} = \frac{4x^2 + (3+b)x + 2b - 22}{(x+2)(x-2)^2}$$

4. $\frac{2}{5} - \frac{2}{3} - \frac{2 - 4a + 9x}{3x} = \frac{6x - 10x - 5(2 - 4a + 9x)}{15x} = \frac{-49x - 10 + 20a}{15x}$

**Multiplikation von Brüchen:**

$$\frac{a}{b} \cdot \frac{c}{d} = \frac{ac}{bd}$$

Brüche werden miteinander multipliziert, indem man das Produkt der Zähler und das Produkt der Nenner bildet.

**Beispiel 1.31**

1. $\frac{4}{7} \cdot \frac{3}{11} = \frac{12}{77}$

2. $\frac{3}{7} \cdot \frac{2}{5} \cdot \frac{1}{11} = \frac{6}{385}$

3. $\frac{x}{x-y} \cdot \frac{a}{b} = \frac{xa}{(x-y)b} = \frac{xa}{xb-yb}$

Vertauscht man Zähler und Nenner eines Bruches, so erhält man seinen *Kehrwert*, beispielsweise ist $\frac{4}{5}$ der Kehrwert von $\frac{5}{4}$. Den Kehrwert benötigt man für die Division zweier Brüche.

**Division zweier Brüche**

$$\frac{\frac{a}{b}}{\frac{c}{d}} = \frac{a}{b} : \frac{c}{d} = \frac{a}{b} \cdot \frac{d}{c} = \frac{ad}{bc}$$

Ein Bruch wird durch einen zweiten Bruch dividiert, indem der erste Bruch mit dem Kehrwert des zweiten multipliziert wird.

**Beispiel 1.32**

1. $\frac{\frac{4}{7}}{\frac{16}{21}} = \frac{4}{7} \cdot \frac{21}{16} = \frac{3}{4}$

2. $\frac{\frac{a^2}{y}}{\frac{a}{4}} = \frac{a^2}{y} \cdot \frac{4}{a} = \frac{4a}{y}$

3. $\frac{1}{8} : \frac{3}{16} = \frac{1}{8} \cdot \frac{16}{3} = \frac{2}{3}$

### 1.3.7 Rechnen mit Potenzen und Wurzeln

**Potenzen mit ganzzahligen Exponenten**

Für $4 \cdot 4 \cdot 4 \cdot 4 \cdot 4$ schreibt man $4^5$, und anstelle von $y \cdot y \cdot y$ schreibt man $y^3$. Allgemein legt man fest:

> Das n-fache Produkt einer Zahl $a$ mit sich selbst nennt man die n-te Potenz $a^n$:
> $a^n = a \cdot a \cdot \ldots \cdot a$ (n Faktoren), $n \in$ . $a$ heißt Basis und $n$ Exponent oder Hochzahl.

Um auch mit negativen Exponenten sinnvoll rechnen zu können, definiert man:

> $a^{-n} = \frac{1}{a^n}$, $a^0 = 1$ $(a \neq 0, n \in \mathbb{N})$

**Beispiel 1.33**

1. $\left(\frac{1}{3}\right)^3 = \frac{1}{3} \cdot \frac{1}{3} \cdot \frac{1}{3} = \frac{1}{27} = 3^{-3}$
2. $10^1 = 10$, $10^2 = 100$, $10^3 = 1.000$ usw. , $10^n$ ist also eine 1 gefolgt von $n$ Nullen. Entsprechend gilt: $10^{-1} = 0{,}1$; $10^{-2} = 0{,}01$; $10^{-3} = 0{,}001$ usw. Die Zehnerpotenzen werden genutzt, um „sehr große“ oder „sehr kleine“ Zahlen (beispielsweise auf dem Taschenrechner) übersichtlich darzustellen, z. B.: $178.000.000.000.000.000 = 1{,}78 \cdot 10^{17}$ oder $0{,}0000432 = 4{,}32 \cdot 10^{-5}$
3. $-3^2 = -9$, aber $(-3)^2 = 9$
   Das Minuszeichen gehört also bei $-a^n$ nicht zur Basis.
4. $5^{-7} = \frac{1}{5^7} = \frac{1}{78.125}$

Es gelten folgende Rechenregeln für Potenzen:

> $a^n \cdot a^m = a^{n+m}$

**Beispiel 1.34**

1. $a^{-2} \cdot a^7 = a^{-2+7} = a^5$
2. $4^3 \cdot 4^{50} = 4^{3+50} = 4^{53}$

> $(a^m)^n = a^{mn}$

**Beispiel 1.35**

1. $(a^2)^{-7} = a^{2 \cdot (-7)} = a^{-14}$
2. $(4^3)^{50} = 4^{3 \cdot 50} = 4^{150}$

> $a^n b^n = (ab)^n$

**Beispiel 1.36**

1. $4^{-7} \cdot a^{-7} = (4a)^{-7}$
2. $(a-2)^4(a+2)^4 = ((a-2)(a+2))^4 = (a^2-4)^4$

$$\frac{a^n}{b^n} = \left(\frac{a}{b}\right)^n$$

**Beispiel 1.37**

1. $\frac{3^7 \cdot 2^7}{x^7} = \frac{(3 \cdot 2)^7}{x^7} = \left(\frac{6}{x}\right)^7$

2. $\frac{\left(\frac{x}{2}\right)^7}{\left(\frac{x}{4}\right)^7} = \left(\frac{\frac{x}{2}}{\frac{x}{4}}\right)^7 = \left(\frac{x}{2} \cdot \frac{4}{x}\right)^7 = 2^7 = 128$

$$\frac{a^n}{a^m} = a^{n-m}$$

**Beispiel 1.38**

1. $\frac{(4a)^5}{(4a)^3} = (4a)^{5-3} = (4a)^2 = 16a^2$

2. $\frac{(4a)^7}{(4a)^7} = (4a)^{7-7} = (4a)^0 = 1$

3. $\frac{(4a)^3}{(4a)^5} = (4a)^{3-5} = (4a)^{-2} = \frac{1}{(4a)^2}$

**Potenzen mit rationalen Exponenten**

Hier werden Potenzen mit rationalen (gebrochenen) Exponenten, wie beispielsweise $4^{\frac{7}{3}}$, eingeführt. Dabei sollen alle Potenzgesetze des vorhergehenden Abschnitts gültig bleiben. Zunächst werden Potenzen der Form $a^{\frac{1}{n}}$ mit $a \geq 0$ und $n \in \mathbb{N}$ analysiert.

**Beispiel 1.39**

Vorgegeben sei $4^{\frac{1}{2}}$. Da alle Potenzgesetze gültig bleiben sollen, folgt insbesondere

$$\left(4^{\frac{1}{2}}\right)^2 = 4^{\frac{1}{2} \cdot 2} = 4^1 = 4.$$

$4^{\frac{1}{2}}$ ist also diejenige reelle Zahl, die mit sich selbst multipliziert 4 ergibt. Man sagt auch, $4^{\frac{1}{2}}$ ist die zweite Wurzel (Quadratwurzel) aus 4 und schreibt dafür $\sqrt[2]{4}$ oder einfach $\sqrt{4}$.

Analog zum vorhergehenden Beispiel definiert man allgemein:

$a^{\frac{1}{n}} = \sqrt[n]{a}$, $a \geq 0$, $n \in \mathbb{N}$ (gelesen: n-te Wurzel aus a)

Die n-te Wurzel aus a ist diejenige positive reelle Zahl, deren n-te Potenz a ist. Es gilt also $(\sqrt[n]{a})^n = a$; a nennt man Radikand und n Wurzelexponent.

**Beispiel 1.40**

1. $a^{\frac{1}{4}} = \sqrt[4]{a}$

2. $16^{\frac{1}{4}} = \sqrt[4]{16} = 2$ (denn $2^4 = 16$)

Man beachte: der Term $a^{\frac{1}{n}}$ bzw. $\sqrt[n]{a}$ ist immer eine positive Zahl. So gilt $16^{\frac{1}{2}} = 4$ ($\sqrt[2]{16} = 4$). Die verbreitete Meinung $\sqrt[2]{16} = \pm 4$ ist nicht richtig. Dagegen gilt: die Gleichung $x^2 = 16$ hat die beiden Lösungen $+4$ und $-4$ (vgl. Abschnitt 1.4.3).

Für rationale Exponenten setzt man ganz allgemein:

$$a^{\frac{m}{n}} = \sqrt[n]{a^m}, \text{ mit } m \in \mathbb{Z}, n \in \mathbb{N}, a \geq 0$$

Diese Erweiterung ist gerade so getroffen worden, damit alle Potenzgesetze ihre Gültigkeit behalten.

**Beispiel 1.41**

1. $\sqrt[4]{32} = \sqrt[4]{2^5} = 2^{\frac{5}{4}} \approx 2{,}378$ (Taschenrechner)

2. $\sqrt[3]{27} = \sqrt[3]{3^3} = 3^{\frac{3}{3}} = 3$

3. $8^{\frac{2}{3}} = \sqrt[3]{8^2} = \sqrt[3]{64} = 4$

4. $2^{-\frac{4}{3}} = \sqrt[3]{2^{-4}} = \sqrt[3]{\frac{1}{16}} \approx 0{,}397$

Wurzeln berechnet man außer in einfachen Fällen mit dem Taschenrechner. Wegen des Zusammenhanges $a^{\frac{m}{n}} = \sqrt[n]{a^m}$ können Wurzeln sowohl mit der Taste $y^x$ als auch (falls vorhanden) mit der Taste $\sqrt[x]{y}$ berechnet werden.
Auf Grund von $a^{\frac{1}{n}} = \sqrt[n]{a}$ bzw. $a^{\frac{m}{n}} = \sqrt[n]{a^m}$ benötigt man die Wurzelgesetze nicht mehr. Denn diese sind nur eine andere Schreibweise der Potenzgesetze.

Beispielsweise folgt mit Hilfe der Potenzgesetze: $a^{\frac{1}{n}} \cdot b^{\frac{1}{n}} = (ab)^{\frac{1}{n}}$. In Wurzelschreibweise ergibt sich damit die Gesetzmäßigkeit: $\sqrt[n]{a} \cdot \sqrt[n]{b} = \sqrt[n]{ab}$.

Analog ergeben sich die nachfolgenden Gesetze für das Rechnen mit Wurzeltermen:

$$\frac{\sqrt[n]{a}}{\sqrt[n]{b}} = \sqrt[n]{\frac{a}{b}}$$

$$\sqrt[m]{\sqrt[n]{a}} = \sqrt[n \cdot m]{a}$$

Hinweis: Man vermeide möglichst die Wurzelschreibweise, indem man Wurzelausdrücke stets als Potenzen schreibt und anschließend mit den Potenzgesetzen rechnet. So werden die Wurzelgesetze überflüssig.

Bisher wurden nur Potenzen mit rationalen Exponenten behandelt. Der Potenzbegriff lässt sich aber auf beliebige reelle Exponenten erweitern. Dabei bleiben weiterhin alle Potenzgesetze gültig.

Was ist beispielsweise $5^{\sqrt{2}}$? Jede reelle, aber nicht rationale Zahl kann durch rationale Zahlen beliebig genau angenähert werden. (Man kann z. B. eine rationale Zahl finden, die in den ersten 100 Stellen nach dem Komma mit $\sqrt{2}$ übereinstimmt.) Bei der konkreten Berechnung von $5^{\sqrt{2}}$ wird der Exponent $\sqrt{2}$ durch solche rationale Näherungen ersetzt. So lässt sich $5^{\sqrt{2}}$ auf beliebig viele Stellen nach dem Komma genau durch Potenzen mit rationalen Exponenten berechnen. Auf diese Weise erhält man mit einem einfachen Taschenrechner: $5^{\sqrt{2}} = 9{,}7385177$.

### 1.3.8 Rechnen mit Logarithmen

Gesucht sind die Lösungen der folgenden Gleichungen:

1. $10^x = 1.000$
   Hier ist $x = 3$ die Lösung, denn $10^3 = 1.000$.
2. $4^x = 1$
   Es ergibt sich $x = 0$ als Lösung, denn $4^0 = 1$.
3. $2^x = \frac{1}{16}$
   Die Lösung lautet $x = -4$, denn $2^{-4} = \frac{1}{2^4} = \frac{1}{16}$.
4. $1^x = 7$
   Hier gibt es wegen $1^x = 1$ für alle $x \in \mathbb{R}$ keine Lösung.

Allgemein definiert man:

**Logarithmus**
Seien $a$ und $b$ reelle Zahlen mit $a > 0$, $a \neq 1$ und $b > 0$. Die (einzige) Lösung von $a^x = b$ heißt Logarithmus von $b$ zur Basis $a$ und wird mit $\log_a b$ bezeichnet.

Es gilt also der Zusammenhang $a^x = b \Leftrightarrow x = \log_a b$. Hinweis: Das Zeichen „$\Leftrightarrow$" ist das Äquivalenzzeichen, es bedeutet: aus der linksseitigen Aussage folgt die rechtsseitige und umgekehrt.

Die Lösungen zu den einleitenden Beispielen 1–3 lassen sich nach der Definition des Logarithmus wie folgt formulieren:

1. $\log_{10} 1.000 = 3$ (denn $10^3 = 1.000$)
2. $\log_4 1 = 0$ (denn $4^0 = 1$)
3. $\log_2 \frac{1}{16} = -4$ (denn $2^{-4} = \frac{1}{16}$)

Logarithmen zur Basis 10 heißen Zehnerlogarithmen. Man schreibt für sie abkürzend: $\log_{10} b = \log b$ (manchmal auch $\lg b$).

Logarithmen zur Basis e ($e = 2{,}71828...$, die so genannte Eulersche Zahl) heißen natürliche Logarithmen. Für sie schreibt man abkürzend: $\log_e b = \ln b$. (ln ist eine Abkürzung für logarithmus naturalis.)

Zehnerlogarithmen und natürliche Logarithmen sind auf den meisten elektronischen Taschenrechnern programmiert. Will man also $\log_a b$ mit beliebiger Basis a ($a > 0$, $a \neq 1$) ausrechnen, muss man $\log_a b$ auf die verfügbaren Zehnerlogarithmen bzw. natürlichen Logarithmen zurückführen. Dies gelingt durch Anwendung des Gesetzes:

### Logarithmusgesetze

$$\log_a b = \frac{\log b}{\log a} = \frac{\ln b}{\ln a} \tag{1.1}$$

**Beispiel 1.42**

Man berechne $\log_{4,7} 31$.

1. Möglichkeit: $x = \frac{\log 31}{\log 4{,}7} \approx 2{,}218965$

2. Möglichkeit: $x = \frac{\ln 31}{\ln 4{,}7} \approx 2{,}218965$

Die folgenden Logarithmusgesetze lassen sich direkt aus den Potenzgesetzen herleiten. Im Einzelnen gilt:

$$\log_a(b \cdot c) = \log_a b + \log_a c$$

Der Logarithmus eines Produkts ist also gleich der Summe der Logarithmen der Faktoren.

$$\log_a(b^c) = c \cdot \log_a b \tag{1.2}$$

Der Exponent c lässt sich vor den Logarithmus ziehen.

**Beispiel 1.43**

1. $\log_3(27 \cdot 81) = \log_3 27 + \log_3 81 = 3 + 4 = 7$ (Probe: $3^7 = 2187 = 27 \cdot 81$)
2. $\log_2(4^8) = 8 \log_2 4 = 8 \cdot 2 = 16$ (Probe: $2^{16} = (2^2)^8 = 4^8$)
3. $\log_5(4 \cdot 7 \cdot 3^9) = \log_5 4 + \log_5 7 + 9 \log_5 3 \approx 8{,}2138708$

Mit Hilfe der eben erwähnten Logarithmusgesetze kann man weitere allgemein gültige Regeln für das Rechnen mit Logarithmen ableiten:

$$\log_a \left(\frac{b}{c}\right) = \log_a(b \cdot c^{-1}) = \log_a b + \log_a(c^{-1}) = \log_a b - \log_a c$$

Nach Weglassen der beiden Zwischenschritte ergibt sich:

$$\log_a\left(\frac{b}{c}\right) = \log_a b - \log_a c$$

Setzt man noch $b = 1$, so erhält man den Spezialfall:

$$\log_a\left(\frac{1}{c}\right) = -\log_a c$$

Direkt aus der Definition des Logarithmus ergibt sich:
$x = \log_a b$ ist gleichwertig zu $a^x = b$.

Setzt man die erste Gleichung in die zweite ein ($x$ wird dort durch $\log_a b$ ersetzt), so erhält man die Beziehung:

$$a^{\log_a b} = b,$$

also gilt beispielsweise:

1. $e^{\ln 7} = 7$
2. $10^{\log(10^{-4})} = 10^{-4}$

## 1.4 Gleichungen

Hier werden lineare und quadratische Gleichungen, einfache Gleichungen höheren Grades und einfache Exponential- und Logarithmengleichungen behandelt.

### 1.4.1 Begriff der Gleichung

In einem Rechenbuch von 1553 findet man folgendes mathematische Rätsel:

„Ich hab ein zahl ist minder denn 10. Wenn ich sye multiplizir mit 3 erwechst ein produkt / ist 7 mal soviel über 10 als meyne zahl ist unter 10."

Heute fällt es wahrscheinlich nicht schwer (falls man mit der altertümlichen Sprache zurechtkommt), das Rätsel in eine mathematische Gleichung zu übersetzen. Dann erhält man:

$$3x - 10 = 7(10 - x)$$

Dieser heute so selbstverständliche Schritt der Formalisierung unter Benutzung der Variablen $x$ war damals nicht üblich. Heute dagegen lernt man das Aufstellen von Gleichungen schon in den ersten Schuljahren. Neben der eben behandelten „antiken" Gleichung sind im Verlauf dieses Kapitels schon einige weitere Gleichungen behandelt worden. So wurde im Zusammenhang mit Logarithmen gefragt, für welche $x \in \mathbb{R}$ die Gleichung $a^x = b$ erfüllt wird. Trotzdem wird zunächst grundsätzlich geklärt, was man unter einer Gleichung versteht:

Verbindet man zwei Terme $T_1$ und $T_2$ durch ein Gleichheitszeichen, so nennt man die Beziehung $T_1 = T_2$ eine Gleichung.

**Beispiel 1.44**
Sei $T_1 = x \cdot \pi + 2$ und $T_2 = 4x$. Dann ist $x \cdot \pi + 2 = 4x$ eine Gleichung.

Unter einer Bestimmungsgleichung versteht man eine Gleichung, die mindestens eine Variable (Unbekannte) enthält. Lösen einer solchen Gleichung bedeutet: Bestimme diejenigen Werte der Variablen, für die die Bestimmungsgleichung erfüllt ist. Die Menge dieser Werte nennt man die Lösungsmenge $L$.

**Beispiel 1.45**
$x^2 = 9$
Die Lösungen dieser Gleichung sind $x_1 = 3$ und $x_2 = -3$, d.h. $L = \{-3, 3\}$.

Gleichungen, die genau eine Unbekannte besitzen, löst man in der Regel durch Isolation der Variablen. Dies gelingt mit Hilfe geeigneter Umformungen, die die Lösungsmenge $L$ nicht verändern (so genannte Äquivalenzumformungen). Elementare Äquivalenzumformungen sind:

- Addition (Subtraktion) eines Terms auf beiden Seiten einer Gleichung

  **Beispiel 1.46**
  $4x - 7 = 3x + 2$
  Addition von $-3x + 7$ auf beiden Seiten führt zu:
  $4x - 7 - 3x + 7 = 3x + 2 - 3x + 7$
  $x = 9$

- Multiplikation mit (Division durch) einem (n) Term ungleich Null auf beiden Seiten

  **Beispiel 1.47**
  $5x = 7$
  Division durch 5 ergibt $x = \frac{7}{5}$.

  Hinweis: Man verändert in der Regel die Lösungsmenge einer Gleichung, wenn man durch einen Term dividiert (mit einem Term multipliziert), der Null werden kann. Hier handelt es sich daher um keine Äquivalenzumformung.

  **Beispiel 1.48**
  $(x - 1)4 = (x - 1)7x$
  Division durch $x - 1$ auf beiden Seiten führt zu $4 = 7x$.

  Diese Gleichung hat nur die Lösung $x = \frac{4}{7}$, während die ursprüngliche Gleichung zusätzlich die Lösung $x = 1$ besitzt. Es wurde also eine Lösung durch die Division mit dem Term $x - 1$ verloren.

### 1.4.2 Lineare Gleichungen

Lineare Gleichungen enthalten die Variable nur in der 1. Potenz. Jede lineare Gleichung mit der Variablen $x$ kann auf die Form

$$ax = b \text{ mit } a \neq 0$$

gebracht werden.

Division durch $a$ liefert sofort die Lösung solch einer linearen Gleichung:

$$x = \frac{b}{a}$$

Häufig werden die Gleichungsumformungen am rechten Rand, von der eigentlichen Gleichung durch einen senkrechten Strich getrennt, angegeben.

**Beispiel 1.49**

$4x + 7x - 10 = 3x + 4$ | Zusammenfassen

$11x - 10 = 3x + 4$ | $-3x + 10$

$8x = 14$ | $:8$

$x = \frac{7}{4}$

Lineare Gleichungen mit mehreren Variablen sind ein wichtiges Thema innerhalb der linearen Algebra (siehe Kapitel 7.2).

### 1.4.3 Quadratische Gleichungen

#### Allgemeine Form

Die allgemeine Form einer *quadratischen Gleichung* lautet:
$ax^2 + bx + c = 0, (a \neq 0)$

Dividiert man diese Gleichung durch $a$, was wegen $a \neq 0$ gestattet ist, so folgt:

$$x^2 + \frac{b}{a}x + \frac{c}{a} = 0$$

Traditionsgemäß setzt man fest: $p = \frac{b}{a}$ und $q = \frac{c}{a}$

**Normalform**
Damit ergibt sich die

Normalform einer quadratischen Gleichung $x^2 + px + q = 0$.

Die Lösungen dieser quadratischen Gleichung sind:

$$x_1 = -\frac{p}{2} + \sqrt{\frac{p^2}{4} - q}$$
$$x_2 = -\frac{p}{2} - \sqrt{\frac{p^2}{4} - q}$$

Man kann die Lösungen wie folgt zusammenfassen:

$$x_{1/2} = -\frac{p}{2} \pm \sqrt{\frac{p^2}{4} - q}$$

Die Formel wird auch pq-Formel genannt, der unter der Wurzel stehende Term $\frac{p^2}{4} - q$ heißt Diskrimante.

Ist die Diskrimante $\frac{p^2}{4} - q > 0$, so gibt es zwei reelle Lösungen.

Ist $\frac{p^2}{4} - q = 0$, so gibt es genau eine reelle Lösung, es gilt $x_1 = x_2 = \frac{-p}{2}$.

Gilt $\frac{p^2}{4} - q < 0$, so gibt es keine reelle Lösung.

Die reellen Lösungen einer beliebigen quadratischen Gleichung werden bestimmt, indem man sie zunächst auf die Normalform $x^2 + px + q = 0$ bringt. Anschließend wird die pq-Formel angewendet. Man achte bei der Anwendung dieser Formel sorgfältig auf die Vermeidung von Vorzeichenfehlern.

**Beispiel 1.50**

1. $2x^2 - 4x - 48 = 0 \quad |:2$
   $x^2 - 2x - 24 = 0 \quad |\, p = -2, q = -24$
   $x_{1/2} = 1 \pm \sqrt{1 - (-24)} = 1 \pm 5$
   $x_1 = 6, x_2 = -4$

2. $x^2 - x - 4 = -x \quad |+x$
   $x^2 - 4 = 0 \quad |\, p = 0, q = -4$
   $x_{1/2} = 0 \pm \sqrt{-(-4)}$
   $x_1 = +2, x_2 = -2$

3. $3x^2 - 12x + 12 = 0 \quad |:3$
   $x^2 - 4x + 4 = 0 \quad |\, p = -4, q = 4$
   $x_{1/2} = 2 \pm \sqrt{4 - 4}$
   $x_1 = x_2 = 2$

4. $4x^2 + 4x + 16 = 4 \quad |-4$
   $4x^2 + 4x + 12 = 0 \quad |:4$
   $x^2 + x + 3 = 0 \quad |\, p = 1, q = 3$
   $x_{1/2} = -\frac{1}{2} \pm \sqrt{\frac{1}{4} - 3}$, wegen $\frac{1}{4} - 3 < 0$ gibt es keine reellen Lösungen.

5. $x^2 + 4x = 0$
Diese quadratische Gleichung lässt sich auch ohne Anwendung der (p, q) – Formel lösen.
$x^2 + 4x = 0$ | Ausklammern
$x(x + 4) = 0$
$x_1 = 0$ und $x_2 = -4$

Im 5. Fall aus Beispiel 1.50 wurde die folgende allgemein gültige Regel verwandt:

Vorgegeben seien zwei Terme reeller Zahlen $T_1, T_2$.

Aus $T_1 \cdot T_2 = 0$ folgt $T_1 = 0$ oder $T_2 = 0$.

Insbesondere gilt also für zwei reelle Zahlen $a, b$:

aus $a \cdot b = 0$ folgt $a = 0$ oder $b = 0$,

d. h. mindestens einer der beiden Faktoren muss 0 sein.

Es besteht folgender Zusammenhang zwischen den Koeffizienten $p, q$ einer quadratischen Gleichung mit der Normalform $x^2 + px + q = 0$ und den beiden Lösungen $x_1$, $x_2$ dieser Gleichung:

$x_1 + x_2 = -p$ und $x_1 \cdot x_2 = q$

Diese Eigenschaft der Lösungen einer quadratischen Gleichung ist auch unter dem Namen „Satz von Vieta" bekannt. (Vieta war ein von 1540 bis 1603 lebender italienischer Mathematiker.)

**Beispiel 1.51**
Die quadratische Gleichung $x^2 - 3x - 28 = 0$ mit $p = -3$ und $q = -28$ hat die Lösungen
$x_1 = 7$ und $x_2 = -4$.
Multiplizieren der beiden Lösungen ergibt
$x_1 \cdot x_2 = 7 \cdot (-4) = -28 = q$,
und Addition der beiden Lösungen führt zu:
$x_1 + x_2 = 7 + (-4) = 3 = -p$

Man kann also „zur Probe" die berechneten Lösungen einer quadratischen Gleichung addieren bzw. multiplizieren und überprüfen, ob das jeweilige Ergebnis mit dem Koeffizienten $p$ (bis auf das Vorzeichen) bzw. mit $q$ übereinstimmt.

**Beispiel 1.52**
Jemand hat versucht, die folgende quadratische Gleichung zu lösen:
$x^2 - 15x + 50 = 0$ (mit $p = -15$ und $q = 50$)
Er erhält zunächst die beiden Lösungen
$x_1 = 4$ und $x_2 = 12$.
Anschließend macht er die „Probe" mit Hilfe des Satzes von Vieta:
$x_1 + x_2 = 4 + 12 = 16 \neq -p = 15$
Er hat sich also verrechnet. Beim zweiten Anlauf erhält er:
$x_1 = 5$ und $x_2 = 10$.

Die Überprüfung ergibt diesmal:
$x_1 + x_2 = 10 + 5 = 15 = -p$ bzw. $x_1 \cdot x_2 = 10 \cdot 5 = 50 = q$

Das nächste Beispiel behandelt den Fall einer quadratischen Gleichung, bei der die Variable x auch im Nenner vorkommt.

**Beispiel 1.53**
Gesucht sind die Lösungen der Gleichung:

$$\frac{1}{x+4} + \frac{x}{x-4} = \frac{16x-32}{x^2-16} \quad (x \neq 4, x \neq -4)$$

Diese Gleichung mit der Variablen x im Nenner kann man lösen, indem sie mit einem Hauptnenner multipliziert wird. Dadurch entsteht eine quadratische Gleichung.

*Vorsicht:* Eine Lösung dieser quadratischen Gleichung ist nur dann Lösung der ursprünglichen Gleichung, wenn für diesen Wert keiner der Nenner der Ausgangsgleichung gleich Null wird.

Ein Hauptnenner für die obige Gleichung ist $x^2 - 16$, denn nach der 3. Binomischen Formel gilt:
$x^2 - 16 = (x-4)(x+4)$.
Multiplikation der Ausgangsgleichung mit diesem Hauptnenner führt zu:
$x - 4 + (x+4)x = 16x - 32$
$x^2 + 5x - 4 = 16x - 32$
$x^2 - 11x + 28 = 0$

$$x_{1/2} = +\frac{11}{2} \pm \sqrt{\frac{121}{4} - \frac{112}{4}}$$

$x_1 = 7, x_2 = 4$

$x_2 = 4$ ist keine Lösung der Ausgangsgleichung, da die Nenner $x^2 - 16$ und $x - 4$ für $x = 4$ Null werden.

Bei Gleichungen, die die gesuchte Variable x im Nenner enthalten, muss daher im Anschluss an die Lösung immer die Probe durchgeführt werden, indem man die gefundenen Lösungen in die ursprüngliche Gleichung einsetzt.

### 1.4.4 Gleichungen dritten und höheren Grades

Gleichungen der Form $a_n x^n + a_{n-1} x^{n-1} + \ldots + a_1 x + a_0 = 0$ nennt man (algebraische) *Gleichungen n–ten Grades.* Mit Hilfe eines Summenzeichens lässt sich eine solche Gleichung n-ten Grades auch folgendermaßen darstellen:

$$\sum_{i=0}^{n} a_i x^i = 0$$

**Beispiel 1.54**

1. Die in 1.4.3 behandelten quadratischen Gleichungen sind Gleichungen zweiten Grades.
2. $4x^4 + 3x^3 + 2 = 0$ ist eine Gleichung vierten Grades.
3. $3x^3 + x^{\frac{3}{7}} + 2 = 0$ ist keine Gleichung 3. Grades, da die Variable x nicht nur ganzzahlige Exponenten aufweist.

Gleichungen n-ten Grades haben *höchstens* n verschiedene reelle Lösungen. Ist n ungerade, so gibt es mindestens eine reelle Lösung.
Für Gleichungen fünften oder höheren Grades gibt es keine allgemeine Lösungsformel mehr. Bis auf einige Sonderfälle (siehe unten) muss man hier auf andere Lösungsverfahren ausweichen (z. B. auf numerische Näherungsverfahren wie das NEWTON-Verfahren). Aber auch die Lösungsformeln für Gleichungen dritten und vierten Grades sind so kompliziert, dass man auf ihre Anwendung in der Regel verzichtet und stattdessen numerische Näherungsverfahren, die hier nicht behandelt werden, verwendet. Abschließend folgen einige Spezialfälle für Gleichungen höheren Grades, in denen die Bestimmung der Lösungen auf einfache Weise gelingt.

**Beispiel 1.55**

$2x^6 + 4x^5 + \frac{3}{2}x^4 = 0 \qquad |:2$

$x^6 + 2x^5 + \frac{3}{4}x^4 = 0 \qquad |$ Ausklammern von $x^4$

$x^4(x^2 + 2x + \frac{3}{4}) = 0$

Zunächst erhält man aus $x^4 = 0$ die Lösung $x_1 = 0$. Die restlichen Lösungen kann man aus

$x^2 + 2x + \frac{3}{4} = 0$ bestimmen:

$x_{2,3} = -1 \pm \sqrt{1 - \frac{3}{4}} = -1 \pm \frac{1}{2}$

$x_2 = -\frac{1}{2}$ und $x_3 = -\frac{3}{2}$

Für die Lösungsmenge ergibt sich: $L = \{-\frac{3}{2}, -\frac{1}{2}, 0\}$.

Allgemein gilt: Gleichungen des Typs $a_n x^n + a_{n-1}x^{n-1} + a_{n-2}x^{n-2} = 0$ $(a_n \neq 0)$ lassen sich wie im obigen Beispiel beschrieben lösen, indem man $x^{n-2}$ ausklammert und durch $a_n$ dividiert. Man erhält dann:

$$x^{n-2}\left(x^2 + \frac{a_{n-1}}{a_n}x + \frac{a_{n-2}}{a_n}\right) = 0$$

Insbesondere ist „0" immer eine Lösung der obigen Gleichung.

Biquadratische Gleichungen der Form $x^4 + bx^2 + c = 0$ lassen sich ebenfalls durch Zurückführen auf eine quadratische Gleichung lösen.

**Beispiel 1.56**

$x^4 - 5x^2 + 4 = 0$

Man setzt $z = x^2$ (Diesen Vorgang nennt man Substitution).

$z^2 - 5z + 4 = 0$

$z_{1/2} = \frac{5}{2} \pm \sqrt{\frac{25}{4} - 4}$

$z_1 = 4, z_2 = 1$

Nun wird die Substitution rückgängig gemacht (Resubstitution), indem die für $z$ berechneten Werte in die Gleichung $x^2 = z$ eingesetzt werden:

$x^2 = 4$ liefert $x_1 = 2$ und $x_2 = -2$

$x^2 = 1$ liefert $x_3 = 1$ und $x_4 = -1$

Damit ist $L = \{-2, -1, 1, 2\}$.

Allgemein gilt: eine Gleichung der Gestalt $x^{2n} + ax^n + b = 0$ lässt sich (wie im Beispiel 1.56 beschrieben) durch die Substitution $z = x^n$ auf eine quadratische Gleichung zurückführen und dann lösen.

### 1.4.5 Wurzelgleichungen

Bei Wurzelgleichungen tritt die Unbekannte innerhalb von Wurzelausdrücken auf.

**Beispiel 1.57**

1. $6 + \sqrt{2x + 4} = 19$
2. $\sqrt{3x + 10} + 4 = x + 4$
3. $(x^2 - 1)^{\frac{1}{3}} - 2 = 0$

Manchmal kann man eine Wurzelgleichung lösen, indem zunächst die Wurzel auf einer Seite isoliert und anschließend durch Potenzieren beseitigt wird. Dabei muss man beachten: nach dem Potenzieren einer Gleichung können neue scheinbare Lösungen auftreten, die nicht zu der Lösungsmenge der ursprünglichen Gleichungen gehören.

**Beispiel 1.58**

$\sqrt{3x + 10} + 4 = x + 4$

Zunächst wird die Wurzel isoliert, indem man auf beiden Seiten 4 subtrahiert:

$\sqrt{3x + 10} = x$

Anschließend wird sie durch Quadrieren beseitigt:

$3x + 10 = x^2$

$x^2 - 3x - 10 = 0$

$x_{1/2} = \frac{3}{2} \pm \sqrt{\frac{9}{4} + 10}$

$x_1 = 5, x_2 = -2$

Sind diese beiden Lösungen der quadratischen Gleichung auch wirklich Lösungen der ursprünglichen Wurzelgleichung? Um dies zu überprüfen, muss man eine Probe durchführen. Dazu werden die beiden Lösungen in die ursprüngliche Gleichung eingesetzt. Einsetzen von 5 führt zu:

$\sqrt{3 \cdot 5 + 10} + 4 = 5 + 4$ oder $9 = 9$

Also ist „5" eine Lösung.

Einsetzen von −2:

$\sqrt{3 \cdot (-2) + 10} + 4 = -2 + 4$

$6 \neq 2$

Dies ist ein Widerspruch, daher ist „−2" keine Lösung der ursprünglichen Gleichung.

Das Quadrieren ist also keine Äquivalenzumformung einer Gleichung. Manchmal müssen Wurzelgleichungen zur Beseitigung der Wurzel mehr als einmal potenziert werden.

**Beispiel 1.59**

$\sqrt{x} - \sqrt{x-1} = \sqrt{2x-1}$

Quadrieren führt zu:

$x + x - 1 - 2\sqrt{x(x-1)} = 2x - 1$

$\sqrt{x(x-1)} = 0$

Nochmaliges Quadrieren liefert:

$x(x-1) = 0$

$x_1 = 1, x_2 = 0$

Die Probe zeigt, dass nur $x_1 = 1$ eine Lösung der ursprünglichen Gleichung ist.

### 1.4.6 Exponential- und Logarithmengleichungen

Wichtig für das Lösen von Exponential- und Logarithmengleichungen ist, dass man die folgenden Zusammenhänge kennt:
$\log_a a^b = b$ bzw. $a^{\log_a b} = b$, $(a > 0)$

#### Exponentialgleichungen

Bei einer Exponentialgleichung tritt die Variable im Exponenten auf. Durch Logarithmieren und Anwenden der Logarithmengesetze (vgl. Kapitel 1.3.8) können Exponentialgleichungen manchmal gelöst werden.

**Beispiel 1.60**

1. $a^x = b$ | Logarithmieren auf beiden Seiten
   $\log a^x = \log b$ | Logarithmengesetz (1.2)
   $x \log a = \log b$ | $: \log a$
   $$x = \frac{\log b}{\log a}$$

2. $4^x = 7$ | Logarithmieren auf beiden Seiten
   $\log 4^x = \log 7$ | Logarithmengesetz (1.2)
   $$x = \frac{\log 7}{\log 4} \approx 1{,}4037$$

3. $4^{y+1} = 7^{y^2}$ (Hier muss y bestimmt werden.)
   $(y+1)\log 4 = y^2 \log 7$
   $y \log 4 + \log 4 - y^2 \log 7 = 0$
   Dies ist eine quadratische Gleichung in $y$, die auf die Normalform gebracht werden muss:
   $$y^2 - \frac{\log 4}{\log 7} y - \frac{\log 4}{\log 7} = 0 \ (p = -\frac{\log 4}{\log 7}, q = -\frac{\log 4}{\log 7})$$
   $$y_{1,2} = \frac{\log 4}{2 \log 7} \pm \sqrt{(\frac{\log 4}{2 \log 7})^2 + \frac{\log 4}{\log 7}}$$
   $y_1 \approx 1{,}272$; $y_2 \approx -0{,}560$

Exponentialgleichungen werden beispielsweise im Zusammenhang mit finanzmathematischen Problemen in Kapitel 2 verwendet.

**Logarithmengleichungen**
In Logarithmengleichungen kommt die zu bestimmende Variable unter dem Logarithmus vor.

**Beispiel 1.61**
$\log(x^2 + 100) = 3$
Potenzieren mit der Basis 10 liefert:
$10^{\log(x^2 + 100)} = 10^3$
$x^2 + 100 = 1000$
$x^2 = 900$
$x_{1,2} = \pm 30$

Auch eine Gleichung mit zwei logarithmierten Termen $T_1, T_2$ kann in manchen Fällen elementar gelöst werden, falls die Basen der beteiligten Logarithmen gleich sind:
$\log_b T_1(x) = \log_b T_2(x)$

Potenzieren mit der Basis $b$ liefert die Gleichung:
$b^{\log_b T_1(x)} = b^{\log_b T_2(x)}$
Mit dem zu Beginn des Kapitels erwähnten Zusammenhang gilt dann:
$T_1(x) = T_2(x)$

**Beispiel 1.62**
$\log_2(2x + 3) = \log_2(x + 7)$
Potenzieren mit der Basis 10 liefert:
$2^{\log_2(2x + 3)} = 2^{\log_2(x + 7)}$
$2x + 3 = x + 7$
$x = 4$

Abschließend wird ein Beispiel durchgerechnet, in dem Exponentialausdrücke und Logarithmen gleichzeitig auftreten.

**Beispiel 1.63**
$2^{(\ln x^2 - \ln x + 3)} = 16$
Logarithmieren zur Basis 2 liefert:
$\log_2 2^{(\ln x^2 - \ln x + 3)} = \log_2 16$
$\ln x^2 - \ln x + 3 = 4$
$2\ln x - \ln x = 1$
$\ln x = 1$
$x = e$ (Eulersche Zahl $\approx 2{,}7128...$)

## 1.5 Ungleichungen

### 1.5.1 Elementares über Ungleichungen

Betriebswirtschaftliche Entscheidungsprobleme können manchmal im Rahmen des Operations Research analysiert und gelöst werden. Dabei werden mathematische Methoden wie z. B. die lineare Optimierung (siehe Kapitel 8) angewandt. Im Zusammenhang mit Optimierungsaufgaben spielen Ungleichungen eine bedeutende Rolle.

So treten häufig Fragestellungen mit den Forderungen „mindestens“ oder „nicht kleiner als“ sowie „höchstens“ oder „nicht größer als“ auf, welche mathematisch durch Ungleichungen beschrieben werden.

Im Zusammenhang mit der Anordnung der reellen Zahlen (vgl. Kapitel 1.2.5) wurden die Ungleichungen $a < b$, $a \leq b$, $a > b$ und $a \geq b$ $(a, b \in \mathbb{R})$ behandelt.

Allgemein definiert man:

Seien $T_1$ und $T_2$ Terme. Dann nennt man $T_1 < T_2$, $T_1 \leq T_2$, $T_1 > T_2$ und $T_1 \geq T_2$ Ungleichungen.

**Beispiel 1.64**

1. $4 > 3$
2. $x > 7 + 2x$
3. $\frac{x+1}{x-4} \leq 2$

Für Ungleichungen gelten folgende Regeln:

- Auf beiden Seiten einer Ungleichung dürfen beliebige reelle Zahlen addiert oder subtrahiert werden.
- Eine Ungleichung darf mit einer positiven Zahl multipliziert werden (durch eine positive dividiert werden).
- Wird eine Ungleichung mit einer negativen Zahl multipliziert (durch eine negative Zahl dividiert), so ändert sich die Richtung des Ungleichheitszeichens.

**Beispiel 1.65**

1. Man berechne alle $x$ mit $x > 7 + 2x$

   $x > 7 + 2x \quad |-2x$

   $-x > 7 \quad |\cdot(-1)$

   $x < -7$

   $L = \{x \in \mathbb{R} \mid x < -7\}$

   Oder in Worten: für alle reellen Zahlen, die kleiner als $-7$ sind, ist die Ungleichung $x > 7 + 2x$ erfüllt. Als Lösungsmenge einer Ungleichung erhält man häufig ein Intervall. Beispielsweise kann man im obigen Fall für die Lösungsmenge auch schreiben: $L = (-\infty, -7)$

2. $\frac{x+1}{x-4} \leq 2, \ (x \neq 4)$

   Um diese Ungleichung zu lösen, werden zunächst beide Seiten mit $x - 4$ multipliziert. Dabei muss man zwei Fälle unterscheiden, denn es ist nicht bekannt, ob $x - 4 < 0$ oder $x - 4 > 0$ ist.

   1. Fall:

   $x - 4 < 0$ (Dies ist gleichbedeutend mit $x < 4$). In diesem Fall erhält man

   $\frac{x+1}{x-4} \leq 2 \quad |\cdot(x-4)$

   $x + 1 \geq 2(x-4) = 2x - 8 \quad |-2x-1$

   $-x \geq -9 \quad |\cdot(-1)$

   $x \leq 9$

Dieses Ergebnis wurde unter der Bedingung $x < 4$ erreicht, also ist
$L_1 = \{x \in \mathbb{R} \mid x < 4\} = (-\infty, 4)$

2. Fall:
$x - 4 > 0$ (Dies ist gleichbedeutend mit $x > 4$) Hier folgt:

$\frac{x+1}{x-4} \leq 2 \mid \cdot (x-4)$

$x + 1 \leq 2x - 8 \mid -2x - 1$

$-x \leq -9 \mid \cdot (-1)$

$x \geq 9$

Dieses Ergebnis wurde unter der Bedingung $x > 4$ erreicht, also ist
$L_2 = \{x \in \mathbb{R} \mid x \geq 9\} = [9, \infty)$
Durch Zusammenfassen der beiden Fälle erhält man die Lösungsmenge für die Ungleichung
$\frac{x+1}{x-4} \leq 2$:
$L = L_1 \cup L_2 = \{x \in \mathbb{R} \mid x < 4 \text{ oder } x \geq 9\}$

### 1.5.2 Betrag einer reellen Zahl und Ungleichungen

Der Betrag einer reellen Zahl $a$ gibt den Abstand des Punktes $a$ vom Nullpunkt auf dem Zahlenstrahl an. Dieser Abstand ist für jede reelle Zahl, die von Null verschieden ist, größer als Null. Insbesondere ist der Betrag einer reellen Zahl immer positiv. Der Betrag einer reellen Zahl a ist folgendermaßen festgelegt:

$$|a| = \begin{cases} a \text{ für } a \geq 0 \\ -a \text{ für } a < 0 \end{cases}$$

Der Umgang mit dem Betrag einer reellen Zahl wird sehr erleichtert, wenn man sich von der Vorstellung befreit, dass –a immer negativ sein muss. Beispielsweise ist $-a$ für $a = -2$ positiv.

**Beispiel 1.66**

1. $|-8| = -(-8) = 8$
2. $|8| = 8$
3. $|4-7| = 3 = |7-4|$

Der Betrag $|a - b|$ entspricht dem Abstand der beiden Zahlen $a$ und $b$ auf dem Zahlenstrahl.

Manchmal benötigt man Ungleichungen vom Typ:
$|x - a| \leq \varepsilon$, $(a \in \mathbb{R}, \varepsilon \in \mathbb{R}, \varepsilon > 0)$
Welche Punkte erfüllen diese Ungleichung? Vor der Beantwortung dieser Frage wird zunächst ein konkretes Beispiel durchgerechnet.

**Beispiel 1.67**
Man bestimme alle x mit $|x-2| \le \frac{1}{2}$. Jetzt wird die in der Definition des Betrages vorgegebene Fallunterscheidung durchgeführt.

1. Fall:
$x-2 \ge 0$, d. h. $x \ge 2$
Dann ist $|x-2| = x-2$, und man erhält:

$x-2 \le \frac{1}{2} \quad |+2$

$x \le \frac{5}{2}$ (unter der Bedingung $x \ge 2$)

$L_1 = \{x \mid 2 \le x \le \frac{5}{2}\} = [2, \frac{5}{2}]$

2. Fall:
$x-2 < 0$, d. h. $x < 2$
Dann ist $|x-2| = -(x-2) = 2-x$, und man erhält:

$2-x \le \frac{1}{2} \quad |-2$

$-x \le -\frac{3}{2} \quad |:(-1)$

$x \ge \frac{3}{2}$ (unter der Bedingung $x < 2$)

$L_2 = \{x \mid \frac{3}{2} \le x < 2\} = [\frac{3}{2}, 2)$

Die gesamte Lösungsmenge ist somit:

$L = L_1 \cup L_2 = \{x \mid \frac{3}{2} \le x \le \frac{5}{2}\} = [\frac{3}{2}, \frac{5}{2}]$

Alle Punkte, deren Abstand von 2 höchstens $\frac{1}{2}$ beträgt, erfüllen also die Ungleichung $|x-2| \le \frac{1}{2}$.

Genauso wie im eben durchgerechneten Beispiel erfüllen alle Punkte, die vom vorgegebenen Punkt a höchstens den Abstand ε haben, die Ungleichung:
$|x-a| \le \varepsilon$
In diesem Fall ist also: $L = \{x \mid a-\varepsilon \le x \le a+\varepsilon\} = [a-\varepsilon, a+\varepsilon]$

Ganz analog erhält man für die Ungleichung
$|x-a| < \varepsilon$ die Lösungsmenge: $L = \{x \mid a-\varepsilon < x < a+\varepsilon\} = (a-\varepsilon, a+\varepsilon)$

Dieses offene Intervall nennt man auch die ε – Umgebung von x.

## 1.6 Aufgaben

**1.** Man schreibe die Buchstaben des Wortes „Mengenlehre“ als Menge.

**2.** Vorgegeben ist die Menge $M = \{2, 4, 6, 8\}$. Man gebe alle möglichen Teilmengen von $M$ an.

**3.** Vorgegeben sind die drei Mengen $X = \{K, a, r, i, n\}$, $Y = \{x \mid x$ sind die Buchstaben des Namens Katarina$\}$, $W = \{K, r, z, i, n, w, a\}$. Man entscheide, welche der folgenden Aussagen falsch bzw. richtig sind:
a) $X \subseteq Y$, b) $Y \subseteq X$, c) $Y \not\subseteq X$, d) $a \in X$, e) $X \cap Y \subseteq W$, f) $X \cup Y \subseteq W$, g) $a \subseteq W$, h) $\{a\} \subseteq W$; i) $X_W = \{w, z\}$, j) $W \subseteq W$.

**4.** Vorgegeben sind die Mengen: $A = \{y \in \mathbb{N} \mid 2 < y \leq 12\}$, $B= \{y \in \mathbb{N} \mid y$ ist durch zwei ohne Rest teilbar$\}$, $C = \{y \in \mathbb{N} \mid y$ ist durch drei ohne Rest teilbar$\}$. Man bestimme die Mengen: $A \cap B$, $B \cap C$, $A \setminus B$.

**5.** Vorgegeben sind die drei Mengen $A = \{y \in \mathbb{Z} \mid -3 < y < 9\}$, $B = \{2, 3, 4, 5, 6, 7\}$, $C = \{x \in \mathbb{Z} \mid y \geq 5\}$. Man bestimme die Mengen: $A \cap C$, $A \setminus B$, $\bar{B}_A$, $A \cap \mathbb{N}$, $A \cap (B \cup C)$

**6.** Schreiben Sie die folgenden Mengen als Intervalle: a) $\{x \in \mathbb{R} \mid x < 7\}$, b) $\{a \in \mathbb{R} \mid 7 < a < 9\}$, c) $\{y \in \mathbb{R} \mid y \leq 4\}$, d) $\{z \in \mathbb{R} \mid 3 \leq z \leq 9\}$

**7.** Schreiben Sie die folgenden Intervalle als Mengen: a) $[12, 1134]$, b) $[4, \infty)$, c) $(-\infty, -4)$

**8.** Man untersuche, ob die folgenden Mengen wieder Intervalle sind:
a) $[1, 3] \cup [3, 7]$, b) $[1, 3] \cap [2, 7]$, c) $[1, 3] \cup [4, 7]$

**9.** Klammern Sie aus:
a) $8uv + 2wv^2 - 6v^4$, b) $12x + 18 - 24y$, c) $-5\,(-2u + 3v) \cdot u + 3u\,(u + v)$

**10.** Man schreibe mit Hilfe des Summenzeichens:
a) $2x_1z_1 + 2x_2z_2 + \ldots + 2x_{19}z_{19}$, b) $1 + 2 + 3 + 4 + \ldots + 28$
c) $4 + 5 + 6 + \ldots + 1001$, d) $3^2 + 4^2 + \ldots + 11^2$
e) $x_3{y^2}_3 + x_4{y^2}_4 + \ldots + x_{100}{y^2}_{100}$

**11.** Man schreibe mit Hilfe des Produktzeichens: a) $2 \cdot 3 \cdot 4 \cdot 5$, b) $2 \cdot 4 \cdot 6 \cdot \ldots \cdot 30$

**12.** Man berechne die folgenden Summen:
a) $\sum_{i=1}^{5} (i + 1)$ b) $\sum_{i=3}^{7} (i - 1)$ c) $\sum_{i=2}^{5} j^2$ d) $\sum_{m=2}^{6} \frac{m + 1}{m - 1}$

**13.** Man berechne:
a) $\sum_{i=1}^{5} 4$ b) $\sum_{g=3}^{7} 7$ c) $\prod_{p=1}^{6} 3$

**14.** Man fasse die folgenden Brüche zu einem Bruch zusammen:

a) $\frac{3}{7} - \frac{2+a}{11}$ b) $\frac{3}{7} + \frac{2+a}{77}$ c) $\frac{4}{11} + \frac{2}{3} + \frac{7}{6}$

d) $\frac{1-t}{t^6} + \frac{1}{t^4} - \frac{1}{t^3}$ e) $\frac{2x+5}{2x+3} - \frac{5x-3}{5x+7}$ f) $-\frac{3-3x-y}{4} - \frac{2x}{3}$

g) $-\left(\frac{3-3x-y}{4} - \frac{2x}{3}\right)$ h) $\frac{2}{5a} - \frac{2-4a+9b}{-2x}$

**15.** Man vereinfache so weit wie möglich:

a) $\frac{17}{31} : \frac{13}{62}$ b) $\frac{\frac{7ab}{9cx}}{\frac{63bx}{5ac}}$ c) $\frac{4}{13} \cdot \frac{26}{11} : \frac{7}{11}$ d) $\frac{\frac{x}{y}+1}{\frac{x+y}{2}}$

e) $\frac{4x}{4-\frac{4}{1-x}}$ f) $\frac{1+\frac{a}{b}}{\frac{a+b}{a}}$

**16.** Man erweitere die folgenden Brüche so, dass die Nenner den Term $b^2 - 4$ enthalten:

a) $\frac{b}{0{,}2b - 0{,}4}$ b) $\frac{1}{2b+4}$

**17.** Man beseitige die Wurzeln im Nenner durch geeignete Erweiterungen:

a) $\frac{2}{\sqrt[3]{7}}$ b) $\frac{x-2y}{\sqrt{2x} - \sqrt{4y}}$

**18.** Man gebe die folgenden Terme in Wurzelschreibweise an:

a) $a^{\frac{7}{4}}$ b) $(x+y)^{\frac{\sqrt{2}}{3}}$ c) $6^{-\frac{12}{5}}$

**19.** Man berechne (falls nötig mit Hilfe des Taschenrechners) auf vier Nachkommastellen genau):

a) $\log 0{,}0001$ b) $1{,}4^{\sqrt{2}}$ c) $-1{,}4^{\sqrt{2}}$ d) $(-2)^{12}$ e) $-2^{12}$

f) $\ln e$ g) $\log_{11}\sqrt{2}$ h) $\ln e^{\sqrt{2}}$ i) $\log_{11} 11^{12000}$

**20.** Die Kosten eines Unfalls in Höhe von 12.000,– € sollen auf drei Beteiligte H., K., L. wie folgt verteilt werden:
K. muss das 5–fache von H. gemindert um 2000,– € zahlen, L. bezahlt $\frac{4}{5}$ der Kosten von K. Wieviel muss jeder der drei Beteiligten bezahlen?

**21.** a) Man löse die folgende Gleichung nach $x$ auf: $4x + yx - 3 = 89$
b) Man löse die folgende Gleichung nach $q$, nach $i$ und nach $R$ auf:

$$Kq - R\,\frac{q-1}{i} = 0$$

**22.** Man löse folgende Gleichungen:

a) $8x - 13 = 2x + 12$ b) $4x^2 - 24 = 4x$ c) $2x^2 - 5x + 7 = x^2 - 3x + 6$

d) $x^6 + 4x^4 = 0$ e) $x^2 - 4x + 61 = 30$ f) $\sqrt{x-1} = x - 3$

g) $4 - \sqrt{6-x} + x = 2x$ h) $2x^4 - x^2 - 15 = 0$ i) $\dfrac{2x+7}{4x-3} = \dfrac{2x-20}{8x-10}$

j) $x^2 - c^2 = 0$ k) $x^4 - 3x^2 + 2 = 0$ l) $2x^5 + 4x^3 = 6x^4$

**23.** Man löse folgende Gleichungen:

a) $4^x = 27$ b) $4 \cdot 2^{x+2} = 3 \cdot 4^{x+2}$ c) $\log x = 14$ d) $\log \sqrt{x} = 200$

**24.** Man bestimme die Lösungsmengen der folgenden Ungleichungen:

a) $10x - 8 < 6x - 2$ b) $\dfrac{1}{x} \leq 4$ c) $\dfrac{2x-4}{x+5} < 1$

**25.** Man bestimme die Lösungsmengen der folgenden Ungleichungen:

a) $|3x + 4| < 2$ b) $|x + 100| > 300$ c) $|x - 4| < 2$ d) $|x - 7| \leq 1$

# 2 Einführung in die Finanzmathematik

In diesem Kapitel wird eine Einführung in die Methoden der Finanzmathematik gegeben. Solide Kenntnisse aus diesem Teilgebiet der angewandten Mathematik sind beispielsweise erforderlich, um die verschiedenen Arten einer Kreditfinanzierung zu beurteilen und so die vorteilhafteste herauszufinden. Finanzmathematisches Wissen ermöglicht es erst, scheinbar günstige Finanzierungsangebote zu durchschauen und komplizierte Kreditkonstruktionen zu verstehen. Solche Fähigkeiten sind heute mehr denn je verlangt, denn die Kreditinstitute bieten Finanzierungen in verwirrenden, leider selbst mit guten finanzmathematischen Kenntnissen nur schwer durchschaubaren Varianten an.

Aus dem Bank- und Kreditwesen stammen auch die folgenden typischen Fragestellungen, die im Rahmen der Finanzmathematik behandelt werden:

- Wie hoch wird mein Guthaben sein, wenn ich vierteljährlich 17 Jahre lang 1.000 € auf ein Konto zahle und die Bank 6% Zinsen p.a. bietet?
- Wie lange kann ich mir aus einem anfänglich vorhandenen Kapital von 100.000 € eine Jahresrente von 10.000 € bei 7% Jahreszinsen auszahlen lassen?
- Sollte man Kapital auf einem Konto anlegen, das eine Verzinsung von 0,5% pro Monat bietet, oder ist stattdessen ein Konto mit einer jährlichen Verzinsung von 6,1% vorzuziehen?
- Was versteht man unter einem Tilgungsplan?

Zusammenfassend kann man sagen, dass die Finanzmathematik mathematische Verfahren zur rechnerischen Behandlung von Zahlungsströmen liefert. Zahlungsströme sind charakterisiert durch Zeitpunkt und Höhe der ihnen zugeordneten Ein- und Auszahlungen sowie den zugrundegelegten Zinssatz. Der Zins als Preis für (das zeitlich vorgelagerte Verfügungsrecht über) Kapital spielt in den finanzmathematischen Berechnungen eine entscheidende Rolle.

Bei der Lösung der behandelten finanzmathematischen Fragestellungen wurde bewusst auf den Einsatz von EDV verzichtet. Alle Beispiele und Aufgaben sind so beschaffen, dass man sie mit dem Taschenrechner nachvollziehen bzw. bearbeiten kann.

Zum Verständnis dieses Kapitels benötigt man lediglich ein wenig Erfahrung im Umgang mit Potenzen, Logarithmen und Gleichungen (wie sie in Kapitel 1 vermittelt werden) sowie zusätzlich einige Kenntnisse über arithmetische und geometrische Folgen und Reihen, die im anschließenden Kapitel 2.1 kurz zusammengestellt sind.

# 2.1 Arithmetische und geometrische Zahlenfolgen und Reihen

## 2.1.1 Zahlenfolgen

Der Begriff der Zahlenfolge soll anhand eines Beispiels eingeführt werden.

**Beispiel 2.1**

Jemand hat sich vorgenommen, das Ersparte auf ein Konto einzuzahlen. Er möchte die Höhe der Ersparnisse seiner voraussichtlichen Einkommensentwicklung anpassen und beschließt, im ersten Monat mit 20 € zu starten. Jeden weiteren Monat zahlt er dann 7 € mehr ein als im vorhergehenden Monat.

Um sich einen Überblick über die Höhe der monatlichen Sparraten zu verschaffen, führt man folgende abkürzende Schreibweise ein:

Mit $a_n$ bezeichnet man die Höhe der Sparrate im n-ten Sparmonat. Dann gilt:

$a_1 = 20$ (1. Monat)

$a_2 = 20 + 7 = 27$ (2. Monat)

$a_3 = 20 + 2 \cdot 7 = 34$ (3. Monat)

$\vdots$

$a_n = 20 + (n-1) \cdot 7$ (Sparrate im n-ten Monat)

Beispielsweise muss der Sparer zu Beginn des 11. Sparjahres $a_{121} = 20 + 120 \cdot 7 = 860$ € einzahlen.

Derartige Folgen von Zahlen kommen in der Realität häufig vor. Beispielsweise sei $a_n$ die Arbeitslosenzahl im Jahre $n$, wobei $a_1$ das Jahr 1948 bezeichnet, $a_5$ gibt dann die Arbeitslosenzahl im Jahre 1952 an usw. Deswegen definiert man:

**Folge reeller Zahlen**

Jeder natürlichen Zahl n werde genau eine reelle Zahl $a_n$ zugeordnet. Dann nennt man $a_1, a_2, a_3, \ldots, a_n, \ldots$ eine *Folge* reeller Zahlen.

- Statt der aufzählenden Schreibweise $a_1, a_2, a_3, \ldots, a_n, \ldots$ in obiger Definition benutzt man auch die Schreibweise $(a_n)$ oder ausführlicher $(a_n)_{n \in \mathbb{N}}$ für eine Folge reeller Zahlen.
- Manchmal nennt man das 1. Glied einer Folge auch $a_0$ (statt $a_1$). Dann hat man die Folge: $a_0, a_1, a_2, \ldots$ .
- Häufig kann man das allgemeine Folgenglied $a_n$ mit Hilfe einer Formel angeben. Beispielsweise lautet das Bildungsgesetz für die Sparrate im n-ten Monat im Beispiel 2.1: $a_n = 20 + (n-1) \cdot 7$

**Beispiel 2.2**

1. Die Folge $1, \frac{1}{2}, \frac{1}{3}, \frac{1}{4}, \ldots$ hat das Bildungsgesetz $a_n = \frac{1}{n}$.

Grafisch lässt sie sich auf dem Zahlenstrahl folgendermaßen darstellen:

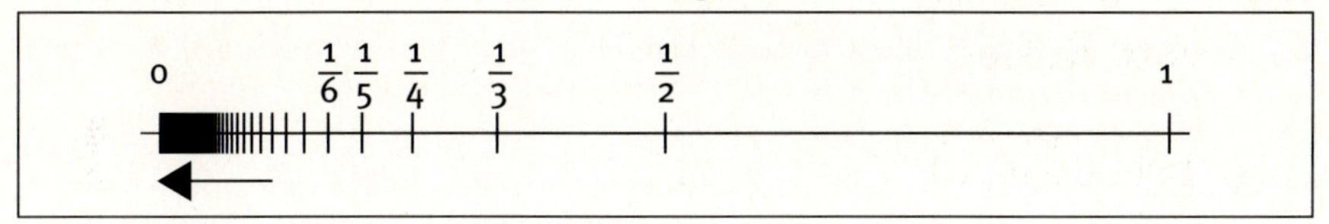


*Abb. 2.1: Die Folge $a_n = \frac{1}{n}$ auf dem Zahlenstrahl*

**2.** $a_n = \frac{1}{n^2}$ liefert die Zahlenfolge $1, \frac{1}{4}, \frac{1}{9}, \frac{1}{16}, \ldots$

**3.** Die Folge $0, \frac{1}{2}, \frac{2}{3}, \frac{3}{4}, \ldots$ unterliegt dem Bildungsgesetz $a_n = \frac{n-1}{n}$. Als Graph ergibt sich:

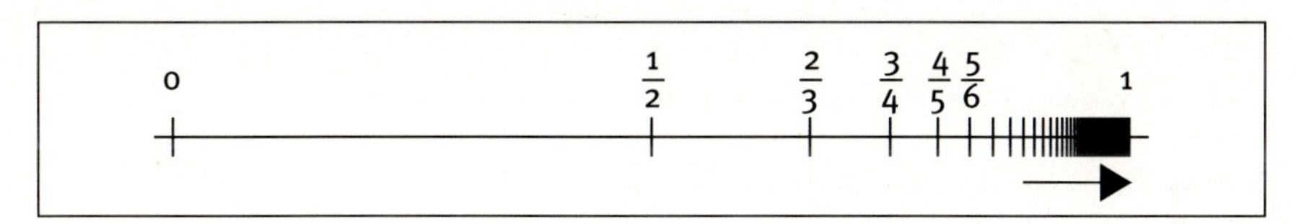


*Abb. 2.2: Die Folge $a_n = \frac{n-1}{n}$ auf dem Zahlenstrahl*

**4.** $a_n = 2^{n-2}$ führt zur Folge $\frac{1}{2}, 1, 2, 4, 8, 16, \ldots$ .

**5.** $a_n = (-2)^n$ liefert die Folge $-2, +4, -8, +16, \ldots$ .

### 2.1.2 Arithmetische und geometrische Folgen

Die Folge der Sparraten aus dem einführenden Beispiel 2.1 hat die Eigenschaft, dass zwei aufeinander folgende Glieder der Folge immer den gleichen Abstand voneinander haben, beispielsweise gilt:
$a_2 - a_1 = 27 - 20 = 7$ oder
$a_{10} - a_9 = 83 - 76 = 7$ oder ganz allgemein
$a_n - a_{n-1} = 20 + (n-1)\,7 - (20 + (n-2)\,7) = 7$.

Dies führt zu der Definition:

> **Arithmetische Folge**
> Eine Zahlenfolge $(a_n)$ heißt *arithmetische Folge*, wenn die Differenz zweier aufeinander folgender Glieder immer den gleichen Wert $d$ besitzt. Es gilt also $a_{n+1} - a_n = d$ für alle $n \in \mathbb{N}$, wobei d eine reelle Konstante bezeichnet.

Eine arithmetische Folge lässt sich deswegen auch folgendermaßen mit Hilfe des ersten Gliedes $a_1$ und $d$ darstellen:
$a_1, a_1 + d, a_1 + 2d, \ldots, a_1 + (n-1)d, \ldots,$
wobei $a_n = a_1 + (n-1)d$ das allgemeine n-te Glied bezeichnet.

**Beispiel 2.3**

1. Die ersten 8 Glieder der arithmetischen Folge mit dem Anfangsglied $a_1 = 12$ und $d = -2$ lauten: 12, 10, 8, 6, 4, 2, 0, −2, ...

2. Die durch 17 teilbaren natürlichen Zahlen 17, 34, 51, 68, ... bilden eine arithmetische Folge mit $a_1 = 17$ und $d = +17$.

3. Jemand hat einen Computer gekauft. Die Anschaffungskosten des Computers betrugen 8000 €. Nach § 7 EStG können die Anschaffungskosten linear abgeschrieben werden. Dies bedeutet, dass man die 8.000 € in N gleichen Jahresraten von der Steuer absetzen kann, wobei N die Nutzungsdauer des Computers ist. Setzt man als Nutzungsdauer des Computers vier Jahre an, so betragen die jährlichen Abschreibungsraten:

   $$\frac{\text{Anschaffungskosten}}{N} = \frac{8.000}{4} = 2.000$$

   Als Restwert ergibt sich somit jeweils am Ende des n-ten Jahres:

   $8.000 - n \cdot 2.000 \quad (n = 1, 2, 3, 4).$

   Die Restwerte 6.000, 4.000, 2.000, 0 bilden daher den Anfang einer arithmetischen Folge. Allgemein gilt für den Restwert (Bilanzwert) $R_n$ eines Wirtschaftsgutes am Ende des n-ten Jahres, das linear bis auf 0 € in N Jahren abgeschrieben werden soll:

   $R_n = R_0 - n \cdot \frac{R_0}{N} \quad (1 \le n \le N)$ ($R_0$ bezeichnet den Anschaffungswert.)

Wenn man den Quotienten zweier aufeinander folgender Glieder der Zahlenfolgen 2, 4, 8, 16, 32, ... untersucht, fällt auf, dass dieser Quotient immer „2" ist. Derartige Folgen sind geometrische Folgen:

> **Geometrische Folge**
> Seien a und q reelle Zahlen ($a \neq 0, q \neq 0$), dann nennt man eine Zahlenfolge mit dem Bildungsgesetz $a_n = aq^{n-1}$ eine *geometrische Folge.*

Bei einer geometrischen Folge ist der Quotient $\frac{a_{n+1}}{a_n}$ zweier aufeinander folgender Glieder konstant.

**Beispiel 2.4**

1. Seien $a = 4$ und $q = 2$. Dann erhält man die geometrische Folge: 4, 8, 16, 32, ...
2. $a = 2$ und $q = -2$ ergibt die geometrische Folge 2, −4, 8, −16, ...
3. Sei $a = 4$ und $q = \frac{1}{2}$. Dies führt zu der geometrische Folge: $4, 2, 1, \frac{1}{2}, \ldots$
4. Sei $a = 4$ und $q = -\frac{1}{2}$. Man erhält: $4, -2, 1, -\frac{1}{2}, \ldots$

### 2.1.3 Endliche arithmetische und geometrische Reihen

Wie viel hat der Sparer aus Beispiel 2.1 nach n Monaten angespart? (Zinsen sollen dabei nicht berücksichtigt werden.) Um diesen Wert zu erhalten, muss man einfach die ersten n Glieder der arithmetischen Reihe 20, 27, 34, ... addieren. Eine solche Summe heißt eine endliche arithmetische Reihe. Diese ist folgendermaßen definiert:

**Endliche arithmetische Reihe**
Sei $a_n$ eine *arithmetische* Folge, dann heißt

$$s_n = a_1 + a_2 + ... + a_n = \sum_{i=1}^{n} a_i, \ (n \in \mathbb{N})$$

eine *endliche arithmetische Reihe*.

**Beispiel 2.5**
Sei $a_n = 20 + (n-1)\,7$ (allgemeine n – te Sparrate), dann ist

$$s_1 = a_1 = 20$$
$$s_2 = a_1 + a_2 = = s_1 + a_2 = 20 + 27 = 47$$
$$s_3 = a_1 + a_2 + a_3 = s_2 + a_3 = 47 + 34 = 81$$
$$\vdots$$
$$s_n = a_1 + a_2 + ... + a_n = s_{n-1} + a_n$$

Zur Berechnung dieser Summe $s_n$ gibt es eine einfache, C. F. Gauss zugeschriebene Formel für eine endliche arithmetische Reihe.

$$s_n = \sum_{i=1}^{n} a_i = \frac{n}{2}(a_1 + a_n), \ (n \in \mathbb{N}) \qquad (2.1)$$

Die Summe einer arithmetischen Reihe ist also gleich dem Produkt aus der halben Gliederzahl $\frac{n}{2}$ und der Summe von erstem und letztem Glied.

Mann kann $s_n$ auch unter Benutzung des ersten Gliedes $a_1$ und der Differenz $d$ berechnen, indem man in (2.1) für $a_n$ einfach $a_1 + (n-1)d$ setzt:

$$s_n = \frac{n}{2}(a_1 + a_1 + (n-1)d) = \frac{n}{2}(2a_1 + (n-1)d) \qquad (2.2)$$

Die allgemeine Gültigkeit dieser Formel (2.2) zeigt die folgende Überlegung. Schreibt man die ausführliche Summe $s_n$ zweimal in entgegengesetzter Reihenfolge der Glieder auf und addiert die jeweils untereinander stehenden Summanden, so erhält man:

$$\begin{array}{rcl} s_n & = & a_1 + (a_1 + d) + (a_1 + 2d) + ... + (a_1 + (n-1)d) \\ + s_n & = & (a_1 + (n-1)d) + (a_1 + (n-2)d) + (a_1 + (n-3)d) + ... + a_1 \\ \hline 2s_n & = & (2a_1 + (n-1)d) + (2a_1 + (n-1)d) + (2a_1 + (n-1)d) + ... + (2a_1 + (n-1)d) \end{array}$$

Durch diese Addition entsteht auf der rechten Seite der Gleichung $n$ mal der Summand $2a_1 + (n-1)d$, also kann man auch zusammenfassend schreiben:

$$2s_n = n(2a_1 + (n-1)d).$$

Division auf beiden Seiten durch 2 liefert dann die Formel (2.2):

$$s_n = \frac{n}{2}(2a_1 + (n-1)d).$$

Jetzt ist man in der Lage, die angesparten Mittel in Beispiel 2.1 in jedem beliebigen Monat schnell zu berechnen (ohne Berücksichtigung von Zinsen).

**Beispiel 2.6**

1. Sei $a_n = 20 + (n-1)\,7$, dann gilt für $s_{121}$:
   $$s_{121} = \frac{n}{2}(a_1 + a_{121}) = \frac{121}{2}(20 + 20 + 120 \cdot 7) = 53.240$$
   Die Sparleistung beträgt also nach 121 Monaten 53.240 €

2. Mit der Summenformel (2.1) soll C. F. Gauss als kleiner Junge zur Verblüffung seines Lehrers (der diese Formel damals natürlich nicht kannte) die Summe der ersten 100 natürlichen Zahlen berechnet haben:
   $$s_{100} = 1 + 2 + 3 + \ldots + 100 = \sum_{i=1}^{100} = \frac{100}{2}(1 + 100) = 5050$$
3. Eine arithmetische Reihe mit $a_1 = -50$ und $d = -6$ sei vorgegeben. Gesucht sind das Glied $a_{1560}$ und die Summe $s_{1560}$.
   $a_{1560} = a_1 + (1.560 - 1)d = -9.404$
   $s_{1560} = 780(a_1 + a_{1560}) = 780\,(-50 - 9.404) = -7.374.120$

Es existiert eine ähnlich einfache Formel wie bei einer endlichen arithmetischen Reihe für die (endliche) Summe der Glieder einer geometrischen Folge. Dazu wird zunächst definiert:

**Endliche geometrische Reihe**
Sei $(a_n)$ eine *geometrische* Zahlenfolge, dann heißt

$$s_n = a_1 + a_2 + \ldots + a_n = \sum_{i=1}^{n} a_i$$ eine *endliche geometrische Reihe.*

**Beispiel 2.7**

Sei $a_n = 200 \cdot 1{,}05^{n-1}$ das Bildungsgesetz für eine geometrische Folge, dann ist

$s_1 = a_1 = 200 \cdot 1{,}05^0 = 200$

$s_2 = a_1 + a_2 = s_1 + 200 \cdot 1{,}05^1 = 410$

$s_3 = a_1 + a_2 + a_3 = s_2 + 200 \cdot 1{,}05^2 = 630{,}5$

$s_4 = a_1 + a_2 + a_3 + a_4 = s_3 + 200 \cdot 1{,}05^3 = 862{,}025$

$\vdots$

$s_n = a_1 + a_2 + \ldots + a_n = s_{n-1} + a_n$

Wie bei arithmetischen Reihen gibt es auch bei geometrischen Reihen eine Summenformel, mit der sich bequem $s_n$ berechnen lässt:
Sei $(a_n)$ eine geometrische Folge mit erstem Glied $a$ und Quotient $q$, also $a_n = aq^{n-1}$, dann lautet die Summenformel für eine endliche geometrische Reihe:

$$s_n = a + aq + ... + aq^{n-1} = a \frac{q^n - 1}{q - 1} \text{ für } q \neq 1 \qquad (2.3)$$

**Beispiel 2.8**

1. Sei $a_n = 200 \cdot 1{,}05^{n-1}$. Dann ist $a = 200$ und $q = 1{,}05$, also gilt mit (2.3) für die Summe

$$s_{10} = a_1 + a_2 + ... + a_{10}: s_{10} = 200 + 200 \cdot 1{,}05^1 + ... + 200 \cdot 1{,}05^9 = 200 \frac{1{,}05^{10} - 1}{0{,}05} \approx 2.515{,}58$$

2. Jemand schließt mit einem Kreditinstitut einen Vertrag ab, der ihn verpflichtet, 50 Jahre lang jeweils zum Jahresende 200 € auf ein Konto einzuzahlen. Die Bank gewährt 7% Jahreszinsen. Diese werden immer zum Jahresende dem Konto gutgeschrieben und im folgenden Jahr mitverzinst (Zinseszinsen). Lohnt sich dieser Sparvertrag?
Dazu muss man ausrechnen, welche Summe ihm nach 50 Jahren zur Verfügung steht. Die erste Einzahlung in Höhe von 200 € am Ende des ersten Jahres wird 49 Jahre lang verzinst. Sie hat also am Ende des fünfzigsten Jahres den Wert $200 € \cdot 1{,}07^{49}$. Die zweite Einzahlung am Ende des zweiten Jahres führt zu einem Betrag von $200 € \cdot 1{,}07^{48}$ und so fort. Die Einzahlung am Ende des fünfzigsten Jahres wird schließlich gar nicht mehr verzinst. Das insgesamt angesparte Kapital $K$ beträgt also:
$K = 200 \cdot 1{,}07^{49} + 200 \cdot 1{,}07^{48} + 200 \cdot 1{,}07^{47} + ... + 200 \cdot 1{,}07^1 + 200.$
Um diesen Wert K zu berechnen, müssen also die ersten 50 Glieder der geometrischen Reihe mit dem Bildungsgesetz $a_n = 200 \cdot 1.07^{n-1}$ addiert werden.
Es gilt daher nach (2.3) $K = 200 \frac{1{,}07^{50} - 1}{0{,}07} = 81.305{,}79.$

Vgl. dazu auch Kapitel 2.3.

## 2.2 Zinsrechnung

### 2.2.1 Zinssatz, Zinsrate und Zinsperiode

Wenn man Kapital auf einem Sparkonto anlegt, wird eine Vergütung dafür bezahlt, dass die Verfügungsgewalt über das Kapital für eine gewisse Zeit an die Bank abgetreten wird. Nimmt man dagegen einen Kredit auf, erhält man also das zeitlich begrenzte Verfügungsrecht über fremdes Kapital, so verlangt der Kreditgeber hierfür einen finanziellen Ausgleich. Der Preis für zeitweilig überlassenes Kapital wird *Zins* genannt. Drei wichtige Einflussgrößen bestimmen die Höhe der Zinsen:

- Kapitalhöhe,
- Dauer der Überlassung des Kapitals,
- Zinssatz.

Gewöhnlich wird der Zinssatz in Prozenten ausgedrückt und mit p bezeichnet. Er gibt den Prozentsatz vom überlassenen Kapital an, der als Zins zu entrichten ist. Meist benutzt man bei Berechnungen statt des Zinssatzes p die Zinsrate i. Dabei besteht zwischen i und p folgender einfacher Zusammenhang:

$$i = \frac{p}{100} = 0{,}01 \cdot p$$

Häufig wird der Zinssatz (oder Zinsfuß) in der Literatur auch i und die Zinsrate dementsprechend p genannt. Es muss daher immer aus dem Zusammenhang geklärt werden, ob bei einer Zinsangabe ein Prozentsatz oder ein Bruchteil von „1" gemeint ist.

**Beispiel 2.9**

Ein Zinssatz von $p = 4{,}7\%$ bedeutet, dass von jeweils 100 € des überlassenen Kapitals 4,70 € als Zins zu entrichten sind. Die diesem Zinssatz p entsprechende Zinsrate i mit

$$i = \frac{4{,}7}{100} = 0{,}047$$

gibt dann an, was für jeweils 1 € Kapital an Zins zu bezahlen ist.

Die Angabe eines Zinssatzes bzw. einer Zinsrate allein ist jedoch unvollständig. Offensichtlich fehlt hier die wichtige Angabe, in welchen Abständen der vereinbarte Zinssatz zu entrichten ist. Diese Zeitspanne zwischen zwei aufeinander folgenden Zinszuschlagsterminen wird *Zinsperiode* genannt. Ohne die Angabe der Zinsperiode ist die Angabe eines Zinssatzes sinnlos. Häufig findet man hinter der Angabe des Zinssatzes die Abkürzung „p.a.". Diese steht für „per annum" (= pro Jahr) und besagt, dass die Zinsperiode 1 Jahr beträgt. Aber auch andere Zinsperioden sind in Gebrauch. Als Zinsperioden können z. B. Halbjahre, Vierteljahre (Quartale), Monate oder sogar Tage vereinbart werden. Ist die Zinsperiode kürzer als ein Jahr, spricht man von *unterjähriger* Verzinsung. Im Folgenden bezieht sich ein Zinssatz p bei fehlender Angabe der Zinsperiode stets auf ein Jahr.

**Beispiel 2.10**

Jemand legt 10.000 € auf einem Festgeldkonto mit einer Laufzeit von einem Jahr an. (Er kann also erst in einem Jahr wieder über sein Kapital verfügen.) Als Zinssatz wird $p = 4{,}5\%$ p.a. vereinbart. Dann werden nach einem Jahr 10.450 € ausbezahlt.

Manchmal entspricht die Dauer der Kapitalüberlassung aber nicht wie in diesem Beispiel genau einer Zinsperiode. Wie wird beispielsweise die Zinshöhe berechnet, wenn man über ein Kapital von 10.000 €, das zu $p = 4\%$ p.a. angelegt ist, schon nach einem halben Jahr verfügen möchte?

In diesem Fall werden die Zinsen zeitanteilig berechnet. Statt 400 €, die nach Ablauf der vollständigen Zinsperiode als Zins anfielen, wird nur die Hälfte dieses Betrages, also 200 €, ausgezahlt.

Praktisch immer erfolgen die Zinszahlungen am Ende der Zinsperiode. Dann spricht man von *nachschüssigen* Zinsen. Ganz selten werden auch vorschüssige (zu Beginn der Zinsperiode anfallende) Zinsen festgesetzt. Daher wird im Rahmen dieses Kapitels nur mit nachschüssigen Zinsen gerechnet.

Folgende Symbole werden im Rahmen der Finanzmathematik häufig verwendet:

- $p$ Zinssatz (in Prozent),
- $i$ Zinsrate ($i = \frac{p}{100}$),
- $K_0$ Anfangskapital,
- $K_n$ Kapital am Ende der n-ten Zinsperiode.

### 2.2.2 Einfache Verzinsung

Zwei grundsätzlich verschiedene Arten der Verzinsung werden unterschieden, wenn Kapital über mehr als eine Zinsperiode zu verzinsen ist. Dann stellt sich nämlich die wichtige Frage, was mit den Zinsen, die am Ende einer Zinsperiode fällig werden, geschieht.

Werden diese Zinsen dem Kapital zugeschlagen und mit dem Anfangskapital dann in der nachfolgenden Zinsperiode verzinst, spricht man von *Zinseszins*. In diesem Fall wird für angefallene Zinsen der vorgelagerten Zinsperioden in den nachfolgenden Zinsperioden ebenfalls Zins bezahlt.

Werden dagegen die Zinsen ausbezahlt oder etwa einem anderen Konto unverzinslich gutgeschrieben, so spricht man von *einfacher Verzinsung*. Bei einfacher Verzinsung werden also etwa angefallene Zinsen der Vorperioden *nicht* mitverzinst. Einfache Verzinsung liegt auch dann vor, wenn der Kapitalüberlassungszeitraum innerhalb einer Zinsperiode liegt. Privatleute dürfen nur einfache Zinsen berechnen, da es nach § 248 BGB nur Inhabern von Bankkonzessionen erlaubt ist, sich der Zinseszinsen zu bedienen. (Ausnahme: Nach § 355 HGB ist es auch zwischen Kaufleuten erlaubt, Zinseszinsen in Ansatz zu bringen.)

**Beispiel 2.11**

Jemand leiht seinem Sohn 3.000 € für einen Motorradkauf. Wegen eines Hinweises seines Sohnes auf § 248 BGB verlangt er nur einfache Zinsen. Als Zinssatz wird $p = 4\%$ p.a. festgesetzt. Nach vier Jahren sollen die Schulden inklusive aller angefallenen Zinsen auf einen Schlag zurückbezahlt werden. Wie hoch ist die Rückzahlungssumme?
Das Anfangskapital beträgt 3.000 €, also ist $K_0 = 3.000$.
Nach Ablauf eines Jahres werden 4% von 3.000 € als Zinsen fällig, daher erhalten wir für die Höhe der jährlich zu zahlenden Zinsen:
$K_0 \cdot i = 3.000 \cdot 0{,}04 = 120.$
Dieser Betrag muss $n = 4$ Jahre als Zins bezahlt werden.
Die über 4 Jahre kumulierten Zinsen $Z_4$ betragen daher:
$Z_4 = 4 \cdot 120 = 480.$
Am Ende des vierten Jahres muss der Sohn also
$K_4 = K_0 + 4\,K_0 \cdot i = K_0(1 + 4 \cdot i) = 3.000\,(1 + 0{,}16) = 3480$
zurückbezahlen.

Mit $Z_n$ werden die in $n$ Zinsperioden angefallenen Zinsen bei einfacher Verzinsung bezeichnet.

Wie im Beispiel 2.11 gilt allgemein für die bei einfacher Verzinsung nach $n$ Zinsperioden insgesamt angefallenen Zinsen: $Z_n = n \cdot K_0 \cdot i$.

Zinsen und Anfangskapital addieren sich dann zum Gesamtkapital $K_n$. Für dieses Kapital am Ende der n-ten Zinsperiode gilt:

$$K_n = K_0 + Z_n = K_0 + n \cdot K_0 \cdot i = K_0(1 + n \cdot i) \tag{2.4}$$

$K_0$ wird auch Barwert genannt. Bei Kenntnis von $K_n$ und $i$ erhält man durch Umstellung von Formel (2.4) für den Barwert $K_0$ die Formel:

**Barwert**

$$K_0 = \frac{K_n}{1 + n \cdot i} \tag{2.5}$$

Die Berechnung des Barwertes gemäß Formel (2.5) nennt man Diskontieren oder auch Abzinsen.

**Beispiel 2.12**

Jemand verspricht seiner Schwester für die Benutzung ihres Computers 10 €, die aber erst nach 5 Monaten zu bezahlen sind. Welchen Barwert hat diese zukünftige Zahlung von 10 € heute, wenn man $p = 1\%$ und als Zinsperiode „1 Monat" festsetzt?

$K_5 = 10$, $i = 0{,}01$

Mit Hilfe von Formel (2.5) folgt für den gesuchten Barwert:

$$K_0 = \frac{10}{1 + 5 \cdot 0{,}01} \approx 9{,}52$$

Der Barwert gibt den Wert einer zukünftigen Zahlung zum jetzigen Zeitpunkt an. Wird der im Beispiel 2.12 berechnete Barwert 5 Zinsperioden (= 5 Monate) bei 1% einfachen Zinsen angelegt, ergibt sich als Endwert genau (bis auf Rundungsfehler) die zukünftig zu leistende Zahlung von 10 €.

Da die einfache Verzinsung in der Praxis vor allem dann von Bedeutung ist, wenn die Zinsperiode zwar 1 Jahr beträgt, der Verzinsungszeitraum aber kürzer als 1 Jahr ist, soll dieser Fall jetzt noch separat behandelt werden. In Europa wird die Bestimmung der Zinstage unterschiedlich behandelt. So wurde in Deutschland häufig mit 30 Zinstagen pro Monat (auch im Februar) und entsprechend mit 360 Zinstagen pro Jahr gerechnet. Zukünftig wird in Europa im Zuge der Umstellung auf den Euro die actual/actual-Zinsberechnungsmethode immer häufiger verwendet werden. Dieses Verfahren soll daher auch hier benutzt werden. Dabei wird das Jahr mit 365 Zinstagen (bzw. das Schaltjahr mit 366 Zinstagen) angesetzt, die Zinstage werden kalendermäßig genau ermittelt. Dies bedeutet, dass außer dem Fälligkeitstag jeder Kalendertag (einschließlich des Anlagetages) ein Zinstag ist. In den folgenden Beispielen wird von einem Jahr mit 365 Zinstagen (kein Schaltjahr) ausgegangen.

**Beispiel 2.13**

1. Jemand überzieht am 16.3. sein Konto, am 23.7. ist es wieder im Plus. Für wie viel Tage müssen Überziehungszinsen bezahlt werden?
   Im März fallen 16 Zinstage an, im Juli noch einmal 22 Zinstage. Insgesamt erhält man:
   $16 + 30 + 31 + 30 + 22 = 129$ (Zinstage).

2. Verzinsungszeitraum: 12.2 – 17.8
   Zinstage im Februar: 17 (da kein Schaltjahr)
   Zinstage im August: 16
   Insgesamt gibt es daher 17 + 31 + 30 + 31 + 30 + 31 + 16 = 186 Zinstage.

Für die angefallenen Zinsen bei einem Verzinsungszeitraum von t Tagen erhält man:

$$Z_t = K_0 \cdot \frac{t}{365}\, i \qquad (2.6)$$

Entsprechend gilt für das Gesamtkapital bzw. den Barwert nach t Zinstagen (falls kein Schaltjahr vorliegt):

$$K_t = K_0 \left(1 + \frac{t}{365} \cdot i\right) \qquad (2.7)$$

$$K_0 = \frac{K_t}{1 + \frac{t}{365} \cdot i} \qquad (2.8)$$

Diese Formeln entsprechen den zu Beginn des Kapitels eingeführten Formeln (2.4) und (2.5) mit dem Unterschied, dass die Anzahl der Zinsperioden $n$ durch $\frac{t}{365}$ ersetzt wird.

**Beispiel 2.14**

1. Jemand unterhält ein Girokonto, das am 21.6. mit 1.500 € überzogen wird. Am 23.8 desselben Jahres wird das Konto wieder ausgeglichen. Der Zinssatz für den Dispositionskredit betrug 12% p. a. Wie viel Zinsen müssen für die Überziehung des Kontos entrichtet werden?
   Zunächst berechnen wir die Anzahl der Zinstage:
   $t = 10 + 31 + 22 = 63$.
   Mit Formel (2.6) ergibt sich für die Höhe der Überziehungszinsen:
   $$Z_{62} = 1.500 \cdot \frac{63}{365} \cdot 0{,}12 = 31{,}07$$

2. Eine Rechnung muss am 14.4. bezahlt werden. Sie wird am 29.6. inklusive 8% Verzinsung durch Zahlung von 2.737,88 € beglichen. Wie hoch war der Rechnungsbetrag am 14.4.?
   Hier ist der Barwert gesucht. Nach Formel (2.8) gilt:
   $$K_0 = \frac{2.737{,}88}{1 + \frac{76}{365} \cdot 0{,}08} = 2.693{,}02$$

Zum Abschluss noch ein (verglichen mit den bisherigen Beispielen) schwierigerer Fall.

**Beispiel 2.15**

Jemand erhält eine Rechnung über 10.000 €. Es besteht die Möglichkeit, entweder nach 5 Tagen mit 2% Skonto (also 9.800 €) oder nach 25 Tagen ohne Abzug (also 10.000 €) zu bezahlen. Welcher jährlichen Verzinsung entsprechen die eingeräumten 2% Skonto?
Man kann die Frage auch aus einem etwas anderen Blickwinkel stellen. Welchen Zinssatz pro Jahr müsste eine Bank bieten, damit eine 20-tägige (25 Tage – 5 Tage) Anlage von 9.800 € einen

Zinsertrag von 200 € erbringt? (Denn wenn Frau K. 9.800 € nach 5 Tagen überweist, spart sie 200 € gegenüber einer Bezahlung zu dem späteren Zahlungstermin.) Für die Beantwortung dieser Frage wird festgesetzt:
$K_0 = 9.800$, $K_{20} = 10.000$, $t = 20$.
Gesucht ist die Zinsrate $i$. Diese Frage wurde bisher nicht separat behandelt, man sollte aber in der Lage sein, durch Umstellung der Formel (2.7) die gesuchte Zinsrate zu berechnen. Es ergibt sich:

$$i = \left(\frac{K_{20}}{K_0} - 1\right) \cdot \frac{365}{t} = \left(\frac{10.000}{9.800} - 1\right) \cdot \frac{365}{20} \approx 0{,}3724$$

Die Bank müsste also den fantastischen Zinssatz von 37,24 % p. a. bieten, um aus 9.800 € in 20 Tagen 10.000 € zu machen. Da eine solche Bank nicht existiert, sollte man das Skonto in Anspruch nehmen und nach 5 Tagen 9.800 € überweisen. Auch wenn der Betrag von 9.800 € zu diesem Zeitpunkt nicht zur Verfügung steht, lohnt sich eine Kreditaufnahme, solange die Kreditzinsen unterhalb von 37,24 % liegen.

### 2.2.3 Zinseszinsrechnung und gemischte Verzinsung

Was man unter Zinseszinsen versteht, wurde schon zu Beginn des vorhergehenden Kapitels 2.2.2 geklärt.

**Beispiel 2.16**

Jemand beschließt, die ihm geliehenen 3.000 € (vgl. Beispiel 2.11) nicht in ein Motorrad zu investieren, sondern sie bei seiner Bank zu $p = 4$ % p. a. anzulegen. Dabei werden die Zinsen nach Ablauf eines Jahres (einer Zinsperiode) dem Kapital hinzugefügt und von da ab mitverzinst. Die Bank gewährt also Zinseszinsen.
Die folgende Tabelle zeigt, wie sich das bei der Bank angelegte Kapital (unter Berücksichtigung von Zinseszinsen) und wie sich gleichzeitig die Schulden (unter Berücksichtigung von einfachen Zinsen) im Verlauf der vier Jahre entwickeln.

| | Einfache Zinsen | | Zinseszinsen | |
|---|---|---|---|---|
| Jahr n | Zinsen am Ende des n-ten Jahres | Gesamtkapital $K_n$ | Zinsen am Ende des n-ten Jahres | Gesamtkapital $K_n$ |
| 1 | 120 | 3120 | 120,00 | 3120,00 |
| 2 | 120 | 3240 | 124,80 | 3244,80 |
| 3 | 120 | 3360 | 129,79 | 3374,59 |
| 4 | 120 | 3480 | 134,98 | 3509,58 |

Am Ende des vierten Jahres ist das Kapital auf der Bank auf 3509,58 € angewachsen, während die Schulden zu diesem Zeitpunkt nur 3480 € betragen. Der Überschuss von 29,58 € ist auf die von der Bank gewährten Zinseszinsen zurückzuführen.

Zunächst wird ein neues, häufig verwendetes Symbol eingeführt. Mit $q$ bezeichnet man den sogenannten *Aufzinsungsfaktor* $1 + i$.

Wie entwickelt sich nun ein Kapital, das $n$ Zinsperioden mit dem Zinsfuß $i$ verzinst wird, unter Berücksichtigung von Zinseszinsen? Für das Kapital am Ende der ersten Zinsperiode gilt:
$K_1 = K_0 + i \cdot K_0 = K_0(1 + i) = K_0 \cdot q.$
Für das Kapital am Ende der zweiten Zinsperiode gilt:
$K_2 = K_1 + i \cdot K_1 = K_1(1 + i) = K_1 \cdot q = K_0 \cdot q^2$ usw.
Für das Kapital am Ende der n-ten Zinsperiode gilt:
$K_n = K_{n-1} + i \cdot K_{n-1} = K_{n-1}(1 + i) = K_{n-1} \cdot q = K_0 \cdot q^n.$

Hier sieht man, dass die Kapitalentwicklung $K_0, K_1, K_2, \ldots$ eine geometrische Folge bildet (siehe Kapitel 2.1.2), wobei gilt:

**Euler'sche Zinseszinsformel**

$$K_n = K_0 \cdot q^n \qquad (2.9)$$

Manchmal ist es nützlich, sich die zeitliche Entwicklung eines Kapitals mit Hilfe einer Zeitskala zu verdeutlichen:

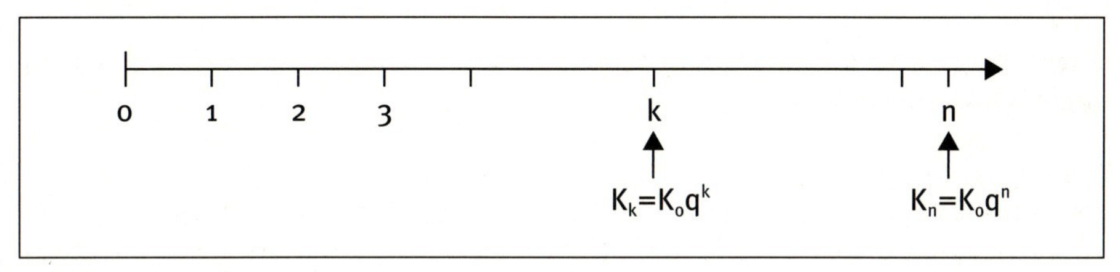


*Abb. 2.3: Kapitalentwicklung auf einer Zeitskala*

**Beispiel 2.17**
Ein Kapital von 3.000 € wächst in 4 Jahren bei einem Jahreszinssatz von 4% gemäß Formel (2.9) bei Berücksichtigung von Zinseszinsen auf $K_4 = 3.000 \cdot 1{,}04^4 = 3.509{,}58$ an (vgl. Beispiel 2.16).

In der so genannten Euler'schen Zinseszinsformel $K_n = K_0 \cdot q^n$ (siehe (2.9)) kommen die vier Größen $K_0$, $K_n$, $q$ und $n$ vor. Sind drei dieser Größen bekannt, so lässt sich die vierte durch (eventuelles) Umstellen dieser Formel berechnen. Im Einzelnen ergibt sich:

**Berechnung des Barwertes**

$$K_0 = \frac{K_n}{q^n} \qquad (2.10)$$

**Beispiel 2.18**
Jemand wird in 8 Jahren 20.000 € erben. Er möchte aber schon heute über das Geld verfügen. Eine Bank gewährt ihm einen Kredit mit einem Zinssatz von $p = 7{,}5\%$ p. a. Wie viel kann er bei der Bank aufnehmen, wenn er seinen Schulden in 8 Jahren mit der Erbschaft tilgen will?
Hier ist der Barwert der zukünftigen Erbschaft gesucht. Man erhält durch Anwendung von (2.10):

$$K_0 = \frac{20.000}{1{,}075^8} \approx 11.214{,}04$$

Es kann also sofort ein Kredit in Höhe von 11.214,04 € in Anspruch genommen werden. Die Schulden wachsen dann im Laufe von 8 Jahren bei einem Zinssatz von 7,5% auf 20.000 € an. Diese werden durch die Erbschaft getilgt.

**Ermittlung des Zinssatzes**

$$q = \sqrt[n]{\frac{K_n}{K_o}} \text{ bzw. } i = \sqrt[n]{\frac{K_n}{K_o}} - 1 \text{ bzw. } p = \left(\sqrt[n]{\frac{K_n}{K_o}} - 1\right) \cdot 100 \qquad (2.11)$$

Statt n-te Wurzel in den Formeln (2.11) zu benutzen, kann man auch die entsprechenden Terme mit $\frac{1}{n}$ potenzieren.

**Beispiel 2.19**

Zu welchem Zinssatz müsste die Bank in Beispiel 2.18 einen Kredit anbieten, damit sich jemand 14.000 € (statt der in Bsp. 2.18 berechneten 11.214,04 €) ausleihen kann?
Um diese Frage beantworten zu können, muss in Formel (2.11) $K_o = 14.000$ gesetzt werden. Dann erhält man:

$$q = \sqrt[8]{\frac{20.000}{14.000}} \approx 1{,}0456$$

Betragen die Kreditzinsen also 4,56 %, so kann man sich 14.000 € ausleihen.

**Berechnung der Laufzeit**

Um Formel (2.9) nach $n$ aufzulösen, muss man mit Logarithmen umgehen können. Es ergibt sich:

$$n = \frac{\log \frac{K_n}{K_o}}{\log q} = \frac{\log K_n - \log K_o}{\log q} \qquad (2.12)$$

**Beispiel 2.20**

1. Wieviel Jahre muss ein Kapital von 2.500 € bei 8,5% Jahreszinsen angelegt werden, damit es auf 4.801,51 € wächst? Mit (2.12) folgt:

$$n = \frac{\log \frac{4.801{,}51}{2.500}}{\log 1{,}085} = 8$$

Nach 8 Jahren ist das Kapital auf 4.801,51 € gewachsen.

2. In welcher Zeit verdoppelt sich ein Kapital bei 5% p. a. (8% p. a.)?
Es soll also $K_n = 2K_o$ gelten. Mit Formel (2.12) ergibt sich für $q = 1{,}05$ und $K_n = 2K_o$:

$$n = \frac{\log \frac{2\,K_o}{K_o}}{\log 1{,}05} = 14{,}206699$$

Insbesondere ist das Ergebnis unabhängig von der Höhe von $K_o$. Für $q = 1{,}08$ ergibt sich analog: $n = 9{,}0065$.
Wie ist das erste Ergebnis $n = 14{,}2067$ zu interpretieren? Zunächst kann man feststellen, dass sich nach 14 Jahren das Kapital noch nicht verdoppelt hat, nach 15 Jahren aber schon mehr

als das Doppelte beträgt. Möchte man über das Geld verfügen, sobald es sich verdoppelt hat, kann man die Nachkommastellen 0,2067 in Tage umrechnen. Dabei ist zu beachten, dass ein Zinsjahr 365 Zinstage hat. Es ergibt sich:

$0{,}2067 \cdot 365$ Tage $= 74{,}446$ Tage.

Nach *etwa* 14 Jahren und 75 Tagen hat sich das eingesetzte Kapital bei einem zugrundeliegenden Zinssatz von $p = 5\%$ verdoppelt.

Im Beispiel 2.20 wurde abweichend von der Praxis unterstellt, dass die Beziehung $K_n = K_0 \cdot q^n$ auch gültig ist, wenn n keine ganze Zahl ist. Dennoch kann man auf diese Weise die Verzinsungsdauer für die meisten Zwecke mit ausreichender Genauigkeit berechnen, wie auch die folgende Überprüfung zeigt. Bei dieser Kontrolle geht man in Übereinstimmung mit der Praxis so vor, dass innerhalb eines Jahres (einer Zinsperiode) mit einfachen Zinsen gerechnet wird. Nach 14 Jahren hat sich das Kapital dann nach (2.9) folgendermaßen entwickelt):

$$K_{14} = K_0 \cdot 1{,}05^{14} = 1{,}9799 \cdot K_0$$

Mit dem Startkapital von $1{,}9799 \cdot K_0$ zu Beginn des 15-ten Jahres und $t = 75$ ergibt sich mit Hilfe der Formel (2.7) für das Gesamtkapital $K_{ges}$ nach weiteren 75 Zinstagen:

$$K_{ges} = 1{,}9799 \cdot K_0(1 + \frac{75}{365} \cdot 0{,}05) = 2{,}0002 \cdot K_0 \approx 2K_0$$

Man sieht, dass im letzten Schritt mit einfacher Verzinsung gerechnet wurde. Die Kontrolle hat ergeben, dass in Beispiel 2.20 in etwa richtig gerechnet wurde. Wichtig bei der Berechnung der Verzinsungsdauer nach (2.12) ist es jedoch, dass man möglichst genau, d.h. mit mindestens 3 (besser 4) Dezimalstellen nach dem Komma, rechnet.

Die Analyse des vorhergehende Beispiels 2.20 hat auch gezeigt, wie man in der Praxis bei Anlagedauern rechnet, die zwar länger als eine Zinsperiode, aber nicht ein ganzzahliges Vielfaches einer Zinsperiode sind. In diesen Fällen gilt (bis auf die für die Praxis wichtige Ausnahme in Beispiel 2.22) folgende Regelung: man zerlegt zunächst die gesamte Anlagedauer T in die zwei Bestandteile n und t, wobei n die größtmögliche Anzahl der Zinsperioden angibt, die vollständig in T liegen, und t die Anzahl der Zinstage des übrig bleibenden Bruchteils der letzten Zinsperiode bezeichnet. Für das Gesamtkapital nach der Anlagedauer T gilt dann:

$$K_T = (K_0 \cdot q^n)(1 + \frac{t}{k} \cdot i) \qquad (2.13)$$

Dabei ist k die Anzahl der Zinstage einer vollständigen Zinsperiode. Beträgt die Zinsperiode 1 Jahr, so gilt $k = 365$. Da hier zinseszinsliche Verzinsung für die ersten n Zinsperioden und einfache Verzinsung für die restlichen t Tage vorgenommen wird, spricht man auch von gemischter Verzinsung.

**Beispiel 2.21**

Ein Kapital von 10.000 € wird vom 1.1.01, 0 Uhr bis zum 16.1.06 zu $p = 6\%$ pro Halbjahr angelegt. Auf welchen Betrag ist das Anfangskapital in diesem Zeitraum gewachsen? Die Anlagedauer umfasst 10 vollständige Zinsperioden (Halbjahre) und zusätzlich 15 Zinstage.

Nach (2.13) gilt jetzt:

$$K_{ges} = 10.000 \cdot 1{,}06^{10} \left(1 + \frac{15}{181} \cdot 0{,}06\right) = 17.997{,}52$$

Dabei wird 181 in (2.13) für k gewählt, weil die Zinsperiode das erste Halbjahr ist.

Es sei noch einmal darauf hingewiesen, dass es im vorhergehenden Beispiel 2.21 zu Überschlagszwecken auch ausreicht, in Formel (2.9) mit

$n = 10 + \frac{15}{181} = 10{,}0829$ zu rechnen. Dann ergibt sich:

$$K_n = 10.000 \cdot 1{,}06^{10{,}0829} = 17.995{,}19$$

Das sind 2,33 € weniger als bei Anwendung der in der Praxis üblichen gemischten Verzinsung (siehe Beispiel 2.21).

**Beispiel 2.22**

Jemand legt am 1.9.01 10.000 € auf einem Sparbuch mit $p = 5\%$ p. a. an. Zinszuschlagtermin ist jeweils der 31.12. eines Jahres. Auf welchen Betrag ist das Kapital am 17.2.06 angewachsen?

Naheliegend ist es, Formel 2.13 anzuwenden mit $n = 4$ und $t = 169$. Liegt jedoch der Zinszuschlagstermin fest am Ende eines Kalenderjahres (eines Kalendermonats usw.), so wendet man ein abweichendes Berechnungsverfahren an. Es wird im ersten unvollständigen Jahr 01 und im letzten ebenfalls unvollständigen Jahr 06 einfach verzinst, für die dazwischen liegenden Jahre ist dagegen die Zinseszinsrechnung anzuwenden.

| | |
|---|---|
| 1.9.01 – 31.12.01 (122 Zinstage): | einfache Verzinsung |
| 1.1.02 – 31.12.05 (4 Jahre): | Zinseszinsen |
| 1.1.06 – 17.2.06 (47 Zinstage): | einfache Verzinsung |

Dies führt zu: $K_{ges} = 10.000 \left(1 + \frac{122}{365} \cdot 0{,}05\right) \cdot (1{,}05^4) \cdot \left(1 + \frac{47}{365} \cdot 0{,}05\right) = 12.437{,}77$

Man führe auch hier eine Überschlagsrechnung mit Formel (2.13) durch.

Beim Auflösen der Formel (2.13) beispielsweise nach i treten Schwierigkeiten auf. (Man beachte dabei: $q = 1 + i$.) Auf dieses sehr spezielle Problem und ähnlich gelagerte Schwierigkeiten wird hier nicht weiter eingegangen.

### 2.2.4 Unterjährige Verzinsung

Werden die Zinsen nicht jährlich, sondern in kürzeren Abständen (halbjährlich, vierteljährlich, monatlich, ...) dem Kapital zugeschlagen, so spricht man von *unterjähriger Verzinsung*. Hier wird unterstellt, und dies entspricht der Praxis, dass sich ein Jahr in $m$ gleichlange Zinsperioden unterteilen lässt, wobei m eine natürliche Zahl ist.

**Relativer Zinssatz**

Der *relative Zinssatz* $p_r$ bzw. die *relative Zinsrate* $i_r$ gibt die Verzinsung pro unterjähriger Zinsperiode an. Sehr häufig wird in der Praxis (vgl. obiges Beispiel) der relative Zinssatz nicht explizit angegeben, sondern nur ein Jahreszinssatz genannt, der dann in diesem Zusammenhang auch *nomineller Zinssatz* $p_{nom}$ (bzw. nominelle

Zinsrate $i_{nom}$ ) heißt. Aus dem nominellen Jahreszinssatz lässt sich aber der relative Zinssatz bzw. die relative Zinsrate leicht berechnen. Denn es gilt folgender Zusammenhang:

$$p_r = \frac{p_{nom}}{m} \text{ bzw. } i_r = \frac{p_{nom}}{m \cdot 100} \qquad (2.14)$$

**Beispiel 2.23**

Jemand ist Kunde einer Direktbank geworden. Die derzeitigen Konditionen der Bank sehen folgendermaßen aus: $p = 2{,}8\,\%$ p. a., wobei die Zinsen monatlich gutgeschrieben werden (und von da ab natürlich mitverzinst werden). Aus dem nominellen Zinssatz 2,8% ergibt sich der relative Zinssatz

$p_r = \frac{2{,}8}{12} = 0{,}2\overline{3}$ bzw. die relative Zinsrate $i_r = \frac{2{,}8}{12 \cdot 100} = 0{,}002\overline{3}$.

Legt man 1.500.000 € 12 Monate lang zu dem eben berechneten relativen Zinssatz von $p_r = 0{,}2\overline{3}\,\%$ pro Monat an, so verfügt man anschließend über ein Kapital von $K_{12} = 1.500.000 \cdot (1 + 0{,}002\overline{3})^{12} = 1.542.543{,}21$.

Bei einer Anlage zu 2,8% Jahreszinsen (Zinsperiode 1 Jahr) wäre das Kapital dagegen nur auf $K_1 = 1.500.000 \cdot 1{,}028 = 1.542.000$ angewachsen.

Für das Endkapital nach einer Anlagedauer von k unterjährigen Zinsperioden ergibt sich, wenn man mit m die Anzahl der Zinsperioden pro Jahr bezeichnet:

$$K_k = K_0\,(1 + i_r)^k = K_0\,(1 + \frac{i_{nom}}{m})^k \qquad (2.15)$$

Die unterjährige Verzinsung führt durch Zinseszinseffekte zu einem höheren Endbetrag als die Jahresverzinsung mit der entsprechenden nominellen Zinsrate $i_{nom}$.

**Beispiel 2.24**

Jemand möchte seinen Posteingang reduzieren und nicht mehr monatlich einen Kontoauszug über die ihm gutgeschriebenen Zinsen zugeschickt bekommen. Er überlegt sich daher, zu einer Bank zu wechseln, die sein Kapital von 1.500.000 € nur einmal jährlich verzinst. Deswegen berechnet er den Jahreszinssatz, den eine Bank bieten muss, um das gleiche Ergebnis wie mit dem relative Zinssatz von $p_r = 0{,}2\overline{3}\,\%$ zu erzielen. Er rechnet folgendermaßen:

$1.542.543{,}21 = 1.500.000\,(1 + i) \Rightarrow i = 0{,}02836$.

Auf der linken Seite der Gleichung steht dabei das durch 12-malige Verzinsung mit dem relativen Zinssatz $p_r = 0{,}2\overline{3}\,\%$ erzielte Kapital (vgl. Beispiel 2.23). Bietet eine Bank also 2,836 % Jahreszinsen an, so entspricht dies einer monatlichen Verzinsung von $0{,}2\overline{3}\,\%$. Egal, welche der beiden Verzinsungsmöglichkeiten gewählt wird, nach einem Jahr verfügt man über dasselbe Endkapital. Dies gilt natürlich auch für das Endkapital nach 2 Jahren, 3 Jahren usw.

## Effektiver Zinssatz

Der eben in Beispiel 2.24 berechnete Jahreszinssatz wird auch *effektiver Zinssatz* $p_{eff}$ bzw. $i_{eff}$ genannt. Der effektive Zinssatz ist also in diesem Zusammenhang derjenige Zinssatz pro Jahr, der (jeweils am Jahresende) zum gleichen Ergebnis führt wie die m-malige Verzinsung mit dem relativen Zinssatz. Es besteht daher folgender allgemeiner Zusammenhang: $K_0\,(1 + i_r)^m = K_0\,(1 + i_{eff})$.

Damit erhält man für den ($i_r$ entsprechenden) effektiven (Jahres)zinssatz:

$$i_{eff} = (1 + i_r)^m - 1 \tag{2.16}$$

Bei unterjähriger Verzinsung mit dem relativen Zinssatz wird offensichtlich durch Zinseszinseffekte immer ein effektiver Zinssatz pro Jahr erzielt, der höher als der nominelle Jahreszinssatz ist.

Die Begriffe „effektiver Zinssatz“ bzw. „Effektivverzinsung“ beziehen sich ohne weitere Zusätze stets auf jährlich nachschüssigen Zinszuschlag. Nur mit Hilfe des Effektivzinssatzes lassen sich Verzinsungsangebote mit unterschiedlichen Zinsperioden vergleichen.

**Beispiel 2.25**

Jemand erhält folgende Angebote zur Anlage seines Kapitals:

- $p = 6{,}1\%$ p. a.
- $p_{nom} = 6\%$ p. a., $m = 4$
- $p_r = 0{,}5\%$ pro Monat.

Für welches Angebot soll er sich entscheiden? Zur Beantwortung dieser Frage wird zu jedem Angebot die zugehörige Effektivverzinsung berechnet:

$p_{nom} = 6\%$ p. a., $m = 4$ führt nach (2.16) zu $i_{eff} = (1 + 0{,}015)^4 - 1 = 0{,}0614$.

$p_r = 0{,}5\%$ pro Monat führt zu $i_{eff} = (1 + 0{,}005)^{12} - 1 = 0{,}0617$.

Die Entscheidung fällt zugunsten des dritten Angebotes mit monatlicher Verzinsung aus, da dieses die höchste effektive Verzinsung von 6,17% bietet. (Warum muss für das erste Angebot mit jährlichem Zinszuschlag der effektive Zinssatz nicht explizit berechnet werden?)

Die nachfolgende Tabelle zeigt einige Beispiele für nominelle, relative und effektive Zinssätze im Vergleich.

| $i_{nom}$ | m | $i_r$ | $i_{eff}$ |
|---|---|---|---|
| 0,03 | 2 | 0,0150 | 0,0302 |
| 0,03 | 4 | 0,0075 | 0,0303 |
| 0,03 | 12 | 0,0025 | 0,0304 |
| 0,06 | 2 | 0,0300 | 0,0609 |
| 0,06 | 4 | 0,0150 | 0,0614 |
| 0,06 | 12 | 0,0050 | 0,0617 |
| 0,12 | 2 | 0,0600 | 0,1236 |
| 0,12 | 4 | 0,0300 | 0,1255 |
| 0,12 | 12 | 0,0100 | 0,1268 |

### 2.2.5 Vergleich von Zahlungen mit unterschiedlicher Fälligkeit

Häufig steht man vor der Aufgabe, Ein- bzw. Auszahlungen, die zu *unterschiedlichen* Zeitpunkten erfolgen, oder auch mehrere vorgegebene Zahlungsreihen miteinander zu vergleichen.

**Beispiel 2.26**

Jemandem liegen für den Verkauf eines Grundstücks drei Angebote vor:

- 200.000 € bei sofortiger Bezahlung
- 220.000 €, zahlbar in 2 Jahren
- 50.000 € in 1 Jahr und 177.500 € in 3 Jahren.

Für welches Angebot soll man sich entscheiden? Nehmen wir an, dass die Möglichkeit besteht, Kapital zu 5% bei einer Bank anlegen bzw. ausleihen zu können.

Wie viel kann man sich heute zu 5% ausleihen, wenn die Schuld in 2 Jahren durch die Abtretung des dann fälligen Kaufpreises von 220.000 € (des zweiten Angebotes) vollständig getilgt werden soll? Gefragt ist also nach dem Barwert (heutigen Wert) des zweiten Angebotes:

$K_0 = 220.000 \cdot 1{,}05^{-2} = 199.546{,}49.$

Falls man das zweite Angebot akzeptiert, kann schon heute über 199.546,49 € verfügt werden, ohne sich Gedanken über die Rückzahlung machen zu müssen. 220.000 € in 2 Jahren sind also heute 199.546,49 € wert.

Eine ähnliche Überlegung führt beim dritten Angebot zu einem heutigen (Bar)wert von

$K_0 = 50.000 \cdot 1{,}05^{-1} + 177.500 \cdot 1{,}05^{-3} = 200.950{,}22.$

In diesem Fall müssen zwei zu verschiedenen Zeitpunkten fällige Zahlungen zunächst auf den Zeitpunkt 0 abgezinst und anschließend addiert werden, um den heutigen Wert des Angebots feststellen zu können. Da das dritte Angebot den höchsten Barwert aufweist, wird man sich für dieses entscheiden. (Welchen Barwert hat das erste Angebot?)

### Äquivalenzprinzip

Es gilt folgendes allgemeine Grundprinzip der Finanzmathematik. Um Zahlungen, die zu verschiedenen Zeitpunkten fällig werden, vergleichbar zu machen, müssen die Werte dieser Zahlungen zu *ein und demselben* Zeitpunkt bestimmt werden. Häufig wählt man als Bezugspunkt den Zeitpunkt 0, d.h. von allen Zahlungen berechnet man den *Barwert*. Aber auch jeder andere Bezugszeitpunkt für die Auf-/Abzinsung ist wählbar. Dieses grundlegende Gesetz wird auch *„Äquivalenzprinzip der Finanzmathematik“* genannt. Für die Umrechnung auf den gleichen Termin muss mit einem einheitlichen Zinssatz gerechnet werden, der meist aus den ökonomischen Umständen abgeleitet oder geschätzt wird. Diese Schätzung ist jedoch nicht Aufgabe der Finanzmathematik, hier wird mit einem von außen vorgegebenen Zinssatz gerechnet. Dabei ist zu bedenken, dass das Ergebnis eines Vergleiches von Zahlungen, die zu unterschiedlichen Zeitpunkten fällig werden, entscheidend von der Wahl des Zinssatzes abhängt.

**Beispiel 2.27**

In Beispiel 2.26 hat sich jemand unter Zugrundelegung eines Zinssatzes von 5% für das dritte Angebot entschieden. Eine dramatische Wende auf dem Zinsmarkt hat zur Folge, dass ab sofort Geld nur noch zu einem stark erhöhten Zinssatz von 8% ausgeliehen bzw. angelegt werden kann. Vergleicht man daraufhin die drei Angebote erneut, so erhält man für das zweite Angebot jetzt einen Barwert von

$K_0 = 220.000 \cdot 1{,}08^{-2} = 188.614{,}54$

und für das dritten Angebot ergibt sich ein Barwert von

$K_0 = 50.000 \cdot 1{,}08^{-1} + 177.500 \cdot 1{,}08^{-3} = 187.201{,}52.$

Da diesmal das erste Angebot den höchsten Barwert (*200.000 €*) aufweist, wird man sich für dieses entscheiden. Die Erhöhung des Zinssatzes von 5% auf 8% führt also zu einer Änderung der Entscheidung.

Wie schon erwähnt, muss man nicht unbedingt den Barwert zu Vergleichszwecken heranziehen. Wählt man z.B. in Beispiel 2.27 statt des Zeitpunktes 0 das Ende des dritten Jahres als gemeinsamen Umrechnungszeitpunkt für die drei Angebote, so erhält man für das erste Angebot:
$K_3 = 200.000 \cdot 1{,}08^3 = 251.942{,}40$

Das zweite Angebot hat dann den Wert:
$K_3 = 220.000 \cdot 1{,}08^1 = 237.600$

Für das dritte Angebot ergibt sich schließlich:
$K_3 = 50.000 \cdot 1{,}08^2 + 177.500 = 235.820$

Egal, welchen Vergleichszeitpunkt man wählt, bei einem zugrundegelegten Zinssatz von 8% wird natürlich immer die Alternative 1 die vorteilhafteste sein.

### 2.2.6 Kapitalwertmethode

Die Kapitalwertmethode ist eine Methode der Finanzmathematik, mit deren Hilfe sich die Wirtschaftlichkeit bzw. Vorteilhaftigkeit einer *Investition* berechnen lässt. Sie ist nichts anderes als die Anwendung der Zinseszinsrechnung und des Äquivalenzprinzip der Finanzmathematik auf Investitionsprobleme. Ein Beispiel soll dies erläutern.

**Beispiel 2.28**
Jemand plant die Anschaffung einer Segelyacht, an deren Bord Kreuzfahrten durch die Karibik veranstaltet werden sollen. Für die Anschaffungsausgaben dieser Investition werden 1.600.000 € eingeplant. Man rechnet damit, die Segelyacht 3 Jahre einsetzen zu können. Schätzungen der diesem Investitionsobjekt zuzurechnenden jährlichen Einnahmen und Ausgaben führen zu folgender Tabelle:

| Zeitpunkt | Ausgaben | Einnahmen | Jahresüberschuss |
|---|---|---|---|
| 0 | 1.600.000 | 0 | – 1.600.000 |
| 1 | 465.000 | 42.000 | – 423.000 |
| 2 | 30.000 | 900.000 | + 870.000 |
| 3 | 45.000 | 1.525.000 | + 1.480.000 |

In der Spalte Jahresüberschuss ist die Differenz zwischen den Jahreseinnahmen und -ausgaben angegeben. Im Periodenüberschuss des dritten Jahres ist dabei auch der zu erwartende Veräußerungserlös der Segelyacht enthalten. Als Alternative wird noch in Erwägung gezogen, das Geld zu 7% auf einem Sparkonto für 3 Jahre anzulegen. Zur Klärung der Frage, welche der beiden Möglichkeiten verwirklicht werden soll, wird der Barwert der Investition „Segelyacht" berechnet. Dabei wird unterstellt, dass die jeweils am Jahresende anfallenden Überschüsse zum Zinssatz der Alternative, also zu 7%, wieder angelegt werden bzw. eine Kreditaufnahme zur Deckung eines „negativen Jahresüberschusses" ebenfalls zu 7% möglich ist. Man erhält so ohne Berücksichtigung der Anschaffungsausgabe zunächst :
$K_0 = -423.000 \cdot 1{,}07^{-1} + 870.000 \cdot 1{,}07^{-2} + 1.480.000 \cdot 1{,}07^{-3} = 1.572.685{,}45$

Hier ist also der Barwert der mit der Investition zusammenhängenden Zahlungen geringer als die Anschaffungsausgabe von 1.600.000 €. Die Differenz beträgt:
1.572.685,50 – 1.600.000 = –27.314,55
Da dieser so genannte Kapitalwert hier negativ ausfällt, ist die Investition (in eine Segelyacht) verglichen mit der Alternative „Sparbuch“ (die durch den zugrundegelegten Zinssatz von p = 7% p.a. repräsentiert wird) nicht vorteilhaft.

Der *Kapitalwert* C einer Investition ergibt sich aus der Summe der Periodenüberschüsse minus der Summe der Anschaffungsausgaben, wobei alle Zahlungen auf den Zeitpunkt 0 abgezinst werden. Der hierzu verwendete Zinssatz wird *Kalkulationszinsfuß* genannt. Mit den Bezeichnungen
$C$ Kapitalwert,
$A_0$ Anschaffungsausgaben,
$P_i$ (erwarteter) Einnahmeüberschuss im i-ten Jahr (Periode),
$i$ Kalkulationszinsfuß ($q = 1 + i$)
ergibt sich folgende Formel für den Kapitalwert:

$$C = P_1 q^{-1} + P_2 q^{-2} + \dots + P_n q^{-n} - A_0 = \sum_{k=1}^{n} P_k q^{-k} - A_0 \qquad (2.17)$$

Dabei bezeichnet $P_i$ die Differenz zwischen den erwarteten Einnahmen und den erwarteten Ausgaben im i-ten Jahr.

Der „Periodenüberschuss“ $P_i$ kann durchaus negativ werden. Zu Beginn einer Investition ist dies sogar häufig der Fall (siehe dazu auch Beispiel 2.28). Das Vorzeichen des Kapitalwertes gibt an, welcher der beiden einem Investitionsobjekt zugerechneten und durch Abzinsung vergleichbar gemachten Zahlungsströme überwiegt, der Einnahmen- oder der Ausgabenstrom. Ein Kapitalwert größer Null ($C > 0$) bedeutet darüber hinaus, dass die untersuchte Investition einen höheren Gewinn verspricht als die durch den Kalkulationszinsfuß ausgedrückte Alternative. Entsprechend heißt $C < 0$, dass das Investitionsobjekt die Verzinsung des Kalkulationszinsfußes nicht erreicht. Als Kalkulationszinsfuß kann dabei die durch die Investition zu erzielende Mindestverzinsung gewählt werden.

**Hinweise:**

- Zur Vereinfachung wird angenommen, dass die gesamten Anschaffungsausgaben zu Beginn des ersten Jahres in einer Summe und die Einnahmen und Ausgaben zum Ende des jeweiligen Jahres anfallen. Eigentlich ist es unnötig, zwischen der Anschaffungsausgabe einer Investition und den Ausgaben der nachfolgenden Perioden (Jahren) zu unterscheiden, diese Trennung dient allein der Anschaulichkeit.
- Der Kapitalwert einer Investition lässt sich natürlich auch als Differenz der dieser Investition zugerechneten und auf den Zeitpunkt 0 diskontierten (abgezinsten) Ein- und Auszahlungen berechnen.
- Eine Investition heißt vorteilhaft, wenn ihr Kapitalwert positiv ist.

Bei der Anwendung der Kapitalwertmethode wird unterstellt, dass alle positiven Periodenüberschüsse zum Kalkulationszinsfuß angelegt werden und dass „negative“

Periodenüberschüsse durch eine Kreditaufnahme zum Kalkulationszinsfuß ausgeglichen werden können. Man arbeitet hier also aus Vereinfachungsgründen mit einer (unrealistischen) Pauschalannahme. Insbesondere wird die Gleichheit von Kredit- und Anlagezinsen (Soll- und Habenzinsen) vorausgesetzt. (Weit gehend erfüllt sind diese Prämissen nur, falls alle Zahlungen über ein Kontokorrentkonto abgewickelt werden, dessen Kontostand während der gesamten Investitionsdauer entweder immer positiv oder stets negativ ist.)

Bei weit gehender oder vollständiger Finanzierung der Investition mit Eigenkapital wählt man sinnvollerweise als Kalkulationszinsfuß einen Zinssatz, der bei der Anlage bei einem Kreditinstitut erzielt werden könnte. In diesem Fall entspricht der positive Kapitalwert einer Investition dem Überschuss, der über die am Finanzmarkt zu erzielende Verzinsung hinaus erreicht werden kann. (Wie ist hier ein negativer Kapitalwert zu interpretieren?) Muss man die Investition dagegen fremdfinanzieren, so ist als Kalkulationszinsfuß der Zinssatz zu wählen, der für den Kredit vereinbart wurde. Ein negativer Kapitalwert bedeutet in diesem Fall, dass die Finanzierungskosten nicht durch die Investitionseinnahmen gedeckt werden. Die Vorteilhaftigkeit einer Investition wird also in diesem Fall an ihren Finanzierungskosten gemessen.

Natürlich ist es auch möglich, mit mehr als einem Kalkulationszinsfuß zu rechnen, indem man beispielsweise positive und negative Periodenüberschüsse mit unterschiedlichen Zinssätzen bei der Bestimmung des Kapitalwertes berücksichtigt. Hierauf soll nicht weiter eingegangen werden. Muss man mehrere Investitionsalternativen beurteilen, so entscheidet man sich für diejenige Möglichkeit mit dem höchsten (positiven) Kapitalwert.

Neben der eben vorgestellten Kapitalwertmethode finden auch die so genannte Methode des internen Zinsfußes und die Annuitätenmethode bei der Beurteilung von Investitionsobjekten Verwendung. Da diese Verfahren in der Investitionsrechnung im Rahmen der Wirtschaftswissenschaften behandelt werden, wird hier nicht weiter darauf eingegangen.

## 2.3 Rentenrechnung

### 2.3.1 Grundbegriffe der Rentenrechnung

Schon im vorhergehenden Kapitel 2.2.5 wurde gezeigt, dass man mit Hilfe der Zinseszinsrechnung mehrere Zahlungen (auch unterschiedlicher Höhe) zu einem Gesamtwert zusammenfassen kann, indem man von jeder Zahlung einzeln den Barwert berechnet und anschließend die so erhaltenen Werte addiert.

Bei praktischen Anwendungen trifft man häufig auf den Spezialfall von gleichhohen Zahlungen, die in gleichen Zeitabständen fließen. Dies führt zu dem Begriff der Rente.

**Rente**
Unter einer *Rente* versteht man in der Finanzmathematik eine Folge von regelmäßig wiederkehrenden Ein- bzw. Auszahlungen mit im Allgemeinen gleichhohen Beträgen, die Rentenraten (oder einfacher Raten) genannt werden.

Die Zeitspanne zwischen zwei Rentenzahlungen heißt *Rentenperiode*.

Die Rentenrechnung befasst sich nun mit dem Problem, die periodisch in gleich bleibender Höhe geleisteten Zahlungen (Rentenraten) zu einem Gesamtwert zusammenzufassen, natürlich unter Berücksichtigung der anfallenden (Zinses-) Zinsen. Dies führt zum *Rentenendwert*, d.h. dem Wert aller geflossenen Zahlungen am Ende der letzten Rentenperiode, bzw. zum *Rentenbarwert*, der den Wert der zukünftigen Rente zu Beginn der ersten Rentenperiode darstellt. Auch die umgekehrte Problematik, einen vorgegebenen Betrag in eine vorgegebene Anzahl von Rentenraten aufzuteilen (Verrentung von Kapital), ist von Interesse. Einige Beispiele sollen zunächst die Probleme veranschaulichen, welche im Lauf der folgenden Abschnitte diskutiert werden.

**Beispiel 2.29**

1. Jemand zahlt jährlich jeweils am Jahresende 10.000 € auf ein Sparkonto ein, welches $p = 8\%$ p.a. Verzinsung bietet. Wie hoch ist der Kontostand nach 10 Jahren (also direkt nach der zehnten Einzahlung)?
2. Jemand spart monatlich 20 €, die mit $p = 6\%$ p.a. verzinst werden. Über welchen Betrag kann nach 30 Jahren verfügt werden, wenn das Geld jeweils am Monatsersten überwiesen wird?
3. Jemand möchte für seine gerade 12 Jahre alt gewordene Tochter 100.000 € ansparen, die ihr zum 19. Geburtstag zur Verfügung stehen sollen. Er möchte diesen Betrag in 7 jährlichen Raten, beginnend mit dem zwölften Geburtstag seiner Tochter, bei einem Kreditinstitut ansparen, das ihm 7% Zinsen bietet. Wie viel muss jährlich an die Bank überwiesen werden?
4. Jemand soll BWL studieren. Er veranschlagt für die Studiendauer 8 Semester. Über wie viel kann er an jedem Monatsersten verfügen, wenn die zu Beginn des Studiums vorhandenen 50.000 € am Ende der vierjährigen Studiendauer verbraucht sein sollen und die Bank in dieser Auszahlungsphase das Guthaben mit $p = 4{,}5\%$ p.a. verzinst?
5. Jemand möchte ein Haus zum 1.1. erwerben. Der Besitzer fordert 15 jeweils am Ende des Jahres zu zahlende Raten in Höhe von 50.000 €. Welchen Betrag muss K. an B. bezahlen, wenn er statt der über 15 Jahre laufenden Rentenzahlungen seine Schuld sofort beim Hauskauf begleichen möchte? Dabei wird davon ausgegangen, dass man bei Anlage des Kaufpreises bei einem Kreditinstitut 6% Zinsen p.a. erhalten kann.

Analysiert man die obigen Beispiele, so werden folgende wichtige Kriterien zur Charakterisierung von Renten deutlich.

**Fälligkeit der Rentenraten**
Erfolgen die Rentenzahlungen jeweils zu Beginn einer Periode, so spricht man von einer *vorschüssigen Rente* (Praenumerandorente).

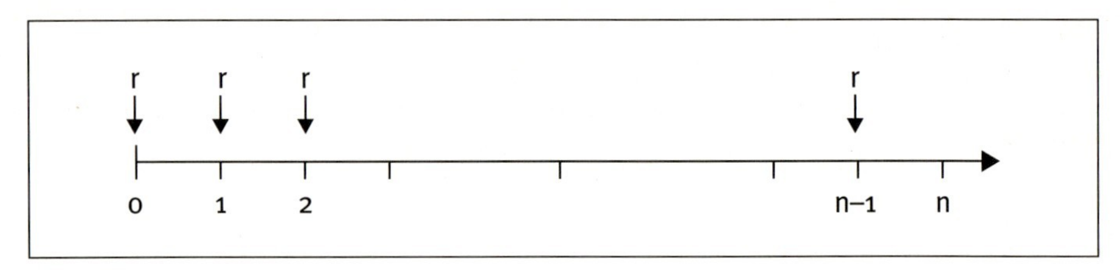


*Abb. 2.4: Zahlungszeitpunkte einer vorschüssigen Rente:*

Vorschüssige Renten findet man häufig im Zusammenhang mit regelmäßigen Sparplänen (z.B. Bausparen, Kapitallebensversicherungen), bei Mietzahlungen usw.

Erfolgen die Rentenzahlungen jeweils zum Ende einer Periode (wie in den Beispielen 1 und 5 aus 2.29), spricht man von einer *nachschüssigen Rente* (Postnumerandorente).

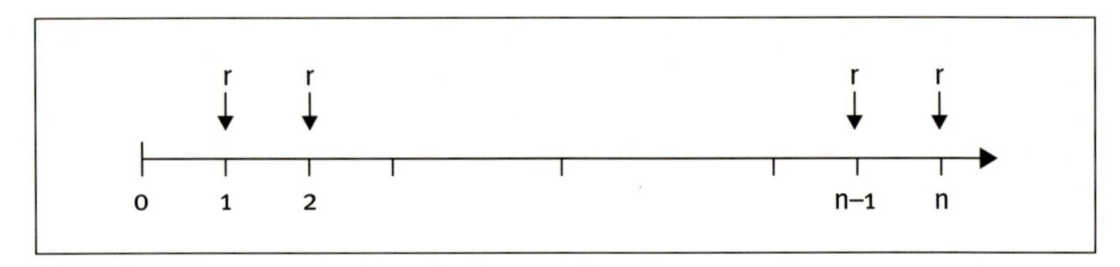


*Abb. 2.5: Zahlungszeitpunkte einer nachschüssigen Rente*

Nachschüssige Renten dagegen werden beispielsweise bei der Rückzahlung von Krediten, Gehaltszahlungen etc. eingesetzt.

Ein weiteres wichtiges Unterscheidungskriterium ist das *Verhältnis von Rentenperiode und Verzinsungsperiode.* Hier können zwei Möglichkeiten auftreten:

- Zinsperiode und Rentenperiode stimmen überein (siehe Beispiele 1, 3 und 5 aus Beispiel 2.29)
- Zinsperiode und Rentenperiode stimmen nicht überein (siehe Beispiele 2 und 4 aus Beispiel 2.29).

Wird beispielsweise jährlich verzinst, aber monatlich die Kreditrate an die Bank überwiesen, so liegt die zweite Alternative vor.

Bei der *Länge der Zinsperiode* unterscheidet man zwischen jährlicher Verzinsung und unterjähriger Verzinsung. Dem entsprechen die zwei Alternativen für die *Länge der Rentenperiode*: jährliche Rentenrate (jährliche wiederkehrende Zahlungen) und unterjährige Rentenrate (pro Halbjahr, pro Quartal, pro Monat usw.).

### 2.3.2 Nachschüssige Renten mit übereinstimmender Renten- und Zinsperiode

Im Rahmen dieses Abschnittes werden fast ausschließlich Renten behandelt, bei denen die Rentenperiode und die Zinsperiode übereinstimmend *1 Jahr* betragen.

Übersicht wichtiger Symbole:

- $r$ Höhe der (gleich bleibenden) Rentenrate
- $R_n$ Rentenendwert einer nachschüssigen Rente nach n geleisteten Rentenraten
- $R_0$ Rentenbarwert einer nachschüssigen Rente
- $n$ Anzahl der Rentenraten.

Bei der Berechnung des Rentenendwert $R_n$ einer *nachschüssigen* Rente wird ausgenutzt, dass der Rentenendwert eine *endliche geometrische Reihe* ist.

Dies zeigt auch die ausführliche Lösung des 1. Falls aus Beispiel 2.29:
Die zehnte und damit letzte Einzahlung wird nicht verzinst. Diese geht daher mit genau 10.000 € in den gesuchten Rentenendwert $R_{10}$ ein.
Die am Ende des neunten Jahres getätigte Zahlung wird ein Jahr lang verzinst, trägt daher mit $10.000 \cdot 1{,}08$ € $= 10.800$ € zum Rentenendwert bei.
Die am Ende des 8-ten Jahres eingezahlten 10.000 € wachsen auf $10.000 \cdot 1{,}08^2$ € $= 11.664$ € usw.
Die erste Einzahlung (am Ende des ersten Jahres) wird 9 Jahre lang verzinst, diese leistet einen Beitrag von $10.000 \cdot 1.08^9$ € $= 19.990{,}05$ € zu $R_{10}$.
Insgesamt ergibt sich für das Endkapital nach 10 Jahren:

$$R_{10} = 10.000 + 10.000 \cdot 1{,}08 + 10.000 \cdot 1{,}08^2 + \ldots + 10.000 \cdot 1{,}08^9$$

$$= 10.000 \cdot \frac{1{,}08^{10} - 1}{1{,}08 - 1} = 144.865{,}62 \text{ €}.$$

Also stellt $R_{10}$ eine endliche geometrische Reihe dar mit $q = 1{,}08$ und $n = 10$, deren Wert mit der in Kapitel 2.1.3 vorgestellten Summenformel (2.3) für geometrische Reihen berechnet wird.

Ganz analog zu diesem Beispiel überlegt man sich allgemein: Wird eine Rente der Höhe $r$ jeweils am Jahresende (also *nachschüssig*) $n$ Jahre lang eingezahlt und werden alle Rentenraten mit der Zinsrate $i$ ($i = \frac{p}{100}$) verzinst , so gilt für den Rentenendwert $R_n$ nach $n$ Jahren (also unmittelbar nach der letzten Zahlung):
$R_n = r + rq + rq^2 + rq^3 + \ldots + rq^{n-1}$ mit $q = 1 + i$

Die letzte Rentenrate liefert r, die vorletzte Rentenrate $rq$, die davor $rq^2$ usw. bis schließlich die erste Rate $rq^{n-1}$ zum Rentenendwert $R_n$ beiträgt.

Unter Verwendung der Summenformel für eine endliche geometrische Reihe erhält man den Rentendwert.

**Rentenendwert**
Der Rentenendwert (Gesamtwert) einer aus $n$ nachschüssigen Rentenraten der Höhe $r$ bestehenden Rente beträgt:

$$R_n = r \cdot \frac{q^n - 1}{q - 1} \qquad (2.18)$$

Der Faktor $\frac{q^n - 1}{q - 1}$ wird nachschüssiger Rentenendwertfaktor genannt. Früher benutzte man umfangreiche Tabellen, in denen dieser Faktor tabelliert war. Heute berechnet man ihn schnell und problemlos mit Hilfe eines Taschenrechners.

Sind von den vier Größen $R_n$, r, n und q (bzw. i oder p) in Formel (2.18) drei bekannt, so kann die jeweils vierte Variable berechnet werden. Dies führt zu vier Grundtypen von einfachen Rentenproblemen. Den ersten Grundtyp beschreibt Formel (2.18), zwei weitere werden im Folgenden dargestellt:

**Berechnung des nachschüssigen Rentenbarwertes $R_0$**

$$R_0 = \frac{R_n}{q^n} = \frac{r}{q^n} \cdot \frac{q^n - 1}{q - 1} \tag{2.19}$$

Der Rentenbarwert $R_0$ beantwortet die Frage, was eine zukünftig über n Perioden fließende Rentenrate heute (zum Zeitpunkt 0) wert ist. Diese Formel ergibt sich dadurch, dass man den Wert einer Rente nach n Perioden auf den Zeitpunkt 0 abzinst, d.h., man dividiert einfach den Rentenendwert durch $q^n$. Der in der Formel (2.19) auftretende Faktor

$$\frac{1}{q^n} \cdot \frac{q^n - 1}{q - 1}$$

heißt (nachschüssiger) Rentenbarwertfaktor. Die folgende Abbildung veranschaulicht die Zahlungszeitpunkte der Rentenraten und den Zeitpunkt der Erfassung des Rentenbarwertes bzw. -endwertes im nachschüssigen Fall:

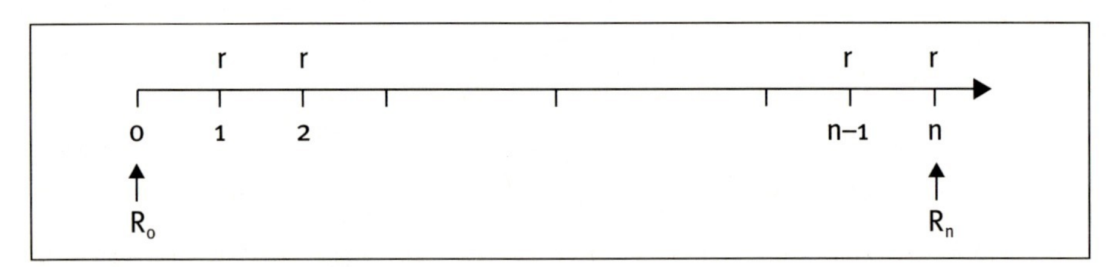


*Abb. 2.6: Nachschüssige Rente*

**Lösung des 5. Falls aus Beispiel 2.29**

Hier wird der Barwert der zukünftig über 15 Jahre zu entrichtenden Rentenrate r = 50.000 gesucht. Nach (2.19) ergibt sich für diesen:

$$R_0 = \frac{50.000}{1{,}06^{15}} \cdot \frac{1{,}06^{15} - 1}{1{,}06 - 1} = 485.612{,}45$$

Legt man diesen sofort fälligen Kaufpreis zu 6% bei einer Bank an, so kann man sich 15 Jahre lang jeweils zum Jahresende 50.000 € auszahlen lassen.

**Berechnung der nachschüssigen Rentenrate r:**

Geht man von der Formel (2.18), also vom Rentenendwert $R_n$ aus, so erhält man für die gesuchte Rentenrate:

$$r = \frac{R_n\,(q - 1)}{q^n - 1} \tag{2.20}$$

Durch Auflösung der Rentenbarwertformel (2.19) nach r ergibt sich:

$$r = R_0 \cdot q^n \frac{q-1}{q^n-1} \qquad (2.21)$$

Natürlich führen beide Formeln zum selben Ergebnis.

**Beispiel 2.30**

Jemand möchte 100.000 € in vier gleichhohen, am Jahresende fälligen Raten ausbezahlt bekommen. Über welchen Betrag kann man jeweils am Jahresende verfügen, wenn das Kapital zu $p = 4{,}5\%$ angelegt ist? Hier ist nach der jährlich nachschüssigen Rentenrate r gefragt. Da der Barwert $R_0 = 100.000$ € bekannt ist, ergibt sich aus (2.21):

$$r = \frac{100.00 \cdot 1{,}045^4(1{,}045-1)}{1{,}045^4-1} = 27.874{,}36$$

Jemand kann sich daher vier Jahre lang jeweils zum Jahresende 27.874,36 € auszahlen lassen. Mit der vierten Auszahlung ist dann das anfänglich eingesetzte Kapital von 100.000 € verbraucht.

**Berechnung der Anzahl der (nachschüssigen) Rentenperioden**

Geht man von der Formel (2.18) für den Rentenendwert aus, so gilt

$$n = \frac{\log\left[\frac{R_n}{r}(q-1)+1\right]}{\log q} \qquad (2.22)$$

Ist stattdessen der Barwert einer Rente angegeben, so folgt aus der Barwertformel (2.19) durch Umstellung nach n:

$$n = -\frac{\log\left[1-\frac{R_0}{r}(q-1)\right]}{\log q} \qquad (2.23)$$

**Beispiel 2.31**

Jemand hat 80.000 € durch jährlich nachschüssige Raten in Höhe von 8.229,12 € angespart. Die Verzinsung betrug 5,5%. Wie viel Jahre lang musste die Rate überwiesen werden? Hier ist nach der Laufzeit einer Rente bei bekannter Ratenhöhe und bekanntem Rentenendwert gefragt. Mit Hilfe von Formel (2.22) erhält man:

$$n = \frac{\log\left[\frac{80.000}{8.229{,}12}(1{,}055-1)+1\right]}{\log 1{,}055} = 8$$

Nach 8 Jahren waren die gewünschten 80.000 € angespart.

### Berechnung des Zinssatzes

Will man die Rentendwertformel (2.18) nach $q$ auflösen, so erhält man zunächst eine Gleichung n-ten Grades:

$$q^n - \frac{R_o}{r} q + \frac{R_n}{r} - 1 = 0 \tag{2.24}$$

Bei Kenntnis des Rentenbarwertes ergibt sich entsprechend aus (2.19) bei der Berechnung von $q$ eine Gleichung $n+1$-ten Grades:

$$q^n \left(1 + \frac{R_o}{r}\right) - \frac{R_o}{r} \cdot q^{n+1} - 1 = 0 \tag{2.25}$$

Die Auflösung der beiden Formeln nach $q$ führt für $n > 2$ bzw. für $n > 1$ zu Gleichungen vom Mindestgrad 3. Solche Gleichungen können mit numerischen Verfahren (z.B. dem Newton-Verfahren) gelöst werden. Da praktisch jede mathematische Software derartige Verfahren enthält, stellen solche Gleichungen kein prinzipielles Problem mehr dar.

Das folgende Beispiel hat eine Rente mit nur zwei Rentenperioden zum Inhalt und ist daher mit (2.24) elementar lösbar.

**Beispiel 2.32**

Zwei Raten in Höhe von 440 € führen zu einem Guthaben (Rentenendwert) von 918,50 €. Welcher Zinssatz wurde hierbei zugrundegelegt? Da der Rentenendwert bekannt ist, gilt nach (2.24):

$$q^2 - \frac{918{,}50}{440} q + \frac{918{,}50}{440} - 1 = 0$$

Diese quadratische Gleichung ist elementar lösbar. Eine Lösung ist $q = 1{,}0875$; die zweite hier nicht angeführte Lösung führt zu einem negativen Zinssatz und kommt daher aus ökonomischen Gründen nicht in Betracht. Der gesuchte Zinssatz beträgt daher $p = 8{,}75\%$.

Bisher wurde nur mit der Zinsperiode bzw. Rentenperiode „Jahr“ gerechnet. Doch solange Zinsperiode und Rentenperiode *zusammenfallen,* können alle bisher eingeführten Rentenformeln auch bei unterjähriger Verzinsung weiterverwendet werden. In den Formeln (2.18) bis (2.25) ist dazu nur die Zinsrate $i$ durch die relative Zinsrate $i_r$ (siehe Kapitel 2.2.4) und n durch die Anzahl k der unterjährigen Rentenperioden (Zinsperioden) zu ersetzen.

**Beispiel 2.33**

In einem Gerichtsprozess wird Herr K. dazu verurteilt, beginnend einen Monat nach Urteilsverkündung, 50 Monate lang je 500 € in die Staatskasse zu zahlen. Wie hoch ist der Wert dieser Zahlungen unmittelbar nach Zahlung der letzten Rate? Dabei wird unterstellt, dass die monatlichen Raten mit monatlich 0,5% verzinst werden. (Dies entspricht einem nominellen Jahreszinssatz von 6%, siehe (2.14).)

Hier ist nach dem Rentenendwert einer nachschüssig zahlbaren Rente mit der Laufzeit $k = 50$ und der relativen Zinsrate $i_r = 0{,}005$ gefragt. Mit (2.18) ergibt sich:

$$R_{50} = 500 \cdot \frac{(1 + 0{,}005)^{50} - 1}{0{,}005} = 28.322{,}58$$

Bestände für K. also die Möglichkeit, seine Strafzahlungen auf ein eigenes Konto mit monatlicher Verzinsung von 0,5% umzuleiten, so hätten sich dort nach 50 Monaten 28.322,58 € angesammelt.
Fragt man sich dagegen, welchen Wert die Herrn K. aufgebürdeten Zahlungen am Tag der Urteilsverkündung haben, so muss man den Barwert der Strafrente berechnen. Mit Hilfe der Formel (2.19) erhält man hierfür:

$$R_0 = \frac{R_{50}}{q^{50}} = \frac{28.322{,}58}{1{,}005^{50}} = 22.071{,}39 \text{ €}$$

K. kann sich also freikaufen, indem er sofort 22.071,39 € überweist.

### 2.3.3 Vorschüssige Renten mit übereinstimmender Renten- und Zinsperiode

Bei einer vorschüssigen Rente werden alle Ratenzahlungen am Beginn (und nicht wie bisher zum Ende) einer Rentenperiode geleistet.

Mit $\bar{R}_n$ wird der Rentenendwert und mit $\bar{R}_0$ der Barwert einer *vorschüssigen* Rente nach n Rentenperioden (Zinsperioden) bezeichnet.

Den Unterschied zwischen dem Rentenendwert $\bar{R}_n$ einer vorschüssigen Rente und dem einer nachschüssigen Rente verdeutlicht das folgende Beispiel.

**Beispiel 2.34**
K. zahlt jeweils am Jahresanfang drei Jahre lang 1.000 € auf ein Konto, das eine Verzinsung von $p = 8\%$ bietet. Sein Sohn zahlt 1.000 € nachschüssig (also jeweils am Jahresende) 3 Jahre lang auf ein anderes Konto, welches ebenfalls mit 8% verzinst wird. Jede Ratenzahlung von K. wird eine Periode länger verzinst als die seines Sohnes. Dies hat beispielsweise zur Folge, dass die erste Zahlung von K. mit $1.000 \text{ €} \cdot 1{,}08^3 = 1.259{,}71 \text{ €}$ in den Rentenendwert eingeht, während die erste Zahlung seines Sohnes nur $1.000 \text{ €} \cdot 1{,}08^2 = 1166{,}40 \text{ €}$ dazu beiträgt. Konsequent zu Ende gedacht, bedeutet dies, dass man den Rentendwert $\bar{R}_3$ der vorschüssigen Rente von K. aus dem Rentenendwert $R_3$ der nachschüssigen Rente seines Sohnes durch Multiplikation von $q = 1{,}08$ erhält. Es gilt daher:
$\bar{R}_3 = q \cdot R_3 = 1{,}08 \cdot 3.246{,}40 = 3.506{,}11$
$R_3$ wurde hierbei gemäß Formel (2.18) aus Kapitel 2.3.2 berechnet.

Wie im Beispiel 2.34 gilt ganz allgemein für den Zusammenhang zwischen dem Rentenendwert einer nachschüssigen und vorschüssigen Rente: $\bar{R}_n = q \cdot R_n$. Setzt man für $R_n$ die Formel aus (2.18) ein, so erhält man den grundlegenden Zusammenhang:

$$\bar{R}_n = r \cdot q \cdot \frac{q^n - 1}{q - 1} \qquad (2.26)$$

Der Faktor $q \cdot \frac{q^n - 1}{q - 1}$ heißt auch Rentenendwertfaktor einer vorschüssigen Rente.

Genau wie bei einer nachschüssigen Rente kann man mit Hilfe der Formel (2.26) durch Umformen den Barwert, die Laufzeit bzw. die zugrundeliegende Verzinsung einer vorschüssigen Rente berechnen. Im Einzelnen gilt:

**Berechnung des (vorschüssigen) Rentenbarwertes $\bar{R}_0$**

$$\bar{R}_0 = \frac{r}{q^{n-1}} \cdot \frac{q^n - 1}{q - 1} \qquad (2.27)$$

Der Faktor $\frac{1}{q^{n-1}} \cdot \frac{q^n - 1}{q - 1}$ heißt in diesem Zusammenhang auch Barwertfaktor einer vorschüssigen Rente.

Die Abbildung 2.7 veranschaulicht die Zahlungszeitpunkte der Rentenraten und den Zeitpunkt der Erfassung des Rentenbarwertes bzw. -endwertes im vorschüssigen Fall.

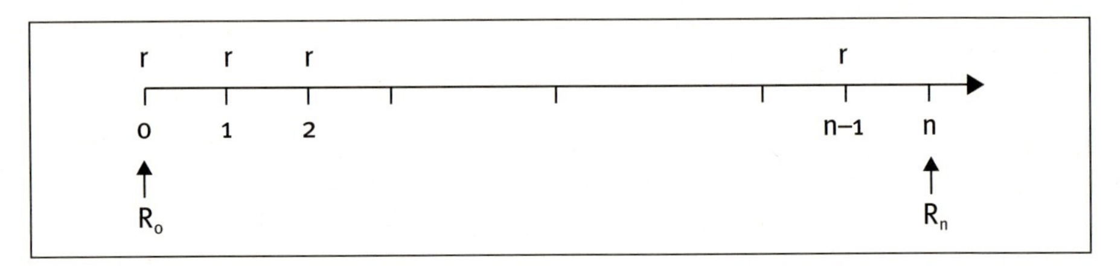


*Abb. 2.7: Vorschüssige Rente*

**Berechnung der (vorschüssigen) Rentenrate r:**

Bei Kenntnis des Rentenendwertes $\bar{R}_n$ gilt:

$$r = \frac{\bar{R}_n (q - 1)}{q (q^n - 1)} \qquad (2.28)$$

Ist dagegen der Rentenbarwert $\bar{R}_0$ bekannt, so erhält man für r:

$$r = \frac{\bar{R}_0 \cdot q^{n-1} (q - 1)}{q^n - 1} \qquad (2.29)$$

**Berechnung der Anzahl der (vorschüssigen) Rentenperioden (bzw. Zinsperioden)**
Geht man von der Formel für den Rentenendwert (2.26) aus, so gilt:

$$n = \frac{\log \left[ \frac{\bar{R}_n (q - 1)}{r \cdot q} + 1 \right]}{\log q} \qquad (2.30)$$

Ist stattdessen der Barwert einer Rente angegeben, so folgt aus der Barwertformel (2.26) durch Umstellung nach n:

$$n = -\frac{\log\left[q - \frac{\bar{R}_0\,(q-1)}{r}\right]}{\log q} + 1 \qquad (2.31)$$

Auf die Berechnung des Zinssatzes wird hier verzichtet.

Zum Abschluss dieses Abschnitts folgen vier Beispiele, in denen einige der Formeln (2.26) bis (2.31) für vorschüssige Renten zum Einsatz kommen.

**Beispiel 2.35**

1. Sohn K. spart jeweils zum Jahresanfang 240 €. Über welches Kapital verfügt er nach 30 Jahren bei einer Verzinsung mit 6% p.a? Hier ist nach dem Rentenendwert einer vorschüssigen Rente gefragt. Nach (2.26) gilt für diesen:

$$\bar{R}_{30} = 240 \cdot 1{,}06 \cdot \frac{1{,}06^{30} - 1}{1{,}06 - 1} = 20.112{,}40$$

2. Frau K. hat bei einem Preisausschreiben gewonnen. 10 Jahre lang erhält sie jeweils zum Jahresanfang 2400 € überwiesen. Über welchen Betrag kann sie sofort verfügen, wenn mit einem Zinssatz von 7% kalkuliert wird? Es ist also der Barwert einer über 10 Jahre laufenden vorschüssigen Jahresrente gesucht. Nach (2.27) gilt für diesen:

$$\bar{R}_0 = \frac{2400}{1{,}07^9} \cdot \frac{1{,}07^{10} - 1}{1{,}07 - 1} = 18.036{,}56$$

3. Welchen gleich bleibenden Betrag muss jemand zu Beginn eines jeden Jahres auf sein Konto einzahlen, um bei 9% Verzinsung nach 15 Jahren über 200.000 € zu verfügen? Hier ist nach der Jahresrate einer vorschüssigen Rente bei gegebenem Endwert gefragt. Für diese gilt nach (2.28):

$$r = \frac{200.000\,(1{,}09 - 1)}{1{,}09\,(1{,}09^{15} - 1)} = 6.249{,}34$$

4. Jemandem fällt auf, dass sich auf seinem Konto 50.000 € befinden. Später fällt ihm ein, dass er diesen Kontostand durch regelmäßige Sparraten in Höhe von 2.500 € erreicht hat. Diese hat er jeweils zum Jahresanfang auf sein Konto eingezahlt. Die Verzinsung betrug 7,5%. Wie viel Jahre hat er gespart? Hier ist nach der Laufzeit n einer jährlich vorschüssigen Rente gefragt, wenn der Rentendwert (hier 50.000 €) bekannt ist. Mit Hilfe der Formel (2.30) ergibt sich:

$$n = \frac{\log\left[\frac{50.000\,(1{,}075 - 1)}{2.500 \cdot 1{,}075} + 1\right]}{\log 1{,}075} = 12{,}08$$

### 2.3.4 Unterjährige Renten bei jährlicher Verzinsung

In der Praxis kommt es häufig vor, dass *Rentenzahlungen unterjährig* (meist monatlich, vierteljährlich oder halbjährlich) geleistet werden, die *Verzinsung* aber *jährlich nachschüssig* erfolgt. Hier handelt es sich also um den Fall, dass Rentenperiode (z. B. Monat) und Verzinsungsperiode (z. B. Jahr) *nicht* übereinstimmen. Der zweite Fall aus Beispiel 2.29 ist typisch für eine solche Situation. An dieser Stelle soll zunächst mit Beispiel 2.36 in die Problematik eingeführt werden.

**Beispiel 2.36**

Herr K. zahlt auf ein Konto monatlich am Monatsletzten (also nachschüssig) jeweils 500 € ein. Es werden ihm 3% Zinsen geboten, der Zinszuschlag erfolgt am Jahresende. Wie hoch ist der Kontostand am Ende des ersten Jahres, nachdem er zwölf Zahlungen geleistet hat?

Der gesuchte Kontostand ergibt sich durch Addition der zwölf Einzahlungen von je 500 € und den auf diese Einzahlungen am Jahresende gutgeschriebenen Zinsen. Die erste Einzahlung (Rentenrate) wird elf Monate verzinst, die zweite zehn Monate usw. Die letzte Einzahlung am Jahresende bringt keinen Zinsertrag. Da innerhalb eines Jahres mit einfachen Zinsen (vgl. Kapitel 2.2.2) gerechnet wird, gilt für die am Jahresende gezahlten Zinsen:

Zinsen für die erste Rate vom 30.1.:

$Z_{Jan} = 500 \cdot 0{,}03 \cdot \frac{11}{12}$, da für elf Monate Zinsen gewährt werden.

Zinsen für die zweite Rate vom 28.(29.)2.:

$$Z_{Feb} = 500 \cdot 0{,}03 \cdot \frac{10}{12}$$

usw.

Zinsen für die zwölfte Rate vom 30.12.:

$$Z_{Dez} = 500 \cdot 0{,}03 \cdot \frac{0}{12} = 0$$

Addition dieser Zinserträge führt zu:

$$Z_{1\,Jahr} = 500 \cdot 0{,}03 \cdot \left(\frac{11}{12} + \frac{10}{12} + \ldots + \frac{0}{12}\right)$$

Auf der rechten Seite der letzten Gleichung findet man innerhalb der Klammern eine arithmetische Reihe (siehe 2.1.2) mit $a_1 = \frac{0}{12}$ und $a_{12} = \frac{11}{12}$.

Unter Anwendung der Summenformel (2.2) für eine arithmetische Reihe gilt schließlich:

$$Z_{1\,Jahr} = 500 \cdot 0{,}03 \cdot 12 \cdot \frac{1}{2} \cdot \left(\frac{11}{12} + \frac{0}{12}\right) = 500 \cdot \frac{0{,}03}{2} \cdot 11 = 82{,}50.$$

Insgesamt befindet sich daher am Jahresende folgende Summe auf K.'s Konto:

$K = 12 \cdot 500 + 82{,}50 = 6.082{,}50$

Statt monatlich 500 € nachschüssig einzuzahlen, kann K. also auch am Jahresende 6.082,50 € überweisen.

Man nennt den im Beispiel 2.36 berechneten Wert einer monatlich gezahlten Rate auch *Jahresersatzrate* $r_E$. Gelegentlich heißt $r_E$ auch jahreskonforme Ersatzrate. Ähnlich wie in diesem Beispiel (hier ist $m = 12$) kann man zeigen, dass für die zu $m$ unterjährigen, nachschüssigen Raten (in der Höhe von $r$) äquivalente Jahresersatzrate $r_E$ gilt:

**Jahresersatzrate**

$$r_E = r[m + \frac{i}{2}(m-1)],\ m = \text{Anzahl der Rentenperioden pro Jahr} \qquad (2.32)$$

**Beispiel 2.37**

1. Für die in Beispiel 2.36 dargestellte Situation erhält man mit $m = 12$, $i = 0{,}03$, $r = 500$ die Jahresersatzrate $r_E = 500\,[12 + \frac{0{,}03}{2}(12-1)] = 6.082{,}50$.

2. Jemand muss jeweils am Quartalsende 2.000 € Miete überweisen. Wie viel könnte man stattdessen am Jahresende überweisen, wenn mit p = 5% p.a. gerechnet wird? Um (2.32) anwenden zu können, setzt man i = 0,05; m = 4; r = 2.000. Dann erhält man für die Jahresersatzrate: $r_E = 2.000\,[4 + \frac{0{,}05}{2}(4-1)] = 8.150$

Häufig werden die Rentenzahlungen zu Beginn der m unterjährigen Perioden fällig (z.B. Miete, Bausparbeiträge), während die Zinsen – wie bisher – jährlich nachschüssig anfallen.

In diesem Fall gilt für die zu den m unterjährigen, vorschüssigen Ratenzahlungen r äquivalente Jahresersatzrate $\bar{r}_E$:

$$\bar{r}_E = r\,[m + \frac{i}{2}(m+1)] \qquad (2.33)$$

**Beispiel 2.38**

Die Situation sei wie im 2. Fall aus Beispiel 2.37 mit dem Unterschied, dass die Miete jeweils zum Quartalsbeginn fällig ist. Dann erhält man für die äquivalente Jahresmiete:

$$\bar{r}_E = 2.000\,[4 + \frac{0{,}05}{2}(4+1)] = 8.250$$

Die Formeln (2.32) und (2.33) lassen sich auch zur Umrechnung einer jährlich fälligen Zahlung (Jahresrente) in m unterjährige (z.B. monatliche) Zahlungen benutzen. Hierzu müssen diese Formeln einfach nach r umgestellt werden.

**Beispiel 2.39**

K. erhält jährlich eine nachschüssige Rente in Höhe von 20.000 €, die ihm in Folge eines ärztlichen Kunstfehlers zugesprochen wurde. K. möchte sich diese Rente lieber monatlich auszahlen lassen. Welcher Betrag steht ihm monatlich nachschüssig zu, wenn mit 5% Jahreszinsen gerechnet wird? Dazu wird Formel (2.32) nach r, der gesuchten monatlichen Rente, umgestellt:

$$r = \frac{2r_E}{2m + i(m-1)} \qquad (2.34)$$

Mit $r_E = 20.000$, $m = 12$ und $i = 0{,}05$ führt dies zu $r = 1.629{,}33$. K. kann sich also an jedem Monatsletzten an 1.629,33 € erfreuen.

Erhielte K. die Rente monatlich vorschüssig ausgezahlt, müsste zunächst Formel (2.33) nach r umgestellt werden:

$$r = \frac{2\bar{r}_E}{2m + i(m+1)} \qquad (2.35)$$

Einsetzen von $\bar{r}_E = 20.000$, $m = 12$ und $i = 0{,}05$ in (2.35) führt zu einer monatlich vorschüssigen Zahlung von 1.622,72 €.

Mit Hilfe der Jahresersatzrate $r_E$ bzw. $\bar{r}_E$ ist es gelungen, $m$ unterjährige Zahlungen auf eine Zahlung am Zinstermin (meist zum Jahresende) zurückzuführen. Daher kann man bei Kenntnis von $r_E$ bzw. $\bar{r}_E$ zur Berechnung des Rentenendwertes $R_n$, des Rentenbarwertes $R_0$, bzw. der Laufzeit $n$ auf die in Kapitel 2.3.2 eingeführten Formeln zurückgreifen.

Dabei ist unbedingt zu beachten: egal, ob die m unterjährigen Zahlungen vor- oder nachschüssig vorgenommen werden, die Jahresersatzrate ist *immer nachschüssig*, so dass die Formeln der *nachschüssigen* Rentenrechnung (aus Kapitel 2.3.2) anzuwenden sind. Dabei ist $r$ jeweils durch $r_E$ bzw. $\bar{r}_E$ zu ersetzen.

**Beispiel 2.40**

1. K. hat sich bei einem Immobilienerwerb verpflichtet, zehn Jahre lang jeweils monatlich vorschüssig einen Betrag (Rente) von 2.000 € zu zahlen. Mit welcher Sofortzahlung kann er sich von dieser Verpflichtung befreien, wenn mit einem Zinssatz von p = 6% p.a. gerechnet wird? Hier ist nach dem Rentenbarwert gefragt. Zunächst wird jedoch die Jahresersatzrente nach (2.33) berechnet:

   $$\bar{r}_E = 2.000\left[12 + \frac{0{,}06}{2}(12+1)\right] = 24.780$$

   Anschließend wird die Formel (2.19), die Barwertformel für nachschüssige Renten, angewendet:

   $$\bar{R}_0 = \frac{24.780}{1{,}06^{10}} \cdot \frac{1{,}06^{10} - 1}{1{,}06 - 1} = 182.382{,}96$$

   Die monatliche Zahlungsverpflichtung von 2.000 € über zehn Jahre hat also einen heutigen Wert von 182.382,96 €. Oder anders formuliert: legt man heute 182.382,96 € zu 6% p. a. an, so kann man 10 Jahre lang monatlich vorschüssig 2.000 € entnehmen.

2. Jemand zahlt 40 Jahre lang an eine Lebensversicherung monatlich nachschüssig 200 €. Über welche Summe kann er bei einer Verzinsung von p = 7% p.a. nach Beendigung der Sparphase verfügen? Zunächst berechnet man mit (2.32), welcher Betrag jährlich (nachschüssig) zu einer monatlichen Rate von 200 € äquivalent ist:

   $$r_E = 200\left[12 + \frac{0{,}07}{2}(12-1)\right] = 2.477$$

   Bei einem Jahreszinssatz von p = 7% ist es also egal, ob man monatlich nachschüssig 200 € oder einmal am Jahresende 2.477 € überweist.

   Anschließend wird der Rentenendwert der über 40 Jahre nachschüssig gezahlten Rente in Höhe von $r_E = 2.477$ nach Formel (2.18) aus Kapitel 2.3.2 berechnet:

   $$R_{10} = 2.477 \cdot \frac{1{,}07^{40} - 1}{1{,}07 - 1} = 494.496{,}17$$

## 2.4 Tilgungsrechnung

### 2.4.1 Einführung

Jeder aufgenommene Kredit muss zurückgezahlt werden. Dies kann auf sehr verschiedene Weisen geschehen. Beispielsweise kann am Fälligkeitstag die gesamte Schuldsumme einschließlich Zinsen und Gebühren zur Zahlung anstehen. Viel häufiger trifft man aber auf den Fall, dass sich der Kreditnehmer vertraglich verpflichtet, den Schuldbetrag (Hypothek, Kredit, Darlehen, Anleihe, ...) durch regelmäßige Zahlungen in gleichen Zeitabständen zurückzuzahlen. Diese Rückzahlungen setzen sich aus dem Tilgungsbetrag T und den fälligen Zinsen Z zusammen. (Häufig kommen auch noch Gebühren wie Kontogebühren, Bearbeitungsgebühren etc. hinzu; dieser Fall wird hier jedoch nicht untersucht.)

Unter dem *Tilgungsbetrag T* versteht man denjenigen Betrag, um den sich die Restschuld durch die Rückzahlung vermindert. Die Summe aus Tilgungsleistung und fälligen Zinsen nennt man *Annuität*.

Genau wie bei der Rentenrechnung kann man auch bei der Tilgungsrechnung in Abhängigkeit von der Länge der Zins- und Tilgungsperiode eine Vielzahl von Rückzahlungsmodellen unterscheiden. In diesem Abschnitt beschränken wir uns auf die Fälle, in denen die Rückzahlungen jeweils zum Zinstermin erfolgen. Dies bedeutet beispielsweise: wird die Verzinsung der Schuldsumme jährlich (vierteljährlich) vorgenommen, so erfolgen auch die Rückzahlungen jährlich (vierteljährlich). Wird die Rückzahlung einer Schuld in gleichen Zeitabständen durch gleichhohe Zahlungen vorgenommen, so hat man es mit einem Problem der Rentenrechnung zu tun. Diese so genannte Annuitätentilgung wird in Kapitel 2.4.3 diskutiert.

Übersicht über wichtige Abkürzungen:

- S (oder $S_0$) Anfangsschuld, Kreditbetrag,
- $S_j$ Schuld nach j Tilgungen,
- T Tilgungsrate,
- $Z_j$ Zinsen in der j-ten Periode,
- $A_j$ Annuität in der j-ten Periode.

### 2.4.2 Ratentilgung

Ein Beispiel soll in die Ratentilgung einführen.

**Beispiel 2.41**

K. hat einen Kredit über 120.000 € am 1.1.01 aufgenommen. Er hat sich verpflichtet, diese Schuld in 6 gleich hohen Tilgungsraten in Höhe von $T = \frac{120.000}{6}$ € = 20.000 € zu tilgen. Zu diesen Tilgungsleistungen kommen noch die aufgelaufenen Zinsen. Der Zinssatz wird auf 9% festgesetzt. Zusätzliche Gebühren fallen keine an. Um sich einen Überblick über die jährlich auf ihn zukommenden Zahlungen und die Restschuldentwicklung zu machen, hat er sich einen Tilgungsplan aufstellen lassen:

Tilgungsplan einer Ratenschuld für K.:

| Jahr | Restschuld (zu Beginn des Jahres) | Zinsen | Tilgung | Annuität |
|---|---|---|---|---|
| 1 | 120.000 | 10.800 | 20.000 | 30.800 |
| 2 | 100.000 | 9.000 | 20.000 | 29.000 |
| 3 | 80.000 | 7.200 | 20.000 | 27.200 |
| 4 | 60.000 | 5.400 | 20.000 | 25.400 |
| 5 | 40.000 | 3.600 | 20.000 | 23.600 |
| 6 | 20.000 | 1.800 | 20.000 | 21.800 |

Die Annuität, also die fällige Zahlung am Ende des ersten Jahres von 30.800 €, setzt sich aus den Zinsen in Höhe von 10.800 € (9% von 120.000 €) und der Tilgungsleistung von 20.000 € (ein Sechstel von 120.000 €) zusammen. Während die Tilgungshöhe auch in den restlichen 5 Jahren gleich bleibt, sinken die Zinsen von Jahr zu Jahr, bis am Ende des sechsten Jahres nur noch 1.800 € (9% von 20.000 €) zu entrichten sind.

Die Ratentilgung zeichnet sich dadurch aus, dass der *Tilgungsbetrag T*, um den die Ausgangsschuld vermindert wird, bei jedem Tilgungstermin *konstant* ist, während der Zinsanteil an der Annuität von Zahlungstermin zu Zahlungstermin sinkt. Die Belastung des Schuldners ist daher in den einzelnen Zeitabschnitten sehr unterschiedlich. Diese oft als Nachteil empfundene Eigenschaft der Ratentilgung weist die im nächsten Kapitel 2.4.3 behandelte Annuitätentilgung nicht auf.

Es sei noch einmal darauf hingewiesen, dass die Tilgungsrate derjenige Betrag ist, um den sich die Schuld bei einer Tilgungszahlung vermindert. Der vom Schuldner zu entrichtende Rückzahlungsbetrag enthält jedoch neben der Tilgungsrate noch weitere Bestandteile wie Zinsen und (eventuell) Gebühren. Diesen Rückzahlungsbetrag nennt man *Annuität*. Im Folgenden soll die zu entrichtende Annuität nur aus Tilgungsrate und Zinsen besteht. Es gilt dann bei Ratentilgung die Beziehung: $A_j = T + Z_j$

Wird die Anfangsschuld $S_0$ in n Jahren mit der konstanten jährlichen Rate T getilgt, so gilt für die Höhe der Tilgung T:

$$T = \frac{S_0}{n} \tag{2.36}$$

Für die Restschuld $S_j$ unmittelbar nach Zahlung der j-ten Annuität erhält man:

$$S_j = S_0 - j \cdot T \tag{2.37}$$

Da $S_0 = n \cdot T$ gilt, kann man die Restschuld $S_j$ auch folgendermaßen berechnen:

$$S_j = S_0 - j \cdot T = n \cdot T - j \cdot T = T(n - j) \tag{2.38}$$

Für die Höhe der in der j-ten Periode anfallenden Zinsen ergibt sich $Z_j = [S_0 - (j-1)T]i$. Ersetzt man $S_0$ durch $n \cdot T$, so erhält man:

$$Z_j = T(n - j + 1)i \qquad (2.39)$$

Da sich bei Ratentilgung die Restschuld von Periode zu Periode verringert, verringern sich die Zinsen natürlich ebenfalls (wie man der oben stehenden Formel für $Z_j$ entnehmen kann). Durch einfache Addition von (konstanter) Tilgungsrate T und den anfallenden Zinsen $Z_j$ erhält man die Annuität $A_j$, die am Ende der j-ten Periode zu entrichten ist:

$$A_j = T + Z_j = T + T(n - j + 1)i = T[1 + (n - j + 1)i] \qquad (2.40)$$

**Beispiel 2.42**

Eine Schuld in Höhe von 120.000 € soll in 20 Jahren mittels Ratentilgung abbezahlt werden. Der Zinssatz beträgt 7,5% p.a. Die Annuitäten sind jeweils am Jahresende zu entrichten. Für die konstante jährliche Tilgungsrate ergibt sich:

$$T = \frac{S}{n} = \frac{120.000}{20} = 6.000$$

Wie viel muss am Ende des vierten Jahres bezahlt werden, und wie hoch ist dann noch die Restschuld? Gesucht sind also $A_4$ und $S_4$.
Zunächst wird $Z_4$ mit Formel (2.39) berechnet:

$$Z_4 = 6.000 \cdot (20 - 4 + 1) \cdot 0{,}075 = 7.650$$

Daher ergibt sich für $A_4$ (siehe (2.40)):

$$A_4 = T + Z_4 = 6.000 + 7.650 = 13.650$$

Am Ende des vierten Jahres sind also 13.650 €, wobei der Zinsanteil 7.650 € beträgt, zu entrichten. Die Restschuld beträgt dann noch nach (2.38):

$$S_4 = 6.000\,(20 - 4) = 96.000$$

Bei Ratentilgung kann die Tilgungsrate T, die pro Jahr (Periode) zu entrichten ist, auch durch die Angabe eines *Prozentsatzes* $p_s$ der anfänglichen Schuldsumme vorgegeben werden. (Bisher erfolgte die Bestimmung der Höhe der Tilgungsrate über die Laufzeit n des Darlehens.) Ist der Quotient aus 100 und der Prozentannuität $p_s$, also $\frac{100}{p_s}$ keine ganze Zahl, so hat dies zur Folge, dass im *letzten* Rückzahlungsjahr die Tilgungsrate *geringer* als in den Vorjahren ausfällt.

**Beispiel 2.43**

K. verpflichtet sich, den in Beispiel 2.41 erwähnten Kredit in Höhe von 120.000 E bei einem (unveränderten) Zinssatz von 9% mit 24 % der Kreditsumme (also mit 28.800 E) jährlich zu tilgen. Jetzt ergibt sich folgender Tilgungsplan:

| Jahr | Restschuld $S_{j-1}$ (zu Beginn des Jahres) | Zinsen $Z_j$ | Tilgung $T_j$ | Annuität $A_j$ |
|---|---|---|---|---|
| 1 | 120.000 | 10.800 | 28.800 | 39.600 |
| 2 | 91.200 | 8.208 | 28.800 | 37.008 |
| 3 | 62.400 | 5.616 | 28.800 | 34.416 |
| 4 | 33.600 | 3.024 | 28.800 | 31.824 |
| 5 | 4.800 | 432 | 4.800 | 5.232 |

Wie das Beispiel 2.43 zeigt, gelten in diesem Fall die Formeln (2.36) bis (2.40) nicht mehr uneingeschränkt. So ergibt sich dort für den Quotienten aus 100 und der vorgegebenen Prozentannuität:

$$\frac{100}{24} = 4{,}1666...$$

Dies hat, wie schon oben erwähnt, die Konsequenz, dass die Tilgungsrate des fünften Jahres (4.800 €) von der Tilgungsrate der vier Vorjahre (28.800 €) verschieden ist. Im Falle einer Tilgung mit einem vorgegebenen Prozentsatz gilt nun:

$$T = \frac{p_s}{100} \cdot S \qquad (2.41)$$

Dabei bezeichnet $p_s$ die Prozentannuität (also denjenigen Prozentsatz, der von der ursprünglichen Schuldsumme pro Periode getilgt werden soll).

Falls $\frac{100}{p_s}$ keine ganze Zahl ist, wird mit n* die größte ganze Zahl, die kleiner als $\frac{100}{p_s}$ ist, bezeichnet.

Dann ergibt sich die Tilgungsrate des letzten Jahres r (= n*+1) zu:

$$T_r = S - n^* \cdot T \qquad (2.42)$$

Entsprechend gilt für die Zinsen, die für das letzte Jahr anfallen:

$$Z_r = T_r \cdot i \qquad (2.43)$$

Für die Annuität im letzten Tilgungsjahr folgt dann:
$A_r = Z_r + T_r$

**Beispiel 2.44**
Jemand finanziert seinen Computer-Kauf mit einem Kredit über 7.000 € (p = 9,5% p.a.). Dieser Kredit soll jährlich mit 15% (von der Anfangsschuld) getilgt werden. Gesucht sind die Tilgungsrate und die Annuität des letzten Rückzahlungsjahres.
Wegen 100 : 15 = 6,666... ist n* = 6. Dies bedeutet, dass die Schuld nach 7 Jahren zurückbezahlt ist. Für die Tilgungsrate des siebten Jahres gilt nach (2.42):

$T_7 = 7.000 - 6 \cdot 1.050 = 700$
Für die zu zahlenden Zinsen im siebten Jahr erhält man nach (2.43):
$Z_7 = 700 \cdot 0{,}095 = 66{,}5$
Die Annuität $A_7$, die am Ende des siebten Jahres fällig wird, beträgt also noch 766,50 €.

### 2.4.3 Annuitätentilgung

Die Annuitätentilgung zeichnet sich dadurch aus, dass anders als bei der Ratentilgung im gesamten Rückzahlungszeitraum die Annuität (aber nicht die Tilgungsrate) *konstant* bleibt.

**Beispiel 2.45**
Nachdem K. den Tilgungsplan aus Beispiel 2.41 gesehen hat, bittet er seinen Kreditsachbearbeiter, die Konditionen der Rückzahlung so zu ändern, dass er sechs Jahre lang jährlich nachschüssig den gleichen Betrag (Annuität) zurückzuzahlen hat. Der Kreditsachbearbeiter entspricht seinem Wunsch. Für $S = 120.000$, $n = 6$ und $q = 1{,}09$ berechnet er die Annuität $A = 26.750{,}37$ (siehe Formel (2.44)). Es ergibt sich folgender Tilgungsplan

| Jahr | Restschuld $S_{j-1}$ (zu Beginn des Jahres) | Zinsen $Z_j$ | Tilgung $T_j$ | Annuität $A_j$ |
|---|---|---|---|---|
| 1 | 120.000,00 | 10.800,00 | 15.950,37 | 26.750,37 |
| 2 | 104.049,63 | 9.364,47 | 17.385,90 | 26.750,37 |
| 3 | 86.663,73 | 7.799,74 | 18.950,63 | 26.750,37 |
| 4 | 67.713,10 | 6.094,18 | 20.656,19 | 26.750,37 |
| 5 | 47.056,91 | 4.235,12 | 22.512,25 | 26.750,37 |
| 6 | 24.541,66 | 2.208,75 | 24.541,66 | 26.750,41 |

Die letzte Annuität (fällig am Ende des sechsten Jahres) ist um 0,04 € auf 26.750,41 € erhöht worden. Diese wenigen Cents Unterschied erklären sich durch die Rundungen auf volle Cents, welche im Verlauf der Berechnung des Tilgungsplans vorgenommen wurden.

Aus dem Tilgungsplan des Beispiels 2.45 ist das Grundprinzip einer Annuitätentilgung deutlich zu erkennen. Da die Annuität gleich bleibt und sich gleichzeitig auf Grund der Tilgungen in den Vorperioden die Zinszahlungen im Laufe der Zeit immer mehr reduzieren, erhöhen sich von Jahr zu Jahr die Tilgungsbeträge. Bei der Annuitätentilgung ändert sich also die Tilgungsrate, bei der Ratentilgung dagegen die Annuität.

Wie berechnet man die Annuität A einer Schuld S, die durch *gleichhohe* Annuitäten zurückbezahlt werden soll? Dazu macht man sich zunächst klar, dass hier ein Problem aus der *Rentenrechnung* vorliegt, dessen Lösung schon bekannt ist. Man kann die anfängliche Schuld S als Rentenbarwert $R_0$ auffassen, die gesuchte Annuität A entspricht dann der Rentenrate r. Ersetzt man demzufolge in der Formel (2.21) zur Berechnung der Rentenhöhe r den Rentenbarwert $R_0$ durch die anfängliche Schuldsumme S und r durch die Annuität A, so erhält man:

$$A = S \cdot q^n \frac{q-1}{q^n-1} \qquad (2.44)$$

**Beispiel 2.46**

Sei $S = 120.000$ €, $n = 6$ und $q = 1{,}09$ (vgl. Beispiel 2.45), dann erhält man für die Annuität $A$ mit Formel (2.44):

$$A = 120.000 \cdot 1{,}09^6 \frac{1{,}09-1}{1{,}09^6-1} = 26.750{,}37$$

Liegt ein Tilgungsplan vor, so kann man aus diesem die Restschuld nach j Jahren sowie die Tilgungsrate und die Zinsbelastung im j-ten Jahr einfach ablesen. Aber auch ohne Tilgungsplan kann man sich mit Hilfe der folgenden Formeln helfen.
Für die *Restschuld* $S_j$ nach Ablauf von j Jahren (unmittelbar nach Zahlung der j-ten Annuität) gilt:

$$S_j = Sq^j - A\frac{q^j-1}{q-1} \qquad (2.45)$$

Die Restschuld $S_j$ erhält man also, wenn man vom Wert $Sq^j$ der Anfangsschuld $S$ am Ende des j-ten Jahres den Wert $A\frac{q^j-1}{q-1}$ aller $j$ gezahlten Annuitäten $A$ am Ende des j-ten Jahres abzieht.

Ersetzt man in Formel (2.45) A durch (2.44), so erhält man:

$$S_j = Sq^j - S \cdot q^n \frac{q-1}{q^n-1} \cdot \frac{q^j-1}{q-1}$$

Diese Formel lässt sich noch vereinfachen zu:

$$S_j = S\frac{q^n-q^j}{q^n-1} \qquad (2.46)$$

**Beispiel 2.47**

Sei $S = 120.000$, $n = 6$ und $q = 1{,}09$, dann gilt für die Restschuld nach 2 Jahren (siehe (2.46)):

$$S_2 = 120.000 \cdot \frac{1{,}09^6-1{,}09^2}{1{,}09^6-1} = 86.663{,}72$$

Entsprechend erhält man für $S_5$:

$$S_5 = 120.000 \cdot \frac{1{,}09^6-1{,}09^5}{1{,}09^6-1} = 24.541{,}63$$

Kennt man die Restschuld, so ist es einfach, die Zinsen $Z_j$ für das j-te Jahr zu berechnen:

$$Z_j = S_{j-1} \cdot i = S_{j-1} \cdot (q-1) \qquad (2.47)$$

Die Zinsen, die für das j-te Jahr zu entrichten sind, ergeben sich also aus dem Produkt von Restschuld $S_{j-1}$ (Schuld zu Beginn des j-ten Jahres) und der Zinsrate i.

Setzt man in (2.47) für $S_{j-1}$ die Formel (2.46) ein, so erhält man die Zinsen $Z_j$, die für das j-te Jahr zu entrichten sind, ohne direkte Kenntnis der Restschuld.

$$Z_j = S\frac{(q^n - q^{j-1})(q-1)}{q^n - 1} \qquad (2.48)$$

**Beispiel 2.48**

Es sei $S = 120.000$, $n = 6$, $q = 1{,}09$ (vgl. Beispiel 2.47). Für die Zinsen, die am Ende des zweiten Jahres fällig werden, gilt nach (2.48):

$$Z_2 = 120.000 \cdot \frac{(1{,}09^6 - 1{,}09)\cdot 0{,}09}{1{,}09^6 - 1} = 9.364{,}47$$

Entsprechend erhält man für $Z_5$:

$$Z_5 = 120.000 \cdot \frac{(1{,}09^6 - 1{,}09^4)\cdot 0{,}09}{1{,}09^6 - 1} = 4.235{,}12$$

Abschließend kann jetzt die Frage nach der Tilgungsleistung $T_j$ am Ende der j-ten Periode beantwortet werden. Um diese zu erhalten, muss man von der (gleich bleibenden) Annuität A die Zinsbelastung $Z_j$ subtrahieren, also:

$$T_j = A - Z_j \qquad (2.49)$$

**Beispiel 2.49**

Es sei $S = 120.000$, $n = 6$, $q = 1{,}09$ (vgl. Beispiel 2.47). Für die Tilgung $T_2$ am Ende der zweiten Periode gilt:

$$T_2 = A - Z_2 = 26.750{,}37 - 9.364{,}47 = 17.385{,}90$$

Entsprechend erhält man für $T_5$:

$$T_5 = A - Z_5 = 26.750{,}37 - 4.235{,}12 = 22.515{,}25$$

Im Zusammenhang mit Immobilienfinanzierungen oder anderen großen Geldausgaben, die über einen Kredit finanziert werden sollen, werden häufig die folgenden Überlegungen angestellt. Zunächst wird geklärt, welchen Betrag (Annuität) der Schuldner auf Grund seiner persönlichen finanziellen Situation jährlich aufzubringen bereit ist. Anschließend können zwei typische Fragestellungen, die sich aus der Vorgabe der Annuität ergeben, behandelt werden:

- *Kredithöhe*
  Welcher Kreditbetrag S kann bei einem angebotenen Zinssatz von p% aufgenommen werden, wenn dieser in n Jahren mit Hilfe der vorgegebenen Annuität getilgt sein soll?
- *Tilgungsdauer*
  Wie lange dauert es, bis ein benötigter Kredit der Höhe S mit Hilfe der vorgegebenen Annuität bei einem Zinssatz von p% getilgt ist?

Die erste Frage nach der Kredithöhe bei vorgegebener Annuität kann leicht durch Umstellung der Formel (2.44) nach S beantwortet werden.

$$S = A\frac{q^n - 1}{q^n (q-1)} \tag{2.50}$$

Die Tilgungsdauer bei vorgegebener Annuität und Kredithöhe kann man entsprechend durch Umstellung der Formel (2.44) nach n berechnen. Durch Auflösen nach $q^n$ erhält man zunächst:

$$q^n = \frac{A}{A - S(q-1)} \tag{2.51}$$

Dabei gibt der Ausdruck $S(q-1)$ gerade die Zinsen an, die am Ende des ersten Jahres zu zahlen sind. Diese fälligen Zinsen werden von der Annuität A subtrahiert, so dass im Nenner von Formel (2.51) die Tilgung des ersten Jahres $T_1$ übrig bleibt. Statt (2.51) kann man also schreiben:

$$q^n = \frac{A}{T_1}$$

Auflösen nach n liefert dann die gewünschte Formel für die Laufzeit:

$$n = \frac{\log A - \log T_1}{\log q} \tag{2.52}$$

Bei Vorgabe von Kredithöhe, Annuität und Zinssatz kann man natürlich nicht erwarten, dass die Tilgungsdauer eine ganze Zahl ist. Im letzten Jahr ist dann in der Regel nicht mehr die volle Annuität zu entrichten, sondern nur noch die Summe aus der letzten Restschuld (dem Tilgungsrest) $T_r$ und den Zinsen $Z_r$.
Falls $n$ in (2.52) keine ganze Zahl ist, bezeichnen wir mit $n^*$ wieder die größte ganze Zahl, die kleiner oder gleich $n$ in (2.52) ist. Dann erhält man für den Tilgungsrest $T_r$ des letzten Jahres $r = n^* + 1$ die Formel:

$$T_r = Sq^{n^*} - A\,\frac{q^{n^*} - 1}{q - 1} \tag{2.53}$$

Die Zinsen, die für den eben berechneten Tilgungsrest noch im letzten Jahr zu entrichten sind, ergeben sich zu:

$$Z_r = T_r\,(q-1) \tag{2.54}$$

Damit gilt für die Annuität des letzten Jahres:

$$A_r = Z_r + T_r = T_r\,q \tag{2.55}$$

**Beispiel 2.50**

1. Jemand hat ein Jahresnettoeinkommen von 57.000 €. Davon kann er jährlich langfristig nach eigener Einschätzung 25.000 € zur Finanzierung einer Immobilie aufbringen. Welchen Kreditbetrag kann er mit einer Bank vereinbaren, wenn der angebotene Zinssatz 7,3% p. a. beträgt und das Darlehen nach 25 Jahren getilgt sein soll?

Nach Formel (2.50) ergibt sich für die gesuchte Kredithöhe (falls man jährliche nachschüssige Tilgung unterstellt):

$$S = 25.000 \cdot \frac{1{,}073^{25} - 1}{1{,}073^{25} \cdot 0{,}073} = 283.632{,}33$$

2. K. benötigt dringend ein Darlehen von 2.250.000 €. Er ist in der Lage, eine jährliche nachschüssige Annuität von 270.000 € für die Rückzahlung aufzubringen. Gesucht ist die Tilgungsdauer bei einer Darlehensverzinsung von 9% p.a. Zusätzlich soll die Annuität, die am Ende des letzten Jahres fällig wird, bestimmt werden.
   Für die Tilgungsdauer n erhält man nach (2.52):

$$n = \frac{\log 270.000 - \log(270.000 - 2.250.000 \cdot 0{,}09)}{\log 1{,}09} = 16{,}0865$$

   Daher ist $n^* = 16$ und somit $r = 17$.
   Der Tilgungsrest zu Beginn des letzten Tilgungsjahres beträgt nach (2.53):

$$T_r = 2.250.000 \cdot 1{,}09^{16} - 270.000 \frac{1{,}09^{16} - 1}{0{,}09} = 22.270{,}59$$

   Die hierauf zu entrichtenden Zinsen belaufen sich auf (vgl. (2.54)):

$$Z_r = 22.270{,}59 \cdot 0{,}09 = 2.004{,}35$$

   Die Abschlusszahlung hat daher eine Höhe von:

$$A_r = 22.270{,}59 + 2.004{,}35 = 24.274{,}94\ €$$

Häufig erfolgen in der Praxis die Rückzahlungen eines Kredits nicht jährlich, sondern monatlich (oder auch vierteljährig bzw. halbjährlich), wobei fast immer Zins- und Tilgungsverrechnung zum selben Zeitpunkt (zum Zeitpunkt der Rückzahlung) durchgeführt werden. Die Kreditinstitute sprechen in diesem Fall von taggenauer Verrechnung der Rückzahlungen. Stimmen die unterjährigen Zins- und Tilgungsperioden überein, so können einfach alle Formeln dieses Kapitels, die im Zusammenhang mit jährlicher Tilgungs- und Zinsverrechnung angegeben wurden, unverändert übernommen werden. Dabei muss allerdings beachtet werden, dass alle Symbole jetzt für die unterjährige Periode (Monat, Quartal, Halbjahr) gelten. Dies bedeutet insbesondere: entweder muss der Zinssatz für die unterjährige Periode direkt angegeben sein oder man rechnet mit dem anteiligen Jahreszinssatz (dem relativen Zinssatz, vergleiche Kapitel 2.2.4), der sich ergibt, indem man den (nominellen) Jahreszinssatz p durch die Anzahl der Zinsperioden m dividiert.

**Beispiel 2.51**
Ein Darlehen in Höhe von 140.000 € wird mit monatlich 1,75 % (entspricht einem nominellen Jahreszinssatz von 21%) verzinst. Wie hoch ist die (konstante) monatliche Annuität bei einer Rückzahlungsdauer von 4 Jahren?

Setzt man $n = 4 \cdot 12 = 48$ und $q = 1{,}0175$, so erhält man mit Formel (2.44):

$$A = 140.000 \cdot 1{,}0175^{48} \frac{1{,}0175 - 1}{1{,}0175^{48} - 1} = 4.335{,}20$$

## 2.5 Aufgaben

**1.** Geben Sie die ersten 4 Glieder der Folge an:
a) $a_n = (-1)^n + 4$; b) $b_n = -1 + (n-2)\,3$; c) $a_n = q^n$ d) $c_n = 4 + \log n$

**2.** Berechnen Sie $s_7$ für die Folgen:
a) 1, 2, 3, 4, ... b) 17, 34, 51, 68, ... c) $-\frac{1}{2}, -\frac{1}{4}, -\frac{1}{8}, -\frac{1}{16}$

**3.** Geben Sie jeweils das allgemeine Bildungsgesetz der folgenden Zahlenfolgen an:

a) −4, −2, 0, 2, ... b) 3, 1, −1, −3, ... c) $-\frac{1}{2}, +\frac{1}{4}, -\frac{1}{8}, +\frac{1}{16}$ d) $\frac{2}{5}, \frac{3}{6}, \frac{4}{7}, \frac{5}{8}$

**4.** Eine arithmetische Folge mit $a_1 = 10$ und $d = -6$ sei gegeben. Berechnen Sie $a_{12}$ und $s_{12}$.

**5.** Eine arithmetische Folge mit dem ersten Glied $a_1 = 200$ und $d = 5$ ist gegeben.
a) Man berechne das 300-ste Glied $a_{300}$ und die Summe der ersten 300 Glieder $s_{300}$.
b) Man berechne für die oben angegebene Folge $\sum_{j=200}^{300} a_j$.

**6.** Die Post plant eine Serie von Automatenbriefmarken mit dem niedrigsten Wert 0,6 € und dem höchsten Wert 50 €. Der Abstand zwischen zwei aufeinander folgenden Werten beträgt jeweils 0,1 €. Wie viel muss ein Sammler für den Erwerb der vollständigen Serie bezahlen?

**7.** Eine Fabrikhalle mit dem Anschaffungswert von 2,7 Millionen € soll innerhalb von 100 Jahren vollständig linear abgeschrieben werden. Berechnen Sie den Restbuchwert nach 39 Jahren.

**8.** Ein Angestellter erhält ein jährliches Gehalt von 36.000 €. Jedes Jahr erhöht sich sein Gehalt um 2.000 €. Wie hoch ist sein Gehalt im 10. Jahr, und wieviel Geld hat er am Ende des 10. Jahres insgesamt verdient?

**9.** Eine geometrische Folge mit $a_1 = 7$ und $q = \frac{1}{2}$ sei gegeben. Man berechne $a_8$ und $s_8$.

**10.** Für eine geometrische Folge mit Anfangsglied $a_1 = 100$ und dem Glied $a_{25} = 750$ berechne man den Quotienten $q$.

**11.** a) Ein Konto wird am 16.1. überzogen und am 17.3. wieder ausgeglichen. Für wie viel Tage muss der Kontoinhaber Überziehungszinsen zahlen?
b) Auf ein Sparkonto wird am 15.2. ein Betrag eingezahlt, der am 29.4. wieder abgehoben wird. Für wie viel Tage werden Zinsen bezahlt?

**12.** a) Ein Sparer zahlt am 25.6. einen Betrag von 72.365 € auf sein Konto ein, den er am 8.8. vollständig wieder abhebt. Wie viel Zinsen erhält der Sparer, wenn der Zinssatz 6,5% beträgt?
b) 2.500 € werden im Januar für 9 Monate ausgeliehen, der Zinssatz beträgt 10% p.a. Wie hoch ist die Rückzahlungssumme?

**13.** a) Ein Privatmann hat am 1.1.01 einen Betrag von 8.800 € an einen Bekannten ausgeliehen. Das ausgeliehene Kapital soll mit p = 12% einfach verzinst werden und am 31.12.07 zurückgezahlt werden. Welcher Betrag muss dann gezahlt werden?
b) Jemand verspricht, in 5 Jahren 10.000 € zu bezahlen. Wie viel ist diese Zahlung heute wert bei p = 8% einfachen Zinsen?

**14.** Folgende Angebote erhält ein Immobilienhändler für ein Stück Ackerland:
Angebot 1: 9.000 € zahlbar in 30 Tagen,
Angebot 2: 9.085 € zahlbar in 90 Tagen.
a) Man berechne den jeweiligen Barwert der beiden Angebote für p = 3%.
b) Man berechne den jeweiligen Barwert der beiden Angebote für p = 6%.

**15.** Jemand legt 5.000 € 10 Jahre lang an.
a) Auf welchen Betrag ist das Kapital bei einfacher Verzinsung mit p = 12% p.a. angewachsen?
b) Auf welchen Betrag ist das Kapital unter Berücksichtigung von Zinseszinsen mit p = 12% p.a. angewachsen?

**16.** Jemand erbt 6.500 €. Dieser Betrag soll in 6 Jahren ausgezahlt werden. Wie viel ist das Erbe heute wert, wenn mit p = 8,75% kalkuliert wird?

**17.** a) 5.000 € haben sich auf einem Sparbuch bei konstantem Zinssatz nach 7 Jahren verdoppelt. Wie hoch war die Verzinsung?
b) In wie viel Jahren hat sich ein Kapital verdoppelt bei p = 6% p.a. Zinseszinsen bzw. einfachen Zinsen?

**18.** K. kauft auf Anraten seines Sohnes abgezinste Sparbriefe.
a) Welchen Betrag muss K. heute bezahlen, wenn die Sparbriefe eine Laufzeit von 5 Jahren haben, eine jährliche Verzinsung von 8% garantieren und er am Ende 10.000 € ausbezahlt bekommen möchte?
b) Welche Laufzeit besitzt ein Sparbrief, wenn K. für 7.049,60 € bei 6% jährlicher Verzinsung am Ende 10.000 € erhält?

**19.** Auf welchen Betrag wachsen 6.000 € bei 10% Zinsen in 5 Jahren und 8 Monaten an?

**20.** Jemand legt am 15.8.01 auf einem Sparkonto 10.000 € zu 9,25% an. Auf welchen Betrag ist das Kapital am 20.8.06 angewachsen?

**21.** Berechnen Sie den Barwert einer in 8 Jahren fälligen Schuld in Höhe von 50.000 €, die mit p = 3% pro Vierteljahr (!) verzinst wird.

**22.** Jemand besitzt Investmentfondsanteile, auf die vierteljährlich 2% ausgeschüttet und sofort reinvestiert werden. Nach welcher Zeit hat sich das Vermögen verdoppelt?

**23.** Ein Kapital von 17.800 € wird auf Zinseszinsen mit dem vierteljährlichen Zinssatz von $i_r = 0{,}02$ angelegt.
a) Welcher Betrag steht (inklusive der Zinseszinsen) nach einer Anlagedauer von 3 Jahren zur Verfügung?

b) Welcher (effektive) Jahreszins entspricht der relativen vierteljährlichen Zinsrate von 0,02?

**24.** Jemand legt 50.000 € zu 7% p.a. für 8 Jahre an. Berechnen sie das Endkapital und den effektiven Zinssatz bei a) jährlichem, b) halbjährlichem, c) vierteljährlichem, d) monatlichem, e) täglichem Zinszuschlag.

**25.** Man berechne zu dem relativen Zinssatz von 2,5% pro Quartal den nominellen und den effektiven Jahreszinssatz.

**26.** Nach welcher Zeit sind 10.000 € auf 14.980 € angewachsen, wenn halbjährlich 4% Zinsen gutgeschrieben werden?

**27.** Jemand legt 10.000 € bei einem Kreditinstitut an, dass ihm einen effektiven Jahreszinssatz von 9% verspricht.
a) Der Anleger vereinbart mit dem Kreditinstitut monatliche Auszahlung und Wiederanlage der Zinsen. Wie hoch ist der monatliche Zinssatz, der zu einem effektiven (nicht nominellen) Zinssatz von 9% führt. (Hinweis: Der gesuchte Zinssatz heißt auch konformer Zinssatz. Er führt jeweils zum Jahresende zum gleichen Ergebnis wie die Verzinsung mit dem effektiven Zinssatz.)
b) Wie hoch ist das Endkapital nach 5 Jahren?
c) Wie hoch ist das Endkapital nach 5,5 Jahren?

**28.** 10.000 € wurden bei unterjähriger, monatlicher Verzinsung 2 Jahre und 6 Monate angelegt und stiegen in dieser Zeit auf 11.328,54 €. Berechnen sie den nominellen Zinssatz.

**29.** Jemand erhält für seine Immobilie drei Angebote:
Angebot 1: 300.000 € sofort und 480.000 € nach 5 Jahren,
Angebot 2: 240.000 € sofort und 500.000 € nach 3 Jahren,
Angebot 3: 800.000 € nach 6 Jahren.
Man berechne bei einer Verzinsung von 6%
a) die Barwerte der drei Angebote,
b) die Kapitalwerte der drei Angebote nach 6 Jahren.

**30.** Herr K. und Herr J. haben sich gleichzeitig verschuldet zu einem Zinssatz von 15%. Beide wollen den Kredit und die aufgelaufenen (Zinses-) Zinsen in einer Summe zurückzahlen. Herr K. muss in 10 Jahren 2.022,78 € und Herr J. in 7 Jahren 1463,01 € zurückzahlen.
a) Wieviel betrug jeweils die ursprüngliche Kredithöhe?
b) Wieviel müsste Herr J. zurückbezahlen, wenn die Kreditlaufzeit auf 10 Jahre verlängert wird?

**31.** Herr K. kann eine Ölquelle für 15.000 € erwerben, die nach vier Jahren versiegen wird. Für die Investitionsdauer von vier Jahren werden die folgenden Einnahmen und Ausgaben jeweils am Jahresende erwartet:
1. Jahr: 29.500 € Ausgaben und 32.000 € Einnahmen,
2. Jahr: 33.700 € Ausgaben und 39.000 € Einnahmen,
3. Jahr: 36.400 € Ausgaben und 43.000 € Einnahmen,

4. Jahr: 35.200 € Ausgaben und 40.500 € Einnahmen.
Jemand ist bereit, Herrn K. 15.000 € zu 8% p.a. zu verleihen. Untersuchen Sie durch Anwendung der Kapitalwertmethode, ob sich der Kauf der Ölquelle rentiert.

**32.** Tochter K. hat zu Beginn des Jahres 01 zehn Aktien gekauft und dafür 12.000 € bezahlt. Für die Jahre 01 und 02 erhält sie keine Dividende. 03 bis 06 werden jeweils 50 € je Aktie nachschüssig bezahlt, und 07 entfällt wieder die Dividende. Der Kurs der Aktie beträgt Ende 07 14.000 €.
Sohn K. hat sein Kapital von 12.000 € dagegen auf einem Sparbuch mit 5,5 % Zinsen angelegt.
Überprüfen sie mit Hilfe der Kapitalwertmethode, wer bis zum 31.12.07 sein Geld besser angelegt hatte.

**33.** In einem Unternehmen werden die folgenden Investitionsalternativen diskutiert:
Alternative 1: $A_0 = 10.000.000$, $P_1 = 0$, $P_2 = 11.881.000$,
Alternative 2: $A_0 = 10.000.000$, $P_1 = 10.000.000$ $P_2 = 1.100.000$.
Der Kalkulationszinsfuß beträgt 7,5%. Vergleichen sie die Vorteilhaftigkeit dieser beiden Investitionsmöglichkeiten mit Hilfe der Kapitalwertmethode.

**34.** Herr K. schließt eine Lebensversicherung ab, in die er 30 Jahre lang jährlich nachschüssig 1.000 € einzahlt.
a) Welcher Betrag steht ihm nach 30 Jahren unter Berücksichtigung von 4% zur Verfügung?
b) Wie verändert sich dieser Betrag, wenn mit 8% Zinsen gerechnet wird?
c) Man berechne a) und b) erneut für jährlich vorschüssige Einzahlungen.

**35.** Gegeben ist eine in den Jahren 01 bis einschließlich 16 vorschüssig zahlbare Rente mit der Rate 12.000 €. Das eingehende Kapital wird mit 5% p.a. verzinst. Man ermittle den Endwert und den Barwert der Rente.

**36.** Herr K. zahlt 10 Jahre lang jeweils 2.000 € vorschüssig auf ein Konto. In den ersten vier Jahren werden seine Einlagen mit 4% verzinst, dann steigt der Zinssatz für die restliche Zeit auf 7%. Wie hoch ist sein Guthaben am Ende des zehnten Jahres?

**37.** Wie viel Jahre muss Sohn K. jährlich nachschüssig 2.000 € auf sein Konto einzahlen, bis zum ersten mal 200.000 € überschritten werden? Der Zinssatz beträgt 4% p.a.

**38.** Jemand möchte so viel Geld anlegen, dass er daraus 20 Jahre lang jeweils zum Jahresersten 10.000 € entnehmen kann. Welchen Betrag muss er bei einem Zinssatz von 5% p.a. anlegen?

**39.** K. legt 43.481,33 € bei einem Kreditinstitut zu 8% Zinsen an. Er möchte diesem Konto jeweils zum Jahresanfang 10 Jahre lang einen gleichhohen Betrag entnehmen. Wie hoch ist diese jährliche Rate, wenn mit der zehnten Auszahlung das gesamte Anfangskapital verbraucht wird?

**40.** Ein Unternehmen benötigt eine Dienstvilla für den Geschäftsführer für voraussichtlich 6 Monate, für die jeweils zum Monatsende (also nachschüssig) die Miete in Höhe von 6.000 € bezahlt werden muss. Durch welche Einmalzahlung könnte die sechsmonatige Zahlungsverpflichtung abgelöst werden, wenn mit einem Zinssatz von p = 1% pro Monat gerechnet wird.

**41.** Welchen Betrag muss man 40 Jahre jährlich nachschüssig sparen, um anschließend 20 Jahre vorschüssig über eine jährliche Rente von 36.000 € verfügen zu können? Der Zinssatz in der Sparphase beträgt 5% und in der anschließenden Rentenphase 4%.

**42.** Jemand möchte irgendwann über 120.000 € verfügen. Er zahlt deswegen sofort bei seiner Bank 30.000 € ein. Außerdem zahlt er jährlich nachschüssig jeweils 1.481,52 € ein. Die eingeräumte Verzinsung beträgt 7%. Wie oft muss er diesen Betrag einzahlen, um sein Ziel zu erreichen?

**43.** Herr K. kauft sich eine Eigentumswohnung für 660.000 €. Er zahlt bar 200.000 € an, den Rest möchte er in 5 Jahresraten tilgen. Der Kalkulationszinssatz beträgt 5%. Wieviel muss er jährlich überweisen bei
a) vorschüssiger Zahlweise,
b) nachschüssiger Zahlweise?

**44.** K. stiftet aus seinem Lottogewinn 300.000 € für einen wohltätigen Zweck. Aus diesem Stiftungsvermögen werden jährlich nachschüssig 50.000 € entnommen.
a) Wie lange kann bei 8% Verzinsung dieser Betrag gezahlt werden?
b) Man berechne, wieviel Kapital am Ende des 8. Jahres noch zur Verfügung steht.
c) Wieviel kann am Ende des 9. Jahres noch aus dem Stiftungsvermögen entnommen werden?

**45.** Jemand erhält jeweils am Monatsende 4.000 € Gehalt. Man berechne die äquivalente Jahresersatzrate (p = 4%).

**46.** Die Situation sei wie in Aufgabe 45, jedoch mit dem Unterschied, dass das Gehalt jeweils am Monatsersten überwiesen wird.

**47.** Auf ein Bausparkonto werden jeweils monatlich 100 € am Monatsende eingezahlt. Die Verzinsung beträgt 5,4% p.a. (jährliche Verzinsungsperiode). Wie hoch ist der Kontostand am Ende des 10. Jahres?

**48.** Eine vorschüssige monatliche Rente beträgt 1.700 €. Die jährliche Verzinsung beträgt 7%. Die Rente wird 12 Jahre gezahlt. Wie hoch ist der Rentenbarwert?

**49.** Jemand erhält eine nachschüssige Jahresrente von 30.000 €.
a) Wie viel kann er sich vierteljährlich nachschüssig auszahlen lassen, wenn mit 4% Jahreszinsen gerechnet wird?
b) Wie viel kann er sich vierteljährlich vorschüssig auszahlen lassen, wenn mit 4% Jahreszinsen gerechnet wird?

**50.** Ein Student benötigt einen Kredit. Aufgrund einer Nebenbeschäftigung glaubt er, 5 Jahre lang monatlich nachschüssig 430 € zurückzahlen zu können. Er hat von der Bank ein Angebot mit einer Verzinsung von 8,8% p.a. vorliegen. Welchen Kreditbetrag kann er aufnehmen?

**51.** Ein Darlehen von 150.000 € soll jährlich in gleich großen Tilgungsraten in 10 Jahren getilgt werden (Zinssatz 7,5% p.a.). Man berechne die Annuität, die im 5. Jahr und im 8. Jahr zu entrichten ist.

**52.** Ein Darlehen von 40.000 € soll jährlich mit 15% (vom Anfangsdarlehen) getilgt werden. Der Zinssatz beträgt 8%. Man erstelle einen Tilgungsplan.

**53.** Ein Hypothek von 100.000 € wird mit 7% p.a. verzinst. Die Tilgungsrate beträgt 3% von der Anfangsschuld. Man ermittle die Zinsen und die Tilgungsrate des letzten Tilgungsjahres.

**54.** Ein Darlehen von 50.000 € soll bei einem Zinssatz von p = 10% p.a. in 15 gleichhohen jährlich nachschüssigen Annuitäten getilgt werden. Wie viel muss jeweils am Jahresende gezahlt werden?

**55.** Ein Unternehmen benötigt Kapital und möchte daher einen Kredit aufnehmen. Für Tilgung und Verzinsung können 7 Jahre lang jährlich 100.000 € aufgebracht werden. Welcher Betrag kann damit bei einem Zinssatz von p = 9% finanziert werden?

**56.** Von einem Darlehen über 100.000 € mit dem Zinssatz 6% p.a. werden jeweils zum Jahresende 9.000 € (inklusive angefallener Zinsen) zurückgezahlt. Nach wie viel Jahren ist das Darlehen getilgt? Man gebe die Restschuld (den Tilgungsrest) und die Zinsen an, die im letzten Tilgungsjahr zu entrichten sind.

**57.** K. sieht sich in der Lage, durch konsequenten Konsumverzicht monatlich 150 € aufzubringen. Jemand bietet ihm einen Kredit zu 1% pro Monat an. Wie viel kann sich K. leihen, wenn der Kredit nach 4,5 Jahren zurückgezahlt sein soll? (Vorausgesetzt ist dabei monatliche Tilgungs- und Zinsverrechnung.)

**58.** Ein Immobilienbesitzer tilgt eine Hypothek in 30 Jahren durch eine jährlich nachschüssig anfallende Annuität in Höhe von 40.000 €. Man berechne die Höhe der aufgenommenen Hypothek bei einem Zinssatz von p = 11% p.a.

**59.** Ein Immobilienkäufer muss 40 Jahre lang eine Annuität von 33.000 € jährlich nachschüssig bezahlen.

a) Wie viel muss der Käufer monatlich nachschüssig überweisen, wenn mit 8% Jahreszinsen gerechnet wird (Zinstermin einmal jährlich)?

b) Wie viel muss der Käufer monatlich vorschüssig überweisen, wenn mit 8% Jahreszinsen gerechnet wird (Zinstermin einmal jährlich)?

# 3 Funktionen

## 3.1 Grundlegendes über Funktionen

### 3.1.1 Funktionsbegriff

Der mathematische Funktionsbegriff ist von zentraler Bedeutung für die Beschreibung und Analyse wirtschaftswissenschaftlicher Zusammenhänge. Ein einfaches Beispiel soll zunächst in die Thematik einführen.

**Beispiel 3.1**
Herr K. betreibt einen Kiosk. In den ersten 6 Tagen nach der Geschäftseröffnung erzielt er folgende Umsätze:

| **Tag x** | 1 | 2 | 3 | 4 | 5 | 6 |
|---|---|---|---|---|---|---|
| **Umsatz y** | 350 | 300 | 1.100 | 1.200 | 1.100 | 2.000 |

Jedem der Verkaufstage 1 bis 6 wird genau eine Zahl, nämlich der an diesem Tag getätigte Umsatz, zugeordnet. Beispielsweise wird dem Tag 3 eindeutig der Umsatz 1.100 € zugewiesen. Dabei bedeutet „eindeutig", dass die Zuordnung mehrerer Umsätze zu einem Tag nicht vorkommt.

Die im Beispiel 3.1 vorgestellte eindeutige Zuordnung ist ein Beispiel für eine Funktion.

**Funktion**
Vorgegeben seien zwei Mengen D und W. Eine *Funktion* f ist eine Vorschrift, die jedem Element x aus der Menge D *genau ein* Element y aus der Menge W zuordnet. Man sagt: y ist eine Funktion von x. (Schreibweise: $y = f(x)$, gelesen: y ist gleich f von x)

Statt durch eine Tabelle kann man die Beziehung Verkaufstag und Umsatz aus Beispiel 3.1 auch mittels eines Pfeildiagramms verdeutlichen:

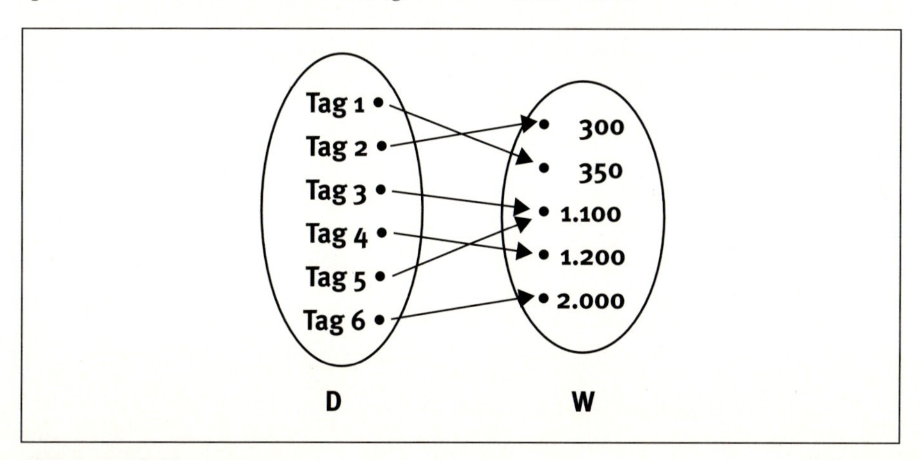


*Abb. 3.1: Pfeildiagramm*

Man beachte, dass von jedem Element (Tag) der links stehenden Menge D in dem Pfeildiagramm genau ein Pfeil ausgeht. Dagegen darf durchaus mehr als ein Pfeil in einem Element der rechts stehenden Menge W enden. So wird der Umsatz 1.100 € an den zwei Tagen 3 und 5 erzielt, d.h. in 1.100 enden zwei Pfeile.

Die links stehende Menge D bezeichnet man als *Definitionsbereich* der Funktion f. Von jedem Element des Definitionsbereiches geht also genau ein Pfeil aus.

Die rechts stehende Menge, in der die Pfeile enden, wird *Wertebereich* von f genannt. In jedem Element des Wertebereiches endet mindestens ein Pfeil.

**Bemerkungen:**

- Statt von einer Funktion spricht man auch von einer *Abbildung*. Insbesondere in der Linearen Algebra, die in Kapitel 7 behandelt wird, verwendet man fast ausschließlich den Begriff „lineare Abbildung" (anstelle von linearer Funktion).
- Die Variable x heißt *unabhängige Variable* oder auch *Argument*. y nennt man dagegen *abhängige Variable* oder *Funktionswert*. Denn die Variable x ist frei aus dem Definitionsbereich wählbar, während y nach der Wahl von x durch die Abbildungsvorschrift f eindeutig bestimmt ist. Dabei ist zu beachten, dass zwischen x und y keine Abhängigkeit in dem Sinne vorliegen muss, dass x ursächlich für die Ausprägung von y verantwortlich ist.
- Statt der Variablen x und y kann man auch beliebige andere Variablennamen benutzen; so werden häufig die folgenden Symbole für ökonomische Größen benutzt: K: Kosten, k: Stückkosten, p: Preis, x: Output, Absatz, C: Konsum usw.
- Statt mit dem Buchstaben f können Funktionen auch mit anderen Symbolen wie g, h, p, $f_1$, G, K etc. bezeichnet werden. Beispielsweise wird bei ökonomischen Untersuchungen der Buchstabe p für eine Preis-Absatz-Funktion benutzt.
- Statt $y = f(x)$ findet man häufig in der wirtschaftswissenschaftlichen Literatur die Schreibweise $y = y(x)$ (gelesen: y ist gleich y von x).

### 3.1.2 Darstellungsformen von Funktionen

Eine Funktion ist eindeutig festgelegt, wenn man ihren Definitionsbereich kennt und die Zuordnungsvorschrift bekannt ist. Manchmal wird eine solche Zuordnungsvorschrift verbal umschrieben.

**Beispiel 3.2**

Ein Geldinstitut ordnet jedem Inhaber eines Girokontos den aktuellen Kontostand zu. Da manche Bankkunden über mehr als ein Girokonto verfügen, wird in diesem Fall die Summe aller Kontostände dem Bankkunden zugeordnet. (Andernfalls könnten einem solchen Bankkunden mehr als ein Kontostand zugeordnet werden: Die Zuordnung ist dann nicht mehr eindeutig.)

Fast immer wird eine der folgenden drei Möglichkeiten verwendet, um eine Funktion darzustellen:

- tabellarische Darstellung (Wertetabelle),
- analytische Darstellung (Funktionsgleichung),
- grafische Darstellung.

### Wertetabelle

Hier erfolgt die Zuordnung einfach durch Angabe einer Tabelle (der so genannten *Wertetabelle*), in der explizit die unabhängige Variable $x$ und der ihr zugeordnete Funktionswert $y$ (= $f(x)$) aufgeführt sind. Schon in Beispiel 3.1 findet man eine solche Wertetabelle, es folgt noch ein weiteres Beispiel.

**Beispiel 3.3**

Um den Umsatz zu erhöhen, entscheidet sich Herr K., 5 Monate lang auf Plakatwänden und im lokalen Radio für seinen Kiosk zu werben. Dabei setzt er jeden Monat einen anderen Werbeetat ein. Die folgende Wertetabelle der Funktion $E = f(x)$ zeigt, wie sich der Einsatz verschiedener Werbeetats auf den Umsatz ausgewirkt hat:

| **Werbeetat x** | 2.500 | 3.000 | 3.600 | 1.800 | 4.100 |
|---|---|---|---|---|---|
| **Umsatz E** | 10.100 | 11.400 | 12.000 | 10.300 | 15.100 |

Insbesondere vor der Verbreitung preisgünstiger Taschenrechner wurden Wertetabellen komplizierter Funktionen, wie z. B. Logarithmentafeln, benutzt. Aber auch heute noch werden Wertetabellen zur Darstellung von unübersichtlichen Funktionen verwendet. Ein bekanntes Beispiel hierfür sind die Einkommenssteuertabellen oder – auf dem Gebiet der Statistik – die häufig benutzte Tabelle zur Standardnormalverteilung.

### Analytische Darstellung einer Funktion

Hier wird die Funktion in Form einer Gleichung, der so genannten *Funktionsgleichung*, vorgegeben.

**Beispiel 3.4**

1. $y = f(x) = 4x + 1,\ D = \mathbb{R}$

   Der Definitionsbereich ist die Gesamtheit der reellen Zahlen. Dabei wird jeder reellen Zahl x das vierfache dieser Zahl vermehrt um 1 zugeordnet. Beispielsweise ist:

   $$f(0) = 4 \cdot 0 + 1 = 1$$
   $$f(2) = 4 \cdot 2 + 1 = 9$$
   $$f(-0{,}5) = 4 \cdot -0{,}5 + 1 = -1 \text{ usw.}$$

2. $z = f(p) = \frac{1}{p},\ D = \mathbb{R} \setminus \{0\}$

   Hier wird der reellen Zahl $p$ ihr Kehrwert $\frac{1}{p}$ zugeordnet. Da die Division durch Null nicht zulässig ist, umfasst der Definitionsbereich von $f$ nicht alle reellen Zahlen; die Null ist ausgenommen.

Häufig ist es unmöglich, eine Funktion in ihrem gesamten Definitionsbereich durch die Verwendung nur einer einzigen Gleichung zu definieren. In diesem Fall unterteilt man den Definitionsbereich in verschiedene Teilbereiche (meist Intervalle) und definiert anschließend auf jedem dieser Abschnitte des Definitionsbereiches eine separate Funktion. Derartige Funktionen nennt man *abschnittsweise definierte Funktionen*.

**Beispiel 3.5**

Die Funktion $y = f(x)$ mit $f(x) = \begin{cases} 2{,}70 \text{ für } 0 < x \leq 4 \\ 3{,}90 \text{ für } 4 < x \leq 8 \\ 5{,}20 \text{ für } 8 < x \leq 15 \\ 7{,}90 \text{ für } x > 15 \end{cases}$

gibt die Fahrtkosten $y$ in Abhängigkeit von der Weglänge $x$ (in km) bei den städtischen Nahverkehrsbetrieben an.

**Grafische Darstellung**

Die grafische Darstellung einer Funktion $y = f(x)$ erfolgt in einem rechtwinkligen *Koordinatensystem*. Dieses besteht aus zwei senkrecht aufeinanderstehenden Koordinatenachsen. Die waagerechte Achse wird häufig als *x-Achse* oder *Abszissenachse* bezeichnet, die senkrechte Achse heißt entsprechend *y-Achse* bzw. *Ordinatenachse*.

**Bemerkungen:**

- Die Bezeichnung der Achsen ist der jeweiligen Problemstellung anzupassen. Üblich ist es hierbei, auf der waagerechten Abszisse die unabhängige Variable und entsprechend auf der senkrechten Ordinate die abhängige Variable abzutragen und die Achsen mit dem jeweiligen Variablennamen zu versehen.
- Will man beispielsweise den Umsatz E in Abhängigkeit von dem Werbeeinsatz $z$ darstellen, so wird man dies in einem $z$, E-Koordinatensystem mit waagerechter z-Achse und senkrechter E-Achse tun.

Die beiden Koordinatenachsen werden als Zahlengeraden aufgefasst, die sich im jeweiligen Nullpunkt schneiden. Daher heißt der Schnittpunkt der beiden Koordinatenachsen *Nullpunkt* oder *Ursprung*.

Die beiden Koordinatenachsen unterteilen die Ebene in vier Teile (*Quadranten*), die im Gegenuhrzeigersinn durchnummeriert und mit römischen Ziffern bezeichnet werden.

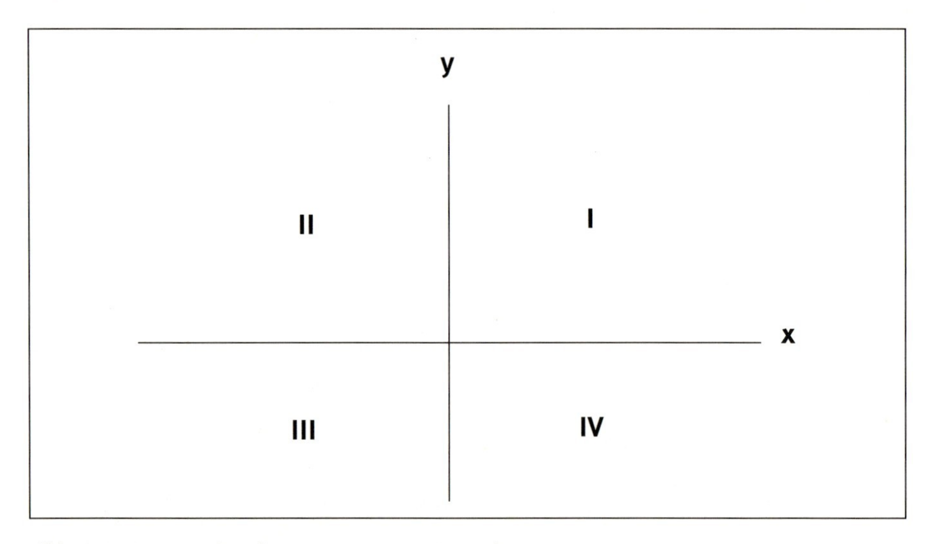


*Abb. 3.2: Die vier Quadranten eines x,y – Koordinatensystems*

Ein Punkt $(x_0, y_0)$ lässt sich nun folgendermaßen in ein Koordinatensystem einzeichnen. Auf der Abszisse (waagrechten Achse) sucht man den Wert $x_0$ und errichtet dort eine Senkrechte. Durch den Wert $y_0$ auf der Ordinate wird eine Waagerechte gezogen. Im Schnittpunkt dieser Linien liegt der gesuchte Punkt $(x_0, y_0)$.

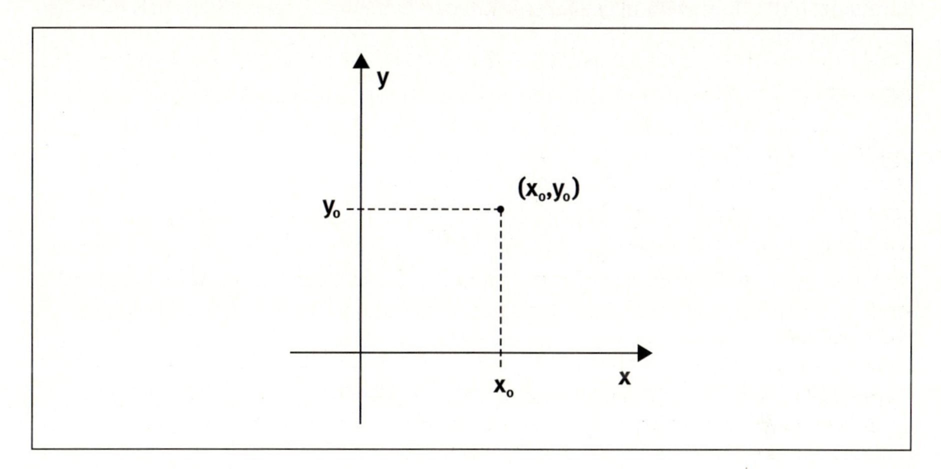


***Abb. 3.3:*** *Punkt $(x_0,y_0)$ im Koordinatensystem*

Der Punkt $(x_0, y_0)$ ist eindeutig bestimmt, dabei ist die Reihenfolge der beiden Werte wichtig.

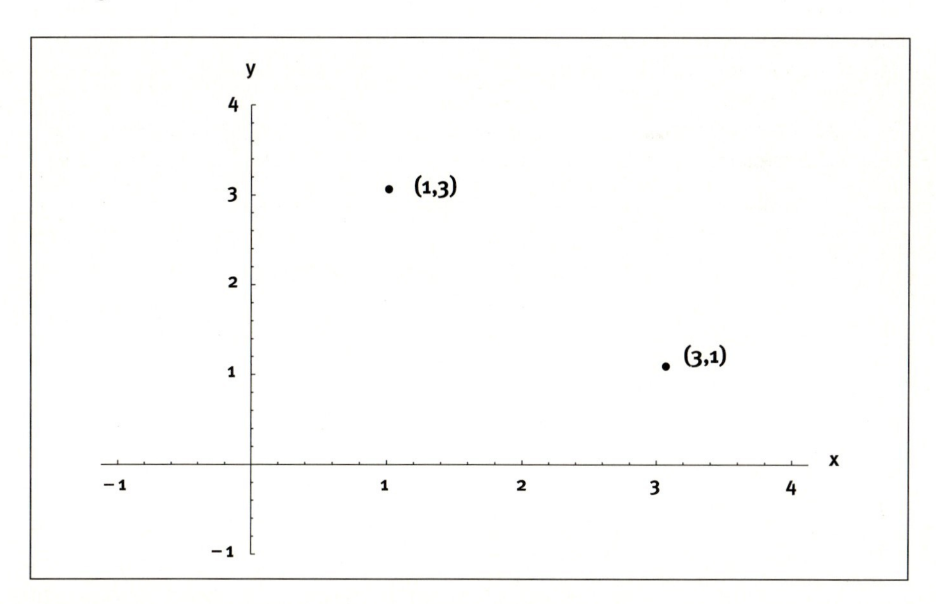


***Abb. 3.4:*** *(1,3) und (3,1) in einem Koordinatensystem*

In einem Koordinatensystem kann eine Funktion $y = f(x)$ grafisch dargestellt werden.

Unter dem *Graphen* einer Funktion f versteht man die Menge aller Punkte (x, y) mit (x, y) = (x, f(x)).

Da in der Regel ein Graph aus unendlich vielen Punkten besteht, ist es unmöglich, die Punkte (x, f(x)) alle einzeln in ein Koordinatensystem einzutragen. Hier muss man sich anders behelfen.

Zunächst beschafft man sich eine Wertetabelle der grafisch darzustellenden Funktion. Solch eine Wertetabelle besteht aus geordneten Punktepaaren (x, y). (Die unabhängige Variable steht dabei vereinbarungsgemäß an erster Stelle.) Diese Punktepaare werden in ein Koordinatensystem eingetragen. Auf diese Weise erhält man endlich viele isoliert dastehende Punkte, die miteinander zu verbinden sind. Bei einfachen Funktionen (Geraden, Parabeln,...) fällt die Verbindung meist nicht schwer, da man schon an der Funktionsgleichung die prinzipielle Gestalt der Funktionskurve erkennt. Anders ist die Situation bei komplizierten Funktionsgleichungen. Hier muss man sich zunächst Informationen über die Lage wichtiger Punkte und den prinzipiellen Verlauf der Kurve mit Hilfe der Differentialrechnung verschaffen (z.B. Nullstellen, d.h. Schnittstellen mit der x-Achse, Extremwerte, Wendepunkte), bevor man in der Lage ist, den Verlauf der Funktionskurve darzustellen.

**Beispiel 3.6**

1. $y = f(x) = 4x + 1$ (vgl. Beispiel 3.4)

**Wertetabelle:**

| x | 0 | 1 |
|---|---|---|
| y | 1 | 5 |

Die Punkte aus der Wertetabelle werden in ein rechtwinkliges Koordinatensystem eingetragen und linear miteinander verbunden:

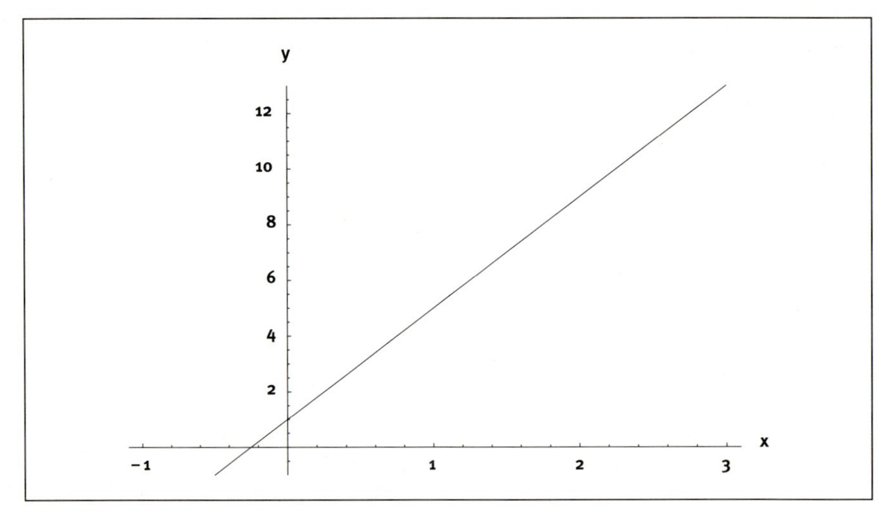


*Abb. 3.5:* $y = f(x) = 4x + 1$

**2.** $y = f(x) = x^4 - x^2$

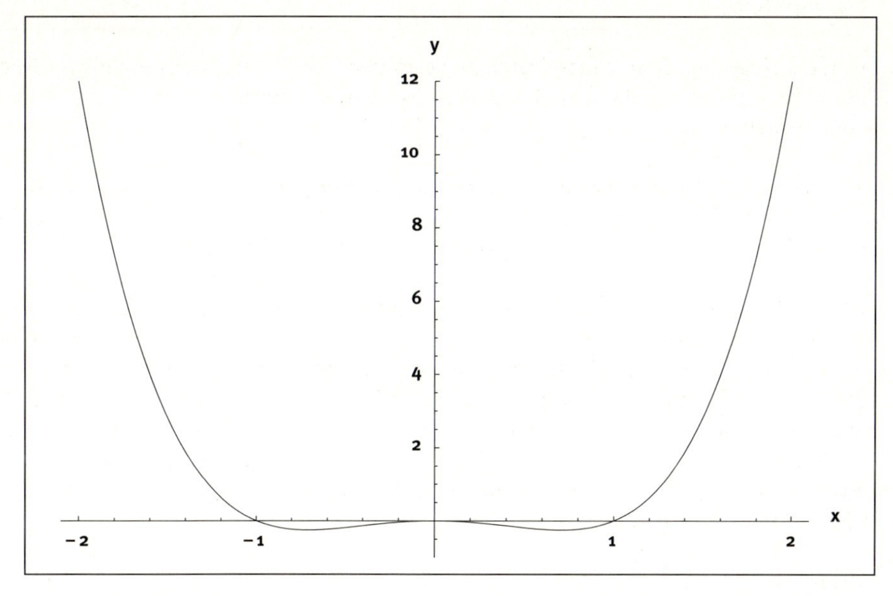


*Abb. 3.6:* $y = f(x) = x^4 - x^2$

Die zuletzt dargestellte Funktion in Beispiel 3.6 wird noch einmal im Zusammenhang mit der so genannten *Kurvendiskussion* behandelt. Dort sieht man auch, wie man am schnellsten zu einer Funktionsskizze durch den Einsatz der Differentialrechnung gelangt. Mit dem an dieser Stelle zur Verfügung stehenden Wissen, d.h. nur mit Hilfe einer Wertetabelle, ist es dagegen schwer und umständlich, die exakte Funktionskurve im obigen Beispiel zu bestimmen. Dies gelingt nur mit einer sehr ausführlichen Wertetabelle.

Glücklicherweise benötigt man nicht immer den exakten Funktionsverlauf, häufig genügt auch eine weniger aufwendige Funktionsskizze, die folgende Mindestanforderungen erfüllt:

- wesentliche Punkte müssen mit dem exakten Funktionsbild übereinstimmen
- der charakteristische Funktionsverlauf muss im Definitionsbereich sichtbar gemacht werden.

**Hinweis:**
Die grafische Darstellung einer Funktion hat natürlich gegenüber den anderen Darstellungsweisen den Vorteil der größeren Anschaulichkeit und Attraktivität. Ein wichtiger Gesichtspunkt ist hierbei die zweckmäßige Wahl des Maßstabs. Dabei darf der Maßstab auf den beiden Koordinatenachsen durchaus unterschiedlich sein. Man sollte allerdings bedenken, dass die Vergrößerung des Maßstabs auf einer Achse zu einer starken Betonung der dort aufgetragenen Variablen führt. Derartige Verzerrungen können durchaus bewusst zum Zwecke der Manipulation benutzt werden.

Bei der im folgenden Bild gezeichneten Kurve handelt es sich *nicht* um eine Funktion.

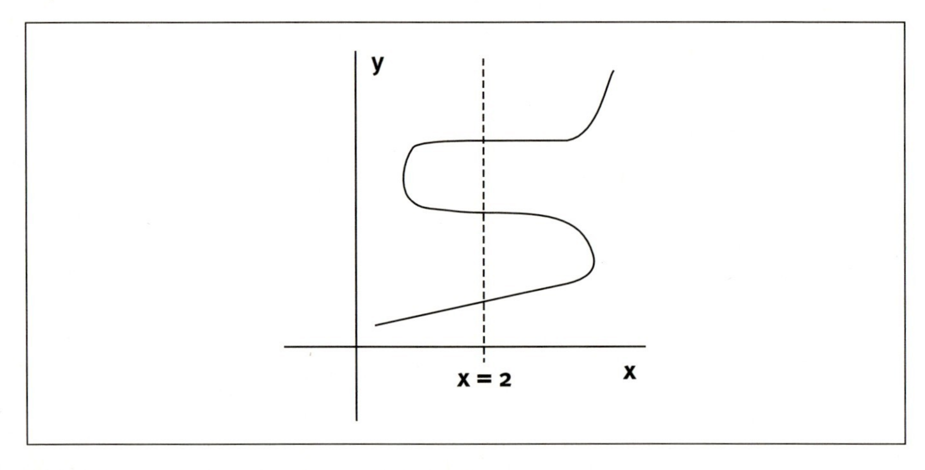


*Abb. 3.7: Graph einer Zuordnung, die keine Funktion ist*

Bei einer Funktion wird jedem x-Wert (aus dem Definitionsbereich) genau ein y-Wert zugeordnet. Dies bedeutet, dass jede Parallele zur (senkrechten) y-Achse im Definitionsbereich die Kurve genau einmal schneiden darf, falls es sich um einen Funktionsgraphen handelt. Dies ist in Abbildung 3.7 nicht der Fall. Beispielsweise schneidet die Senkrechte durch $x = 2$ die Bildkurve dreimal, d.h. dem Wert 2 werden drei unterschiedliche „Funktionswerte" zugewiesen.

## 3.2 Eigenschaften von Funktionen

### 3.2.1 Nullstellen

Vorgegeben sei die Funktion $y = f(x)$. Ein Wert $x_i$ aus dem Definitionsbereich von f heißt *Nullstelle von f*, falls der zugehörige Funktionswert 0 ist. Mit anderen Worten: gilt $f(x_i) = 0$, so bezeichnet man $x_i$ als Nullstelle der Funktion f.

Um die Nullstelle(n) von f zu berechnen, muss man daher die Gleichung $f(x) = 0$ lösen. Je nach Art der entstehenden Gleichung kann eine Funktion eine oder auch mehrere (sogar unendlich viele) Nullstellen besitzen.

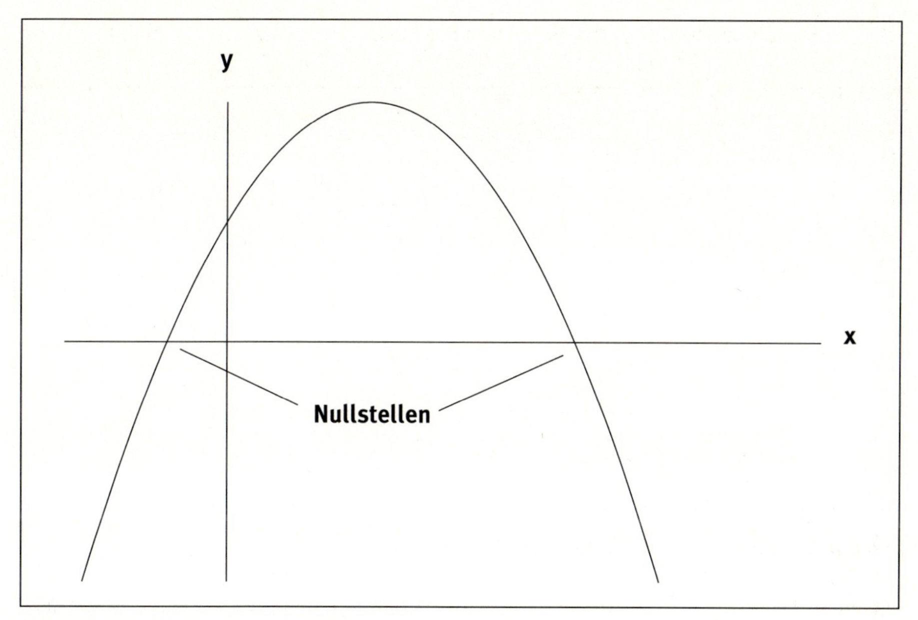


*Abb. 3.8: Funktion mit zwei Nullstellen*

**Beispiel 3.7**

1. Es sei $f(x) = 4x + 1$ (vgl. Beispiel 3.4). Zu bestimmen sind die Nullstellen von f. Dazu muss man die Gleichung $f(x) = 4x + 1 = 0$ lösen. Als Lösung erhält man $x_1 = -\frac{1}{4}$. Die einzige Nullstelle der Funktion f ist also $x_1 = -\frac{1}{4}$.

2. Es sei $f(x) = x^4 - x^2$ (vgl. Beispiel 3.6). Zur Bestimmung der Nullstellen von f muss die folgende Gleichung gelöst werden:
   $x^4 - x^2 = 0$
   Ausklammern von $x^2$ führt zu:
   $x^4 - x^2 = x^2 (x^2 - 1) = 0$
   Die Nullstellen von f erhält man jetzt, indem man die beiden Faktoren $x^2$ und $x^2 - 1$ jeweils Null setzt.
   Aus $x^2 = 0$ folgt $x_1 = 0$. Aus $x^2 - 1 = 0$ folgt $x_2 = +1, x_3 = -1$. Die Funktion f hat daher die drei Nullstellen $x_1 = 0, x_2 = +1, x_3 = -1$.

3. Es sei $f(x) = x^2 + 1$. Die Funktion f hat keine Nullstelle, da die Gleichung $x^2 + 1 = 0$ keine Lösung innerhalb der reellen Zahlen besitzt.

In Kapitel 3.4.3 wird auf die ökonomische Bedeutung von Nullstellen im Zusammenhang mit einer Gewinnfunktion eingegangen.

### 3.2.2 Monotonie

Die folgende Abbildung zeigt eine streng monoton wachsende Funktion über einem Intervall I:

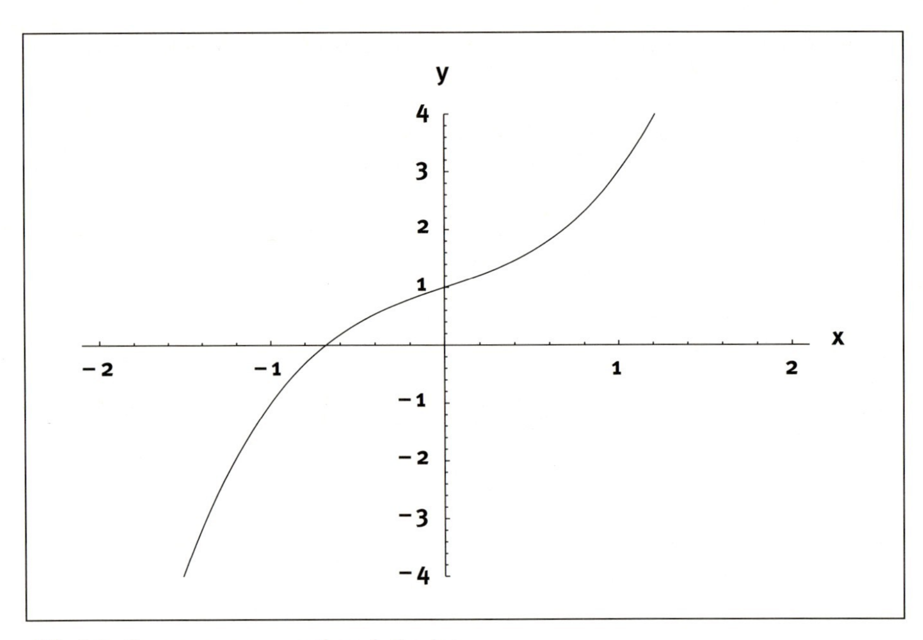


*Abb. 3.9: Streng monoton wachsende Funktion*

Man sieht, dass mit wachsenden x-Werten auch die zugehörigen y-Werte größer werden.

Eine Funktion f heißt im Intervall I *streng monoton wachsend*, falls für zwei beliebige Werte $x_1$, $x_2$ aus dem Intervall I mit $x_1 < x_2$ gilt: $f(x_1) < f(x_2)$.

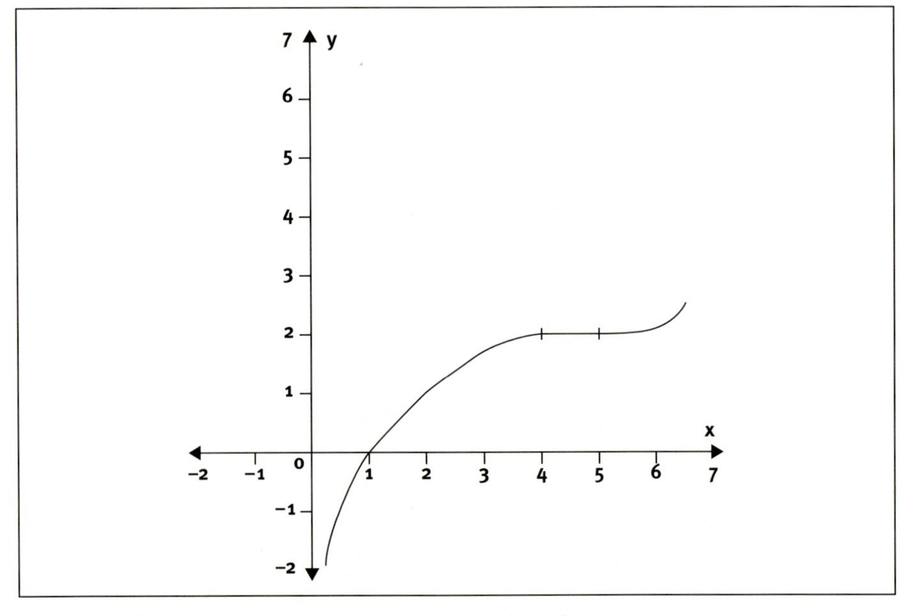


*Abb. 3.10: Funktion, die nicht streng monoton wachsend ist*

Die in Abb. 3.10 gezeigte Funktion ist zwar nicht mehr streng monoton wachsend, aber immer noch „monoton wachsend".

Eine Funktion f heißt im Intervall I *monoton wachsend*, falls für zwei beliebige Werte $x_1, x_2$ aus dem Intervall I mit $x_1 < x_2$ gilt: $f(x_1) \leq f(x_2)$.

Im Unterschied zur strengen Monotonie ist hier also auch *Gleichheit* der Funktionswerte $f(x_1)$ und $f(x_2)$ (für $x_1 < x_2$) zugelassen.

Von den (streng) monoton wachsenden Funktionen unterscheidet man die monoton fallenden (bzw. streng monoton fallenden) Funktionen.

Eine Funktion f heißt im Intervall I *streng monoton fallend*, falls für zwei beliebige Werte $x_1, x_2$ aus dem Intervall I mit $x_1 < x_2$ gilt: $f(x_1) > f(x_2)$.

Ein Beispiel für eine streng monoton fallende Funktion zeigt Abbildung 3.11.

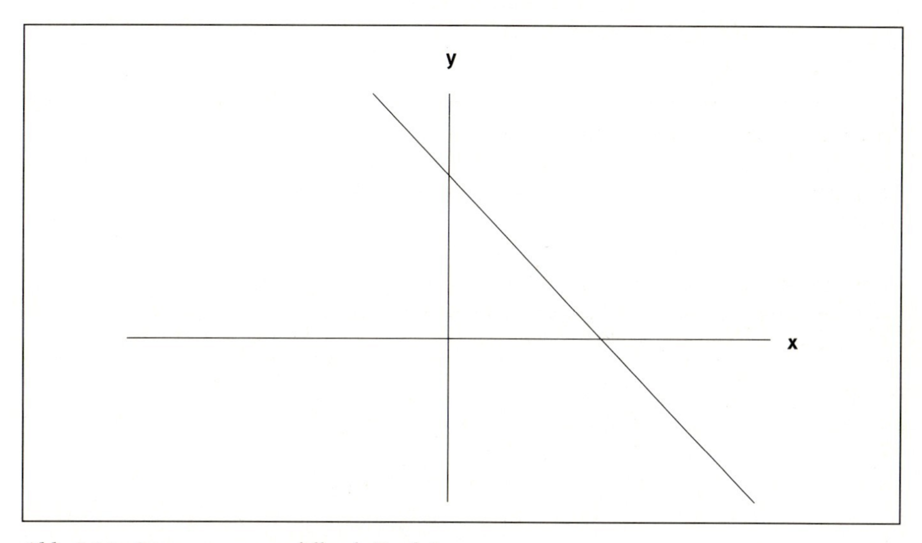


*Abb. 3.11: Streng monoton fallende Funktion*

Eine Funktion f heißt im Intervall I *monoton fallend*, falls für zwei beliebige Werte $x_1, x_2$ aus dem Intervall I mit $x_1 < x_2$ gilt: $f(x_1) \geq f(x_2)$.

Untersucht man eine vorgegebene Funktion daraufhin, in welchen Intervallen des Definitionsbereiches sie monoton wachsend, streng monoton wachsend, monoton fallend bzw. streng monoton fallend ist, so spricht man von einer *Untersuchung auf Monotonie*. Für diese Untersuchung gibt es verschiedene Möglichkeiten:

- Anwendung der vorgegebenen Definitionen.
  Hierzu reicht es allerdings nicht aus, nur für einzelne Paare $x_1, x_2$ mit $x_1 < x_2$ nachzuprüfen, ob die gewünschte Beziehung (beispielsweise $f(x_1) > f(x_2)$ im Falle einer streng monoton fallenden Funktion) vorliegt. Dies muss für *alle* Paare $x_1, x_2$ mit $x_1 < x_2$ aus dem interessierenden Intervall nachgewiesen werden.

- Ablesen der Monotonieeigenschaften einer Funktion aus dem Graphen der Funktion. Dazu muss natürlich der Graph der Funktion bekannt sein.

- Anwendung der Differentialrechnung (wird in Kapitel 4.5.1 behandelt).

### 3.2.3 Umkehrfunktion

Eine Funktion ist dadurch gekennzeichnet, dass jedem x-Wert genau ein Funktionswert f(x) (y-Wert) zugeordnet wird. In einem Pfeildiagramm kann man dies folgendermaßen andeuten:

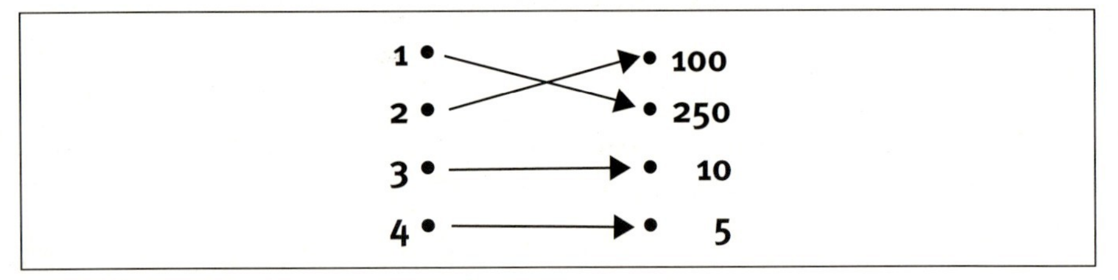


*Abb. 3.12: Pfeildiagramm*

Formal kann die Zuordnung einfach umgekehrt werden, indem man die Pfeilrichtung umdreht. Die Frage ist, ob man auf diese Weise wieder eine Funktion erhält. Für das Beispiel in Abbildung 3.12 kann dies bejaht werden. Aber leider gilt dies nicht allgemein, wie das folgende Pfeildiagramm zeigt:

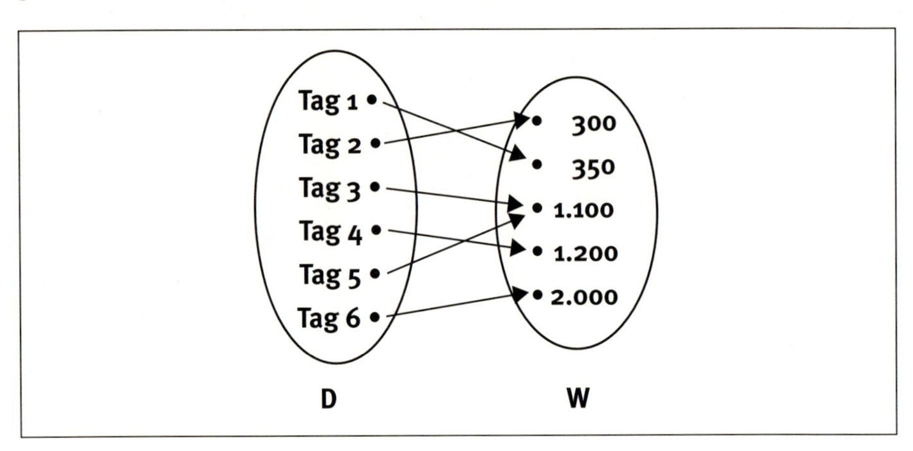


*Abb. 3.13: Pfeildiagramm*

Falls man die Pfeile in Abbildung 3.13 umkehrt, können der rechts im Wertebereich stehenden Zahl „1.100" die Werte 3 und 5 zugewiesen werden, d.h. die Umkehrung ist nicht eindeutig und führt deshalb nicht zu einer Funktion.

Zusammenfassend kann festgestellt werden:

- Es gibt Funktionen, bei denen mindestens zwei verschiedene x-Werte auf einen Funktionswert y abgebildet werden, d.h. hier ist (wenn man die Zuordnung umkehrt) nicht jedem y-Wert genau ein x-Wert zugeordnet.

- Es gibt Funktionen $y = f(x)$, bei denen jedem y-Wert genau ein x-Wert (mit $y = f(x)$) zugeordnet ist.

Die letztgenannten Funktionen nennt man *umkehrbar*. Das bedeutet: sie besitzen eine *Umkehrfunktion* $f^{-1}$.

f sei eine umkehrbare Funktion. Dann bezeichnet man die Abbildung, die jedem $y$ aus dem Wertebereich von $f$ genau ein $x$ aus dem Definitionsbereich von $f$ mit $y = f(x)$ zuordnet, als die *Umkehrabbildung* $f^{-1}$ von f.

Die Umkehrabbildung vertauscht also die Rollen von unabhängiger und abhängiger Variable.

**Hinweis:**
Man erhält die Umkehrabbildung rechnerisch, indem man die Gleichung $y = f(x)$ nach x auflöst. (Dies ist aber leider nicht immer möglich.)

**Beispiel 3.8**

1. Es sei $y = f(x) = 4x+1$, dann ist $x = f^{-1}(y) = \frac{1}{4}y - \frac{1}{4}$ die Umkehrfunktion. Beispielsweise ordnet f dem Wert 15 den Funktionswert 61 zu. Setzt man umgekehrt 61 in $f^{-1}$ ein, so erhält man wieder 15.

2. Es sei $w = f(z) = z^3$. (Zu Übungszwecken werden hier von $x$ und $y$ abweichende Variablennamen verwendet). Auch hier wird jedem w-Wert genau ein z-Wert zugeordnet. Daher existiert die Umkehrfunktion $f^{-1}$. Diese sieht folgendermaßen aus: $z = \sqrt[3]{w}$. Hier ordnet f z.B. dem z-Wert 5 den w-Wert $5^3 = 125$ zu. Setzt man 125 in $f^{-1}$ ein, so ergibt sich entsprechend 5 $(= \sqrt[3]{125})$.

3. Es sei $y = f(x) = x^2$ und $D = \mathbb{R}$ (d.h., der Definitionsbereich von f umfasst alle reellen Zahlen). Hier existiert keine Umkehrfunktion. Beispielsweise besitzen die beiden x-Werte +3 und –3 denselben Funktionswert $y = +9$. Also können diesem y-Wert zwei verschiedene x-Werte zugeordnet werden.

4. Es sei wie vorher $y = f(x) = x^2$, der Definitionsbereich umfasse diesmal aber nur alle reellen Zahlen größer oder gleich Null. Jetzt kann die Umkehrfunktion bestimmt werden. Man berechnet:

$$x = f^{-1}(y) = \sqrt[2]{y}$$

Die Umkehrabbildung erhält man grafisch, indem die Koordinatenachsen und die Funktion $f(x)$ an der Winkelhalbierenden des ersten und vierten Quadranten (also der Geraden mit der Gleichung $y = x$) gespiegelt werden. (Die Spiegelung der Koordinatenachsen bewirkt dabei lediglich eine Vertauschung der Achsenbezeichnungen.)

Da in der bisherigen Beschreibung die Variablen bei der Bestimmung der Umkehrfunktion nicht vertauscht wurden, werden auf der waagrechten Achse für die Funktion f die x Werte und für die Funktion $f^{-1}$ die y-Werte abgetragen. Sinngemäßes gilt natürlich auch für die senkrechte Achse.

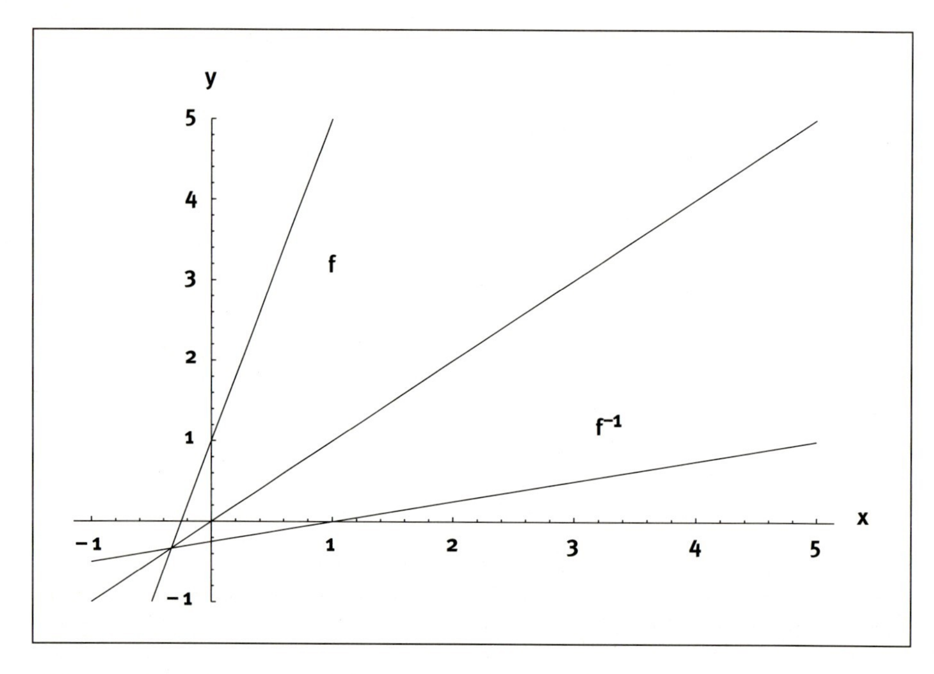


*Abb. 3.14:* $y = f(x) = 4x + 1$ *und die zugehörige Umkehrabbildung*

Häufig wird empfohlen, vor oder nach der Berechnung der Umkehrfunktion die beiden beteiligten Variablen wieder zu vertauschen. Diese Vertauschung sollte man auf keinen Fall dann vornehmen, wenn die Variablen eine ökonomische Bedeutung haben. Bezeichnet beispielsweise $x$ die abgesetzte Menge und $p$ den Preis einer bestimmten Ware, so würde eine Vertauschung der Variablen nach Bildung der Umkehrfunktion zu einem missverständlichen Ergebnis führen. Ein Vorteil der Variablenvertauschung besteht allerdings darin, dass eine Funktion zusammen mit ihrer Umkehrfunktion in das gleiche Koordinatensystem (d.h. ohne Vertauschung der Koordinatenachsennamen) gezeichnet werden kann.

Jede *streng monoton* wachsende oder fallende Funktion besitzt eine Umkehrfunktion

### 3.2.4 Stetigkeit

Auf den Begriff der Stetigkeit wird hier nur kurz eingegangen, da er in den Anwendungen keine Rolle spielt. Der Begriff des Funktionenlimes bzw. -grenzwertes wird nur anschaulich eingeführt, ohne auf konvergente Folgen einzugehen, die für die präzise mathematische Behandlung herangezogen werden müssten.

Der Begriff „stetig" hat in der Mathematik die gleiche Bedeutung wie im alltäglichen Sprachgebrauch. Ein Vorgang verläuft stetig, wenn er ohne sprunghafte Veränderungen abläuft. In analoger Weise gilt: eine Funktion heißt stetig, wenn sie keine Sprünge macht. Dieses „kontinuierliche Verlaufen" wird oft mit der anschaulichen Vorstellung verknüpft, dass das Funktionsschaubild „ohne Absetzen" (sprich Heben des Bleistifts) gezeichnet werden kann.

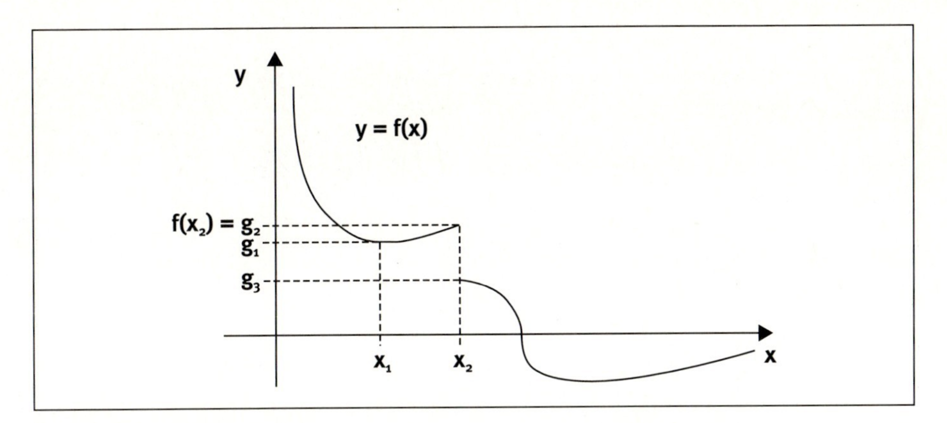


*Abb. 3.15: Funktion mit einer Sprungstelle*

Die Funktion f aus Abbildung 3.15 besitzt an der Stelle $x_2$ den Funktionswert $f(x_2) = g_2$. Wird der Graph der Funktion $y = f(x)$ zunächst in der Umgebung von $x = x_1$ betrachtet, so sieht man, dass die Funktionswerte $f(x)$ immer dem Wert $f(x_1)$ zustreben. Dies gilt unabhängig davon, ob sich x der Stelle $x_1$ von links oder von rechts nähert. Damit hat man den Begriff der Stetigkeit bereits erfasst. Mit dem Wort „zustreben" ist folgende Situation gemeint. Befindet man sich mit einem x-Wert in der Nähe von $x_1$, so soll auch der zugehörige Funktionswert entsprechend nah an $f(x_1)$ liegen. Es findet „kein Sprung bei $x_1$" statt.

Dass die Stetigkeitsforderung nicht immer erfüllt ist, sieht man, wenn man bei der Funktion in Abbildung 3.15 die Stelle $x_2$ statt $x_1$ betrachtet. Als Funktionswert ist an dieser Stelle $f(x_2) = g_2$ definiert, nähert man sich dem Wert $x_2$ auf der x-Achse aber von rechts, dann streben die zugehörigen Funktionswerte gegen den Wert $g_3 \neq g_2$. Bei Annäherung von links strebt die Folge der Funktionswerte dagegen gegen den Grenzwert $g_2$.

Eine *Funktion* wird insgesamt als *stetig* bezeichnet, wenn sie an *jeder* Stelle x ihres Definitionsbereiches stetig ist. Die in Abbildung 3.15 skizzierte Funktion ist nicht stetig, da sie bei $x = x_2$ eine Unstetigkeitsstelle besitzt.

Die auch unabhängig vom Stetigkeitsbegriff interessierende Schreibweise
$\lim\limits_{x \to x_1} f(x)$ (lies „Limes f(x) für x gegen $x_1$")
soll nun eingeführt werden.

Man spricht hier vom *Grenzwert der Funktion f an der Stelle $x_1$*. Dieser Grenzwert hat den Wert g, in Zeichen

$$\lim_{x \to x_1} f(x) = g,$$

falls bei der Annäherung an $x_1$ mit Werten aus dem Definitionsbereich von f gilt, dass die zugehörigen Funktionswerte sich g annähern. In diesem Sinne kann also nochmals festgestellt werden: Stetigkeit von f an der Stelle $x_1$ bedeutet nichts anderes als die Grenzwertaussage:

$$\lim_{x \to x_1} f(x) = f(x_1).$$

**Beispiel 3.9**

Gegeben sei die Funktion f mit $y = f(x) = x^2$ und dem Definitionsbereich $D = \mathbb{R}$. Es soll der Grenzwert $\lim\limits_{x \to 2} f(x)$ bestimmt werden.

Da die Funktion stetig ist, bedeutet dies insbesondere $\lim\limits_{x \to 2} f(x) = 2^2 = 4$.

Es stellt sich nun umgekehrt die Frage, wie eine Funktion aussieht, die *nicht* stetig ist. Zwei häufige Gründe für Unstetigkeit sind:

- Sprünge,
- Unendlichkeitsstellen (Pole).

Diese zwei Fälle werden anhand typischer Abbildungen und kurzer Hinweise erläutert. Die Abbildung 3.16 zeigt eine Funktion, die zwei *Sprungstellen* in den Punkten $x = -1$ und $x = 2$ aufweist. Solche Sprungstellen treten häufig bei Funktionen, die abschnittsweise definiert sind, auf.

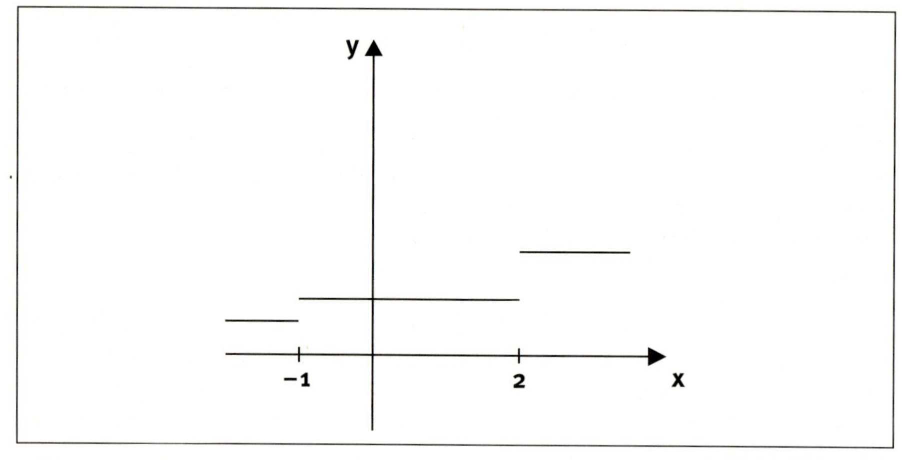


*Abb. 3.16: Funktion mit Sprungstellen*

In Abbildung 3.17 gibt es eine *Unendlichkeitsstelle* in $x_0 = 0$.

Eine Unendlichkeitsstelle in $x_0$ liegt dann vor, wenn bei Annäherung an $x_0$ (von links oder rechts) die Funktionswerte gegen $+\infty$ (sprich: plus Unendlich) bzw. $-\infty$ (sprich: minus Unendlich) streben. Das kann man sich am Beispiel der Funktion

$$f(x) = \begin{cases} \frac{1}{x} & \text{für } x \neq 0 \\ 0 & \text{für } x = 0 \end{cases}$$

klarmachen. Dazu wird eine Wertetabelle für Werte „in der Nähe" von $x_0 = 0$ erstellt.

| x | 1 | 0,1 | 0,01 | 0,001 | 0,0001 | 0,00001 |
|---|---|---|---|---|---|---|
| y | 1 | 10 | 100 | 1.000 | 10.000 | 100.000 |

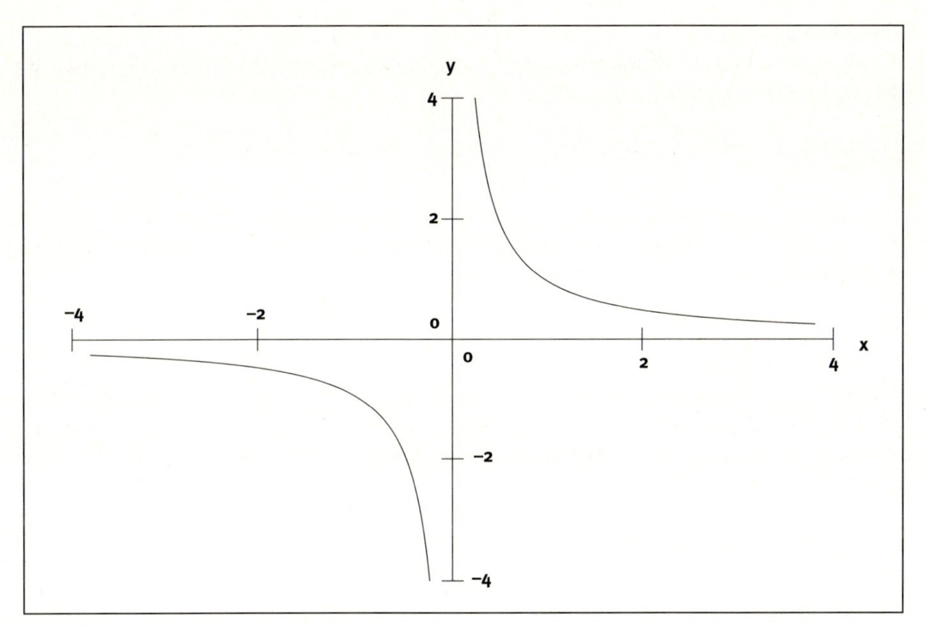


*Abb. 3.17: Funktion mit Unendlichkeitsstelle*

Man sieht: je mehr man sich dem Wert $x_0 = 0$ von rechts annähert, desto größer werden die Funktionswerte. D.h. die Funktionswerte *gehen gegen* $+\infty$, falls man sich $x_0 = 0$ von rechts nähert. Die Schreibweise hierfür sieht folgendermaßen aus:

$$\lim_{x \to 0^+} f(x) = +\infty$$

Dabei handelt es sich um eine Erweiterung der oben eingeführten „Limes-Schreibweise", da nun auch der Wert „Unendlich" als Grenzwert zugelassen wird.
Genauso kann man jetzt fragen, was passiert, wenn man sich $x_0 = 0$ von links, also von den negativen Zahlen her, nähert. In der eben eingeführten mathematischen Schreibweise erhält man:

$$\lim_{x \to 0^-} f(x) = -\infty$$

Dabei steht $0^-$ für die *linksseitige Annäherung* an $0$. Nähert man sich also von links dem Wert $x_0 = 0$, so wachsen die Funktionswerte gegen $-\infty$. Treten bei einer Funktion die eben behandelten Sprungstellen bzw. Polstellen auf, so ist die Funktion *unstetig*.

Oft nimmt man die Unendlichkeitsstellen von vornherein aus dem Definitionsbereich heraus. Bei der Funktion $f(x) = \frac{1}{x}$ beispielsweise lässt man dann $x = 0$ nicht zu und weist der Funktion an dieser Stelle auch nicht „künstlich" irgendeinen Wert (z. B. $0$ wie oben) zu.

Zum Ende dieses Abschnitts soll noch kurz auf das *asymptotische Verhalten* einer Funktion eingegangen werden. Grundsätzlich geht es hierbei um die Fragestellung, wie sich die Funktionswerte verhalten, wenn die x-Werte gegen Unendlich streben, also immer weiter wachsen. Die Fälle werden anhand von Beispielen illustriert.

- Die Funktionswerte von $f(x) = \frac{1}{x}$ nähern sich, wenn x immer weiter wächst oder auch ins Negative fällt, dem Wert 0. In der Limesschreibweise drückt man dies so aus:

  $$\lim_{x \to \infty} \frac{1}{x} = \lim_{x \to -\infty} \frac{1}{x} = 0$$

  Man sagt auch, die Funktion $g(x) = 0$ ist eine *Asymptote* von $f(x)$.

- Für die Funktion $y = f(x) = x^2$ gilt:

  $$\lim_{x \to \infty} x^2 = \lim_{x \to -\infty} x^2 = \infty$$

  Hier gibt es keine Asymptote von y – man spricht aber dennoch von der Untersuchung des asymptotischen Verhaltens.

- Für die Funktion $y = f(x) = e^x$ gilt:

  $$\lim_{x \to \infty} f(x) = \infty$$

  $$\lim_{x \to -\infty} f(x) = 0$$

  Man sagt hier auch, die Funktion *nähere sich* für $x \to -\infty$ *asymptotisch* dem Wert 0.

- Es sei die Funktion $y = f(x) = x + \frac{1}{x}$ gegeben.

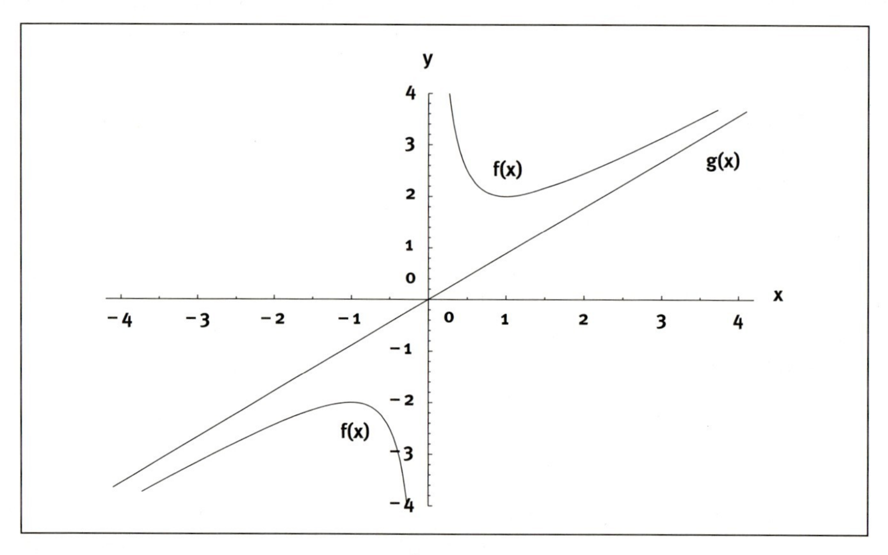


*Abb. 3.18: Die Funktionen $y = f(x) = x + \frac{1}{x}$ und $g(x) = x$*

  Die Funktion nähert sich sowohl für große als auch für kleine x-Werte immer mehr der Funktion $g(x) = x$ an. $g(x)$ ist also Asymptote von $f(x)$.

Das asymptotische Verhalten von Funktionen wird bei den *Kurvendiskussionen* im nächsten Kapitel wieder aufgegriffen.

# 3.3 Elementare Funktionen

Es werden in diesem Abschnitt grundlegende reelle Funktionen behandelt, d.h. Funktionen, die einen reellen Definitionsbereich besitzen und deren Funktionswerte ebenfalls reell sind. Auf die trigonometrischen Funktionen wird dabei nicht eingegangen, da sie in ökonomischen Zusammenhängen keine Rolle spielen.

## 3.3.1 Lineare Funktionen

Lineare Funktionen sind besonders einfache Funktionen. Häufig werden daher bei der Lösung ökonomischer Probleme auftretende Funktionen durch eine lineare Funktion approximiert (angenähert). Auch bei der Verdeutlichung ökonomischer Zusammenhänge greift man gern auf lineare Funktionen zurück.

Unter einer linearen Funktion versteht man eine Funktion der Form:
$y = f(x) = mx + b,\ m, b \in \mathbb{R}$

m und b nennt man *Koeffizienten* (Platzhalter für beliebige reelle Zahlen).

Es sei darauf hingewiesen, dass die Wahl der Buchstaben in der obigen Definition willkürlich ist. Statt $y = f(x) = mx + b$ könnte man auch definieren:
$y = f(x) = a_1x + a_0,\ a_1, a_0 \in \mathbb{R}$ oder auch $z = k(t) = lt + r,\ l, r \in \mathbb{R}$ usw.

Jede dieser Definitionen beinhaltet denselben Sachverhalt, die Bezeichnung $y = f(x) = mx + b$ wurde nur deshalb gewählt, weil sie in der deutschsprachigen Fachliteratur weit verbreitet ist.

**Beispiel 3.10**

1. $f(x) = 7x + 1$
   Hier ist $m = 7$ und $b = 1$.

2. $f(x) = 7x$
   Hier ist $m = 7$ und $b = 0$.

3. $K(t) = -2t - 6$
   Hier ist $m = -2$ und $b = -6$.

4. $y = -7$
   Hier ist $m = 0$ und $b = -7$.

Die zuletzt aufgeführte Funktion $y = -7$ (mit $m = 0$) ist ein Spezialfall einer linearen Funktion. Solche Funktionen der Form $y = f(x) = b$ heißen auch *konstante Funktionen*. Konstante Funktionen sind also lineare Funktionen mit $m = 0$.

Der Graph einer linearen Funktion ist besonders einfach. Es gilt nämlich:

Der Graph einer linearen Funktion $y = f(x) = mx + b$ ist eine Gerade.

Eine Gerade ist eindeutig bestimmt, wenn man zwei Punkte auf der Geraden kennt. Die Koordinaten eines Punktes auf der Geraden erhält man sofort aufgrund folgender Überlegung: setzt man $x = 0$, so erhält man $f(0) = b$. Also liegt der Punkt $(0,b)$ auf der Geraden. Gleichzeitig ist der Punkt $(0,b)$ der Schnittpunkt der y-Achse mit der Geraden $y = mx + b$. Daher heißt $b$ auch *Achsenabschnitt.*

Einen zweiten Punkt auf der Geraden erhält man durch Einsetzen eines weiteren beliebigen x-Wertes (ungleich $0$) in die Geradengleichung.

**Beispiel 3.11**

$f(x) = 7x + 1$

Hier ist der Achsenabschnitt 1, also liegt der Punkt (0, 1) auf der Geraden. Ein weiterer Geradenpunkt ist (1, 8), den man durch Einsetzen von $x = 1$ in die Geradengleichung erhält.

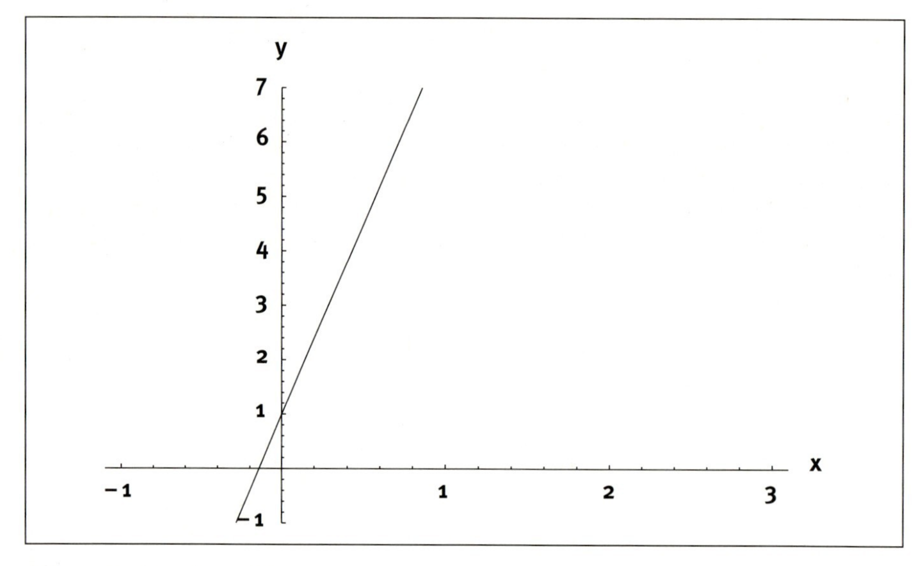


*Abb. 3.19: Gerade $y = f(x) = 7x + 1$*

$m$ nennt man die *Steigung der Geraden.* Nimmt man zwei beliebige Punkte $(x_1, y_1)$ und $(x_2, y_2)$, die auf der Geraden $y = mx + b$ liegen, und berechnet den Quotienten

$$\frac{y_2 - y_1}{x_2 - x_1},$$

so stimmt der berechnete Wert mit der Steigung m der Geraden überein.

Nimmt man z.B. die beiden Punkte (0, 1) und (1, 8) auf der Geraden $y = 7x + 1$ (s. Beispiel 3.11), so ergibt der Quotient:

$$\frac{y_2 - y_1}{x_2 - x_1} = \frac{8 - 1}{1 - 0} = 7$$

Das Ergebnis stimmt also mit dem Koeffizienten $m = 7$ aus der Geradengleichung überein.

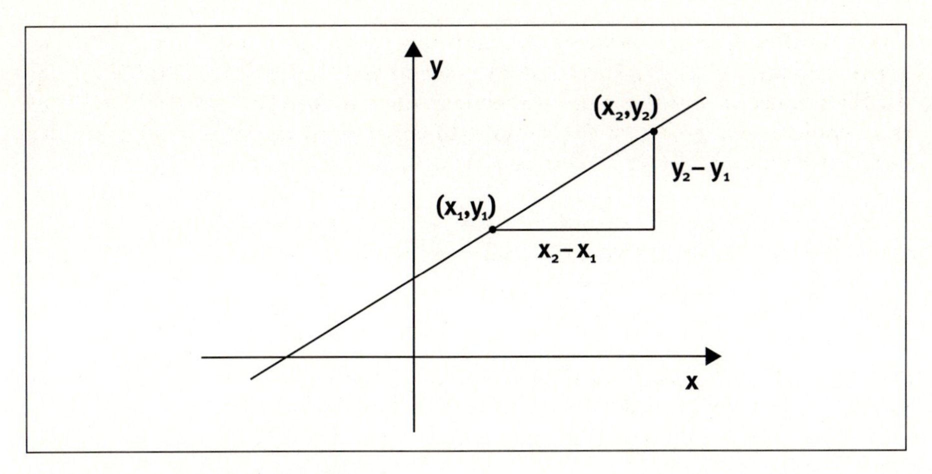


*Abb. 3.20: Steigung einer Geraden*

Anschaulich lässt sich die Steigung m so deuten: ändert sich der x-Wert um 1 Einheit, so wächst (bzw. bei negativem m fällt) der Funktionswert um m Einheiten. Dies lässt sich auch bei der graphischen Darstellung einer Geraden ausnutzen. Ausgehend vom Achsenabschnitt b auf der y-Achse, gewinnt man den zweiten Punkt, indem man eine Einheit nach rechts und m Einheiten nach oben (bei positivem m) bzw. nach unten (bei negativem m) abträgt.

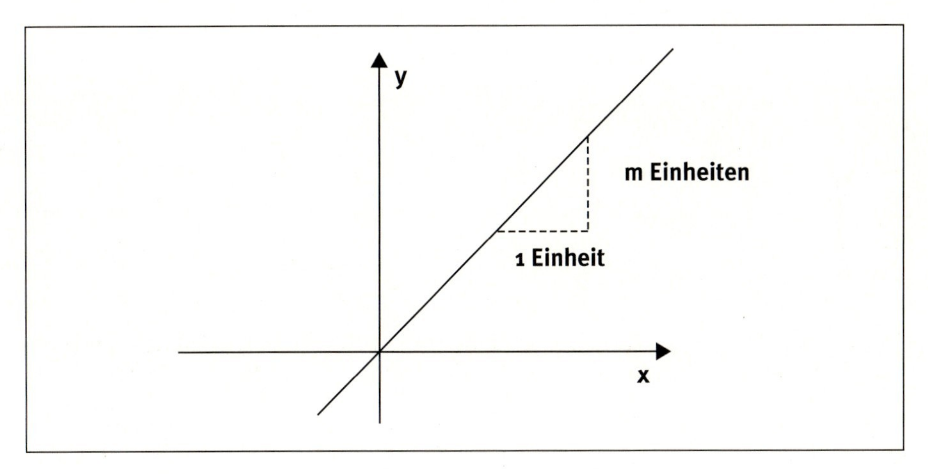


*Abb. 3.21: Steigung einer Geraden*

Die folgende Abbildung zeigt in einem Koordinatensystem zwei Geraden mit unterschiedlicher Steigung.

Bei positivem m sollte man sich stets eine Gerade vorstellen, die von links unten nach rechts oben verläuft, bei negativem m eine Gerade, die von links oben nach rechts unten führt. Dies lässt sich mathematisch folgendermaßen formulieren:

Geraden mit positiver (negativer) Steigung m sind streng monoton wachsend (fallend).

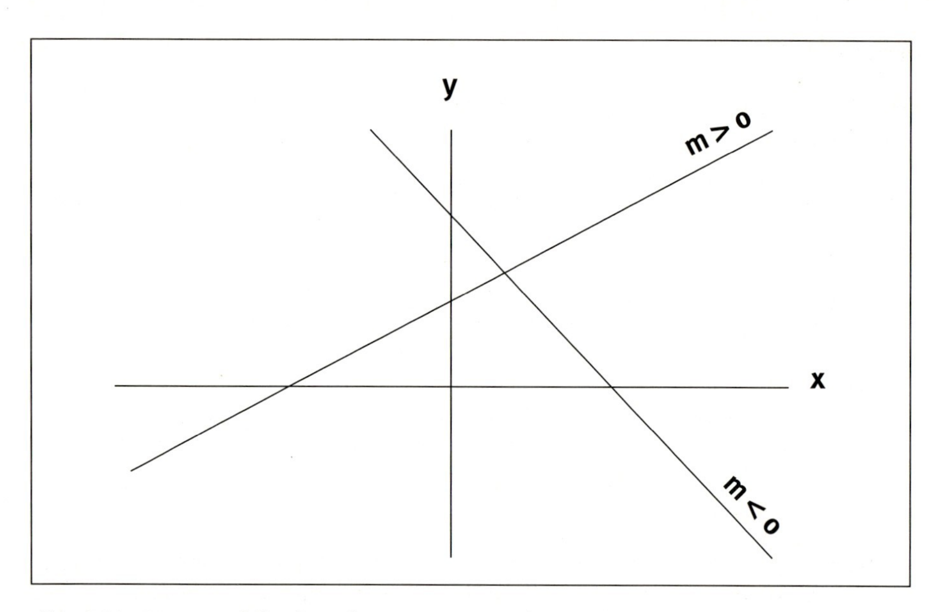


*Abb. 3.22: Monoton fallende und monoton steigende Gerade*

Konstante Funktionen zeichnen sich dadurch aus, dass hier die Steigung o ist. Der Graph einer konstanten Funktion verläuft daher parallel zur x-Achse im Abstand b.

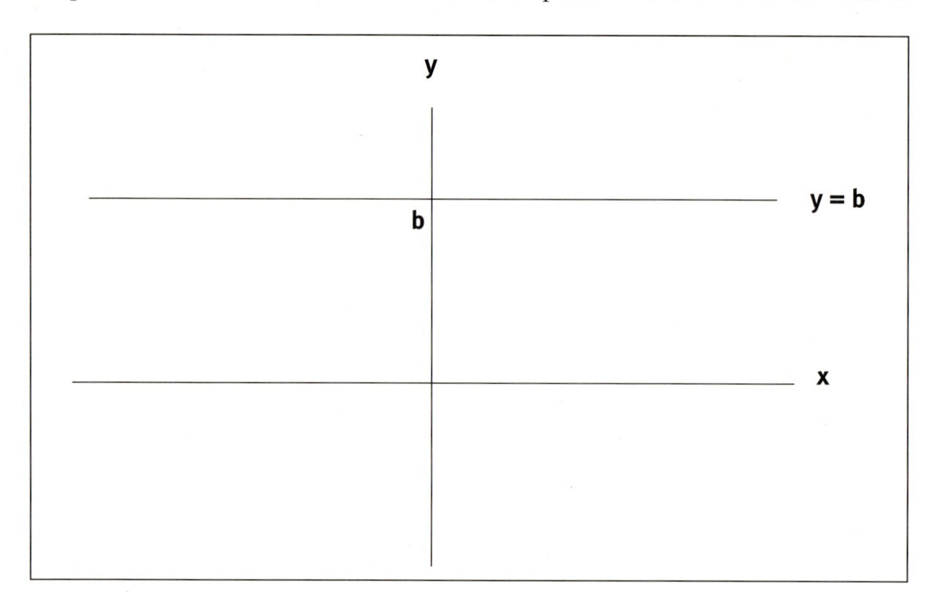


*Abb. 3.23: Konstante Funktion*

Für die einzige Nullstelle $x_1$ einer linearen Funktion $y = mx + b$ mit $m \neq 0$ gilt:

$$x_1 = -\frac{b}{m}$$

**Beispiel 3.12**

Es sei $y = f(x) = 7x + 1$ (vgl. Beispiel 3.11). Für die Nullstelle $x_1$ von f erhält man: $x_1 = -\frac{1}{7}$

Wegen $m = 7 > 0$ ist f streng monoton wachsend.

Im Zusammenhang mit Geraden trifft man häufig auf folgende Aufgabenstellungen:

- Grundaufgabe 1:
  Vorgegeben sind ein Punkt $(x_1, y_1)$ auf einer Geraden und die Steigung m dieser Geraden. Gesucht ist die Gleichung dieser (eindeutig bestimmten) Geraden.

- Grundaufgabe 2:
  Vorgegeben sind die Koordinaten zweier Punkte $(x_1, y_1)$ und $(x_2, y_2)$. Gesucht ist die Gleichung der (eindeutig bestimmten) Geraden, die durch diese beiden Punkte verläuft.

Die Lösung von Aufgabe 1 führt zur *Punkt-Steigungsform* der Geradengleichung: Da $(x_1, y_1)$ auf der unbekannten Geraden $y = mx + b$ liegt, gilt: $y_1 = mx_1 + b$. Dies hat $b = y_1 - mx_1$ zur Folge. Also gilt für die gesuchte Gerade: $y = mx + y_1 - mx_1$.

Entsprechend führt die Lösung der Aufgabe 2 zur *2-Punkteform* einer Geradengleichung:

$$\frac{y_2 - y_1}{x_2 - x_1} = \frac{y - y_1}{x - x_1} \quad \Rightarrow \quad y = \frac{y_2 - y_1}{x_2 - x_1}\,x - \frac{y_2 - y_1}{x_2 - x_1}\,x_1 + y_1$$

Berechnet man hier zunächst die Steigung $m = \frac{y_2 - y_1}{x_2 - x_1}$, so erhält man wieder b über den Zusammenhang: $b = y_1 - mx_1$ (bzw. $b = y_2 - mx_2$).

Beispiele zu diesen Grundaufgaben enthalten die Übungsaufgaben 16 und 17 im Abschnitt 3.5.

### 3.3.2 Ganzrationale Funktionen (Polynome)

Eine Funktion der Form
$f(x) = a_n x^n + a_{n-1} x^{n-1} + \ldots + a_1 x^1 + a_0, \quad a_0, a_1, \ldots, a_n \in \mathbb{R}, a_n \neq 0$
heißt *ganzrationale Funktion* oder *Polynom vom Grad n*. Die reellen Zahlen $a_0, a_1, \ldots, a_n$ nennt man *Polynomkoeffizienten.*

Mit Hilfe des in Abschnitt 1.3.4 eingeführten Summenzeichens kann man kürzer und klarer für die allgemeine Form eines Polynoms schreiben:

$$f(x) = \sum_{j=0}^{n} a_j x^j$$

Die Funktionen, die im Abschnitt 3.3.1 über lineare Funktionen behandelt wurden, sind Beispiele für Polynome, weil die linearen Funktionen eine Teilmenge der ganzrationalen Funktionen (Polynome) sind. Dies wird deutlich, wenn man die Definition für eine lineare Funktion von $f(x) = mx + b$ umwandelt in $f(x) = a_0 + a_1x$. Dadurch ändert sich grundsätzlich nichts, da lediglich m in $a_0$ und b in $a_1$ umbenannt wurde. So betrachtet, sind die konstanten Funktionen die Polynome vom Grad 0. Die linearen Funktionen, die eine Steigung ungleich 0 besitzen, entsprechen gerade den Polynomen vom Grad 1.

**Beispiel 3.13**

1. $f(x) = 4$
   Hier ist $a_0 = 4$. Es handelt sich daher um ein Polynom vom Grad 0.
2. $f(x) = 4x$
   Hier ist $a_0 = 0$ und $a_1 = 4$. Es handelt sich daher um ein Polynom vom Grad 1.
3. $f(x) = \sqrt[3]{4}\,x^7 - \frac{1}{4}x^4 + 5x - 1$
   Hier ist $a_0 = -1$, $a_1 = 5$, $a_2 = a_3 = 0$, $a_4 = -\frac{1}{4}$, $a_5 = a_6 = 0$ und $a_7 = \sqrt[3]{4}$. Es handelt sich daher um ein Polynom vom Grad 7.
4. $w = j(u) = 8u^3 + 2.000u - 123$
   Hier ist $a_0 = -123$, $a_1 = 2.000$, $a_2 = 0$ und $a_3 = 8$. Es handelt sich daher um ein Polynom vom Grad 3, wobei die unabhängige Variable u und die abhängige Variable w heißt.

Polynome vom Grad 2 heißen *quadratische Funktionen*. Sie haben die allgemeine Form: $f(x) = a_2x^2 + a_1x + a_0$ mit $a_2 \neq 0$
Den Graphen einer quadratischen Funktion nennt man *Parabel*.

**Beispiel 3.14**

1. $y = f(x) = x^2$
   Diese Parabel wird auch als *Normalparabel* bezeichnet.

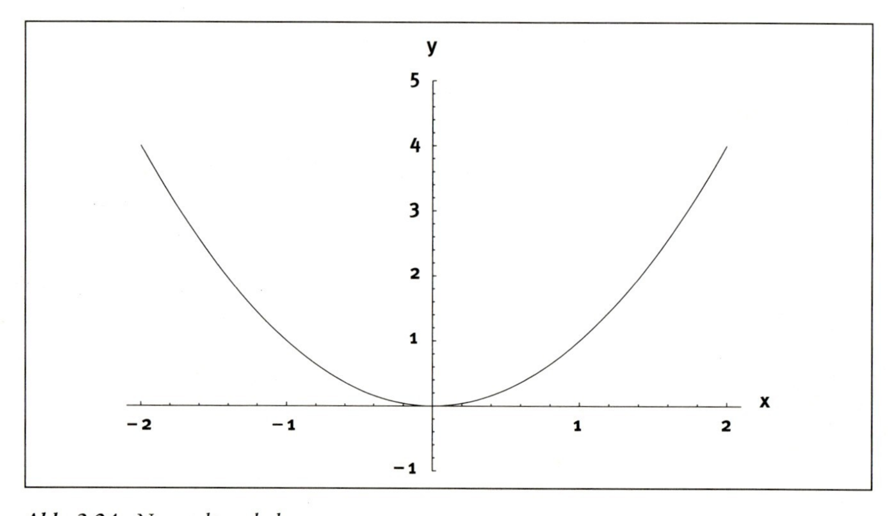


*Abb. 3.24: Normalparabel*

**2.** $y = -x^2 + 2x - 1$

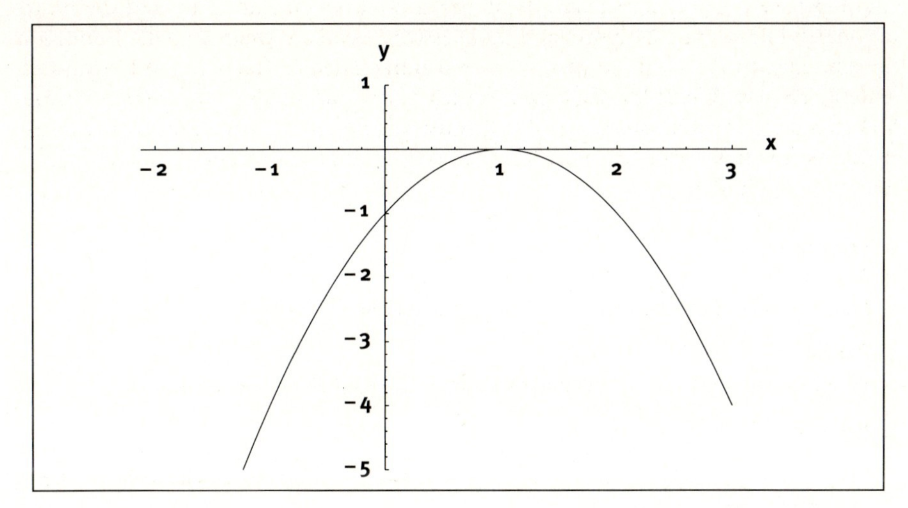


*Abb. 3.25: Parabel* $y = -x^2 + 2x - 1$

Ist der Koeffizient vor $x^2$ größer Null (also $a_2 > 0$), so ist die Parabel nach oben geöffnet, für $a_2 < 0$ ist sie nach unten geöffnet. (Für $a_2 = 0$ erhält man eine lineare Funktion.)

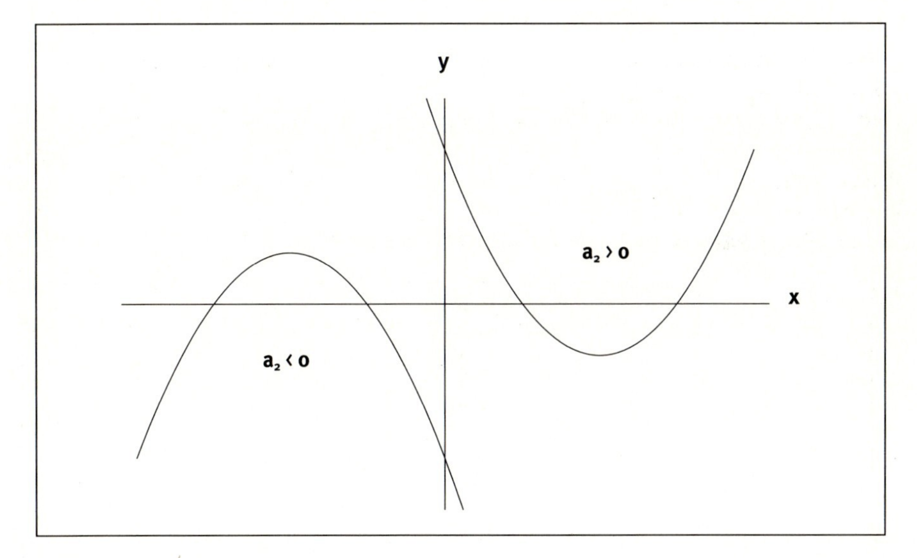


*Abb. 3.26: Zwei Parabeln*

Um die Nullstellen einer quadratischen Funktion zu bestimmen, muss man die quadratische Gleichung $a_2x^2 + a_1x + a_0 = 0$ lösen. Dabei können genau drei Fälle auftreten (vgl. 1.4.3).

1. Die Parabel besitzt zwei (reelle) Nullstellen.

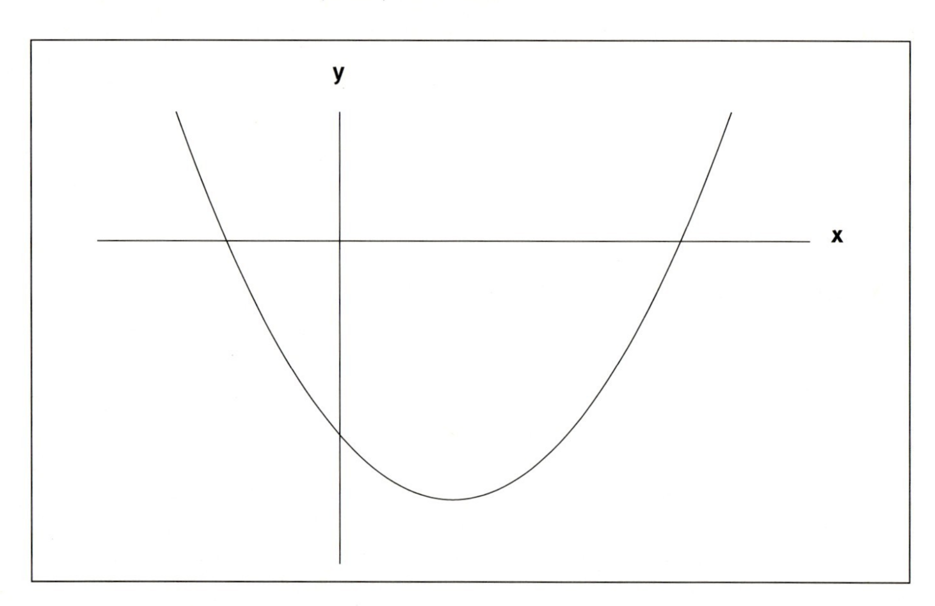


*Abb. 3.27: Parabel mit zwei Nullstellen*

2. Die Parabel besitzt genau eine (reelle) Nullstelle.

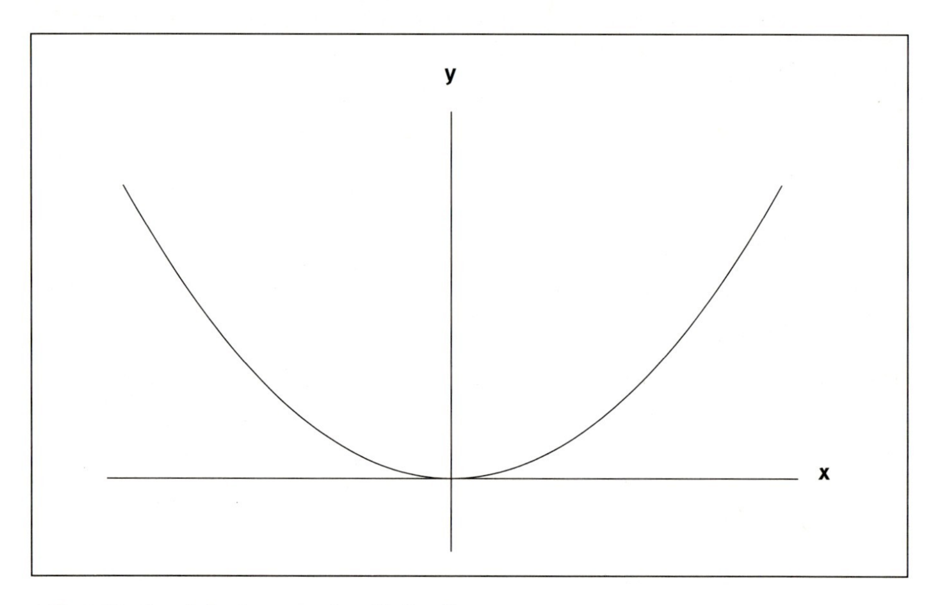


*Abb. 3.28: Parabel mit genau einer Nullstelle*

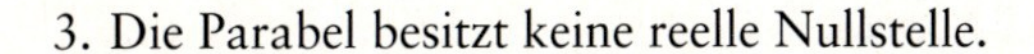
3. Die Parabel besitzt keine reelle Nullstelle.

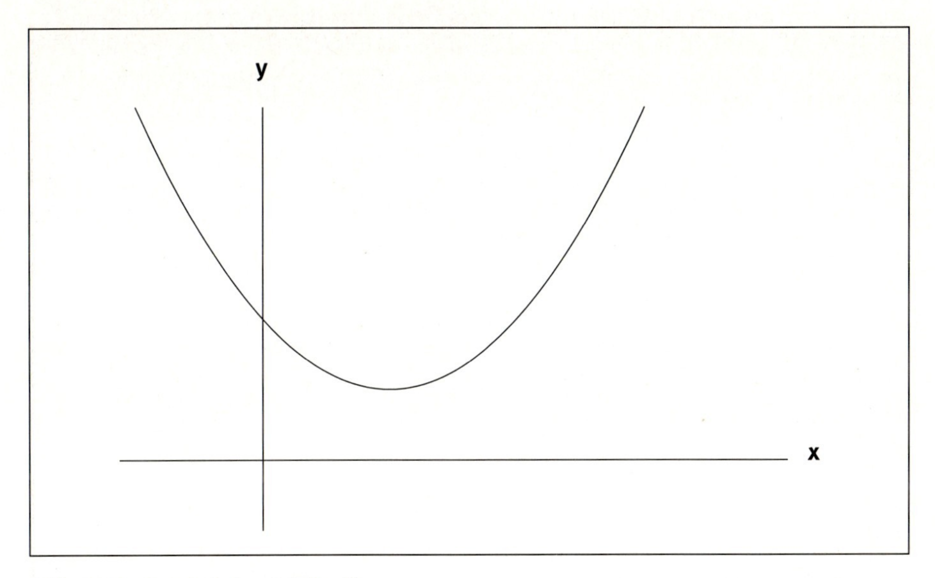


*Abb. 3.29: Parabel ohne Nullstelle*

### Potenzfunktionen

Einen Spezialfall der ganzrationalen Funktionen stellen die *Potenzfunktionen* dar. Ihre Funktionalgleichung lautet:
$y = f(x) = x^n$ mit $n \in \mathbb{N}$.

Die Winkelhalbierende $y = x$ sowie die Normalparabel $y = x^2$ sind beispielsweise Potenzfunktionen.

## 3.3.3 Gebrochen rationale Funktionen

Eine *gebrochen rationale Funktion* entsteht, wenn man den Quotienten aus zwei Polynomen bildet.

Die allgemeine Form einer gebrochen rationalen Funktion sieht folgendermaßen aus:

$$f(x) = \frac{a_m x^m + a_{m-1} x^{m-1} + \ldots + a_1 x + a_o}{b_n x^n + b_{n-1} x^{n-1} + \ldots + b_1 x_1 + b_o}$$

Bei Verwendung des Summenzeichens erhält man:

$$f(x) = \frac{\sum_{j=o}^{m} a_j x^j}{\sum_{j=o}^{n} b_j x^j}$$

Dabei ist zu beachten, dass das Polynom, welches im Nenner steht, nicht Null werden darf. Derartige Nullstellen sind aus dem Definitionsbereich auszuschließen. Der größtmögliche Definitionsbereich einer gebrochen rationalen Funktion besteht daher aus allen reellen Zahlen mit Ausnahme der Nullstellen des Nennerpolynoms.

**Beispiel 3.15**

$$f(x) = \frac{x}{(x-1)(x+1)}$$

Hier sind die Nullstellen des Nennerpolynoms $x_1 = 1$ und $x_2 = -1$. Für den Definitionsbereich D von f gilt daher: $D = \mathbb{R} \setminus \{1, -1\}$

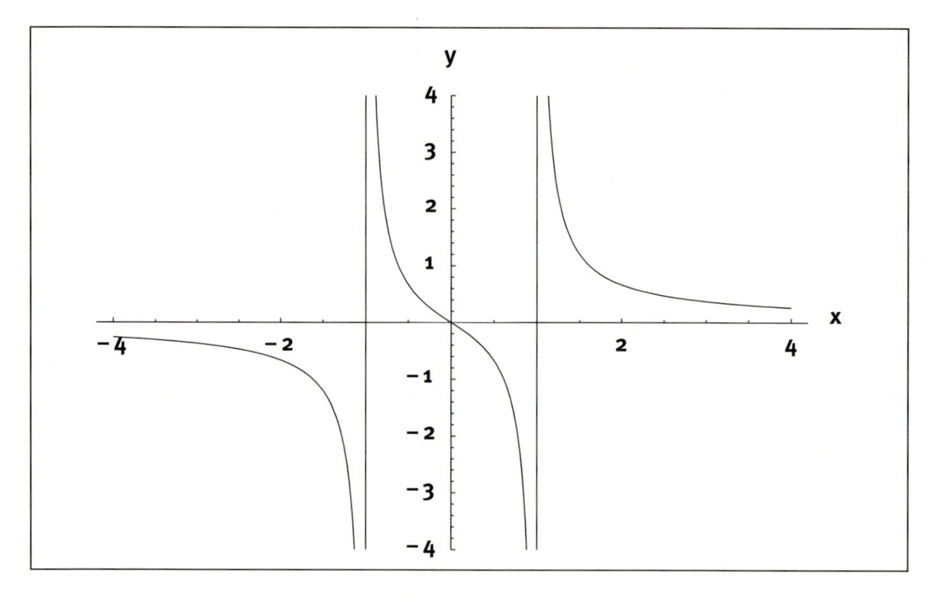


*Abb. 3.30: Die Funktion* $f(x) = \frac{x}{(x-1)(x+1)}$

Gebrochen rationale Funktionen zeigen in unmittelbarer Nähe einer Nullstelle $x_0$ des Nennerpolynoms ein charakteristisches Verhalten, falls gleichzeitig das Zählerpolynom an der Stelle $x_0$ ungleich Null ist. Errichtet man nämlich in der Nullstelle des Nennerpolynoms $x_0$ eine Parallele zur y-Achse, so nähert sich die Kurve von f der Asymptote von links und rechts beliebig nahe an.

Dieses Funktionsverhalten wurde schon im Zusammenhang mit Unstetigkeitsstellen (siehe Abschnitt 3.2.4) diskutiert und dort Unendlichkeitsstelle (Pol) genannt. Am Beispiel der Funktion $f(x) = \frac{1}{x}$ wurde festgestellt, dass bei Annäherung von links gegen $x = 0$ die Funktionswerte gegen $-\infty$ streben. Bei Annäherung von rechts dagegen strebt die Funktion gegen $+\infty$. Man spricht in diesem Fall auch von einem *Pol mit Vorzeichenwechsel* in $x = 0$.

**Beispiel 3.16**

**1.** $f(x) = \frac{1}{x^4}$

Die Nullstelle des Nenners liegt bei $x_0 = 0$. Bei Annäherung gegen $x_0 = 0$ von links ebenso wie von rechts streben die Funktionswerte von f jeweils gegen $+\infty$. Es gilt also:

$$\lim_{x \to 0^+} \frac{1}{x^4} = \lim_{x \to 0^-} \frac{1}{x^4} = +\infty$$

Hier handelt es sich um einen Pol ohne Vorzeichenwechsel.

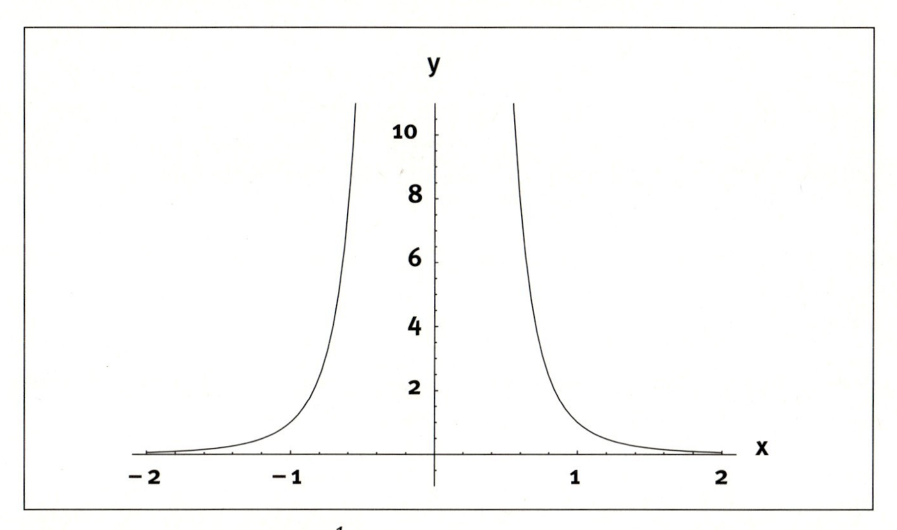


*Abb. 3.31: Die Funktion* $f(x) = \frac{1}{x^4}$

**2.** $f(x) = \frac{x}{(x-1)(x+1)}$ (siehe Beispiel 3.15)

Die Funktion f hat zwei Polstellen (Unendlichkeitsstellen) mit Vorzeichenwechsel in $x_1 = 1$ und $x_2 = -1$. Dies zeigt auch die Abbildung 3.30.

Wie man den bisher behandelten Beispielen entnehmen kann, zeigen die Abbildungen gebrochen rationaler Funktionen eine große Vielfältigkeit. Mit der zusätzlichen Hilfe der Differentialrechnung kann man später eine *Kurvendiskussion* durchführen und dadurch schneller ein Bild über den grundsätzlichen Verlauf der zu analysierenden Funktion erhalten.

### 3.3.4 Wurzelfunktionen

Funktionen der Form $f(x) = \sqrt[n]{x}$, $n \in \mathbb{N}$ nennt man *Wurzelfunktionen.*

Wurzelfunktionen sind nur für reelle Zahlen, die größer oder gleich Null sind, definiert. Da $\sqrt[n]{0} = 0$ und $\sqrt[n]{1} = 1$ ist, verläuft jede Wurzelfunktion durch die Punkte (0,0) und (1,1).

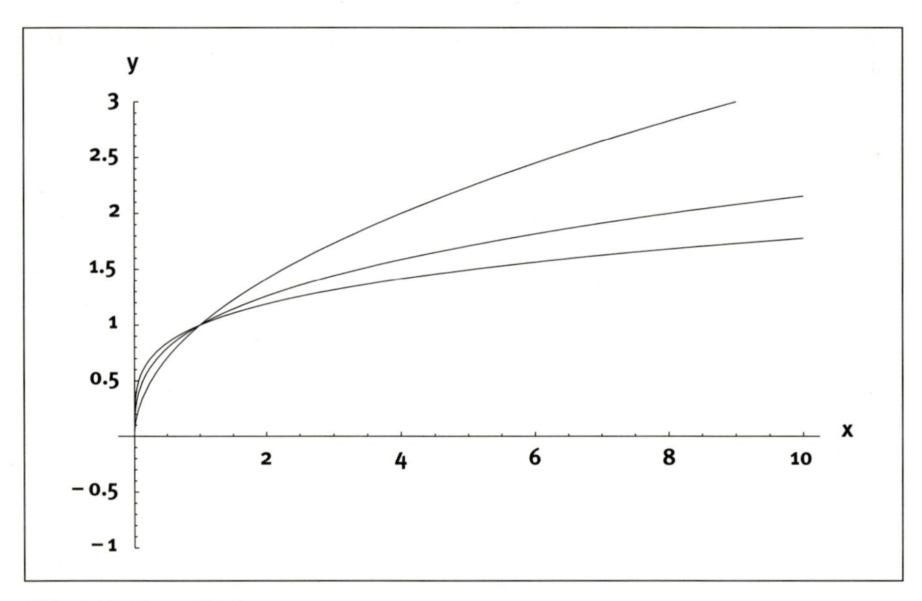


*Abb. 3.32: Wurzelfunktionen*

In Abbildung 3.32 sind die Funktionen $y = \sqrt{x}$, $y = \sqrt[3]{x}$ und $y = \sqrt[4]{x}$ skizziert. Man finde selber heraus, welche Linie welche Funktion repräsentiert.

Die Wurzelfunktionen kann man auch als Umkehrfunktionen von Potenzfunktionen auffassen. Hierzu ein Beispiel.

Es sei $y = f(x) = x^3$, $x \geq 0$. Dann erhält man als Umkehrfunktion von f nach Vertauschung der Variablen:
$y = f^{-1}(x) = \sqrt[3]{x}$

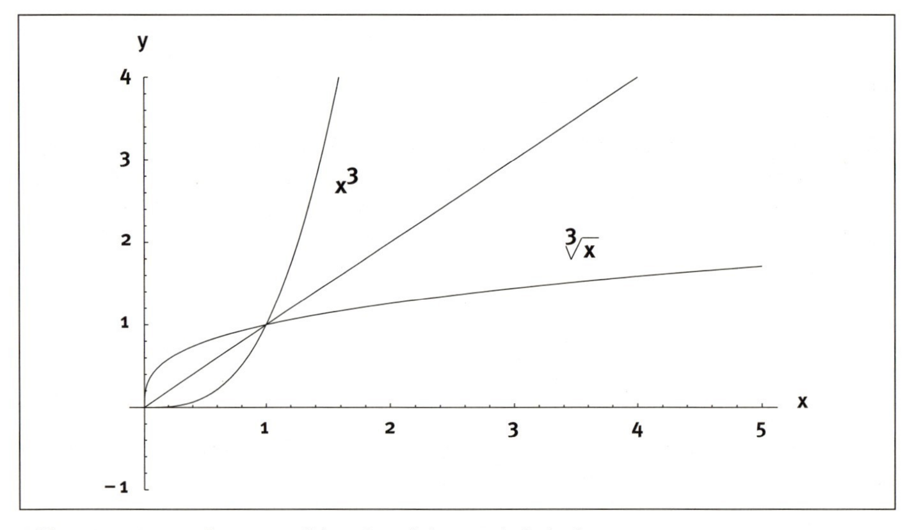


*Abb. 3.33: Die Funktion $y = f(x) = x^3$ und ihre Umkehrfunktion*

Grafisch erhält man also die Wurzelfunktion durch Spiegelung der entsprechenden Potenzfunktion an der ersten Winkelhalbierenden.

### 3.3.5 Exponentialfunktionen

Eine Funktion der Form $f(x) = a^x$ mit der Basis $a$ ($a > 0$, $a \neq 1$) und $x \in \mathbb{R}$ nennt man *Exponentialfunktion* zur Basis $a$.

In dem Spezialfall, dass man für $a$ in obiger Definition die Eulersche Konstante $e = 2{,}71828...$ wählt, heißt die Funktion $y = f(x) = e^x$ *natürliche Exponentialfunktion* bzw. *e-Funktion*.

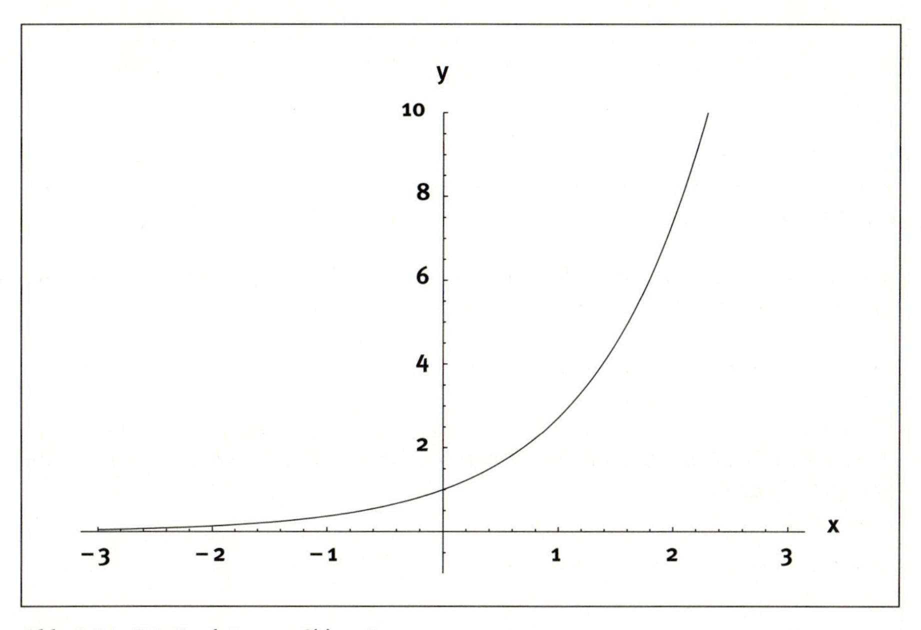


*Abb. 3.34: Die Funktion* $y = f(x) = e^x$

Alle Exponentialfunktionen gehen durch den Punkt (0,1). Sämtliche Funktionswerte einer Exponentialfunktion sind größer als Null. Insbesondere besitzen die Exponentialfunktionen keine Nullstellen. Zur grafischen Darstellung einer solchen Funktion benötigt man daher nur den I. und II. Quadranten. Ist die Basis $a > 1$ ($0 < a < 1$), so nähert sich die Funktion für kleine negative Werte (große positive Werte) der x Achse an (s. Abbildung 3.35).

Exponentialfunktionen sind für $a > 1$ streng monoton wachsend und für $0 < a < 1$ streng monoton fallend.

Die Exponentialfunktionen haben vielfältige Anwendungen, zum Beispiel werden Wachstumsprozesse mit ihrer Hilfe beschrieben.

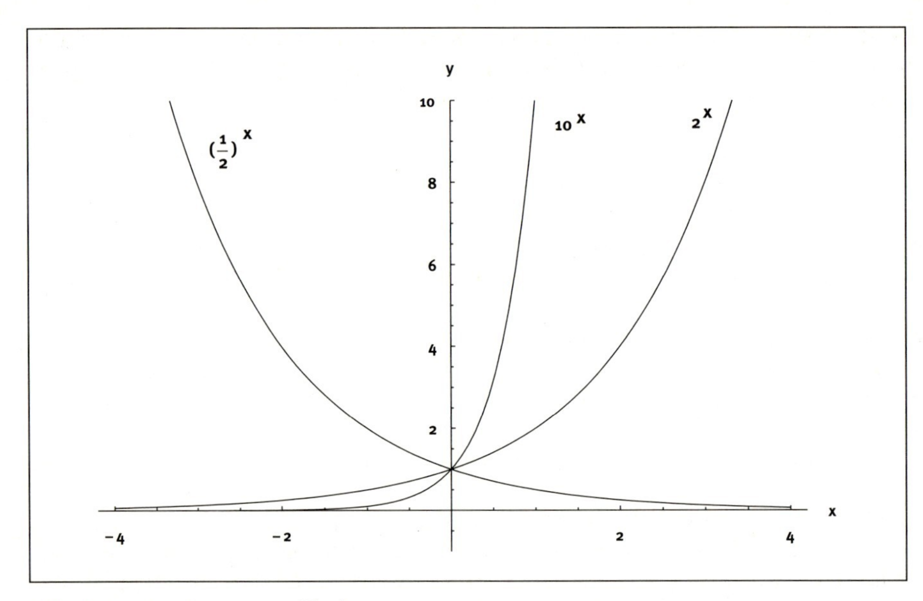


*Abb. 3.35: Drei Exponentialfunktionen*

### 3.3.6 Logarithmusfunktionen

Exponentialfunktionen sind umkehrbar.

Die Umkehrfunktion einer Exponentialfunktion nennt man *Logarithmusfunktion*. Die Logarithmusfunktion zur Basis a ($a > 0$, $a \neq 1$) hat die Funktionalgleichung $y = f(x) = \log_a x$.

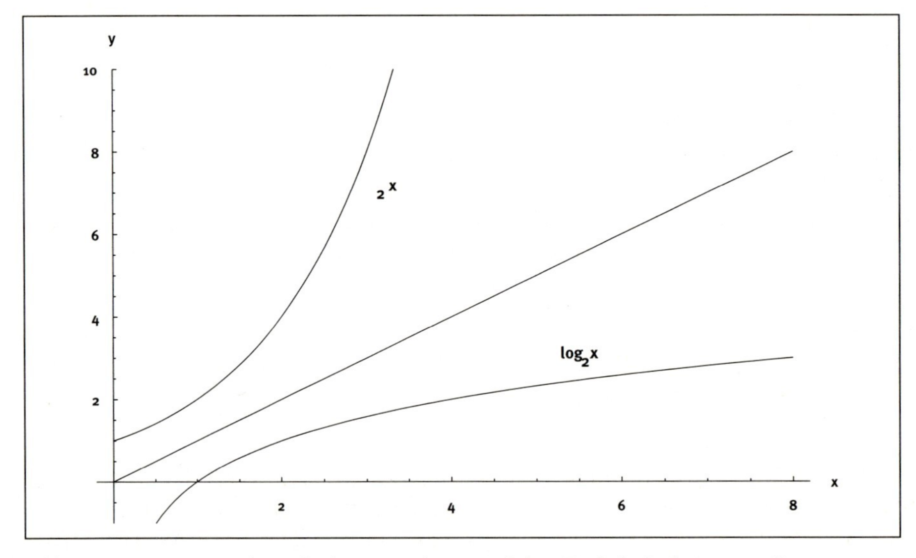


*Abb. 3.36: Die Logarithmusfunktion* $y = \log_2 x$ *und ihre Umkehrfunktion* $y = 2^x$

Für die Basis $a = 10$ schreibt man statt $\log_{10}$ nur $\log$. Statt $\log_e$ benutzt man zur Abkürzung für den natürlichen Logarithmus ln. Dabei ist $f(x) = \log x$ die Umkehrfunktion zu $f(x) = 10^x$ und $f(x) = \ln x$ die Umkehrfunktion zu $f(x) = e^x$.

### 3.3.7 Operationen mit Funktionen

Durch Addition, Multiplikation, Division und Verkettung können nun alle im weiteren benötigten Funktionen systematisch aus den folgenden 5 Grundtypen von Funktionen gewonnen werden:

- $f(x) = b,\ b \in \mathbb{R}$ (konstante Funktion),
- $f(x) = x^n,\ n \in \mathbb{N}$ (Potenzfunktion),
- $f(x) = \sqrt[n]{x}$ (Wurzelfunktion),
- $f(x) = e^x$ (natürliche Exponentialfunktion),
- $f(x) = \ln x$ (natürliche Logarithmusfunktion).

**Addition, Multiplikation und Division von Funktionen**

Zwei Funktionen $f$ und $g$, die den gleichen Definitionsbereich besitzen, kann man *addieren* (*subtrahieren*), indem man die Funktionswerte in jedem Punkt addiert (subtrahiert). Auf diese Weise entsteht die Funktion $f + g$ $(f - g)$:

$$(f + g)(x) = f(x) + g(x) \quad \text{bzw.} \quad (f - g)(x) = f(x) - g(x)$$

Analog wird die Multiplikation bzw. Division zweier Funktion mit dem gleichen Definitionsbereich erklärt:

$$(f \cdot g)(x) = f(x) \cdot g(x)$$

$$\left(\frac{f}{g}\right)(x) = \frac{f(x)}{g(x)}$$

**Beispiel 3.17**

Es sei $f(x) = x^4$ und $g(x) = (x + 7)^3$.

Addition: $(f + g)(x) = x^4 + (x + 7)^3$

Subtraktion: $(f - g)(x) = x^4 - (x + 7)^3$

Multiplikation: $(f \cdot g)(x) = x^4 \cdot (x + 7)^3$

Division: $\left(\frac{f}{g}\right)(x) = \frac{x^4}{(x + 7)^3}$

Jede ganze rationale Funktion entsteht durch die Operationen Addition (Subtraktion) und Multiplikation aus den konstanten Funktionen und den Potenzfunktionen.

**Beispiel 3.18**

Es sei $f(x) = 3{,}7x^4 - 4x^2 + 4{,}8999098$.

Man setzt: $f_1(x) = 3{,}7$; $f_2(x) = x^4$; $f_3(x) = 4$; $f_4(x) = x^2$; $f_5(x) = 4{,}8999098$.

Dann gilt: $f(x) = f_1(x)f_2(x) - f_3(x)f_4(x) + f_5(x)$

**Verkettete Funktionen**

Das Verständnis dieses Abschnitts ist besonders wichtig, weil auf die hier eingeführten Grundlagen im Zusammenhang mit der Differentialrechnung und Integralrechnung immer wieder zurückgegriffen wird. Zunächst soll in die Problemstellung anhand eines Beispiels eingeführt werden.

**Beispiel 3.19**

Vorgegeben ist die Funktion $k(x) = (x^2 + 1)^{12.012}$. Diese Funktion entsteht durch die *Hintereinanderausführung* zweier elementarer Funktionen. Um das einzusehen, wird zunächst $f(x) = x^2 + 1$ und $g(f) = f^{12.012}$ gesetzt. Anschließend setzt man für das Argument f der Funktion g die Funktion f(x) ein. Man bildet also g(f(x)). Die Funktion g bewirkt, dass ihr Argument mit 12.012 potenziert wird. Da das Argument von g jetzt f(x) ist, wird in diesem Fall also $f(x)^{12.012}$ gebildet. Statt f(x) kann man aber auch $x^2 + 1$ schreiben. Daher gilt:
$g(f(x)) = f(x)^{12.012} = (x^2 + 1)^{12.012} = k(x)$.
So wurde nachgewiesen, dass k(x) durch Hintereinanderausführung (im eben beschriebenen Sinne) der beiden Funktionen f und g entsteht.

Die durch Einsetzen der Funktion f(x) in die Funktion g(f) entstehende Funktion $k(x) = g(f(x))$ nennt man *verkettete*, *zusammengesetzte* oder auch *mittelbare* Funktion. Die innen stehende Funktion f heißt die *innere Funktion*. Entsprechend nennt man g die *äußere Funktion*.

Die innere Funktion ist derjenige „Ausdruck", der zuerst berechnet werden muss, wenn man einen Funktionswert von k(x) bestimmen will. Ist beispielsweise $k(x) = \ln(x^2)$ vorgegeben, so muss zunächst $x^2$ berechnet werden, d.h. $f(x) = x^2$ ist die innere Funktion

**Beispiel 3.20**

1. Es sei $f(x) = x - 100$ (innere Funktion) und $g(f) = \ln f$ (äußere Funktion).
   Dann ist $k(x) = g(f(x)) = \ln f(x) = \ln (x - 100)$.
2. $y = k(x) = \sqrt{x^{-3} + 77}$
   Dann ist $f(x) = x^{-3} + 77$ die innere Funktion und $g(f) = \sqrt{f}$ die äußere Funktion.
   Es gilt $g(f(x)) = k(x)$
3. $y = k(x) = 14^{2x+3}$
   Hier ist $f(x) = 2x + 3$ die innere Funktion und $g(f) = 14^f$ die äußere Funktion. Statt der eben vorgeschlagenen Lösung kann man auch die natürliche Exponentialfunktion als äußere Funktion wählen, da gilt $a^x = e^{(\ln a)x}$. Dazu führt man folgende Umrechnung der ursprünglich gegebenen Funktion durch:
   $y = k(x) = 14^{2x+3} = (e^{\ln 14})^{2x+3} = e^{(\ln 14)(2x+3)}$
   Jetzt kann man als innere Funktion $f(x) = (\ln 14)(2x + 3)$ und als äußere Funktion $g(f) = e^f$ wählen.

Allgemein gilt:
Verkettet man die umkehrbare Funktion $y = f(x)$ mit ihrer Umkehrfunktion $f^{-1}$, so ergibt sich: $f^{-1}(f(x)) = x$ bzw. $f(f^{-1}(y)) = y$

**Beispiel 3.21**

Die Umkehrfunktion zu $y = \ln x$ ist $x = e^y$. Also gilt: $\ln(e^y) = y$ und $e^{\ln x} = x$. Beispielsweise ist daher $e^{\ln 5} = 5$ und $\ln(e^{17}) = 17$.

# 3.4 Einige ökonomische Funktionen

In diesem Abschnitt werden *Kostenfunktionen*, *Preis-Absatzfunktionen*, *Erlös-* und *Gewinnfunktionen* behandelt.

Aufgabe dieser Funktionen ist es, ein mathematisches Modell für ökonomische Zusammenhänge zu liefern. Steht im Vordergrund einer Untersuchung, ein möglichst wirklichkeitsgetreues Abbild der ökonomischen Realität zu schaffen, so wird häufig die Funktionsgleichung unter Verwendung von Vergangenheits- oder anderen Beobachtungswerten konstruiert (z. B. mit statistischen Methoden). Mit dieser Modellbildung will man in der Regel Voraussagen treffen, die wiederum Grundlage für ökonomische Entscheidungen sind.

Ziel des vorliegenden Abschnitts ist es nun nicht, möglichst realitätsnahe Modelle für ökonomische Sachverhalte zu finden. Die rein qualitative Analyse von wirtschaftlichen Prozessen soll im Vordergrund stehen. Dies bedeutet, dass die wirtschaftlichen Prozesse nur in ihren grundsätzlichen Eigenschaften durch die sie beschreibenden Funktionen erfasst werden müssen. Dies gelingt auch schon mit einfachen Funktionen, wie sie im folgenden behandelt werden.

## 3.4.1 Kostenfunktionen

Die *Gesamtkostenfunktion* $K(x)$ beschreibt den funktionalen Zusammenhang zwischen den Gesamtkosten $K$ und dem diese Kosten verursachenden Output $x$.

Unter dem Output $x$ kann man sich beispielsweise die produzierte Menge in einem Zeitabschnitt vorstellen. Sicher ist, dass mit wachsendem Output $x$ auch die Kosten steigen. Eine Gesamtkostenfunktion ist also monoton wachsend.

**Beispiel 3.22**
Bei einem Fernlehrinstitut ist die Gesamtkostenfunktion für die Produktion von Studienbriefen aufgestellt worden. Die Kosten für die Produktion von x Studienbriefen betragen:
$K(x) = 2x + 10.000$

In Beispiel 3.22 liegt eine lineare Kostenfunktion vor. Hier sind die Kosten direkt proportional zu der gedruckten Anzahl x. Einen anderen typischer Kostenverlauf zeigt die *ertragsgesetzliche* Kostenfunktion. Sie hat einen s-förmigen Verlauf (vgl. Abbildung 3.37)

Ein Beispiel für eine ertragsgesetzliche Kostenfunktion ist:
$K(x) = 0{,}02x^3 - 2x^2 + 80x + 12.000$

**Fixkosten**
Analysiert man die bisher aufgeführten Kostenfunktionen, so stellt man fest, dass sie keine Nullstellen besitzen. Das bedeutet, auch wenn nichts produziert wird ($x = 0$), fallen Kosten an. Diese Kosten heißen üblicherweise *Fixkosten* oder auch *Kosten der Produktionsbereitschaft*, sie werden mit $K_f$ bezeichnet.
Es gilt also: $K(0) = K_f$

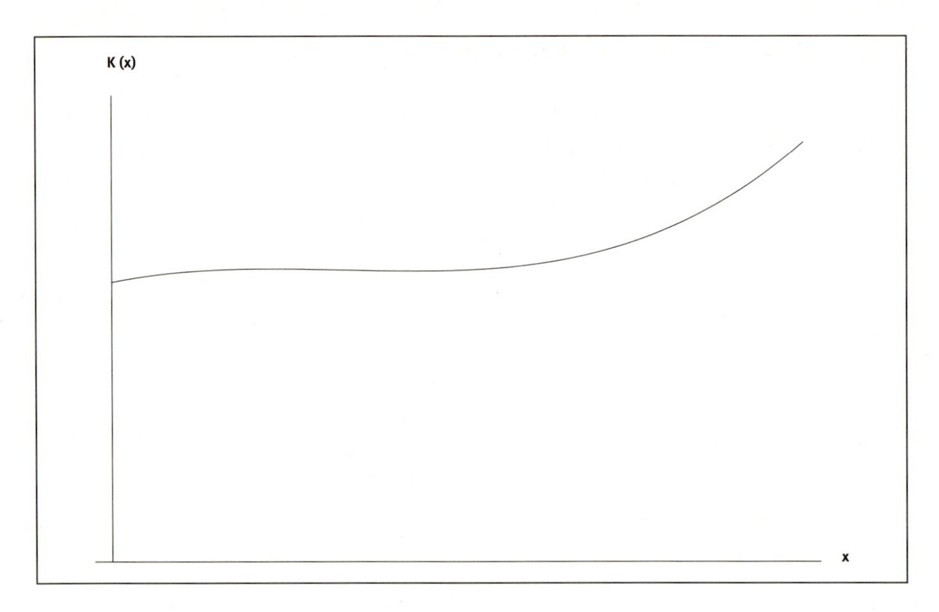


*Abb. 3.37: Ertragsgesetzliche Kostenfunktion*

**Variable Kosten**

Die Kosten, die direkt vom Output x abhängig sind, nennt man *variable Kosten* $K_v(x)$. Die Gesamtkosten setzen sich dann aus den variablen und fixen Kosten zusammen: $K(x) = K_v(x) + K_f$

Will man die Kosten berechnen, die pro produzierte Einheit anfallen, so dividiert man die Gesamtkosten durch die Anzahl der produzierten Einheiten. Auf diese Weise erhält man die *Stückkosten k(x)*:

$$k(x) = \frac{K(x)}{x}$$

k(x) gibt die Kosten an, die bei der Produktion von x Stück auf ein Stück durchschnittlich entfallen. k(x) ist eine gebrochen rationale Funktion, falls K(x) ganzrational ist.

**Beispiel 3.23**

Es sei K(x) wie in Beispiel 3.22, also $K(x) = 2x + 10.000$. Die fixen Kosten betragen hier $K_f = 10.000$. Für die variablen Kosten erhält man $K_v(x) = 2x$. Für die Stückkosten ergibt sich:

$$k(x) = \frac{2x + 10.000}{x} = 2 + \frac{10.000}{x}$$

Produziert man beispielsweise 10 Studienbriefe, so betragen die Stückkosten

$$2 + \frac{10.000}{10} = 1.002,$$

bei einem Output von 10.000 Einheiten ergibt sich für die Stückkosten noch ein Betrag von

$$2 + \frac{10.000}{10.000} = 3.$$

Die Erklärung ist einfach: Mit wachsendem Output x verteilen sich die Fixkosten auf immer mehr produzierte Einheiten, so dass ihr Anteil $\frac{K_f}{x}$ an den Stückkosten immer geringer wird.

### 3.4.2 Preis-Absatzfunktionen (Nachfragefunktionen)

Preis-Absatzfunktionen beschreiben den Zusammenhang zwischen dem Verkaufspreis p und der abgesetzten Menge $x$ eines Produktes. Klar ist: steigt der Preis $p$, so sinkt die abgesetzte (nachgefragte) Menge $x$, bzw. will man den Absatz erhöhen, so kann dies über eine Preissenkung erreicht werden.

Die *Preis-Absatzfunktion* $x(p)$ ist als monoton fallend anzusetzen, meist wird sogar streng fallende Monotonie vorausgesetzt.

**Beispiel 3.24**
Nachfolgend sind einige Preis-Absatzfunktionen aufgeführt:

- $x = x(p) = 20 - 0{,}5p$
- $x = x(p) = 0{,}4p^{-0{,}3}$
- $x = x(p) = \begin{cases} 1.000 - 0{,}01\,p & \text{für } 0 < p < 5.000 \\ 1.050 - 0{,}02\,p & \text{für } 5.000 \le p \le 10.000 \\ 1.850 - 0{,}1\,p & \text{für } 10.000 \le p \le 18.500 \end{cases}$

Hinweise:

- Im Beispiel 3.24 wurde, wie allgemein in den Wirtschaftswissenschaften üblich, sowohl die abhängige Variable als auch die Preis-Absatzfunktion selber mit $x$ bezeichnet.
- Statt von Preis-Absatzfunktionen spricht man auch von Nachfragefunktionen.
- Häufig gibt man statt der Preis-Absatzfunktion $x = x(p)$ die Umkehrfunktion $p = p(x)$ an. Diese wird beispielsweise dazu benötigt, um den Umsatz in Abhängigkeit vom Absatz $x$ (bei bekannter Preis-Absatzfunktion) anzugeben.

### 3.4.3 Erlös- und Gewinnfunktionen

**Beispiel 3.25**
Es konnten europaweit im Monat Mai 17.000 Studienbriefe zu einem Preis von 3,05 € abgesetzt werden. Die Gesamtkostenfunktion ist bekannt (vgl. Beispiel 3.22): $K(x) = 2x + 10.000$.
Es stellt sich nun die Frage nach dem erzielten Gewinn. Dazu wird zunächst der Umsatz $E(x)$ berechnet, der sich als Produkt aus abgesetzter Menge $x$ und Preis $p$ ergibt:
$E(17.000) = 3{,}05 \cdot 17.000 = 51.850$
Auf der Kostenseite ergibt sich:
$K(17.000) = 44.000$
Hieraus kann der Gewinn $G(17.000)$ als Differenz von Umsatz und Kosten berechnet werden:
$G(17.000) = E(17.000) - K(17.000) = 51.850 - 44.000 = 7.850$

**Umsatzfunktion**
Der Umsatz (Erlös) ergibt sich als Produkt aus Preis p und abgesetzter Menge $x$. Daher ist der Umsatz zunächst eine Funktion der zwei Variablen $p$ und $x$. Wegen des Zusammenhangs zwischen Preis und Absatz kann man den Umsatz jedoch auch in Abhängigkeit von einer Variablen (wahlweise $x$ oder $p$) beschreiben:

- Ist die Nachfrage in Abhängigkeit vom Preis (also die Funktion $x = x(p)$) bekannt, so gilt für den Umsatz in Abhängigkeit von $p$:
  $E(p) = x(p) \cdot p$
- Ist die Nachfragefunktion in Abhängigkeit von $x$ vorgegeben, erhält man für den Umsatz in Abhängigkeit von der abgesetzten Menge $x$:
  $E(x) = x \cdot p(x)$

Ein besonders einfacher Fall einer Preis-Absatzfunktion liegt vor, wenn der Preis $p$ als konstant vorausgesetzt ist. Dann erhält man für den Umsatz eine lineare Funktion:
$E(x) = p \cdot x$

**Gewinnfunktion**

Da der Gewinn sich als Differenz von Umsatz und Kosten ergibt, gilt $G(x) = E(x) - K(x)$, wobei $E(x)$ die Umsatzfunktion und $K(x)$ die Gesamtkostenfunktion bezeichnet.

In der Abbildung 3.38 sind in ein Koordinatensystem die Funktionen $E(x)$ (linear), $K(x)$ und $G(x)$ eingezeichnet.

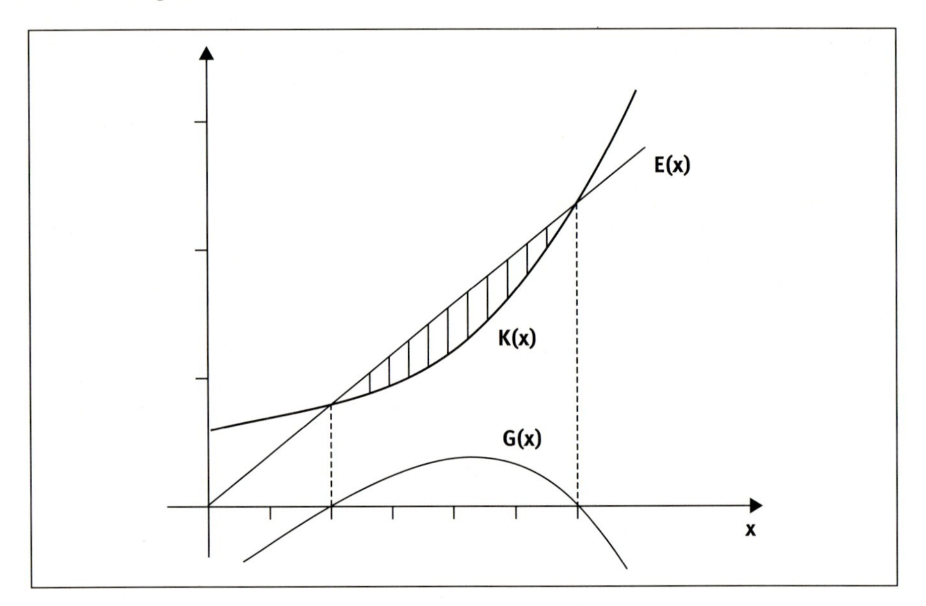


*Abb. 3.38: Kosten-, Erlös- und Gewinnfunktion*

In dem Intervall, in dem der Umsatz über den Kosten liegt, wird Gewinn erzielt. Dieses Intervall heißt *Gewinnzone*. Die Randpunkte der Gewinnzone heißen *Gewinnschwellen*. Die Gewinnschwellen erhält man als (positive) Nullstellen der Gewinnfunktion. Die Gewinnschwellen geben also diejenige Menge an, die produziert und abgesetzt werden muss, um gerade keinen Verlust ($G(x) = 0$) zu erzielen. Die in Abbildung 3.38 schraffierte Fläche zwischen $K(x)$ und $E(x)$ nennt man auch *Gewinnlinse*.

### Deckungsbeitrag

Eine weitere häufig benutzte Gewinnfunktion stellt der *Deckungsbeitrag* $D(x)$ dar. Er ist definiert als die Differenz von Umsatz und den variablen Kosten:
$D(x) = E(x) - K_v(x)$

**Beispiel 3.26**

Die Preis-Absatzfunktion x(p) für Studienbriefe in Europa ist von einem Marketing-Experten bestimmt worden. Nach Analyse verschiedener nationaler Testmärkte wurde die folgende Funktion ermittelt:
$x = x(p) = 47.500 - 10.000p$
Bei einem Preis von 2 € pro Studienbrief werden also 27.500 Exemplare abgesetzt.
Man kann nun auch die Umkehrfunktion der festgestellten Nachfragefunktion $x(p)$ bilden:
$p = p(x) = 4{,}75 - 0{,}0001x$
Jetzt kann die Umsatzfunktion sowohl in Abhängigkeit von $p$ als auch von $x$ angegeben werden:
$E(p) = (47.500 - 10.000p)p = 47.500p - 10.000p^2$ oder
$E(x) = (4{,}75 - 0{,}0001x)x = 4{,}75x - 0{,}0001x^2$
Natürlich kommen beide Funktionen zum gleichen Ergebnis.
So führt beispielsweise die Vorgabe eines Preises $p = 2$ € zu einer nachgefragten (und abgesetzten Menge) von $x = 27.500$. Entsprechend ergibt das Einsetzen von $2$ in $x(p)$ die Nachfrage 27.500 und umgekehrt führt das Einsetzen von $27.500$ in $p(x)$ zu einem Preis von $2$ €. In beiden Fällen erhält man für den Umsatz 55.000 €.
Zur Berechnung der Gewinnfunktion bildet man die folgende Differenz mit der in Beispiel 3.22 angegebenen Gesamtkostenfunktion:
$G(x) = E(x) - K(x) = -0{,}0001x^2 + 2{,}75x - 10.000$
Eine weitere Analyse der Gewinnfunktion liefern die beiden Gewinnschwellen. Dazu bestimmt man die Nullstellen von $G(x)$:
$G(x) = -0{,}0001x^2 + 2{,}75x - 10.000 = 0$
Dies führt zu $x_1 = 4.312{,}71$ und $x_2 = 23.187{,}29$.
Da man nur ganze Exemplare herstellen kann, wird die untere Gewinnschwelle aufgerundet und die obere entsprechend abgerundet: $x_1 = 4.313$ und $x_2 = 23.187$. Die interessante Frage, wo in der von $4.313$ und $23.187$ eingeschlossenen Gewinnzone das Gewinnmaximum liegt, wird erst mit Hilfe der Differentialrechnung in Kapitel 4 beantwortet werden können. Für die Funktion des Deckungsbeitrags erhält man:
$D(x) = E(x) - K_v(x) = -0{,}0001x^2 + 2{,}75x$

## 3.5 Aufgaben

**1.** Warum handelt es sich bei dem folgenden Pfeildiagramm um keine Funktion?

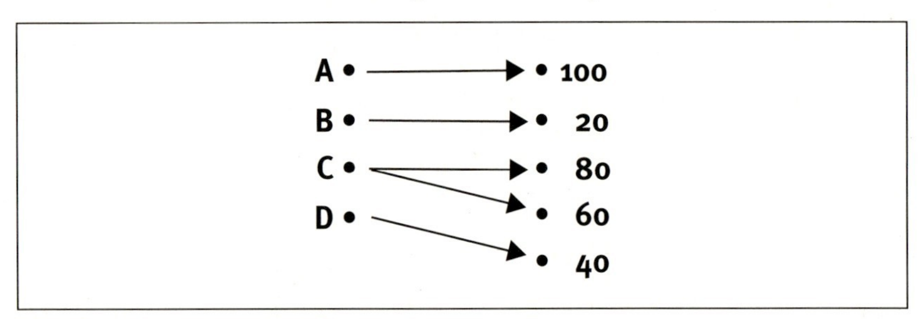


*Abb. 3.39: Pfeildiagramm*

**2.** Man bestimme den größtmöglichen Definitionsbereich der folgenden Funktionen:

a) $f(x) = x - 2$ b) $p(z) = z^2 - 7$ c) $K(x) = \frac{1}{x+1} - \frac{1}{x-2}$ d) $U(p) = \sqrt{p} + 1$.

**3.** Man berechne zu den in Aufgabe 2 angegebenen Funktionen die folgenden Funktionswerte:
$f(2)$, $f(b)$, $f(-3a)$, $p(1{,}5)$, $p(-5)$, $K(3)$, $K(2r)$, $U(100)$

**4.** Man zeichne in ein Koordinatensystem die folgenden Punkte ein:
$(3, 5)$; $(5, 3)$; $(-3, 5)$; $(1{,}5, -2)$ und $(-1{,}5, -4)$

**5.** Welche der Punkte $(1, 5)$; $(0, -1)$, $(0, -2)$, $(-1, -3)$, $(2, 9)$, $(7, 125)$ liegen auf der Kurve der Funktion $f(x) = 2x^2 + 4x - 1$?

**6.** Erstellen Sie eine Wertetabelle (bestehend aus sechs beliebigen x-Werten und den zugehörigen Funktionswerten) der Funktion $f(x) = 3x^3 - 1$.

**7.** Stellen Sie die folgenden Funktionen grafisch dar:

a) $y = f(x) = 7x + 1$ b) $y = f(x) = x^2$ c) $y = f(x) = \begin{cases} x \text{ für } -2 \le x \le 1 \\ 1 \text{ für } 1 < x \le 33 \end{cases}$

**8.** Man bestimme alle Nullstellen der folgenden Funktionen:

a) $y = 2x - 23$ b) $k(p) = (p + 2)(p - 4)(p^2 - 9)$ c) $f(x) = 2x^2 - 16x - 18$

d) $y = f(x) = 10^x$ e) $z(t) = \sqrt{t^2 - 9}$

**9.** Man untersuche die in Beispiel 3.5 des Abschnitts 3.1 vorgestellte Funktion auf Monotonie.

**10.** Begründen Sie, dass die Funktion $y = f(x) = x^3$ auf ganz $\mathbb{R}$ streng monoton wächst.

**11.** Man gebe eine Funktion an, die monoton fallend, aber nicht streng monoton fallend ist.

**12.** Man untersuche, ob die folgenden Funktionen eine Umkehrfunktion besitzen und gebe diese gegebenenfalls an.

a) $y = 4x - 23$, $D = \mathbb{R}$, b) $z = f(x) = \frac{2x + 4}{x}$, $D = \mathbb{R} \setminus \{0\}$,

c) $y = x^4$, $D = \mathbb{R}$, d) $y = \sqrt{x + 2}$, $D = \{x \in \mathbb{R} \text{ mit } x \geq -2\}$

**13.** Man bestimme grafisch die Umkehrfunktion zu:
a) $y = 4x - 23$ b) $y = x^3$

**14.** Ist die in Beispiel 3.5 vorgestellte Funktion der Fahrtkosten stetig?

**15.** Welche der folgenden Aussagen sind richtig bzw. falsch?

a) $\lim\limits_{x \to 2} x^3 = 8$ b) Die Funktion $y = f(x) = \frac{1}{x}$ ist an der Stelle $x = 1$ stetig.

c) Die Funktion $y = f(x) = \frac{1}{x}$ ist an der Stelle $x = 0$ stetig.

**16.** Man bestimme die Gleichung der Geraden, die durch die folgenden beiden Punkte geht:
a) (1, 6) und (3, 12) b) (–1, –1) und (4, –20)

**17.** Man bestimme die Gleichung der Geraden mit der Steigung –3, die durch den Punkt (1, –1) geht.

**18.** Man bestimme die Nullstelle der Funktionen:
a) $f(x) = 4x - 12$, b) $k(p) = -2p$ c) $f(x) = 3x + c$, $c \in \mathbb{R}$

**19.** Man bestimme den Schnittpunkt der folgenden Geraden:
a) $f(x) = 3x - 2$ und $g(x) = 4x + 1$ b) $K_1(x) = 12x + 12$ und $K_2(x) = 3$

**20.** Man zeichne die Funktionen $y = x^2$ und $y = \sqrt{x}$ zusammen mit der ersten Winkelhalbierenden $y = x$ in ein Koordinatensystem.

**21.** Bestimmen Sie alle Nullstellen des Polynoms $y = f(x) = x^3 - 3x - 2$.

**22.** Man bestimme den größtmöglichen Definitionsbereich der Funktion

$$f(x) = \frac{2x}{-3x^2 + 33x - 90}.$$

**23.** Man bestimme die Polstelle(n) der Funktion

$$y = \frac{1}{x^3 + 1}.$$

Besitzt diese Funktion eine Polstelle mit Vorzeichenwechsel?

**24.** Man schreibe die Funktion $y = f(x) = 5^x$ als natürliche Exponentialfunktion.

**25.** Man zeichne $y = e^x$ und $y = \ln x$ sowie $y = x$ in ein Koordinatensystem.

**26.** Bestimmen Sie die Nullstellen der Funktion $y = f(x) = \ln(x^2 - 3)$.

**27.** Man beschreibe das Monotonieverhalten der Logarithmusfunktion $f(x) = \log_a x$.

**28.** Man bestimme bei den folgenden verketteten Funktionen jeweils die innere und die äußere Funktion:
a) $k(x) = (x^{120} - 34)^{34}$  b) $k(x) = e^{-x^2}$  c) $k(x) = e^{-x}$  d) $k(x) = \sqrt{x^2 - 4}$

**29.** Vorgegeben seien die drei Funktionen $f(x) = x^3$, $g(x) = 6x - 2$ und $h(x) = 3^x$. Man bestimme:
a) $f(g(x))$  b) $g(f(x))$  c) $h(x) + g(x)$  d) $f(x)g(x)$  e) $(\frac{f}{g})(x)$
f) $h(f(x))$  g) $g(h(g(x)))$.

**30.** Man bestimme zu der Gesamtkostenfunktion $K(x) = 0{,}02x^3 - 2x^2 + 60x + 12.000$ die fixen Kosten, die variablen Kosten und die Stückkosten.

**31.** Ein Unternehmen setzt bei einem Preis von 10 € 5.000 Einheiten eines Gutes ab. Eine Preissenkung um 1 Mark bewirkt eine Absatzsteigerung auf 6.000 Einheiten. Weiterhin wird aus Vereinfachungsgründen vorausgesetzt, dass die Preis-Absatzfunktion linear ist. Berechnen Sie die Preis-Absatzfunktionen $x(p)$ und $p(x)$.

**32.** Ein Betrieb stellt ein Produkt her, für das folgende Preis-Absatzfunktion und Gesamtkostenfunktion geschätzt wurde:
$p(x) = 2520 - 30x$, $K(x) = 10x^2 - 2.680x + 168.000$
a) Bestimmen Sie die Gewinnfunktion $G(x)$.
b) Bestimmen Sie die Gewinnschwellen.
c) Bestimmen Sie die Funktion des Deckungsbeitrags.

# 4 Differentialrechnung

## 4.1 Differentialquotient, Ableitung

Das folgende ökonomische Beispiel führt anhand einer Kostenfunktion an die Problemstellung dieses Kapitels heran.

**Beispiel 4.1**
Ein Unternehmen, das nur ein Produkt P produziert, besitzt die folgende Kostenfunktion:
$K(x) = 0{,}2x^3 - 5x^2 + 100x + 12.000$

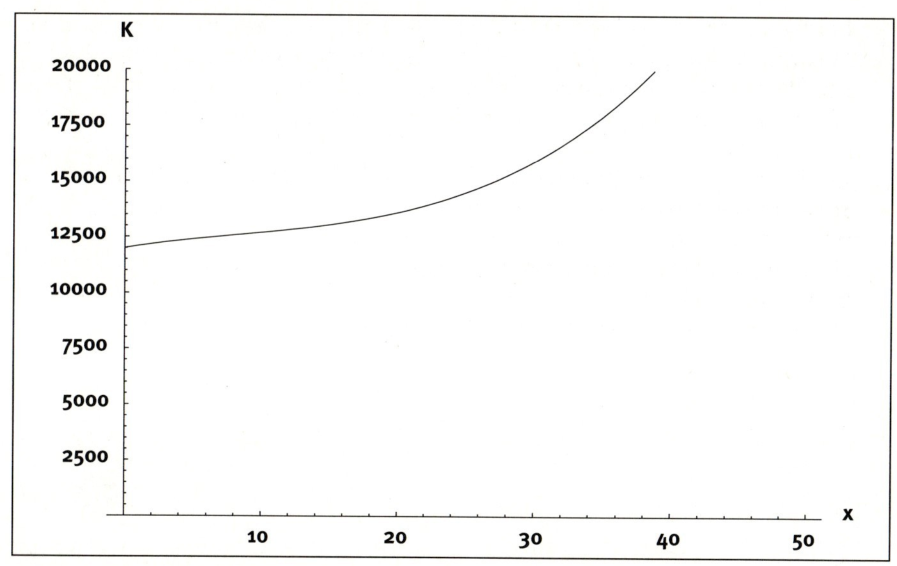


*Abb. 4.1: Graph der Kostenfunktion* $K(x) = 0{,}2x^3 - 5x^2 + 100x + 12.000$

Zusätzlich liegen zuverlässige Absatzprognosen der Vertriebsabteilung vor, so dass das Unternehmen für die kommenden drei Jahre schon die Kosten kalkulieren kann:

| Jahr | Menge x | K(x) |
|---|---|---|
| 01 | 50 | 29.500 |
| 02 | 55 | 35.650 |
| 03 | 60 | 43.200 |

Bei der Analyse der entstehenden Kosten stellt sich heraus:
Im Jahre 02 steigt die Produktion um 5 Einheiten gegenüber 01, hierdurch entstehen Mehrkosten in Höhe von 6.150 Geldeinheiten (GE).
Im Jahr 03 steigert sich die Produktion noch einmal um 5 Einheiten, diesmal entstehen jedoch Mehrkosten in Höhe von 7.550 GE.
Obwohl die Produktionsmenge sich jeweils um 5 Einheiten gegenüber dem Vorjahr erhöht, sind die zugehörigen Kostenänderungen also unterschiedlich.

Die Erkenntnisse aus diesem Beispiel lassen sich folgendermaßen zusammenfassen:

Bezeichnet man die Produktionsänderung gegenüber dem Vorjahr mit $\Delta x$, so gilt: Steigt die produzierte Menge ausgehend von $x_0$ Einheiten um $\Delta x$ (auf $x_0 + \Delta x$), so ändern sich die Kosten um $\Delta K = K(x_0 + \Delta x) - K(x_0)$.
Man erhält beispielsweise für den Kostenzuwachs $\Delta K$ im Jahr 02 (mit $x_0 = 50$):

$$\Delta K = K(50 + 5) - K(50) = K(55) - K(50) = 35.650 - 29.500 = 6.150$$

Eine der im Jahr 02 zusätzlich produzierten 5 Einheiten ($\Delta x$) kostet durchschnittlich:

$$\frac{\text{zusätzliche Kosten}}{\text{zusätzliche produzierte Einheiten}} = \frac{\Delta K}{\Delta x} = \frac{K(x_0 + \Delta x) - K(x_0)}{\Delta x}$$

Für $x_0 = x_{01} = 50$ und $\Delta x = 5$ (Mehrproduktion im Jahr 02) ergibt sich:

$$\frac{\Delta K}{\Delta x} = \frac{K(55) - K(50)}{5} = \frac{6.150}{5} = 1.230$$

Für $x_0 = x_{02} = 55$ und $\Delta x = 5$ (Mehrproduktion im Jahr 03) hat man dagegen:

$$\frac{\Delta K}{\Delta x} = \frac{K(60) - K(55)}{5} = \frac{43.200 - 35.650}{5} = \frac{7.550}{5} = 1.510$$

Die „durchschnittlichen" Stückkosten steigen also für jede zusätzlich produzierte Mengeneinheit von 1.230 GE auf 1.510 GE im folgenden Jahr.

Abbildung 4.2 veranschaulicht das allgemeine Verhältnis $\frac{\Delta K}{\Delta x}$.

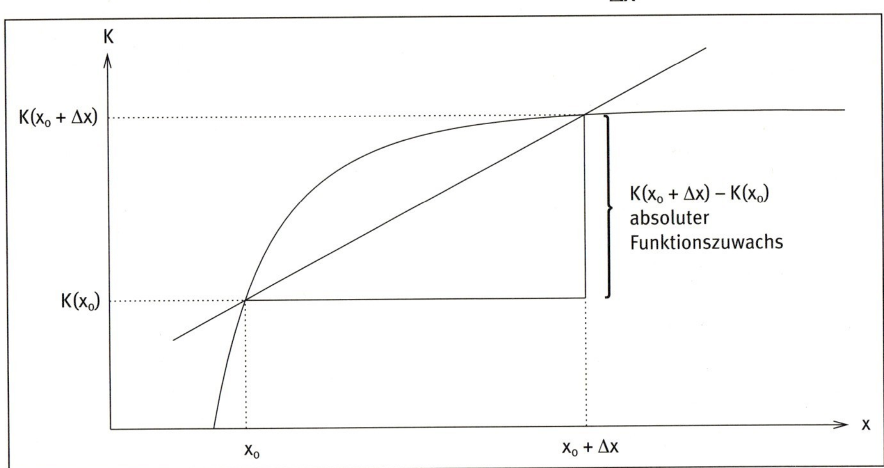


*Abb. 4.2: Veranschaulichung des durchschnittlichen Zuwachses*

$\frac{\Delta K}{\Delta x}$ entspricht der Steigung der Geraden (der so genannten Sekante), die die Punkte $(x_0, K(x_0))$ und $(x_0 + \Delta x, K(x_0 + \Delta x))$ verbindet.

Man sieht, dass der Anstieg der Sekante „in etwa" dem Anstieg der darüberliegenden Kurve entspricht. Die Steigung der Sekante ist also ein Maß für die Stärke der Kostenänderung bei einer Ausweitung der Produktion um $\Delta x$.

Nach der durchschnittliche Änderung soll jetzt die aktuelle (momentane) Änderung an der Stelle $x_0$ berechnet werden.

Was geschieht, wenn sich $x_0$ nur „sehr wenig" ändert? Ist im Beispiel 4.1 die Tendenz der Kostenänderung stark oder eher schwach ausgeprägt, wenn die Produktion ausgehend von 50 Mengeneinheiten auf 50,01 Mengeneinheiten erhöht wird? Wie stark ist die Änderung dagegen bei einer Erhöhung von 70 auf 70,01?

Um diese Fragen zu beantworten, wird Δx solange verkleinert, bis das Intervall $[x_0, x_0 + \Delta x]$ auf den Punkt $x_0$ „zusammengeschrumpft" ist.

In der Sprache der Mathematik ausgedrückt bedeutet dies:

Es wird der Grenzübergang $\Delta x \rightarrow 0$ durchgeführt. Dabei geht die Sekante zwischen den Punkten $K(x_0)$ und $K(x_0 + \Delta x)$ über in die Tangente im Punkte $K(x_0)$, und die Steigung $\frac{\Delta K}{\Delta x}$ der Sekante geht über in die Steigung dieser Tangente.

In der nachfolgenden Abbildung sind drei Sekanten $s_1$, $s_2$ und $s_3$ für schrumpfendes $\Delta x_i$ $(i = 1, 2, 3)$ und die Tangente T im Punkte $K(x_0)$ dargestellt:

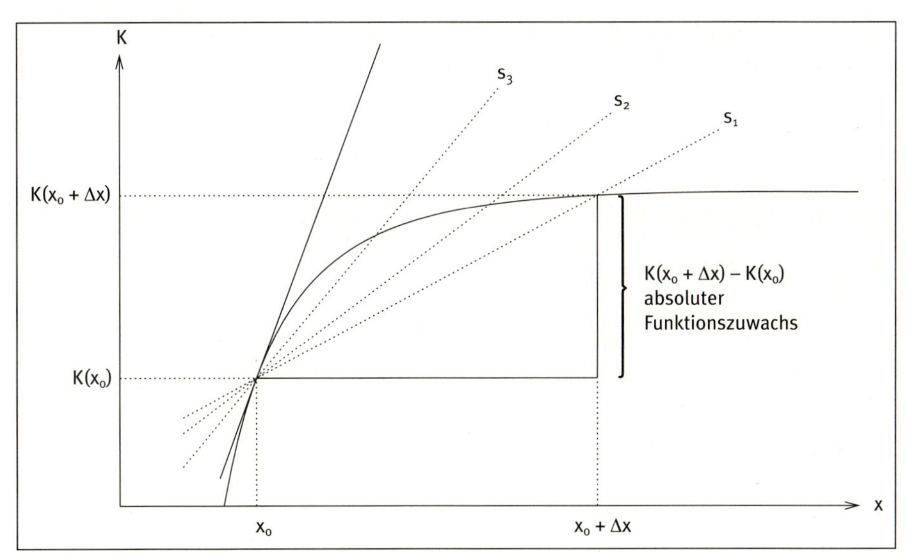


*Abb. 4.3: Tangente und deren Steigung*

Als Maß für den Anstieg bzw. „die Stärke der Änderung" einer Kurve im Punkt $K(x_0)$ wählt man jetzt die Steigung der Tangente in $K(x_0)$.

Die Bestimmung der Steigung der Tangente an einem vorgegebenen Punkt einer beliebigen Funktion $f(x)$ ist die Hauptaufgabe der Differentialrechnung.

Das ist gleichbedeutend mit der Berechnung des Grenzwertes

$$\lim_{\Delta x \to 0} \frac{\Delta f(x)}{\Delta x} \, .$$

Dieser Ausdruck besagt, dass sich die Steigung der Tangente als Grenzwert der Steigung der Sekanten bei abnehmendem $\Delta x$ ergibt.

Gegeben sei die Funktion $y = f(x)$. Existiert für $x_0 \in D$ der Grenzwert

$$\lim_{\Delta x \to 0} \frac{\Delta f(x_0)}{\Delta x} = \lim_{\Delta x \to 0} \frac{f(x_0 + \Delta x) - f(x_0)}{\Delta x} ,$$

so heißt dieser Grenzwert *Differentialquotient* oder *erste Ableitung der Funktion f an der Stelle* $x_0$.
Der Differentialquotient gibt die Steigung der Tangente im Punkt $(x_0, f(x_0))$ an.

Andere Bezeichnungsweisen für den Differentialquotienten sind:

$$f'(x_0), \; y'(x_0), \; \frac{df(x_0)}{dx}$$

(lies „f Strich an der Stelle $x_0$“, „y Strich an der Stelle $x_0$“, „$df(x_0)$ nach $dx$“).

Bisher wurde die erste Ableitung einer Funktion in einem Punkt behandelt. Diese Definition lässt sich wie folgt ausdehnen:

Eine Funktion f heißt *differenzierbar in D*, falls für alle $x \in D$ der Differentialquotient $f'(x)$ existiert.

Die Funktion, die jedem $x \in D$ die erste Ableitung $f'(x)$ zuweist, nennt man die *erste Ableitung f' von f.*
Für f' schreibt man auch $\frac{df}{dx}$ oder $\frac{d}{dx} f$.

Statt von „Bestimmung der ersten Ableitung einer Funktion“ spricht man vom „Differenzieren einer Funktion“.

Es sei darauf hingewiesen, dass eine Funktion nicht in jedem Punkt ihres Definitionsbereiches differenzierbar sein muss. So ist beispielsweise die Funktion $f(x) = |x|$ für $x = 0$ nicht differenzierbar. Dies soll hier nicht näher begründet werden. (Der Graph von $f(x) = |x|$ weist an dieser Stelle eine „Ecke“ bzw. „Spitze“ auf. Das ist immer ein Hinweis darauf, dass dort Differenzierbarkeit nicht möglich ist.)

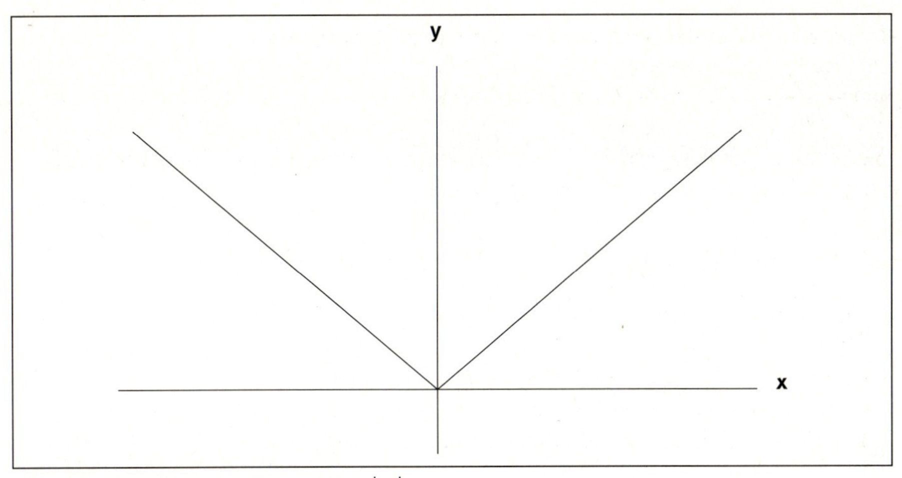


*Abb. 4.4: Graph der Funktion f(x) = |x|*

In den beiden folgenden Beispielen wird die erste Ableitung direkt mittels des Differentialquotienten bestimmt. Der Leser wird schnell feststellen, dass dies eine komplizierte und trickreiche Angelegenheit ist. Es sei deshalb darauf hingewiesen, dass es sich hierbei nicht um den üblichen Weg zur Bestimmung der ersten Ableitung einer Funktion handelt. In den meisten Fällen werden die im Abschnitt 4.3 dargestellten Regeln angewendet.

**Beispiel 4.2**

Es soll die erste Ableitung der Geraden $y = 4x + 2$ bestimmt werden. Zuvor kann man sich überlegen: Da die 1. Ableitung ein Maß für die Steigung der Kurve sein soll, muss gelten:
$f'(x) = 4$ für alle $x \in \mathbb{R}$
Durch Rechnung ergibt sich:

$$\lim_{\Delta x \to 0} \frac{\Delta y}{\Delta x} = \lim_{\Delta x \to 0} \frac{f(x + \Delta x) - f(x)}{\Delta x} = \lim_{\Delta x \to 0} \frac{4(x + \Delta x) + 2 - 4x - 2}{\Delta x}$$

$$= \lim_{\Delta x \to 0} \frac{4\Delta x}{\Delta x} = \lim_{\Delta x \to 0} 4 = 4$$

Es gilt also: $f'(x) = 4$ für alle $x \in \mathbb{R}$

Das Beispiel legt allgemein nahe: vor der Durchführung des Grenzübergangs $\Delta x \to 0$ vereinfache man den Differenzenquotienten $\frac{\Delta y}{\Delta x}$ so weit wie möglich.

**Beispiel 4.3**

Es sei $f(x) = 2\sqrt{x} = 2x^{\frac{1}{2}}$
Dann gilt:

$$\frac{\Delta y}{\Delta x} = \frac{f(x + \Delta x) - f(x)}{\Delta x} = \frac{2(\sqrt{x + \Delta x} - \sqrt{x})}{\Delta x} = \frac{2(\sqrt{x + \Delta x} - \sqrt{x})(\sqrt{x + \Delta x} + \sqrt{x})}{\Delta x(\sqrt{x + \Delta x} + \sqrt{x})}$$

$$= \frac{2(x + \Delta x - x)}{\Delta x(\sqrt{x + \Delta x} + \sqrt{x})} = \frac{2\Delta x}{\Delta x(\sqrt{x + \Delta x} + \sqrt{x})} = \frac{2}{\sqrt{x + \Delta x} + \sqrt{x}}$$

(Dabei wurde die dritte binomische Formel $a^2 - b^2 = (a - b)(a + b)$ in der zweiten Zeile der obigen Berechnung verwendet.)
Somit ergibt sich für den Differentialquotienten:

$$\lim_{\Delta x \to 0} \frac{2}{\sqrt{x + \Delta x} + \sqrt{x}} = \frac{2}{2\sqrt{x}} = \frac{1}{\sqrt{x}} = x^{-\frac{1}{2}} \text{ für } x > 0.$$

Insbesondere gilt:

$$f'(2) = \frac{1}{\sqrt{2}}, \; f'(4) = \frac{1}{2}, \text{ usw.}$$

Obwohl in Beispiel 4.3 die ursprüngliche Funktion $f(x)$ in $x_0 = 0$ definiert ist, existiert $f'(0)$ nicht, denn es gilt

$\lim_{\Delta x \to 0} \frac{1}{\sqrt{\Delta x}} = \infty$. Also ist f in $x_0 = 0$ nicht differenzierbar.

Die Ableitung ökonomischer Funktionen nennt man häufig auch *Grenzfunktionen*, beispielsweise spricht man von einer *Grenzkostenfunktion* $K'$, wenn man die erste Ableitung der Kostenfunktion $K$ meint. Dabei geben die Grenzkosten $K'(x_0)$ an der Stelle $x_0$ „näherungsweise“ den Kostenzuwachs an, der bei der Erhöhung der Produktionsmenge um eine Einheit entsteht. Weitere Beispiele sind die *Grenzsteuerfunktion* $S'$ und die *Grenzumsatz(erlös)funktion* $E'$.

**Beispiel 4.4**

Für die in Beispiel 4.1 behandelte Kostenfunktion gilt $K'(50) = 1.100$. Ökonomisch bedeutet dies: Will man die Produktion von 50 Einheiten um eine Einheit auf 51 Einheiten ausweiten, so betragen die Mehrkosten $\Delta K$ für diese zusätzliche Einheit „ungefähr“ 1.100 GE. Zum Vergleich wird mit Hilfe der Kostenfunktion der exakte Kostenzuwachs berechnet:
$\Delta K = K(51) - K(50) = 30.625{,}20 - 29.500 = 1.125{,}20$

Die Beispiele 4.2 und 4.3 zeigen, dass die Bestimmung der ersten Ableitung einer Funktion mittels des Grenzübergangs $\Delta x \to 0$ schon für ganz einfache Funktionen aufwendig ist. Daher wird oft auf diese direkte Berechnungsweise verzichtet. Denn die Kenntnis der Ableitungen einiger elementarer Funktionen in Verbindung mit den in Abschnitt 4.3 dargestellten Ableitungstechniken ermöglicht es, die Ableitung auch komplizierter Funktionen relativ einfach zu berechnen.
Bei der Herleitung der in der folgenden Tabelle angegebenen Ableitungen wichtiger elementarer Funktionen kommt man jedoch nicht darum herum, diese direkt über den Grenzwert des Differentialquotienten auszurechnen. Das ist häufig deutlich schwieriger als in den bisher behandelten Beispielen, da man komplizierte Grenzwertbetrachtungen anstellen muss. Dafür sind die Ergebnisse aber so einprägsam, dass sie sich leicht und gut merken lassen.

| $f(x) = a,\ a \in \mathbb{R}$ | $f'(x) = 0$ |
|---|---|
| $f(x) = x^r,\ r \in \mathbb{R}$ | $f'(x) = r\,x^{r-1}$ |
| $f(x) = e^x$ | $f'(x) = e^x$ |
| $f(x) = \ln x$ | $f'(x) = \frac{1}{x}$ |

*Tabelle 4.1*

Die eher in den Ingenieur- und Naturwissenschaften relevanten trigonometrischen Funktionen wie die Sinus- und Kosinusfunktion werden hier nicht behandelt.

**Beispiel 4.5**

1. $f(x) = 7$ — $f'(x) = 0$
2. $f(x) = x^3$ — $f'(x) = 3x^2$
3. $f(x) = \sqrt[3]{x^7} = x^{\frac{7}{3}}$ — $f'(x) = \frac{7}{3}x^{\frac{4}{3}} = \frac{7}{3}\sqrt[3]{x^4}$
4. $f(x) = x^{-\frac{9}{4}} = \frac{1}{\sqrt[4]{x^9}}$. — $f'(x) = -\frac{9}{4}x^{-\frac{13}{4}} = -\frac{-9}{4\sqrt[4]{x^{13}}}$

## 4.2 Differential

Bei der Einführung der Differentialrechnung in Abschnitt 4.1 wurde der Ausdruck $\Delta x$ zur Kennzeichnung einer Änderung der unabhängigen Variablen $x$ benutzt. In diesem Abschnitt wird untersucht, wie sich die Änderung von $x$ um $\Delta x$ auf eine Funktion $y = f(x)$ auswirkt.

Exakt kann man die Funktionsänderung $\Delta y$ (bzw. $\Delta f$) natürlich sofort angeben:

$$\Delta f = f(x + \Delta x) - f(x)$$

Diese meist umständliche Rechnung lässt sich etwas vereinfachen, wenn man statt mit der Funktion $f$ mit der ersten Ableitung $f'$ arbeitet. Wegen

$$\lim_{\Delta x \to 0} \frac{\Delta f(x)}{\Delta x} = f'(x)$$

gilt, dass für kleines $\Delta x$ der Quotient und die 1. Ableitung näherungsweise übereinstimmen. Dafür schreibt man:

$$\frac{\Delta f}{\Delta x} \approx f'(x)$$

Multiplikation mit $\Delta x$ auf beiden Seiten liefert dann:

$$\Delta f \approx f'(x) \cdot \Delta x$$

Es wird also ausgenutzt, dass in der Nähe des untersuchten Punktes $x$ die Funktion und die Tangente an die Funktion sehr gut übereinstimmen. Diese Übereinstimmung ist umso besser, je kleiner $\Delta x$ ist. Statt $\Delta x$ schreibt man häufig das Zeichen $dx$. Damit will man ausdrücken, dass die Änderung $\Delta x$ des Arguments $x$ sehr klein (infinitesimal) ist. Analog verwendet man df bzw. dy anstelle von $\Delta f$ und $\Delta y$. Mit dieser Schreibweise erhält man:

$$df(x) = f'(x) \cdot dx \text{ bzw. } dy = f'(x) \cdot dx$$

Das mit df bzw. dy bezeichnete Produkt $f'(x) \cdot dx$ nennt man auch das *Differential* von f. Das Differential gibt also *näherungsweise* an, um wie viel sich der Funktionswert f(x) ändert, wenn x um dx geändert wird.

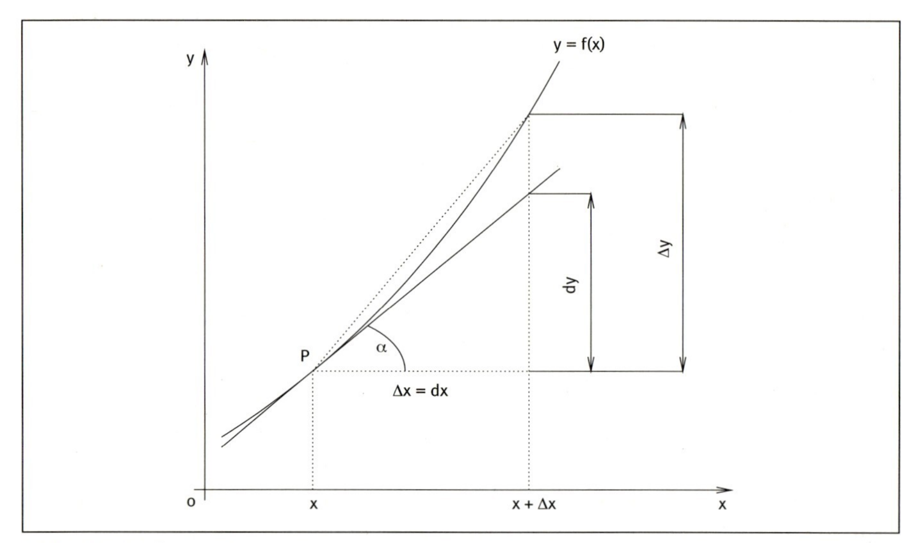


*Abb. 4.5: Differential*

**Beispiel 4.6**

Die Kostenfunktion $K(x) = 0{,}2x^3 - 5x^2 + 100x + 12.000$ sei vorgegeben.
Es ist $K'(x) = 0{,}6x^2 - 10x + 100$.
Für das Differential gilt dann:
$dK = K'(x)dx = (0{,}6x^2 - 10x + 100)dx$
Ändert man x, von $x = 10$ ausgehend, um $dx = 0{,}1$, so ändert sich K(x) näherungsweise um
$dK = (0{,}6 \cdot 10^2 - 10 \cdot 10 + 100)0{,}1 = 6$.
Die exakte Änderung $K(10{,}1) - K(10)$ beträgt 6,0102.

Setzt man im Differential $dx = 1$, so erhält man eine häufig verwendete Interpretation für eine ökonomische Grenzfunktion. Die erste Ableitung $f'(x_0)$ an der Stelle $x_0$ gibt näherungsweise an, um wie viel sich die Funktion ändert, falls $x_0$ um eine Einheit erhöht wird.
Beispielsweise geben die Grenzkosten $K'(x_0)$ an der Stelle $x_0$ näherungsweise den Kostenzuwachs an, der bei der Erhöhung der Produktionsmenge um eine Einheit entsteht.

**Beispiel 4.7**

Für die in Beispiel 4.1 behandelte Kostenfunktion gilt $K'(50) = 1.100$. Will man also die Produktion von 50 Einheiten um eine Einheit auf 51 Einheiten ausweiten, so betragen die Mehrkosten $\Delta K$ für diese zusätzliche Einheit „ungefähr" 1.100 GE. Zum Vergleich wird mit Hilfe der Kostenfunktion der exakte Kostenzuwachs berechnet:
$\Delta K = K(51) - K(50) = 30.625{,}20 - 29.500 = 1.125{,}20$

## 4.3 Technik des Differenzierens

Um auch kompliziertere Funktionen differenzieren zu können, muss man einige Grundregeln der Differentialrechnung sicher beherrschen. Diese Regeln werden nebst zahlreichen Beispielen in diesem Abschnitt vorgestellt.

**Faktorregel**
Kennt man die 1. Ableitung $f'(x)$ einer Funktion $f(x)$, so gilt für die 1. Ableitung der Funktion $g(x) = a \cdot f(x)$, $a \in \mathbb{R}$
$g'(x) = a \cdot f'(x)$.
Ein konstanter Faktor bleibt also beim Differenzieren unverändert.

**Beispiel 4.8**

1. $f(x) = 4x^6$
   $f'(x) = 4 \cdot 6x^5 = 24x^5$
2. $f(x) = \log x$
   Die Ableitung dieser Funktion ist nicht bekannt, wohl aber die der Funktion $f(x) = \ln x$. Wie an früherer Stelle dargelegt, gilt folgender Zusammenhang:
   $\log x = \frac{\ln x}{\ln 10}$
   Also lässt sich die Funktion $f(x) = \log x$ so umschreiben: $f(x) = \log x = \frac{\ln x}{\ln 10}$

   Die Anwendung der Faktorregel liefert dann:
   $f'(x) = \frac{1}{\ln 10} \cdot \frac{1}{x} = \frac{1}{(\ln 10)x}$

3. $f(p) = e^{2+p}$
   (Jetzt ist natürlich f nach p abzuleiten.) Auch hier sieht man nicht auf den ersten Blick, warum dieses Beispiel im Zusammenhang mit der Faktorregel behandelt wird. Wendet man jedoch ein Potenzgesetz an, so erhält man:
   $f(p) = e^{p+2} = e^2 e^p$
   Also gilt für die erste Ableitung:
   $f'(p) = e^2 e^p = e^{2+p}$

**Summenregel**
Für die erste Ableitung der Summe (Differenz) zweier Funktionen gilt:
Ist $f(x) = g(x) + h(x)$, so gilt $f'(x) = g'(x) + h'(x)$.
Ist $f(x) = g(x) - h(x)$, so gilt $f'(x) = g'(x) - h'(x)$.
Also ist die Ableitung einer Summe (Differenz) zweier Funktionen gleich der Summe (Differenz) ihrer Ableitungsfunktionen.

**Beispiel 4.9**

1. Es sei $f(x) = 7x^{-4} + \ln x$
   Dann ist $f'(x) = -28x^{-5} + \frac{1}{x}$

2. Es sei $f(x) = x^2 - 12e^x$
   Dann ist $f'(x) = 2x - 12e^x$

Es sei $h(x) = a$, $a \in \mathbb{R}$. Jetzt folgt aus der Summenregel für die Ableitung der Funktion $f(x) = g(x) + h(x) = g(x) + a$:

$f'(x) = g'(x) + 0 = g'(x)$.

Eine additive Konstante fällt also beim Differenzieren einfach weg. Hierzu noch ein Beispiel:

Es sei $g(x) = \ln x$ und $h(x) = \pi$. Dann folgt für $f(x) = \ln x + \pi$, dass $f'(x) = \frac{1}{x}$ ist.

Die Summenregel gilt natürlich auch für mehr als zwei Summanden.

**Produktregel**
Ist $y = f(x) = g(x) \cdot h(x)$, dann gilt:
$y' = f'(x) = g'(x) \cdot h(x) + g(x) \cdot h'(x)$
(Kurzform: Für $y = g \cdot h$ gilt $y' = g' \cdot h + g \cdot h'$.)

**Beispiel 4.10**

1. Wir berechnen die Ableitung von $f(x) = x^5$ auf zwei Arten.
   (1) Nach Tabelle 4.1 gilt: $f'(x) = 5x^4$
   (2) Setzt man $g(x) = x^2$, $h(x) = x^3$, so folgt mit der Produktregel:
   $f'(x) = 2x \cdot x^3 + x^2 \cdot 3x^2 = 5x^4$

2. $f(x) = 4x^2 \cdot \ln x$
   Mit $g(x) = 4x^2$ und $h(x) = \ln x$ ergibt die Produktregel:
   $f'(x) = 8x \cdot \ln x + 4x^2 \cdot \frac{1}{x} = 8x \cdot \ln x + 4x = 4x(2 \ln x + 1)$

Ein Produkt aus mehr als zwei differenzierbaren Funktionen lässt sich durch wiederholte Anwendung der Produktregel differenzieren.

**Beispiel 4.11**

Es sei $f(x) = x^2 \cdot \ln x \cdot e^x$.
Man setzt $g(x) = x^2$ und $h(x) = \ln x \cdot e^x$.
$h(x)$ ist nun wieder ein Produkt zweier Funktionen.
Somit gilt: $f'(x) = g'(x) \cdot h(x) + g(x) \cdot h'(x)$
$g'(x)$, $h(x)$ und $g(x)$ sind bekannt, nicht aber $h'(x)$. Also wird zunächst $h'(x)$ ebenfalls mit der Produktregel berechnet. Man erhält:
$h'(x) = \frac{1}{x} \cdot e^x + \ln x \cdot e^x = e^x(\frac{1}{x} + \ln x)$
Insgesamt ergibt sich daher:
$f'(x) = 2x \cdot \ln x \cdot e^x + x^2 \cdot e^x(\frac{1}{x} + \ln x) = x\, e^x(2 \cdot \ln x + 1 + x \ln x)$

**Quotientenregel**
Die Ableitung einer Funktion, die sich als Quotient zweier Funktionen in der Form $f(x) = \frac{g(x)}{h(x)}$ darstellen lässt, erhält man nach der Quotientenregel:

$$y' = f'(x) = \frac{g'(x) \cdot h(x) - h'(x) \cdot g(x)}{(h(x))^2}$$

(Kurzform: Für $f = \frac{g}{h}$ gilt $f' = \frac{g'h - h'g}{h^2}$.)

**Beispiel 4.12**

1. $f(x) = \frac{x^3 - 2x^2 + 4}{x^5 - 7x}$

   Man setzt $g(x) = x^3 - 2x^2 + 4$ (Zähler von $f(x)$) und $h(x) = x^5 - 7x$ (Nenner von $f(x)$). Dann gilt:
   $g'(x) = 3x^2 - 4x$
   $h'(x) = 5x^4 - 7$
   Somit ergibt sich aus der Quotientenregel:

$$f'(x) = \frac{(3x^2 - 4x)(x^5 - 7x) - (5x^4 - 7)(x^3 - 2x^2 + 4)}{(x^5 - 7x)^2}$$

$$= \frac{3x^7 - 21x^3 - 4x^6 + 28x^2 - (5x^7 - 10x^6 + 20x^4 - 7x^3 + 14x^2 - 28)}{(x^5 - 7x)^2}$$

$$= \frac{-2x^7 + 6x^6 - 20x^4 - 14x^3 + 14x^2 + 28}{(x^5 - 7x)^2}$$

2. Es sei $f(x) = \frac{1}{\ln x}$

   Hier ist $g(x) = 1$ (Zähler von $f(x)$) und $h(x) = \ln x$ (Nenner von $f(x)$).
   Folglich gilt:
   $g'(x) = 0$
   $h'(x) = \frac{1}{x}$

   Somit ergibt sich durch Anwendung der Quotientenregel:

$$f'(x) = \frac{0 - 1 \cdot \frac{1}{x}}{\ln^2 x} = \frac{-1}{x \ln^2 x}$$

Mit den bisher behandelten Ableitungsregeln kann eine große Zahl von Funktionen differenziert werden. Aber schon vergleichsweise einfache Funktionen, wie beispielsweise $f(x) = \ln(x^2)$ oder $f(x) = e^{\sqrt{x}}$, lassen sich nicht mit den bisherigen Regeln ableiten. Auch die Ableitung der Funktion $f(x) = (x^5 + x^2 + 123)^{1.000.111}$ bereitet noch große Schwierigkeiten. Theoretisch könnte man die letztgenannte Funktion mit der Produktregel lösen, doch dies wäre ungeheuer aufwendig.

Bei diesen Funktionen handelt es sich um verkettete Funktionen (vgl. Abschnitt 3.3.7) vom Typ $k(x) = g(f(x))$.
Für die Ableitung verketteter Funktionen gilt die folgende Regel.

**Kettenregel**
Sei $y = k(x) = g(f(x))$ eine verkettete (zusammengesetzte) Funktion, dann gilt:
$y' = k'(x) = g'(f(x)) \cdot f'(x)$
$g'(f(x))$ nennt man auch die *äußere Ableitung* und $f'(x)$ die *innere Ableitung* von $k(x)$.

Die Kettenregel besagt also, dass man die Ableitung $k'(x)$ als Produkt von äußerer und innerer Ableitung erhält. Falls man die äußere und die innere Funktion elementar differenzieren kann, d. h. unter Verwendung aller bisher bekannten Ableitungsregeln, ist man somit in der Lage, die Ableitung einer verketteten Funktion zu berechnen.

In der folgenden Tabelle wird noch einmal zusammengefasst, wie man bei der Anwendung der Kettenregel vorgehen kann.

| **Schema** | **Beispiel** |
|---|---|
| $y = k(x)$ | $y = \ln(x^2 + 3x)$ |
| Wahl einer geeigneten<br>– inneren Funktion $f(x)$<br>– äußeren Funktion $g(f)$ | $f(x) = x^2 + 3x$<br>$g(f) = \ln f$ |
| Berechnung der<br>– äußeren Ableitung $g'(f)$<br>– inneren Ableitung $f'(x)$ | $g'(f) = \frac{1}{f}$<br>$f'(x) = 2x + 3$ |
| $y' = k'(x) = g'(f) \cdot f'(x)$<br>Ersetzen von f durch f(x) in g'(f) | $y' = k'(x) = \frac{1}{f}(2x + 3)$<br>$y' = k'(x) = \frac{1}{x^2 + 3x}(2x + 3)$ |

**Beispiel 4.13**

1. $y = k(x) = f(x) = (x^5 + x^2 + 123)^{1.000.111}$
   Innere Funktion: $f(x) = x^5 + x^2 + 123$
   Äußere Funktion: $g(f) = f^{1.000.111}$
   Äußere Ableitung: $g'(f) = 1.000.111\ f^{1.000.110}$
   Innere Ableitung: $f'(x) = 5x^4 + 2x$
   $k'(x) = g'(f) \cdot f(x) = 1.000.111\ f^{1.000.110}\ (5x^4 + 2x)$
   Ersetzen von f durch $f(x) = x^5 + x^2 + 123$ liefert die Lösung:
   $y' = f'(x) = 1.000.111(x^5 + x^2 + 123)^{1.000.110}\ (5x^4 + 2x)$
   Somit hat man sich die 1.000.110-fache Anwendung der Produktregel erspart.

2. $y = f(x) = e^{-x}$
   Innere Funktion: $f(x) = -x$
   Äußere Funktion: $g(f) = e^f$
   Äußere Ableitung: $g'(f) = e^f$
   Innere Ableitung: $f'(x) = -1$
   $y' = f'(x) = g'(f) \cdot f'(x) = e^f\ (-1)$
   Ersetzen von f durch $f(x) = -x$ liefert die Lösung: $y' = f'(x) = -e^{-x}$

3. Sei $k(x) = \log \sqrt{x}$
   Mit der inneren Funktion $f(x) = \sqrt{x}$ und der äußeren Funktion $g(f) = \log f$ folgt mit der Kettenregel:

$$f'(x) = \frac{1}{\ln 10 \cdot \sqrt{x} \cdot 2\sqrt{x}} = \frac{1}{2 \cdot \ln 10 \cdot x}$$

   (Die Ableitung der Logarithmusfunktion wurde im Zusammenhang mit der Faktorregel in Beispiel 4.8 hergeleitet.)

4. Es sei $k(x) = \frac{1}{\ln x}$

   Dann lässt sich k statt mit der Quotientenregel auch mit der Kettenregel differenzieren:

   $k(x) = \frac{1}{\ln x} = (\ln x)^{-1}$

   Mit der inneren Funktion $f(x) = \ln x$ und der äußeren Funktion $g(f) = f^{-1}$ folgt mit der Kettenregel:

   $k'(x) = -(\ln x)^{-2} \frac{1}{x} = -\frac{1}{x \cdot \ln^2 x}$

Bei genügender Übung kann man direkt die Ableitung einer verketteten Funktion erkennen, ohne die Zwischenschritte ausführlich zu dokumentieren.

## 4.4 Höhere Ableitungen

Bisher wurde mittels Differenzieren aus der Funktion $y = f(x)$ die erste Ableitung $y' = f'(x)$ gewonnen. Ist nun $f'(x)$ wieder differenzierbar, so erhält man durch nochmaliges Differenzieren von $f'(x)$ die so genannte *zweite Ableitung* von $f(x)$. Diese wird mit $f''(x)$ (f zwei Strich von x) bezeichnet.

Die zweite Ableitung von $f(x)$ ist also die erste Ableitung von $f'(x)$:
$f''(x) = (f'(x))'$

Durch Differenzieren der zweiten Ableitung $f''(x)$ erhält man die *dritte Ableitung:*
$y''' = f'''(x)$
(Lies: y drei Strich bzw. f drei Strich)

Indem man die dritte Ableitung differenziert, kommt man zur *vierten Ableitung*
$y^{(4)} = f^{(4)}(x)$, usw.

Für die n-te Ableitung $n > 3$ schreibt man also:
$y^{(n)} = f^{(n)}(x)$ (lies: y n Strich bzw. f n Strich)

Auch die folgenden Symbole werden für die n-te Ableitung benutzt:
$\frac{d^n f}{dx^n}$ oder $\frac{d^n}{dx^n} f(x)$

Es ist üblich, ab der vierten Ableitung zur Kennzeichnung der Ableitung anstelle von Strichen in Klammern gesetzte Zahlen zu verwenden.

**Beispiel 4.14**

1. Es sei $y = f(x) = 2x^3 + x^2 + 2034$.

   Dann erhalten wir für die ersten fünf Ableitungen:

   $y' = 6x^2 + 2x$

   $y'' = 12x + 2$

   $y''' = 12$

   $y^{(4)} = 0$

   $y^{(5)} = 0$ usw.

Hier sieht man, dass die vierte Ableitung (und natürlich auch alle folgenden Ableitungen) eines Polynoms dritten Grades gleich Null sind. Allgemein gilt, dass bei einem Polynom n-ten Grades alle Ableitungen ab der (n + 1)-ten gleich Null sind. Anders ist es im folgenden Fall.

**2.** $f(x) = x^{-1}$
$f'(x) = -x^{-2}$
$f''(x) = 2x^{-3}$
$f'''(x) = -6x^{-4}$
$f^{(4)}(x) = 24x^{-5}$
$f^{(5)}(x) = -120x^{-6}$ usw.

**3.** $y = f(x) = e^x$

Dann gilt: $f^{(n)}(x) = e^x$ für alle $n \in \mathbb{N}$

# 4.5 Anwendungen der Differentialrechnung

## 4.5.1 Monotonieeigenschaften

In Kapitel 3 wurde bereits auf Monotonieeigenschaften von Funktionen eingegangen. Mit Hilfe der Differentialrechnung kann man nun auf einfache Weise die Monotonieeigenschaften differenzierbarer Funktionen analysieren. Dabei spielt das Vorzeichen der ersten Ableitung eine entscheidende Rolle. Dies verdeutlicht die Abbildung 4.6.

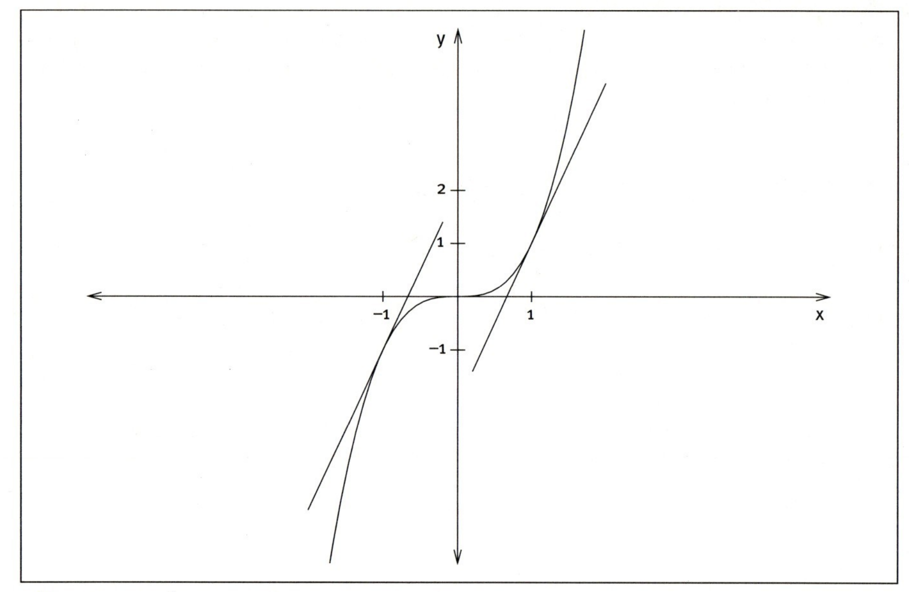


*Abb. 4.6: $y = x^3$ mit zwei Tangenten*

Wie man sieht, weisen die beiden an die streng monoton wachsende Kurve angelegten Tangenten eine positive Steigung auf, d.h. die erste Ableitung in diesen Punkten ist positiv.
Ebenfalls einfach einzusehen ist mit Hilfe einer Skizze, dass die Tangenten, die man an eine streng monoton fallende Funktion legt, negative Steigung aufweisen. Hier ist also die erste Ableitung stets negativ. Tatsächlich gelten die folgenden Zusammenhänge:

- Ist $f'(x) \geq 0$ für alle $x$ aus einem Intervall I, dann ist $f$ monoton wachsend auf I.
- Ist $f'(x) > 0$ für alle $x$ aus einem Intervall I, dann ist f streng monoton wachsend auf I.
- Ist $f'(x) \leq 0$ für alle $x$ aus einem Intervall I, dann ist $f$ monoton fallend auf I.
- Ist $f'(x) < 0$ für alle $x$ aus einem Intervall I, dann ist $f$ streng monoton fallend auf I.

**Beispiel 4.15**

1. Es sei $K(x) = 0{,}2x^3 - 5x^2 + 100x + 12.000$ die in Beispiel 4.1 behandelte Kostenfunktion.
   Für $K'$ erhält man:
   $K'(x) = 0{,}6x^2 - 10x + 100$
   Weiterhin erkennt man, dass $K'(x)$ keine reellen Nullstellen besitzt. Also ist $K'(x)$ eine nach oben geöffnete Parabel, die die x-Achse nicht schneidet, mit anderen Worten verläuft $K'(x)$ nur oberhalb der x-Achse. Daher gilt:
   $K'(x) > 0$ für alle $x$
   Also ist die Kostenfunktion streng monoton wachsend auf ihrem gesamten Definitionsbereich.

2. $f(x) = x^2$, $f'(x) = 2x$
   Es ist $f'(x) < 0$ für alle $x < 0$ und daher die Funktion $f$ auf dem Intervall $(-\infty, 0)$ streng monoton fallend. Da $f'(x) > 0$ für alle $x > 0$ gilt, ist f entsprechend auf dem Intervall $(0, \infty)$ streng monoton wachsend.

### 4.5.2 Wendepunkte und Krümmungsverhalten

Es sei $f$ eine auf dem Intervall I differenzierbare Funktion.

> Der Graph der Funktion $f$ heißt *konvex* auf I, wenn die erste Ableitung $f'(x)$ auf I monoton wächst.

Bei einer konvexen Funktion liegt die Bildkurve für alle $x_1, x_2 \in I$ immer unterhalb der durch die Punkte $(x_1, f(x_1))$ und $(x_2, f(x_2))$ gehenden Geraden (Sekante).

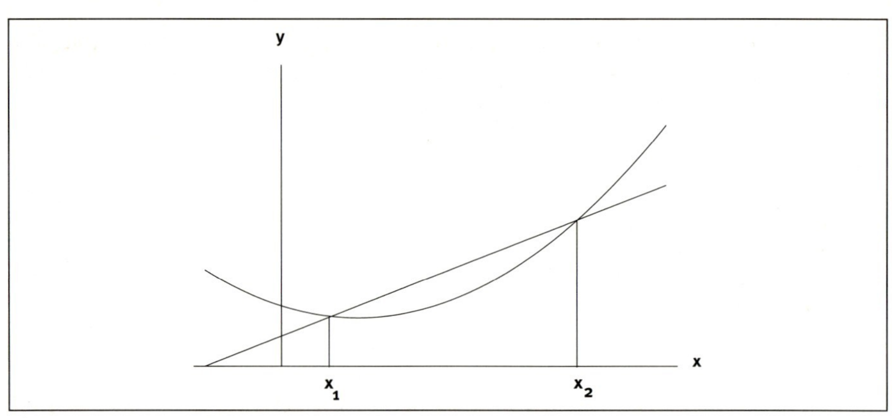


*Abb. 4.7: Konvexe Funktion*

Wendet man jetzt die Ergebnisse des Abschnitts 4.5.1 auf die Funktion $f'(x)$ (statt auf f selber) an, so erhält man:

> f ist konvex auf I $\Leftrightarrow$ $f'(x)$ ist auf I monoton wachsend $\Leftrightarrow$ $(f'(x))' = f''(x) \geq 0$ für alle $x \in I$.

Der nächste Begriff bezieht sich auf den gegenteiligen Fall:

> Der Graph der Funktion heißt *konkav* auf I, wenn die erste Ableitung $f'(x)$ auf I monoton fällt.

Bei einer konkaven Funktion liegt die Bildkurve für alle $x_1, x_2 \in I$ immer oberhalb der durch die Punkte $(x_1, f(x_1))$ und $(x_2, f(x_2))$ gehenden Geraden.

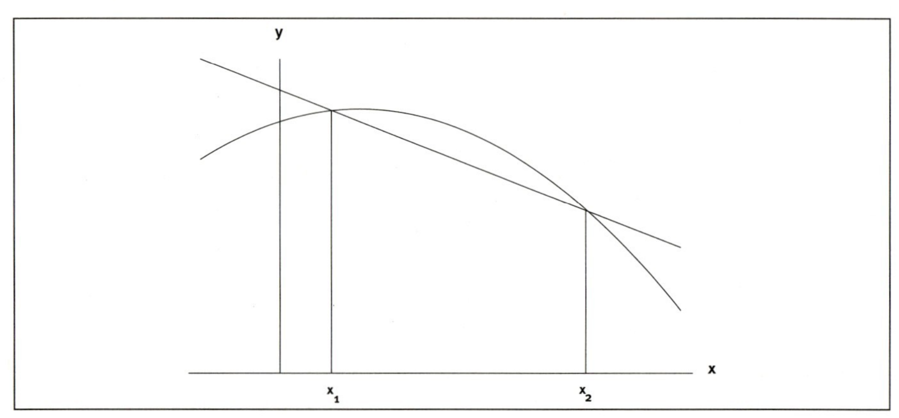


*Abb. 4.8: Konkave Funktion*

Ähnlich wie im konvexen Fall gilt:

> f ist konkav auf I $\Leftrightarrow$ f' ist monoton fallend auf I $\Leftrightarrow$ $f''(x) \leq 0$ für alle $x \in I$.

Um das Krümmungsverhalten einer Funktion zu bestimmen, sind also diejenigen Intervalle aus dem Definitionsbereich zu bestimmen, in denen $f''(x) \geq 0$ (konvexe Krümmung) bzw. $f''(x) \leq 0$ (konkave Krümmung) gilt.

**Beispiel 4.16**
$f(x) = x^3$
Wegen $f''(x) = 6x$ gilt: $f''(x) \leq 0$ für alle $x \leq 0$, $f''(x) \geq 0$ für alle $x \geq 0$
Auf dem Intervall $I_1 = (-\infty, 0)$ ist f daher konkav, und auf dem Intervall $I_2 = (0, \infty)$ ist f konvex.
(Die Funktion ist in Abbildung 4.6 dargestellt.)

### Wendepunkte

Der Punkt 0 verbindet im Beispiel 4.16 den konvexen Teil der Kurve mit dem konkaven Teil. Punkte mit dieser Eigenschaft heißen *Wendepunkte*. Dort ändert sich die Krümmungsrichtung einer Kurve. Einen Wendepunkt mit waagrechter Tangente nennt man auch *Sattelpunkt*.

Für einen Wendepunkt $x_W$ gilt:

$$f''(x_W) = 0$$

Man sagt auch, die zweite Ableitung „verschwindet" in einem Wendepunkt. Leider garantiert das Verschwinden der zweiten Ableitung allein noch nicht das Vorliegen eines Wendepunktes. Gilt allerdings für die dritte Ableitung

$$f'''(x_W) \neq 0,$$

so liegt in $x_W$ sicher ein Wendepunkt vor.

**Beispiel 4.17**
Es sei $f(x) = x^3$.
Es ist $f'''(0) = 6 \neq 0$, also liegt wegen $f''(0) = 0$ ein Wendepunkt in $(0,0)$.

Ist die dritte Ableitung einer Funktion auch gleich Null, so kann man sich folgendermaßen behelfen:

Ist die erste nichtverschwindende höhere Ableitung an der Stelle $x_W$ von ungerader Ordnung, so besitzt f an der Stelle $x_W$ einen Wendepunkt.

Dabei ist zu beachten: gilt

$$f^{(n)}(x_W) \neq 0,$$

so spricht man auch von einer *nichtverschwindenden n-ten Ableitung*.

**Beispiel 4.18**
Sei $f(x) = x^5$, dann ist $f''(0) = 0$.
Wegen $f'''(0) = 0$ ist zunächst nicht entscheidbar, ob in $x_W = 0$ ein Wendepunkt vorliegt. Da aber die erste nichtverschwindende Ableitung an der Stelle 0 die 5. Ableitung ($f^{(5)}(0) = 120$), also ungerade ist, liegt in $x_W = 0$ tatsächlich ein Wendepunkt vor.

### 4.5.3 Bestimmung von Extrema, Extremwertaufgaben

Im Rahmen der Wirtschaftswissenschaften wird häufig nach Extremwerten (Minima bzw. Maxima) gefragt. Typische Fragestellungen sind: „Wo nimmt die Gewinnfunktion ihren größten Wert an?" oder „Wo werden die variablen Stückkosten minimal?"

**Beispiel 4.19**

Ein Unternehmen bietet exklusiv ein neues Produkt $P$ an. Die Preis-Absatzfunktion $p(x)$ und die Kostenfunktion $K(x)$ des neuen Produktes sind bekannt:

$$p = p(x) = 21 - \frac{1}{2}x$$

$$K = K(x) = 2x^2 + x + 25$$

Die Einheit von $x$ seien 1.000 Tonnen.

Da vor allem das Gewinnpotenzial des Produktes von Interesse ist, wird nun die Gewinnfunktion aufgestellt. Zunächst ergibt sich für die Umsatzfunktion:

$$E(x) = x \cdot p(x) = 21x - \frac{1}{2}x^2$$

Damit folgt für den Gewinn $G(x)$:

$$G(x) = E(x) - K(x) = -\frac{5}{2}x^2 + 20x - 25$$

Versucht man, den Graphen von $G(x)$ mit Hilfe einer Wertetabelle zu skizzieren, so führt dies zu:

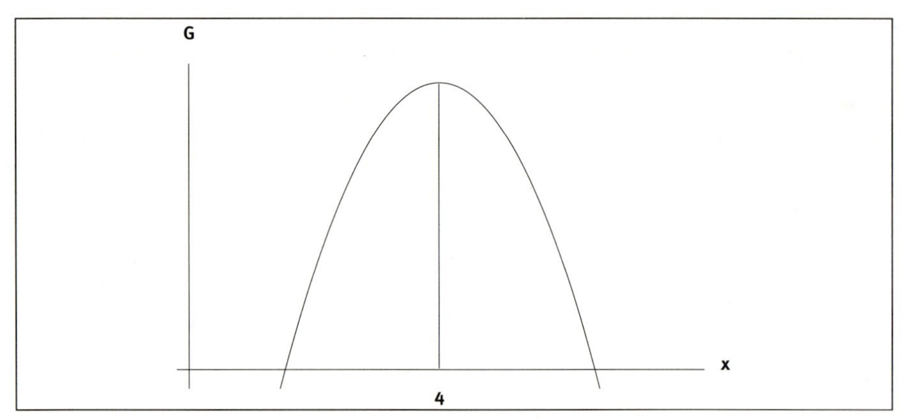


*Abb. 4.9: Graph einer Gewinnfunktion*

Anhand der Skizze sieht man, dass der maximale Gewinn bei einer verkauften Menge von etwa 4 (= 4000 t) liegt.

Bei der Überlegung, ob sich der maximale Gewinn auch exakt berechnen lässt, fällt auf: links vom Maximum ist die Funktion steigend, rechts vom Maximum fällt die Funktion wieder. Das bedeutet aber, dass die 1. Ableitung G' links vom Maximum größer Null und rechts vom Maximum kleiner Null ist. Schließlich fällt auf, dass im Punkt des maximalen Gewinns die Tangente an die Kurve waagerecht ist.

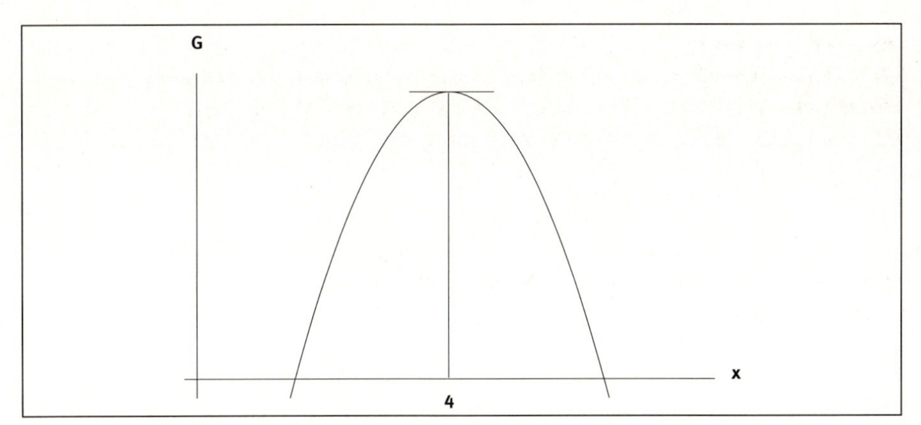


*Abb. 4.10: Tangente an die Gewinnfunktion*

Das ist aber gleichbedeutend damit, dass die erste Ableitung $G'(x)$ gleich Null ist. Dies führt zu:

$G'(x) = -5x + 20 = 0 \Rightarrow x = 4$ (= 4000t)

Das aus der Skizze gewonnene Ergebnis und die theoretische Überlegung stimmen überein.

Als Nächstes sollen jetzt einige wichtige Begriffe definiert werden.

**Extremwerte**

Unter den *Extremwerten* (*Extrema*) einer Funktion $f(x)$ versteht man diejenigen Punkte $x_E$, in denen die Funktionswerte $f(x_E)$ ein Maximum oder ein Minimum annehmen. Dabei wird unterschieden, ob man die Extremaleigenschaft auf den gesamten Definitionsbereich bezieht oder nur auf eine gewisse Umgebung der Punkte. Entsprechend erhält man *absolute* (*globale*) oder *relative* (*lokale*) Extrema. Das bedeutet präzise formuliert:

Eine Funktion $f(x)$ hat an der Stelle $x = x_E$ ein relatives Maximum (Minimum), wenn es ein offenes Intervall I gibt, da s $x_E$ enthält, so dass für alle $x \in I$ gilt: $f(x) \leq f(x_E)$ $(f(x) \geq f(x_E))$.

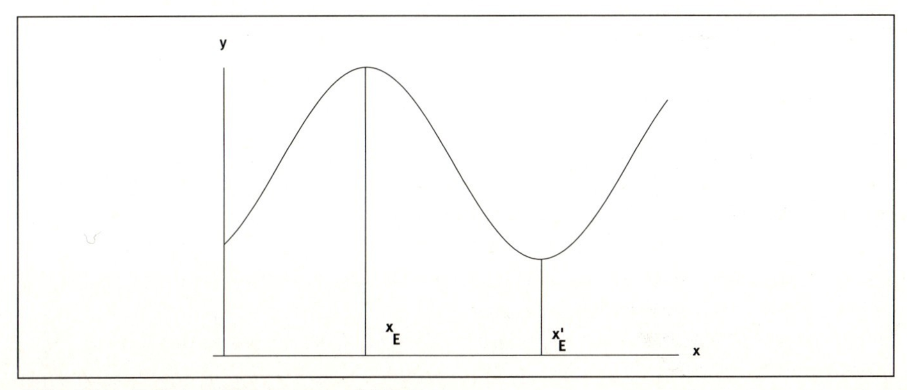


*Abb. 4.11: Relatives Maximum und Minimum*

Gilt die Bedingung $f(x) \leq f(x_E)$ (bzw. $f(x) \geq f(x_E)$) statt für das Intervall I für den gesamten Definitionsbereich, so spricht man von einem *absoluten Maximum* (bzw. *absoluten Minimum*).

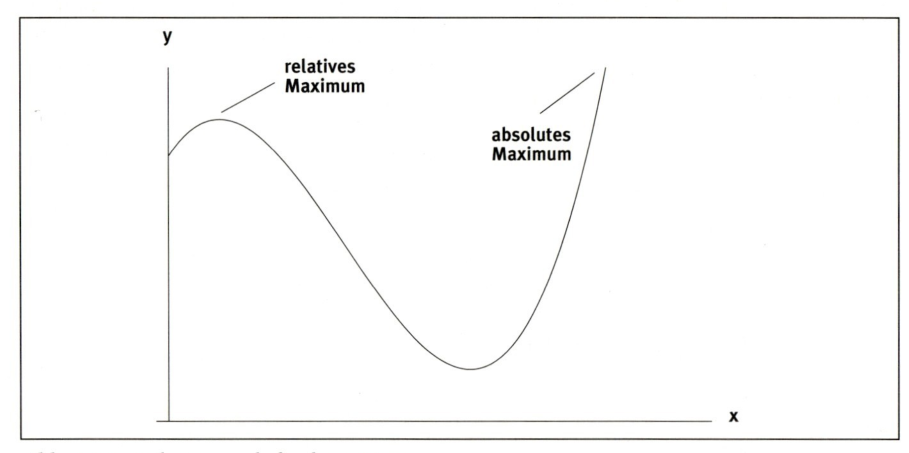


*Abb. 4.12: Relatives und absolutes Maximum*

Zur exakten Bestimmung eines relativen Extremums einer differenzierbaren Funktion kann man die erste Ableitung einsetzen:

Notwendig für die Existenz eines relativen Maximums oder eines relativen Minimums in $x_E$ ist, dass für die erste Ableitung in $x_E$ gilt: $f'(x_E) = 0$

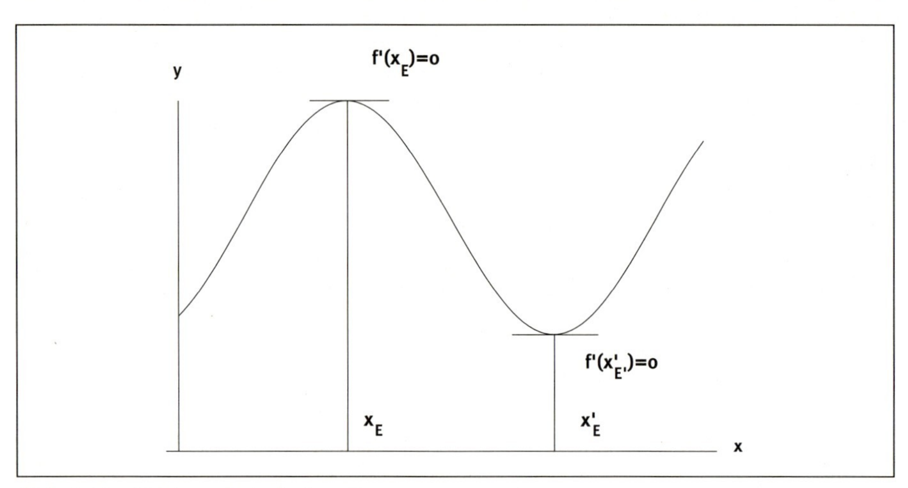


*Abb. 4.13: Ableitung bei relativen Extrema*

Durch Nullsetzen der Ableitung $f'(x)$ ermittelt man also die Punkte, die für ein lokales (relatives) Extremum in Frage kommen.
Es gibt nun aber Funktionen f mit $f'(x_E) = 0$, wo in $x_E$ kein Extremum vorliegt, beispielsweise:
$f(x) = x^3$

Setzt man nämlich $f'(x) = 0$, so ergibt sich:
$f'(x) = 3x^2 = 0 \Rightarrow x_E = 0$

Wie am Verlauf der Funktion zu sehen ist (Abbildung 4.6), existiert aber in $x_E = 0$ kein Extremwert. Man kann also mit Hilfe der ersten Ableitung nur eine Vorauswahl der Kandidaten treffen, die für ein Extremum in Frage kommen, nicht aber entscheiden, ob dort ein Extremum wirklich vorliegt.

Um diese Frage endgültig entscheiden zu können, muss eine zweite (hinreichende) Bedingung erfüllt sein. In vielen Fällen ist der folgende Satz ausreichend:

Sei f eine Funktion, die in einer Umgebung von $x_E$ zweimal differenzierbar ist, dann besitzt f in $x_E$ ein
- lokales Maximum, falls gilt $f'(x_E) = 0$ und $f''(x_E) < 0$,
- lokales Minimum, falls gilt $f'(x_E) = 0$ und $f''(x_E) > 0$.

**Beispiel 4.20**
Es sei $f(x) = x^4 - 8x^2 - 9$.
Aus der ersten Ableitung $f'(x) = 4x^3 - 16x = 4x(x^2 - 4)$ erhält man durch Nullsetzen die Punkte $x_1 = 0, x_2 = -2, x_3 = +2$.
Mit der zweiten Ableitung $f''(x) = 12x^2 - 16$ folgt:
$f''(x_1) = f''(0) \quad = -16 < 0$
$f''(x_2) = f''(-2) \quad = 32 > 0$
$f''(x_3) = f''(2) \quad = 32 > 0$
Also liegt in $x_1 = 0$ ein relatives Maximum und in den beiden Punkten $x_2 = -2$ sowie $x_3 = 2$ ein relatives Minimum vor.

Das nächste Beispiel zeigt, dass es nicht in allen Fällen ausreicht, die zweite Ableitung zu untersuchen, um zu entscheiden, ob ein Extremum vorliegt.

**Beispiel 4.21**
Es sei $f(x) = x^4$.
Durch Nullsetzen der ersten Ableitung $f'(x) = 4x^3$ erhält man den Extremwertkandidaten $x_E = 0$. Wie man sich leicht klar macht, liegt in $x_E = 0$ auch wirklich ein relatives Minimum vor.
Mit Hilfe der zweiten Ableitung $f''(x) = 12x^2$ folgt aber $f''(x_E) = 0$.
Hier kommt man also mit Hilfe der zweiten Ableitung zu keiner Entscheidung.

Im Beispiel 4.21 hilft die folgende Aussage weiter:

Es sei $f(x)$ eine n-mal differenzierbare Funktion. Wenn für *gerades* $n$ gilt:
$f'(x_E) = f''(x_E) = \ldots = f^{(n-1)}(x_E) = 0$ und $f^{(n)}(x_E) \neq 0$,
so besitzt die Funktion f an der Stelle $x_E$ ein relatives Maximum,
wenn $f^{(n)}(x_E) < 0$ gilt,
während im Falle $f^{(n)}(x_E) > 0$ f an der Stelle $x_E$ ein relatives Minimum besitzt.

Man kann diesen Satz folgendermaßen zusammenfassen. Ist die erste nichtverschwindende Ableitung an der Stelle $x_E$ von gerader Ordnung, so liegt ein relatives

Extremum vor. Ist dagegen die erste nichtverschwindende Ableitung von ungerader Ordnung, so liegt kein relatives Extremum vor, in diesem Fall handelt es sich um einen Sattelpunkt.

Hinweis:
Das eben beschriebene Verfahren zur Bestimmung der relativen Extrema einer Funktion setzt die Differenzierbarkeit der zu untersuchenden Funktion voraus. Allerdings kann eine Funktion auch bei nicht existierender Ableitung an der Stelle $x_E$ ein Extremum besitzen, wie das Beispiel $f(x) = |x|$ zeigt. Die dargestellte Funktion ist an der Stelle $x_E = 0$ nicht differenzierbar, ihre erste Ableitung ist dort nicht definiert. Trotzdem liegt in $x_E = 0$ ein relatives (und absolutes) Minimum vor (siehe Abb. 4.4).

**Randextrema**

Viele Funktionen in der Wirtschaftspraxis besitzen einen begrenzten Definitionsbereich. So ist beispielsweise der Definitionsbereich einer Kostenfunktion nach unten durch die Produktionsmenge Null und nach oben durch die Kapazitätsgrenze begrenzt. Bei solchen Funktionen können die absoluten Extrema am Rande des Definitionsbereiches liegen, obwohl dort die erste Ableitung ungleich Null ist.

In der Abbildung 4.14 ist eine Gerade f mit $f(x) = mx + b$ und begrenztem Definitionsbereich $D = [a,b]$ dargestellt. Ihre erste Ableitung ist überall gleich der Steigung $m \neq 0$. Trotzdem nimmt f in a ihr Minimum und in b ihr Maximum an.

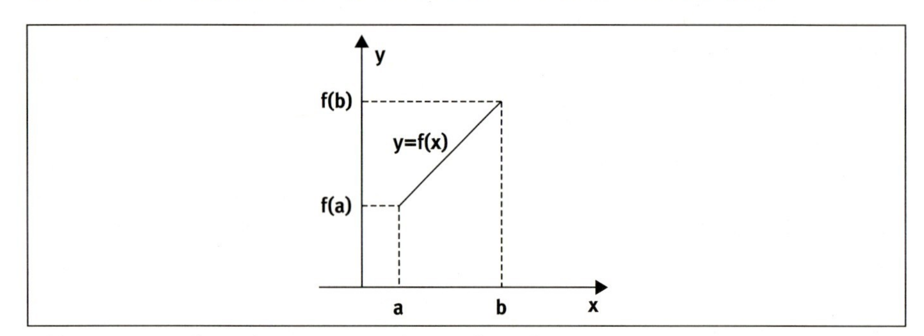


*Abb. 4.14: Gerade mit begrenztem Definitionsbereich*

Es gilt allgemein, dass ein absolutes Extremum entweder ein relatives Extremum oder ein Randextremum ist. Will man also die absoluten Extrema einer Funktion in einem abgeschlossenen Intervall bestimmen, muss man zunächst alle relativen Extrema berechnen und diese dann mit den Randwerten vergleichen. Insbesondere gilt für eine stetige Funktion, die keine relativen Extrema besitzt, dass sie ihr absolutes Minmum bzw. absolutes Maximum jeweils in einem Randpunkt annimmt.

Die kurz- oder langfristige Zielsetzung eines Unternehmens kann darin bestehen, ökonomische Größen wie Umsatz, Gewinn oder Rentabilität zu maximieren oder die Stückkosten bzw. den Materialaufwand bei der Herstellung zu minimieren. Dies kann mit Hilfe der Differentialrechnung geschehen. Zuvor muss es allerdings gelingen, den funktionalen Zusammenhang zwischen den zu untersuchenden Variablen so zu erfassen, dass die Zielfunktion nur noch von einer Variablen abhängt.

**Beispiel 4.22**

1. Das Produkt P aus Beispiel 4.19 lässt das Unternehmen in zylindrischen Silberdosen mit dem Volumen $27\pi$ ccm verpacken. Da der Silberpreis seit Monaten ansteigt, sollen Dosen hergestellt werden, deren Materialverbrauch so gering wie möglich ist.
   Es handelt sich hier um die Extremwertaufgabe, die Oberfläche einer Silberdose mit gegebenem Volumen $V$ zu minimieren. Das Volumen $V$ und die Oberfläche $A$ der Dose ergeben sich in Abhängigkeit vom Dosenradius $r$ und von der Dosenhöhe $h$:
   $V = \pi r^2 h$
   $A = 2\pi rh + 2\pi r^2$
   Da das Volumen mit $27\pi$ ccm vorgegeben ist, gilt:
   $V = \pi r^2 h = 27\pi$
   Löst man diese Gleichung nach $h$ auf, so erhält man:
   $$h = \frac{27}{r^2}$$
   Danach wird die Dosenoberfläche $A$ als Funktion von $r$ ausgedrückt (bisher ist $A$ noch von $r$ und $h$ abhängig), indem man für $h$ den eben berechneten Wert $\frac{27}{r^2}$ einsetzt:
   $$A = 2\pi rh + 2\pi r^2 = 2 \cdot \frac{27\pi}{r} + 2\pi r^2$$
   Da die Dose nur einen positiven Radius besitzen kann, ist der Definitionsbereich der Zielfunktion $A = A(r)$ auf Radien $r > 0$ beschränkt. Die erste Ableitung $A'(r)$ lautet:
   $$A'(r) = 4\pi r - \frac{54\pi}{r^2}$$
   Für das gesuchte Extremum $r_E$ gilt: $A'(r_E) = 0$
   Das bedeutet:
   $$4\pi r_E - \frac{54\pi}{r_E^{\,2}} = 0 \text{ bzw.}$$
   $$r_E = 3\sqrt[3]{\frac{1}{2}} \approx 2{,}38$$
   Die Untersuchung der Art des Extremums an der Stelle $r_E = 3\sqrt[3]{\frac{1}{2}}$ geschieht mit Hilfe der zweiten Ableitung:
   $$A''(r) = 4\pi + \frac{108\pi}{r^3}$$
   $$A''(r_E) = A''(3\sqrt[3]{\tfrac{1}{2}}) = 12\pi > 0$$
   Also liegt in $r_E$ wirklich ein Minimum vor.
   Für die Höhe $h$ der Dose mit minimaler Oberfläche $A$ folgt dann:
   $$h = \frac{27}{r_E^{\,2}} \approx 4{,}76$$

2. Das Unternehmen liefert die eben berechneten Silberdosen auch an eine Konkurrenzfirma. Es berechnet für deren Herstellung die Gesamtkosten K in Abhängigkeit von der erzeugten Menge x durch die folgende Kostenfunktion:
   $K(x) = 0{,}2x^2 + 25x + 180.$
   Wie viel Dosen müssen hergestellt werden, damit der Betrieb optimal arbeitet?
   Hinweis: Das *Betriebsoptimum* ist definiert als diejenige Ausbringungsmenge $x_{opt}$, für die die Stückkosten minimal sind. Die Stückkosten $k(x) = \frac{K(x)}{x}$ sind dabei die Durchschnittskosten, die sich aus den Gesamtkosten bezogen auf die ausgebrachte Stückzahl ergeben. Der zum

Betriebsoptimum $x_{opt}$ gehörende minimale Wert der Stückkosten deckt gerade noch die Gesamtkosten und wird daher auch *langfristige Preisuntergrenze* genannt.

Die Stückkostenfunktion für die Produktion der Silberdosen ergibt sich zu:

$$k(x) = 0{,}2x + 25 + \frac{180}{x}$$

Die Ableitung der Stückkostenfunktion liefert:

$$k'(x) = 0{,}2 - \frac{180}{x^2}$$

Der Ansatz $k'(x) = 0$ führt zu

$$0{,}2 - \frac{180}{x^2} = 0 \text{ bzw.}$$

$x^2 = 900$, also $x_{E,1} = 30$ und $x_{E,2} = -30$

Die Lösung $x_{E,2} = -30$ ist ökonomisch nicht sinnvoll, so dass nur die erste Lösung $x_{E,1}$ in Frage kommt.

Prüfung der Art des Extremums:

$$k''(x) = \frac{360}{x^3}$$

$$k''(x_{E,1}) = k''(30) = \frac{4}{300} > 0$$

Bei einer Stückzahl von $x_{E,1} = 30$ Mengeneinheiten nimmt die Stückkostenfunktion ihr Minimum an. Das Betriebsoptimum liegt somit bei einer Ausbringungsmenge von $x_{E,1} = 30$ Einheiten. Die langfristige Preisuntergrenze beträgt $k(30) = 37$ GE (pro Mengeneinheit).

**3.** Ein Unternehmen produziert mit der ertragsgesetzlichen Kostenfunktion

$$K(x) = x^3 - \frac{97}{8}x^2 + 54x + 248.$$

Man berechne den Wendepunkt $x_S$ der Kostenfunktion, das Betriebsminimum und die kurzfristige Preisuntergrenze.

**Hinweis:**

Den Wendepunkt $x_S$ einer ertragsgesetzlichen Kostenfunktion nennt man auch *Schwelle des Ertragsgesetzes*. Diese Stelle kennzeichnet also den Übergang vom Bereich abnehmender zum Bereich zunehmender Grenzkosten. Bis zur Schwelle des Ertragsgesetzes ist $K(x)$ konkav (man sagt auch: $K$ wächst hier degressiv), anschließend ist $K$ konvex (progressiv wachsend).

Das Minimum $x_M$ der der variablen Stückkosten $k_v(x) = \frac{K_v(x)}{x}$ heißt *Betriebsminimum*. Den zugehörige Funktionswert $k_v(x_M)$ nennt man auch *kurzfristige Preisuntergrenze*, da bei der Produktion von $x_M$ Einheiten dieser Preis gerade die variablen Kosten (nicht aber die fixen Kosten) deckt. Statt die Produktion ganz einzustellen, kann es daher sinnvoll sein, weiter zu produzieren, auch wenn man nur die kurzfristige Preisuntergrenze am Markt erzielen kann. Fällt der Preis allerdings unter diese Grenze, können nicht einmal mehr die variablen Kosten gedeckt werden, eine Einstellung der Produktion ist dann wirtschaftlicher.

Berechnung der Schwelle des Ertragsgesetzes:

$$K'(x) = 3x^2 - \frac{97}{4}x + 54$$

$$K''(x) = 6x - \frac{97}{4} = 0, \text{ also gilt } x_S \approx 4{,}04 \text{ ME}$$

Wegen $K'''(x_S) = 6 \neq 0$ handelt es sich wirklich um einen Wendepunkt.

Berechnung des Betriebsminimums und der kurzfristigen Preisuntergrenze:

$$k_v(x) = \frac{K_v(x)}{x} = x^2 - \frac{97}{8}x + 54$$

$k_v'(x) = 2x - \frac{97}{8} = 0$, also gilt $x_M \approx 6{,}06$

Wegen $k_v''(x_M) = 2 > 0$ liegt in $x_M = 6{,}06$ tatsächlich das Betriebsminimum. Für die kurzfristige Preisuntergrenze folgt:

$k_v(x_M) \approx k_v(6{,}06) \approx 17{,}25$ GE (pro Mengeneinheit)

### 4.5.4 Kurvendiskussion

Bisher wurden besondere Eigenschaften von Funktionen definiert und erläutert. Sowohl bei technischen als auch bei ökonomischen Untersuchungen werden die Zusammenhänge zwischen verschiedenen Einflussgrößen durch Funktionen dargestellt. Will man sich einen Überblick über die Funktionseigenschaften verschaffen, so kommt es häufig nicht auf eine genaue Konstruktion mit Hilfe ausführlicher Wertetabellen an, sondern auf eine rasches Skizzieren der Kurve anhand ihrer wesentlichen Merkmale. Diese Untersuchung der relevanten Funktionseigenschaften wird als *Kurvendiskussion* bezeichnet.
Folgendes Schema fasst das Vorgehen bei einer Kurvendiskussion der Funktion $y = f(x)$ kurz zusammen:

- Festlegung des Definitionsbereichs
  (Polstellen und Lücken gehören nicht zum Definitionsbereich),
- Symmetrieeigenschaften:
  Es ist zu prüfen, ob es sich um eine gerade Funktion ($f(x) = f(-x)$) mit Achsensymmetrie ihres Graphen zur y-Achse handelt, oder ob eine ungerade Funktion ($f(-x) = -f(x)$) mit Punktsymmetrie ihres Graphen zum Koordinatenursprung vorliegt,
- Nullstellen,
- Polstellen und das Verhalten der Funktion an den Polstellen,
- Monotonieverhalten,
- Extremstellen, Extremwerte
  (Bei Funktionen mit begrenztem Definitionsbereich vergesse man nicht zu prüfen, ob Extrema in den Randpunkten vorliegen),
- Wendepunkte, Krümmungsverhalten,
- asymptotisches Verhalten der Funktion für $x \to \pm\infty$
  Hierzu sind bei unbegrenztem Definitionsbereich die Grenzwerte $\lim_{x\to+\infty} f(x)$ und $\lim_{x\to-\infty} f(x)$ zu untersuchen. Bei Funktionen mit begrenztem Definitionsbereich ist das Verhalten der Funktion an den Rändern des Definitionsbereiches zu bestimmen,
- Zeichnung des Graphen der Funktion:
  Mit Hilfe der ermittelten Funktionseigenschaften kann der „ungefähre" Verlauf des Funktionsgraphen skizziert werden.

**Beispiel 4.23**
Es ist eine Kurvendiskussion der Funktion f mit
$y = f(x) = x^2(x^2 - 1) = x^4 - x^2$
durchzuführen.

Bestimmung der ersten drei Ableitungen:
$f'(x) = 4x^3 - 2x = x(4x^2 - 2)$
$f''(x) = 12x^2 - 2$
$f'''(x) = 24x$

Festlegung des Definitionsbereiches: Die Funktion ist in ganz $\mathbb{R}$ definiert, da sie weder Polstellen noch Lücken besitzt, also: $D = \mathbb{R}$.

Symmetrieeigenschaften: Die Funktion ist gerade, denn es gilt $f(x) = f(-x)$. Dazu rechnet man nach:
$f(-x) = (-x)^4 - (-x)^2 = x^4 - x^2 = f(x)$
Die Funktion ist daher symmetrisch zur y-Achse.

Extrema: $f'(x) = 0$ bedeutet $x(4x^2 - 2) = 0$. Lösungen sind:
$x_{E1} = 0,\ x_{E2} = \sqrt{\frac{1}{2}},\ x_{E3} = -\sqrt{\frac{1}{2}}$
Es gibt also drei Kandidaten für Extremwertstellen.
Prüfung der Art der Extrema:
$f''(x_{E1}) = f''(0) = -2 < 0$
In $x_{E1}$ liegt ein relatives Maximum vor.
$f''(x_{E2}) = f''(\sqrt{\frac{1}{2}}) = 4 > 0$
$f''(x_{E3}) = f''(-\sqrt{\frac{1}{2}}) = 4 > 0$
In $x_{E2}$ und $x_{E3}$ liegen relative Minima vor.
Die Koordinaten der Extrema lauten:
$E_1 = (0,0),\ E_2 = (\sqrt{\frac{1}{2}}, -\frac{1}{4}),\ E_3 = (-\sqrt{\frac{1}{2}}, -\frac{1}{4})$

Wendepunkte: Nullsetzen der zweiten Ableitung liefert $f''(x) = 12x^2 - 2 = 0$ mit den Lösungen:
$x_{W1} = \sqrt{\frac{1}{6}},\ x_{W2} = -\sqrt{\frac{1}{6}}$
Einsetzen in die dritte Ableitung zeigt, dass beide Punkte Wendepunkte sind:
$f'''(x_{W1}) = 24\sqrt{\frac{1}{6}} \neq 0$
$f'''(x_{W2}) = -24\sqrt{\frac{1}{6}} \neq 0$
Also liegen in $x_{W1}$ und $x_{W2}$ Wendepunkte mit den Koordinaten
$W_1 = (\sqrt{\frac{1}{6}}/-\frac{5}{36})$ und $W_2 = (-\sqrt{\frac{1}{6}}/-\frac{5}{36})$.

Asymptotisches Verhalten der Funktion für $x \to \pm\infty$; es gilt:

$\lim_{x \to +\infty} f(x) = +\infty,\ \lim_{x \to -\infty} f(x) = +\infty$

Abschließend folgt noch eine Skizze des Funktionsverlaufs von f.

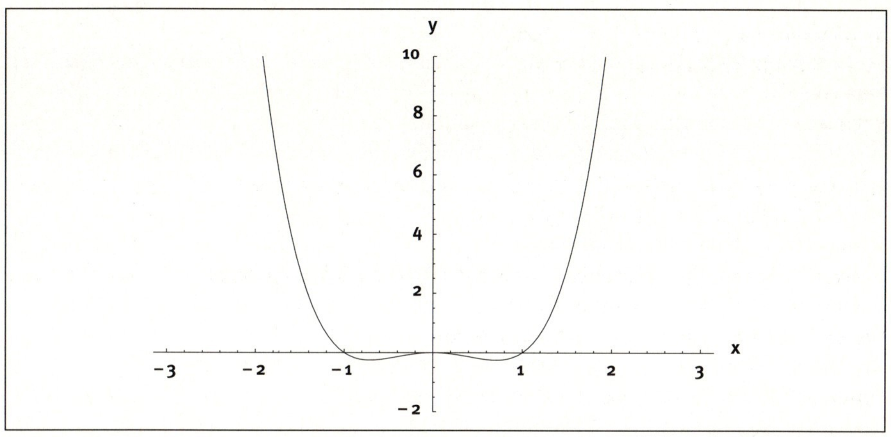


*Abb. 4.15: Skizze der diskutierten Funktion $f(x) = x^4 - x^2$*

**Beispiel 4.24**

Es ist eine Kurvendiskussion der Funktion f mit $f(x) = \frac{6x^2 + 10}{x^2 - 1}$ zu führen.

Zunächst wird die erste und zweite Ableitung von f bestimmt:

$$f'(x) = \frac{-32x}{(x^2 - 1)^2}$$

$$f''(x) = \frac{-32(x^2 - 1)^2 + 32x \cdot (x^2 - 1) \cdot 2 \cdot 2x}{(x^2 - 1)^4} = \frac{96x^2 + 32}{(x^2 - 1)^3}$$

Definitionsbereich:
Da die Nullstellen des Nennerpolynoms +1 und –1 sind, ergibt sich für den Definitionsbereich:
$D = \mathbb{R} \setminus \{-1, 1\}$

Symmetrieverhalten:
Wegen $f(x) = f(-x)$, was leicht nachzurechnen ist, handelt es sich um eine gerade Funktion, d.h. die Funktion ist symmetrisch zur y-Achse.

Nullstellen und Polstellen:
Um die Nullstellen einer gebrochenrationalen Funktion zu bestimmen, berechnet man zunächst die Nullstellen des Zählerpolynoms. Da das Zählerpolynom von $f(x)$, also $g(x) = 6x^2 + 10$, keine reellen Nullstellen besitzt, hat f auch keine reellen Nullstellen. Die Polstellen sind hier die Nullstellen des Nennerpolynoms $x^2 - 1$, also $-1, +1$. Für das Verhalten der Funktion in der Nähe der beiden Polstellen gilt:

$$\lim_{x \to -1^+} f(x) = -\infty, \quad \lim_{x \to -1^-} f(x) = +\infty$$

$$\lim_{x \to 1^+} f(x) = +\infty, \quad \lim_{x \to 1^-} f(x) = -\infty$$

Monotonieverhalten:
Hierzu muss man die Intervalle bestimmen, in denen die erste Ableitung der Funktion f' größer (kleiner) Null ist. Da der Nenner von $f'(x)$ immer positiv ist, ist f' genau dann größer (kleiner) Null, wenn der Zähler von $f'(x)$, also $-32x$, größer (kleiner) Null ist. Daher ist das Ergebnis: $f(x)$ ist streng monoton wachsend für $x \in (-\infty, -1)$ und für $x \in (-1, 0)$. $f(x)$ ist streng monoton fallend für $x \in (0, 1)$ und $x \in (1, \infty)$.

Extremstellen:
Die Nullstelle von $f'(x)$ erhält man durch Nullsetzen des Zählerpolynoms, also aus der Gleichung $-32x = 0$.
$x_E = 0$ ist folglich ein Kandidat für ein Extremum.
Wegen $f''(0) < 0$ handelt es sich tatsächlich um ein Extremum, und zwar um ein (relatives) Maximum mit $f(0) = -10$.

Wendepunkte, Krümmungsverhalten:
Die Nullstelle von $f''(x)$ erhält man durch Nullsetzen des Zählerpolynoms.
Da die Gleichung $96x^2 + 32 = 0$ keine reelle Lösung hat, besitzt $f(x)$ keine Wendepunkte.
Für $x > 1$ und $x < -1$ gilt $f''(x) > 0$, also ist f in den Intervallen $(1, \infty)$ und $(-\infty, -1)$ konvex.
Da $f''(x) < 0$ für $x \in (-1,1)$ gilt, ist f auf dem offenen Intervall $(-1,1)$ konkav.

Asymptotisches Verhalten der Funktion für $x \to \pm\infty$:
Es gilt: $\lim\limits_{x \to +\infty} f(x) = 6$, $\lim\limits_{x \to -\infty} f(x) = 6$

Jetzt ist man in der Lage, den Graphen von $f(x)$ mit ausreichender Genauigkeit zu skizzieren.

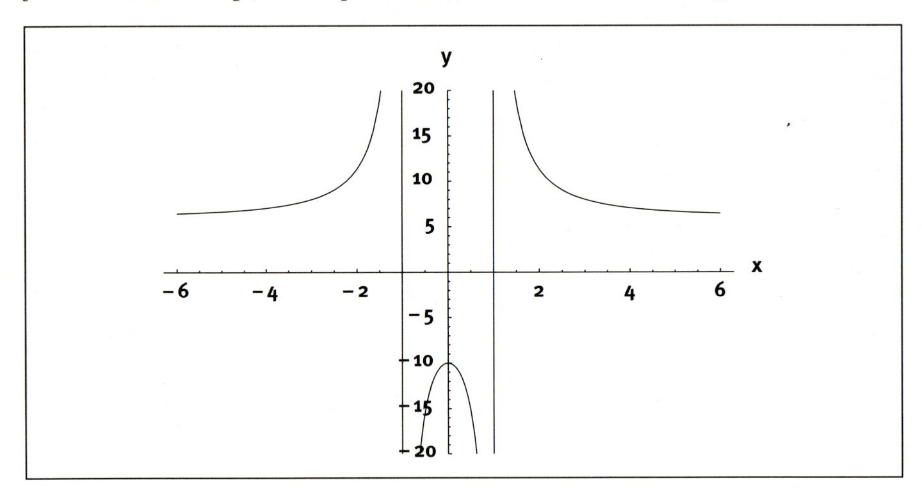


*Abb. 4.16: Skizze der diskutierten Funktion* $f(x) = \frac{6x^2 + 10}{x^2 - 1}$

## 4.5.5 Elastizitäten

Im Rahmen der Wirtschaftswissenschaften stößt man häufig auf den Begriff der *Elastizität*. Deshalb soll hier kurz auf diesen Begriff eingegangen werden.
Die erste Ableitung einer Funktion f an der Stelle $x_0$ kann man folgendermaßen interpretieren: $f'(x_0)$ gibt (näherungsweise) die Funktionsänderung von f an, wenn $x_0$ um eine Einheit erhöht wird (vgl. Beispiel 4.4).
Hierbei handelt es sich um die Beschreibung einer absoluten Änderung. Es kann aber auch von Interesse sein, nach einem Maß für die relative Änderung einer Funktion zu fragen. Was man hierunter versteht, soll das Beispiel 4.25 illustrieren.

**Beispiel 4.25**
Vorgegeben sei die Preis-Absatzfunktion eines Gutes:
$x = x(p) = -30p + 660$
Da $x'(p) = -30$ gilt, hat jede Erhöhung des Preises um eine Einheit eine Verringerung der Nachfrage um 30 Einheiten zur Folge. Die absolute Änderung der Funktion ist daher konstant 30, wenn die unabhängige Variable p um 1 erhöht wird (unabhängig vom Ausgangspunkt $p_0$).
In der folgenden Tabelle sind zwei dieser Fälle gegenübergestellt:

| | **Fall 1** | **Fall 2** |
|---|---|---|
| Preis $p_0$ | 10 | 20 |
| Preisänderung $\Delta p$ | +1 | +1 |
| neuer Preis $p_0 + \Delta p$ | 11 | 21 |
| Absatzmenge $x_0$ | 360 | 60 |
| Absatzeinbuße $\Delta x$ | −30 | −30 |
| neuer Absatz $x_0 + \Delta x$ | 330 | 30 |

Die absolute Preissteigerung beträgt in beiden Fällen 1 Geldeinheit.
Eine tiefergehende Analyse dieser Tabelle zeigt, dass ausgehend von einem Preis von 10 eine (relative) Preissteigerung um 10% ($\frac{\Delta p}{p_0}$) zu einem Absatzverlust von ungefähr 8,3% ($\frac{\Delta x}{x_0}$) führt.
Geht man dagegen von einem Preis von 20 aus, führt eine Preissteigerung um 5% zu einem Absatzeinbruch von 50%.
Umgerechnet auf eine einprozentige Änderung erhält man im ersten Fall $\frac{-8{,}3\%}{10} = -0{,}83\%$ und im zweiten Fall $\frac{-50\%}{5} = -10\%$.

Der Quotient $\frac{\frac{\Delta x}{x_0}}{\frac{\Delta p}{p_0}}$ gibt also die auf eine einprozentige Preiserhöhung entfallende (durchschnittliche) Absatzänderung an. Die im zweiten Fall erhaltene „−10“ kann man so deuten:
*Auf eine Preiserhöhung von 1% (ausgehend von $p_0 = 20$) reagiert der Absatz mit einem Rückgang von 10%.*
Lässt man nun $\Delta p$ gegen Null gehen, so erhält man die so genannte Elastizität des Absatzes bezüglich des Preises $\varepsilon_{x,p}$:

$$\varepsilon_{x,p} = \frac{x'(p)}{x(p)} \cdot p$$

Allgemein gilt:

> Als *Elastizität* der Funktion f(x) bezüglich x bezeichnet man die Funktion $\varepsilon_{f,x}$ mit
> $$\varepsilon_{f,x} = \frac{f'(x)}{f(x)} \cdot x.$$
> Die *Elastizitätsfunktion* gibt (näherungsweise) an, um wie viel Prozent sich die abhängige Variable ändert, wenn sich die unabhängige Variable x um ein Prozent ändert.

**Hinweise:**

- Um die Elastizität einer Funktion an der Stelle $x_0$ zu bestimmen, setzt man einfach $x_0$ in $\varepsilon_{f,x}$ ein.
- Ist die Elastizität $\varepsilon_{f,x}$ einer Funktion an der Stelle $x_0$ positiv, so bewirkt eine Zunahme (Abnahme) von x eine Zunahme (Abnahme) von f(x). Ist dagegen die Elastizität $\varepsilon_{f,x}$ an der Stelle $x_0$ negativ, so bewirkt eine Zunahme von x eine Abnahme von f(x) und umgekehrt.
- Ist $|\varepsilon_{f,x}| > 1$, so bezeichnet man f an den betreffenden Stellen als *elastisch*, ist dagegen $|\varepsilon_{f,x}| < 1$, so heißt f an diesen Stellen *unelastisch*.

**Beispiel 4.26**

1. Für die in Beispiel 4.1 vorgestellte Kostenfunktion erhält man die Elastizitätsfunktion:

$$\varepsilon_{K,x} = \frac{K'(x)}{K(x)} \cdot x = \frac{(0{,}6x^2 - 10x + 100)x}{0{,}2x^3 - 5x^2 + 100x + 12000}$$

Diese Funktion wird auch mit „Elastizität der Kosten bezüglich des Output" bezeichnet. Setzt man in diese Funktion den Output 50 ein, so erhält man:

$$\varepsilon_{K,x}(50) \approx 1{,}86.$$

Erhöht man also ausgehend von 50 den Output um ein Prozent, so wachsen die Kosten um etwa 1,86%.

2. Die Elastizität des Absatzes bezüglich des Preises berechnet sich für die in Beispiel 4.25 behandelte Preis-Absatzfunktion zu:

$$\varepsilon_{x,p} = \frac{x'(p)}{x(p)} \cdot p = \frac{-30p}{-30p + 660} = \frac{-p}{-p + 22}$$

An der Stelle $p_0 = 10$ erhält man $\varepsilon_{x,p} \approx -0{,}83$.
Interpretation: Erhöht man ausgehend von p = 10 den Preis um 1%, so sinkt der Absatz um 0,83%.

Nun soll untersucht werden, für welche p die Nachfrage x elastisch ist. Wegen $x(p) > 0$, $p > 0$ und $x'(p) < 0$ gilt $\varepsilon_{x,p} < 0$ für ökonomisch sinnvolles p. Daher ist $|\varepsilon_{x,p}| > 1$ gleichbedeutend mit $\varepsilon_{x,p} < -1$.
Die Lösung dieser Ungleichung ergibt $= \frac{-p}{-p + 22} < -1 \Rightarrow -p < p - 22 \Rightarrow p > 11$,

d.h. x(p) ist elastisch für alle p zwischen 11 und 22 GE. Ähnlich kann man zeigen, dass x(p) für p zwischen 0 und 11 GE unelastisch ist.

## 4.6 Aufgaben

1. Die Situation sei wie in Beispiel 4.1. Berechnen Sie die Durchschnittskosten, die für die Produktion einer zusätzlichen Mengeneinheit entstehen durch die geplante Produktionsausweitung um 3 Einheiten im Jahr 04.

2. Man interpretiere die folgenden beiden Werte einer Grenzsteuerfunktion bzw. Grenzerlösfunktion in der gleichen Weise, wie dies für K'(x) in Beispiel 4.4 durchgeführt wurde: S'(90.000) = 0,59; E'(1.700.000) = 0,15

3. Man bestimme (mit Verwendung der Tabelle der Ableitungen elementarer Funktionen) die erste Ableitung der folgenden Funktionen:

   a) $f(x) = 23{,}7 + \ln 2$ b) $f(x) = x^{-7}$ c) $f(p) = p^4$ d) $f(x) = \frac{1}{\sqrt[4]{x^9}}$

4. Man bilde jeweils die erste Ableitung der folgenden Funktionen:

   a) $f(x) = 3x^2 + 3{,}7\, e^x$ b) $f(x) = 2xe^x$ c) $f(y) = y \ln y + x$

   d) $f(x) = x^3 + \ln x$ e) $f(x) = \frac{1 + x}{x^2}$ f) $f(x) = \ln x^3 + 3x^2 \cdot e^{2x}$

   g) $f(p) = \ln p^2$ h) $f(x) = e^{x + x^2}$ i) $f(x) = (x^2 + 10)^{100} \cdot x^3$

5. a) Man bestimme die erste Ableitung der beiden folgenden Potenzfunktionen: $f(x) = 2^x$ und $g(x) = 10^x$ (Tipp: es gilt $e^{\ln 2} = 2$ bzw. $e^{\ln 10} = 10$.)
   b) Man bestimme die erste Ableitung der Funktion $f(x) = a^x$ mit $a \in \mathbb{R}$, $a > 0$.

6. Man bestimme die ersten vier Ableitungen der folgenden Funktionen:
   a) $f(x) = 3x^3 - e^x$ b) $f(z) = e^{-z}$

7. Untersuchen Sie die folgenden Funktionen auf Monotonie:

   a) $f(x) = \sqrt{x - 1},\ x > 1$ b) $g(x) = -x^2 + 4x$

8. Man bestimme das Krümmungsverhalten und die Wendepukte der folgenden Funktion:
   $f(x) = x^4 - 4x^3 + 4x^2$

9. Man bestimme den Wendepunkt der Funktion $f(x) = x^7 + 40x$.

10. Man bestimme das absolute Minimum und das absolute Maximum der Funktion $f(x) = x^2 - 7$ in dem Intervall $[3{,}9]$.

11. Ein Unternehmen, das nur einen Artikel produziert, hat die Kostenfunktion $K(x) = 0{,}2x^2 + 2x + 20$ sowie die Preis-Absatz-Funktion $p(x) = 32 - 0{,}3x$.
    Es werde vollständiger Absatz der hergestellten Artikel vorausgesetzt. Bei welcher Ausbringungsmenge $x$ erzielt das Unternehmen den maximalen Gewinn?

12. Man bestimme das Betriebsoptimum eines Betriebes, der mit der Kostenfunktion $K(x) = x^3 - 12x^2 + 60x + 98$ arbeitet.

**13.** Führen Sie eine vollständige Kurvendiskussion der folgenden Funktion durch:

a) $y = f(x) = x^4 - 4x^3 + 4x^2$

b) $f(x) = \dfrac{-5x^2 + 5}{x^3}$

**14.** Jemand will einen Pkw mieten, um die Strecke von Hamburg nach München (Streckenlänge 800 km) zurückzulegen. Der Treibstoffverbrauch y (in l pro 100 km) hänge von der Fahrgeschwindigkeit x (in km/h) folgendermaßen ab:

$y = f(x) = \dfrac{x}{10} - 5 + \dfrac{250}{x}$

a) Welche konstante Geschwindigkeit x sollte er fahren, um den Treibstoffverbrauch zu minimieren?

b) Der Mietpreis für den Pkw beträgt 10 €/h sowie zusätzlich 50 € Grundgebühr. Der Treibstoff kostet 1,50 €/l. Weitere Kosten entstehen nicht. Stellen Sie eine Kostenfunktion für die Fahrt nach München auf, in der die Fahrgeschwindigkeit x als unabhängige Variable auftritt. Die Kostenfunktion summiert dabei alle oben genannten Kosten für die gesamte Fahrstrecke.

c) Welche Geschwindigkeit sollte gefahren werden, um die Kosten zu minimieren?

**15.** Vorgegeben sei die Kostenfunktion $K(x) = 4x + 200$.
Man berechne $\varepsilon_{K,x}$ und die Elastizität der Kosten an der Stelle $x_0 = 50$.

# 5 Integration

## 5.1 Stammfunktion und unbestimmtes Integral

Das Grundproblem der in Kapitel 4 eingeführten Differentialrechnung liegt in der Bestimmung der 1. Ableitung einer vorgegebenen Funktion. Auch der umgekehrten Fragestellung begegnet man gelegentlich. Vorgegeben ist die erste Ableitung einer Funktion, gesucht ist die Funktion selber.

Ein ökonomisches Beispiel soll diese Problemstellung verdeutlichen und einige Hinweise zur Lösung liefern.

**Beispiel 5.1**

Für eine Ein-Produkt-Unternehmung ist folgende Grenzkostenfunktion (1. Ableitung der Kostenfunktion) bekannt:

$$K'(x) = \frac{1}{5}x^3 - x^2 + 100 \tag{5.1}$$

Mit Hilfe dieser Grenzkostenfunktion kann man für jede Outputmenge $x_0$ den Kostenzuwachs *näherungsweise* berechnen, der bei der Erhöhung der produzierten Menge $x_0$ um eine Einheit zu erwarten ist.

Aus der Grenzkostenfunktion (5.1) ist nun die Gesamtkostenfunktion $K(x)$ der Unternehmung zu bestimmen. Gesucht wird also eine Funktion, deren 1. Ableitung genau mit der vorgegebenen Grenzkostenfunktion $K'(x)$ übereinstimmt.

Durch Experimentieren findet man heraus, dass die 1. Ableitung von $K_1(x) = \frac{1}{20}x^4$ den ersten Summanden von $K'(x)$, nämlich $\frac{1}{5}x^3$ ergibt.

Analog kann man die Funktionen

$$K_2(x) = -\frac{1}{3}x^3 \text{ und } K_3(x) = 100x$$

bestimmen, deren 1. Ableitungen die beiden übrigen Summanden der vorgegebenen Funktion $K'(x)$ ergeben. (Probe: $K_2'(x) = -x^2$, $K_3'(x) = 100$)

Abschließend addiert man die drei durch Probieren gefundenen Funktionen $K_1$, $K_2$ und $K_3$:

$$K(x) = K_1(x) + K_2(x) + K_3(x) = \frac{1}{20}x^4 - \frac{1}{3}x^3 + 100x$$

Die 1. Ableitung dieser Funktion entspricht tatsächlich $K'(x)$.

Für die gefundene Funktion gilt allerdings: $K(0) = 0$. Dies würde bedeuten, dass bei kurzfristiger Einstellung der Produktion (Output $x = 0$) keine Kosten anfallen. Die gefundene Funktion $K(x)$ gibt also nur die variablen Kosten an, die von x unabhängigen fixen Kosten werden nicht berücksichtigt. Da die 1. Ableitung einer additiven Konstanten Null ist, können aus der Kenntnis von $K'(x)$ aus (5.1) die Fixkosten nicht bestimmt werden. Beispielsweise stimmen die 1. Ableitungen der Funktionen

$$H(x) = \frac{1}{20}x^4 - \frac{1}{3}x^3 + 100x + 150.000 \text{ und}$$

$$L(x) = \frac{1}{20}x^4 - \frac{1}{3}x^3 + 100x + 10^8$$

mit der Funktion $K'(x)$ aus (5.1) überein.

Zwei wichtige Dinge kann man dem einfachen Beispiel 5.1 entnehmen:

- Das Suchen einer Funktion, deren 1. Ableitung bekannt ist, hat etwas mit Experimentieren (Probieren) zu tun.

- Um dieses Probieren effektiv und zielgerichtet durchführen zu können, muss man die Ableitungsregeln aus Kapitel 4.2 (insbesondere die Kettenregel) sicher beherrschen.

Die Überlegungen aus Beispiel 5.1 führen zu dem wichtigen Begriff der Stammfunktion.

**Stammfunktion**
F und f seien zwei Funktionen mit dem gemeinsamen Definitionsbereich D. F sei differenzierbar, und es gelte:
$F'(x) = f(x)$ für alle $x \in D$
Dann nennt man F eine Stammfunktion von f.

Im Beispiel 5.1 wurden eine Stammfunktion der Grenzkostenfunktion $K'(x)$ gesucht und sogar drei verschiedene Stammfunktionen, die sich jeweils nur um die reelle Konstante unterscheiden, gefunden. Ganz allgemein gilt, da die 1. Ableitung einer Konstanten gleich Null ist:

Wenn $F(x)$ eine Stammfunktion von $f(x)$ ist, dann ist auch $F(x) + C$, $C \in \mathbb{R}$ eine Stammfunktion von $f(x)$.

Also gibt es entweder keine Stammfunktion oder gleich unendlich viele Stammfunktionen zu f, da die Konstante C jede beliebige reelle Zahl annehmen kann. Der folgende Satz zeigt aber, dass sich zwei verschiedene Stammfunktionen nur „wenig" unterscheiden:

Seien $F_1$ und $F_2$ zwei Stammfunktionen von f, dann gibt es eine Konstante $C \in \mathbb{R}$ mit:
$F_1(x) = F_2(x) + C$

Alle Stammfunktionen zu einer gegebenen Funktion f unterscheiden sich also nur durch einen konstanten reellen Summanden.

**Beispiel 5.2**
Gesucht ist die Menge aller Stammfunktionen zu der Funktion $f(x) = 1$. Sicher ist $F_1(x) = x$ eine solche Stammfunktion, denn es gilt: $F_1'(x) = 1$
Jede Stammfunktion F von f lässt sich darstellen als $F(x) = F_1(x) + C = x + C$ mit $C \in \mathbb{R}$.
Jede Gerade mit der Steigung 1 ist also eine Stammfunktion zu f.

Häufig verfügt man neben der Kenntnis der Ableitung noch über eine Zusatzinformation, durch die die gesuchte Stammfunktionen eindeutig bestimmt wird. So kann beispielsweise gefordert sein, dass der Graph der Stammfunktion durch einen vorgegebenen Punkt $(x_0,y_0)$ geht. Da die Graphen verschiedener Stammfunktionen sich nicht schneiden, ist die Stammfunktion dadurch eindeutig bestimmt. Eine solche Zusatzangabe wird *Randbedingung* genannt.

**Beispiel 5.3**
Die in Beispiel 5.1 gesuchte Kostenfunktion $K(x)$ wird eindeutig festgelegt durch die Vorgabe der 1. Ableitung $K'(x)$ (siehe (5.1)) und der Randbedingung $K(0) = 200.000$, d.h. durch die Vorgabe der Fixkosten. Man erhält:

$$K(x) = \frac{1}{20}x^4 - \frac{1}{3}x^3 + 100x + 200.000$$

**Unbestimmtes Integral**

Zur Vereinfachung benutzt man die folgende Symbolik:

Die Menge aller Stammfunktionen einer Funktion f heißt unbestimmtes Integral und wird mit $\int f(x)\,dx$ bezeichnet.

Es gilt also:
$\int f(x)\,dx = \{F(x) \mid F'(x) = f(x)\}$

Ist F irgendeine Stammfunktion von f, so kann man die obige Gleichung auch folgendermaßen formulieren:
$\int f(x)\,dx = \{F(x) + C \mid C \in \mathbb{R}\}$

Anstelle dieser Gleichung hat es sich allgemein durchgesetzt, nur mit einem einzigen Repräsentanten aus der Menge der Stammfunktionen zu arbeiten. Man benutzt dabei die Schreibweise:

$\int f(x)\,dx = F(x) + C$ (gelesen: *Integral* über $f(x)\,dx$ ist gleich $F(x) + C$)
$\int f(x)\,dx$ nennt man auch *unbestimmtes Integral.*

Unter *Integration* bzw. der Berechnung eines (unbestimmten) Integrals versteht man die Bestimmung einer Stammfunktion.

Das Integralzeichen darf nie ohne die Angabe eines Differentials benutzt werden, da nur aus diesem hervorgeht, nach welcher Variablen integriert werden soll.

Es werden die folgenden Bezeichnungen verwendet:

- $\int$ Integralzeichen
- $f(x)$ Integrand
- $dx$ Differential
- $x$ Integrationsvariable
- $C$ Integrationskonstante.

Integrieren einer Funktion und anschließendes Differenzieren führen wieder zur Ausgangsfunktion; die beiden Operationen Integration und Differentiation heben sich also gegenseitig auf. Von diesem Zusammenhang wird Gebrauch gemacht, wenn man nachprüfen will, ob eine Integrationsaufgabe richtig gelöst worden ist. Dazu bildet man die 1. Ableitung der gefundenen Lösung und vergleicht diese mit dem Integranden. Stimmen die beiden Funktionen überein, so hat man richtig gerechnet. Diese „Probe" sollte immer durchgeführt werden, eine wirklich sichere Beherrschung der Differentiationstechniken ist dafür Voraussetzung.

**Beispiele 5.4**

1. $\int e^x dx = e^x + C;$ Probe: $(e^x + C)' = e^x$
2. $\int x^4 dx = \frac{1}{5}x^5$ Probe: $\frac{d}{dx}\left(\frac{1}{5}x^5\right) = x^4$
3. $\int e^{\sqrt{x}}\,dx = 2e^{\sqrt{x}}(\sqrt{x} - 1) + C$ Probe: $\frac{d}{dx}(2e^{\sqrt{x}}(\sqrt{x} - 1)) = e^{\sqrt{x}}$

Für die Durchführung der Probe müssen im 3. Fall die Ableitungsregeln für Produkte (Produktregel) und verkettete Funktionen (Kettenregel) sicher beherrscht werden.

Im Zusammenhang mit Beispiel 5.4 stellt sich die Frage, wie man selbstständig auf solch eine Lösung kommt, und ob es Integrationsregeln gibt, die das Auffinden einer Stammfunktion systematisieren und erleichtern. Grundsätzlich kann man nur feststellen, dass es zwar Integrationsregeln gibt (siehe Kapitel 5.3), aber im Gegensatz zum Differenzieren handelt es sich beim Integrieren um eine schwierige „Kunst“, die viel Training erfordert.

## 5.2 Grundintegrale

Aus Kapitel 4 sind schon Stammfunktionen zu den wichtigsten elementaren Funktionen bekannt. So folgt direkt aus Beispiel 4.12:

$$\int \frac{-1}{x \ln^2 x}\, dx = \frac{1}{\ln x} + C$$

Allgemein gilt: die Bildung der 1. Ableitung einer Funktion $f(x)$ liefert gleichzeitig die Lösung einer Integrationsaufgabe, denn $f(x)$ ist ja eine Stammfunktion zu $f'(x)$.

**Beispiel 5.5**
Es sei $f(x) = e^{-2x}$.
Mit der Kettenregel folgt: $f'(x) = -2e^{-2x}$
Daher gilt: $\int -2e^{-2x}\, dx = e^{-2x} + C$

Auf diese Weise sind folgende Grundintegrale entstanden, die für Wirtschaftswissenschaftler wichtig sind:

- $\int dx = \int 1\, dx = x + C$
- $\int x^{\alpha}\, dx = \dfrac{x^{\alpha+1}}{\alpha + 1} + C \quad (\alpha \in \mathbb{R}, \alpha \neq -1)$
- $\int \frac{1}{x}\, dx = \ln|x| + C \quad (x \neq 0)$
- $\int e^x\, dx = e^x + C$
- $\int a^x\, dx = \dfrac{a^x}{\ln a} + C, \quad (a > 0, a \neq 1)$

Die Stammfunktion der wichtigen elementaren Funktion $f(x) = \ln x$ wird erst im Beispiel 5.10 berechnet.

**Beispiel 5.6**

1. $\int x^{0,6}\, dx = \dfrac{x^{1,6}}{1,6} + C$
2. $\int \sqrt{x}\, dx = \int x^{\frac{1}{2}}\, dx = \dfrac{x^{\frac{3}{2}}}{\frac{3}{2}} + C = \frac{2}{3} x^{\frac{3}{2}} + C = \frac{2}{3}\sqrt{x^3} + C$
3. $\int 3^x\, dx = \dfrac{3^x}{\ln 3} + C$

Das Prinzip des Integrierens besteht darin, schwierige Integrale durch (häufig trickreiche) Umformungen auf Grundintegrale oder andere, bereits gelöste Integrale zurückzuführen. Um dies zu erreichen, benötigt man Regeln für die Integration von Summen, Produkten, Quotienten und Verkettungen von Funktionen.

Während es bei der Differentiation gelingt, mit einigen wenigen Ableitungsregeln (vgl. Kapitel 4) eine umfassende Lösung zu geben, ist das Problem der Integration wesentlich komplizierter. Es gibt weder eine „Produktregel" noch eine „Quotientenregel" oder „Kettenregel", mit deren Hilfe man ein Produkt bzw. einen Quotienten von Funktionen schematisch integrieren könnte. Auch wenn man zu jeder der beiden Funktionen f und g eine Stammfunktion kennt, nutzt diese Kenntnis zur Bestimmung einer Stammfunktion für das Produkt $f \cdot g$ häufig nichts. (Im Gegensatz hierzu kann man mit der Kenntnis der Ableitungen von f und g sofort die Ableitung des Produktes $f \cdot g$ angeben.) Es gibt sogar viele Funktionen, die überhaupt keine geschlossen darstellbare Stammfunktion besitzen. Auch wenn solche Funktionen eine Stammfunktion besitzen, können diese nicht durch eine „Kombination" der elementaren Funktionen (vgl. Kapitel 3) dargestellt werden. Beispiele für solche Funktionen sind:
$f(x) = e^x x^{-1}$, $f(x) = e^{-x^2}$

Wenn man sich also (unter Umständen) stundenlang erfolglos abplagt, eine elementare Stammfunktion zu finden, muss dies nicht unbedingt auf die eigene Ungeschicklichkeit zurückgeführt werden, sondern kann ganz einfach daran liegen, dass die gesuchte elementare Stammfunktion nicht existiert und daher auch nicht zu berechnen ist.

## 5.3 Technik des Integrierens

In diesem Abschnitt werden einige Integrationsregeln behandelt, die sich unmittelbar aus den entsprechenden Differentiationsregeln ableiten lassen. Dabei wird stets vorausgesetzt, dass Stammfunktionen zu den vorkommenden Integranden existieren und die Definitionsbereiche sinnvoll gewählt sind.

### 5.3.1 Integration einer Funktion mit einem konstanten Faktor

Für eine beliebigen Faktor $a \in \mathbb{R}$ gilt: $\int af(x)dx = a\int f(x)dx$ (5.2)

Ein konstanter Faktor kann also vor das Integral gezogen werden. Dies folgt unmittelbar aus der Faktorregel der Differentiation (vgl. Kapitel 4.3).

**Beispiel 5.7**

$$\int 4\pi x^2 dx = 4\pi \int x^2 dx = 4\pi\left(\frac{1}{3}x^3 + C_1\right) = \frac{4\pi}{3}x^3 + 4\pi C_1$$

Setzt man $C = 4\pi C_1$, so gilt $\int 4\pi x^2 dx = \frac{4\pi}{3}x^3 + C$.

### 5.3.2 Integral einer Summe (Differenz) zweier Funktionen

Es gilt: $\int (f(x) \pm g(x))dx = \int f(x)dx \pm \int g(x)dx$ (5.3)

Das Integral der Summe bzw. Differenz zweier Funktionen ist gleich der Summe bzw. Differenz ihrer Integrale. Dies folgt unmittelbar aus der Regel für das Differenzieren einer Summe bzw. Differenz zweier Funktionen.

**Beispiel 5.8**

$$\int (\frac{1}{x} + x^2)dx = \int \frac{1}{x} dx + \int x^2 dx = \ln|x| + C_1 + \frac{1}{3} x^3 + C_2$$

Indem man $C = C_1 + C_2$ setzt, erhält man: $\int (\frac{1}{x} + x^2)dx = \ln|x| + \frac{1}{3} x^3 + C$

**Hinweis:**
In den folgenden Abschnitten werden die verschiedenen Konstanten $C_i$ sofort und kommentarlos zu einer gemeinsamen Integrationskonstanten C zusammengefasst. Im folgenden Beispiel werden die Integrationsregeln (5.2) und (5.3) gleichzeitig verwendet.

**Beispiel 5.9**

$$\int (x^2 + 3x^5 + \frac{2}{x})dx = \int x^2 dx + 3\int x^5 dx + 2\int \frac{1}{x} dx = \frac{1}{3} x^3 + \frac{1}{2} x^6 + 2 \ln|x| + C$$

### 5.3.3 Partielle Integration

Die partielle Integration leitet man aus der Produktregel der Differentialrechnung (vgl. Kapitel 4.3) ab. Nach der Produktregel gilt für die Ableitung des Produkts zweier differenzierbarer Funktionen $f(x)$, $g(x)$:
$(f \cdot g)' = f' \cdot g + f \cdot g'$

Durch Umformung erhält man:
$f \cdot g' = (f \cdot g)' - f' \cdot g$

Anschließende Integration führt unter Verwendung von Regel (5.3) zu:
$\int f \cdot g' dx = \int (f \cdot g)' dx - \int f' \cdot g \, dx$

Da $f \cdot g$ eine Stammfunktion zu $(f \cdot g)'$ ist, erhält man schließlich die Formel für die partielle Integration:

$$\int f \cdot g' dx = f \cdot g - \int f' \cdot g \, dx \qquad (5.4)$$

Dabei wird die eigentlich zu $f \cdot g$ gehörende Integrationskonstante C weggelassen, weil sie mit der zum unbestimmten Integral $\int f' \cdot g \, dx$ gehörenden Integrationskonstanten zusammengefasst werden kann.

Mit Hilfe der partiellen Integration (5.4) ist es möglich, eine Stammfunktion zu finden, wenn die beiden folgenden Voraussetzungen gleichzeitig erfüllt sind:

- Zu mindestens einer der beiden im Ausgangsprodukt von (5.4) vorkommenden Funktionen f, g' muss eine Stammfunktion bekannt sein.
- Das Integral $\int f' \cdot g\,dx$, welches sich auf der rechten Seite der partiellen Integrationsformel (5.4) befindet, muss leichter lösbar sein als das ursprüngliche Integral, oder es muss $\int f' \cdot g\,dx = \int f \cdot g'dx$ gelten.

**Beispiel 5.10**

1. Man berechne das Integral $\int x\,e^x dx$.
   Zunächst muss entschieden werden, welcher der beiden Faktoren des Integranden $xe^x$ in (5.4) die Rolle von f und welcher die von g' übernehmen soll. Mit der Wahl
   $f(x) = x,\ g'(x) = e^x$
   erhält man
   $f'(x) = 1,\ g(x) = e^x.$
   Einsetzen in die Formel (5.4) ergibt:
   $\int x\,e^x dx = xe^x - \int 1 \cdot e^x\,dx = xe^x - e^x + C = e^x(x-1) + C$
   Wird die Wahl für f und g' wie folgt verändert:
   $f(x) = e^x,\ g'(x) = x,$
   führt dies zu
   $f'(x) = e^x,\ g(x) = \frac{1}{2}\,x^2.$
   Anwendung von (5.4) liefert:
   $\int x\,e^x dx = \frac{1}{2}\,e^x\,x^2 - \frac{1}{2}\int x^2 e^x dx$
   Im Gegensatz zum ersten Versuch ist das neue Integral auf der rechten Seite deutlich komplizierter geworden; denn nun muss eine Stammfunktion zu $x^2e^x$ gefunden werden (siehe Beispiel 2). Man sieht hier, wie entscheidend die richtige Wahl von f und g' ist.
2. Manchmal führt erst mehrmaliges (hier: zweimaliges) partielles Integrieren zum Erfolg.
   Gesucht ist $\int x^2 e^x dx$.
   Es wird gesetzt:
   $f(x) = x^2,\ g'(x) = e^x$
   Das hat zur Folge:
   $f'(x) = 2x,\ g(x) = e^x$
   Anwendung von (5.4) ergibt:
   $$\int x^2 e^x dx = x^2e^x - \int 2x\,e^x dx = x^2e^x - 2\int x\,e^x dx \qquad (5.5)$$
   Das auf der rechten Seite entstandenen Integral $\int x\,e^x dx$ wird nun ebenfalls mit partieller Integration weiter behandelt. Dies wurde schon im 1. Fall durchgeführt. Dort ergab sich:
   $\int x\,e^x dx = e^x(x-1) + C$
   Einsetzen dieses Resultats in (5.5) löst das Ausgangsproblem:
   $\int x^2 e^x dx = x^2e^x - 2e^x(x-1) + C = e^x\,(x^2 - 2x + 2) + C$
3. Gesucht ist eine Stammfunktion von $f(x) = \ln x$.
   Zunächst schreibt man statt $\ln x$ einfach $1 \cdot \ln x$. Anwendung der partiellen Integration auf dieses Produkt führt schnell zum Ziel. Setzt man
   $f(x) = \ln x,\ g'(x) = 1,$
   so folgt
   $f'(x) = \frac{1}{x},\ g(x) = x.$
   Also gilt nach (5.4):
   $\int \ln x\,dx = x \cdot \ln x - \int \frac{1}{x}\,x\,dx = x \cdot \ln x - x + C = x(\ln x - 1) + C$

### 5.3.4 Integration durch Substitution

Diese Integrationsmethode ergibt sich aus der Kettenregel der Differentialrechnung (vgl. Kapitel 4.2). Ausgangspunkt ist hier das *Produkt* einer verketteten Funktion (vgl. Kapitel 3.3.7) und der 1. Ableitung der inneren Funktion, d.h. die Integration durch Substitution funktioniert nur in einem Spezialfall. Die Stammfunktion einer beliebigen verketteten Funktion kann mit dieser Regel im allgemeinen nicht berechnet werden.

$\int g(f(x)) \cdot f'(x)\,dx = \int g(z)\,dz$ mit $z = f(x)$ (5.6)
Ist $G(z)$ eine Stammfunktion von $g(z)$, so gilt darüber hinaus:
$\int g(f(x)) \cdot f'(x)\,dx = G(z) + C = G(f(x)) + C$

Es reicht also, die Stammfunktion $G$ der Funktion $g$ zu kennen, um die Stammfunktion des Produktes $g(f(x)) \cdot f'(x)$ angeben zu können. Falls man nur wenig Erfahrung beim Integrieren besitzt, ist es empfehlenswert, die Integration durch Substitution, die von der linken Seite in (5.6) ausgeht, nach dem folgenden Schema durchzuführen:

| $\int g(f(x)) \cdot f'(x)\,dx$ | Beispiel: $\int x(2x^2+5)^{179}\,dx$ |
|---|---|
| **1.** Wahl einer geeigneten Substitutionsfunktion: $z = f(x)$ | $z = f(x) = 2x^2 + 5$ |
| **2.** Bildung von $\frac{dz}{dx} = \frac{d}{dx} f(x) = f'(x)$ und Auflösen nach $dx$ | $\frac{dz}{dx} = 4x \Rightarrow dx = \frac{dz}{4x}$ |
| **3.** Substitution (Ersetzung): $f(x)$ durch $z$; $dx$ durch $\frac{dz}{f'(x)}$ | $\int x \cdot z^{179} \cdot \frac{dz}{4x} = \frac{1}{4}\int z^{179}\,dz$ |
| **4.** Integration | $\frac{1}{4}\int z^{179}\,dz = \frac{1}{720} z^{180} + C$ |
| **5.** Rücksubstitution (Ersetzen) von $z$ durch $f(x)$ in der unter 4. gefundenen Lösung | $\frac{1}{720} z^{180} + C = \frac{1}{720}(2x^2+5)^{180} + C$ |

Also gilt: $\int x(2x^2+5)^{179}\,dx = \frac{1}{720}(2x^2+5)^{180} + C$

**Hinweis:**
Damit die Integration durch Substitution erfolgreich angewandt werden kann, wird verlangt (vgl. Formel (5.6)), dass $f'(x)$ als Faktor im Integranden vorkommt. Man kommt aber auch mit der Integration durch Substitution zum Ziel, wenn man statt $f'(x)$ als Faktor $af'(x)$ mit $a \in \mathbb{R}$ $(a \neq 0)$ zulässt. So findet man im vorangegangenen Schema statt $f'(x)$ $(= 4x)$ den Faktor $\frac{1}{4} f'(x)$ $(= x)$ im Integranden.

**Beispiel 5.11**

Man berechne $\int \frac{\ln x}{x}\,dx$.

Unter Verwendung der 5 Schritte des obigen Schemas ergibt sich:

1. $z = \ln x$
2. $\frac{dz}{dx} = \frac{d}{dx}\ln x = \frac{1}{x} \Rightarrow dx = x\,dz$
3. $\int \frac{\ln x}{x}\,dx = \int \frac{z}{x}\,x\,dz = \int z\,dz$ (Substitution)
4. $\int z\,dz = \frac{1}{2}z^2 + C$ (Integration)
5. $\int \frac{\ln x}{x}\,dx = \frac{1}{2}\ln^2 x + C$ (Rücksubstitution)

Beispiel 5.11 ist ein Integral vom Typ $\int f(x) \cdot f'(x)\,dx$ (mit $f(x) = \ln x$). Für diesen Integraltyp gilt ganz allgemein:

$$\int f(x) \cdot f'(x)\,dx = \frac{1}{2} f^2(x) + C$$

**Beispiel 5.12**

Man bestimme das Integral $\int \frac{2x-5}{x^2-5x+1}\,dx$.

Unter Verwendung der 5 Schritte des obigen Schemas ergibt sich:

1. $z = x^2 - 5x + 1$
2. $\frac{dz}{dx} = 2x - 5 \Rightarrow dx = \frac{1}{2x-5}\,dz$
3. $\int \frac{2x-5}{x^2-5x+1}\,dx = \int \frac{1}{z}\,dz$
4. $\int \frac{1}{z}\,dz = \ln|z| + C$
5. $\int \frac{2x-5}{x^2-5x+1}\,dx = \ln|x^2-5x+1| + C$

Beispiel 5.12 ist ein Integral vom Typ

$$\int \frac{f'(x)}{f(x)}\,dx \text{ (mit } f(x) = x^2 - 5x + 1)$$

Für diesen Integraltyp gilt:

$$\int \frac{f'(x)}{f(x)}\,dx = \ln|f(x)| + C, \ (f(x) \neq 0)$$

Die bisherigen Ausführungen bieten nur einen kleinen Einblick in die Integrationsmethoden, so wird im Rahmen dieser Einführung auf die komplizierteren Substitutionsmethoden und vollständig auf die Integration mittels Partialbruchzerlegung verzichtet.

Sehr hilfreich können bei der Integration neben den vorgestellten Methoden auch Computerprogramme mit gespeicherten Lösungen und Integrationstafeln (vergleichbar etwa der Tabelle der Grundintegrale in Kapitel 5.2, nur sehr viel umfangreicher) aus Formelsammlungen sein. Zur Beherrschung der oft trickreichen Integration ist erhebliche Übung nötig.

## 5.4 Bestimmtes Integral

Bisher wurde die Integration als die Umkehrung der Differentiation, d. h. als Suchen einer Stammfunktion, aufgefasst. Abschnitt 5.4 stellt einen anschaulicheren Zugang zur Integralrechnung über das Flächenproblem vor. Dieser zweite Ansatz lässt sich über G. W. Leibniz (1646 – 1716) bis zu Archimedes (ca. 285 – 212 v. Chr.) zurückverfolgen.

### 5.4.1 Kurze Herleitung des bestimmten Integrals

Das bestimmte Integral wird ebenso wie der Differentialquotient als Grenzwert erklärt.

Es sei $f$ eine im Intervall $[a,b]$ stetige Funktion mit $f(x) \geq 0$ für alle $x \in [a,b]$. Gesucht ist der Flächeninhalt A zwischen der Funktion $f(x)$, der x-Achse und den Parallelen zur y-Achse $x = a$ und $x = b$.

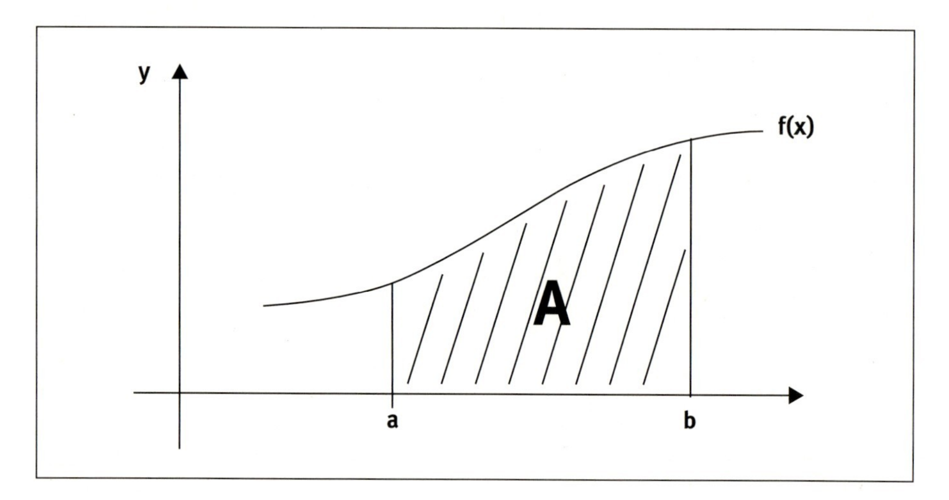


*Abb. 5.1: Fläche unter einer Kurve*

Wäre $f(x)$ eine Gerade, so ließe sich dieser Flächeninhalt mit elementargeometrischen Methoden leicht berechnen. Gesucht ist nun ein Verfahren, das auf beliebige, im Intervall $[a,b]$ stetige Funktionen anwendbar ist.

Dazu geht man in vier Schritten vor, die sich mit Abbildung 5.2 verdeutlichen lassen.

1. Aus dem Intervall [a,b] werden n+1 Punkte $x_0, x_1, \dots, x_n$ gewählt mit
   $a = x_0 < x_1 < x_2 < \dots < x_i < \dots < x_{n-1} < x_n = b$.
   Dadurch entsteht eine Zerlegung des Intervalls [a,b] in die n Teilintervalle
   $[x_0, x_1], \dots, [x_{i-1}, x_i], \dots, [x_{n-1}, x_n]$.
   Die Länge eines beliebig herausgegriffenen Intervalls beträgt:
   $\Delta x_i = x_i - x_{i-1}$ $(i = 1,2,\dots,n)$

2. In jedem der n Teilintervalle wird ein beliebiger Punkt $c_i$ ausgewählt, wobei $c_i$ auch mit einem der Randpunkte $x_{i-1}$ bzw. $x_i$ zusammenfallen darf. Anschließend berechnet man den Funktionswert $f(c_i)$.

3. Es wird ein Näherungswert $A_n$ für den gesuchten Flächeninhalt A unter der Kurve bestimmt, indem man die Flächen der n Rechtecke mit der Höhe $f(c_i)$ und der Breite $\Delta x_i$ aufsummiert. Es wird also die folgende Summe berechnet:

   $$A_n = \sum_{i=1}^{n} f(c_i) \cdot \Delta x_i$$

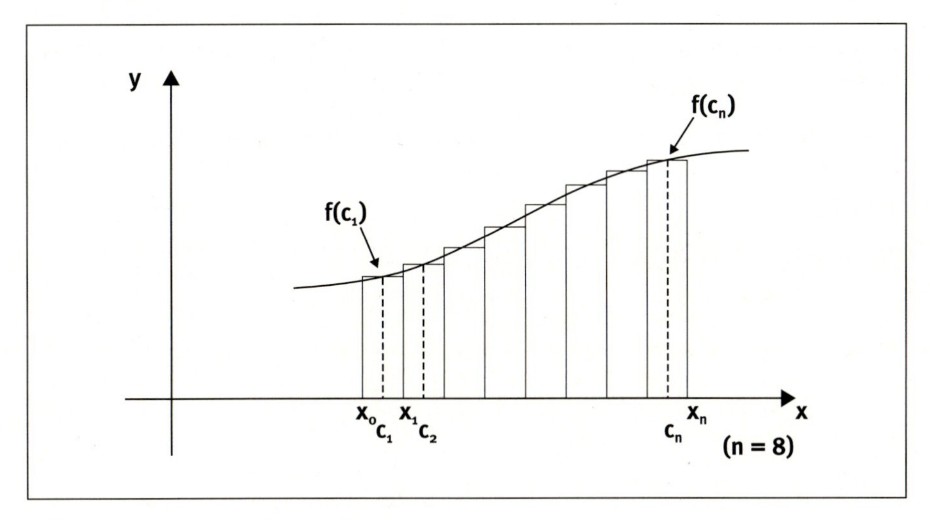


*Abb. 5.2: Approximation einer Fläche unter einer Kurve*

(In Abbildung 5.2 ergibt sich $A_8$ als die Summe der acht eingezeichneten Rechteckflächen. Dem Augenschein nach erhält man hier für $n = 8$ schon eine recht gute Näherung für den gesuchten Flächeninhalt.)

4. Selbstverständlich hängt der Wert der Näherung $A_n$ von der gewählten Zerlegung des Intervalls [a,b] ab, aber auch von der Wahl der Zwischenpunkte $c_i$ innerhalb der einzelnen Teilintervalle. Lässt man nun die Breite der Teilintervalle immer kleiner werden (und damit n immer größer), so wird die Approximation durch $A_n$ immer besser. Lässt man n unbegrenzt wachsen, so dass gleichzeitig die Breite aller Teilintervalle $\Delta x_i$ gegen Null geht, dann ist es anschaulich klar, dass man den exakten Wert der gesuchten Fläche erhält.

**Bestimmtes Integral**
Mathematisch exakt formuliert gilt für die Fläche A:

$$A = \lim_{n \to \infty} A_n = \lim_{n \to \infty} \sum_{i=1}^{n} f(c_i)\Delta x_i \qquad (5.7)$$

Dieser Grenzwert wird auch als *das bestimmte Integral* von f über [a,b] bezeichnet. Für das bestimmte Integral führt man folgendes Symbol ein:

$$\int_a^b f(x)\,dx$$

Dabei heißt a die untere und b die obere Integrationsgrenze des bestimmten Integrals. Die übrigen Bezeichnungen stimmen mit denen des unbestimmten Integrals überein.

Das bestimmte Integral $\int_a^b$ kann man also auffassen als die (formale) Summe sämtlicher zwischen a und b liegender infinitesimal schmaler Streifenflächen.

**Hinweise:**
Das Symbol $\int_a^b$ wird gelesen: Integral von a bis b über f(x) dx.

Das bestimmte Integral ist eine reelle Zahl (dagegen war das unbestimmte Integral eine Menge von Stammfunktionen).

Es ist völlig unerheblich, wie die Integrationsvariable bezeichnet wird. Sie kann beliebig umbenannt werden, ohne dass sich der Wert des bestimmten Integrals ändert, z. B. gilt:

$$\int_a^b f(x)\,dx = \int_a^b f(t)\,dt = \int_a^b f(z)\,dz$$

Man nennt jede Funktion f, für die der Grenzwert (5.7) existiert, integrierbar über [a,b]. Man kann nun zeigen, dass jede stetige Funktion auf [a,b] integrierbar ist.
Darüber hinaus gibt es viele Funktionen, die nicht stetig, aber trotzdem integrierbar sind, beispielsweise alle auf [a,b] stückweise stetigen Funktionen. Insbesondere sind also alle Treppenfunktionen integrierbar.

Nach den Überlegungen zur Herleitung von (5.7) gilt:

Ist $f(x) \geq 0$ für alle $x \in [a,b]$, so misst $\int_a^b f(x)\,dx$ den Flächeninhalt zwischen dem Intervall [a,b] und dem Graph von f(x).
Ist $f(x) \leq 0$ für alle $x \in [a,b]$, so werden auch die $f(c_i)$ in Formel (5.7) negativ oder Null. Dies führt dazu, dass

$$\int_a^b f(x)\,dx$$

negativ wird. Anschaulich erhalten alle Flächen, die unterhalb der x-Achse liegen, einen „negativen Flächeninhalt" zugewiesen.

Selbst für einfache Funktionen ist es kompliziert und rechentechnisch aufwendig, mit der Formel (5.7) ein bestimmtes Integral zu berechnen.

### 5.4.2 Berechnung des bestimmten Integrals mit Hilfe einer Stammfunktion

Es gilt folgende wichtige Beziehung zwischen dem bestimmten und dem unbestimmten Integral.

> Ist F irgendeine Stammfunktion zu f, so kann man das bestimmte Integral unter Umgehung des Grenzwertes (5.7) folgendermaßen berechnen:
>
> $$\int_a^b f(x)\,dx = F(b) - F(a) = \left[F(x)\right]_a^b \qquad (5.8)$$
>
> wobei $\left[F(x)\right]_a^b$ eine Kurzschreibweise für $F(b) - F(a)$ ist.

Für $\left[F(x)\right]_a^b$ findet man auch häufig die Schreibweise $F(x)\big|_a^b$.

Mit (5.8) ist eine „Problemverlagerung" gelungen. Statt sich mit dem schwierig zu berechnenden Grenzwert (5.7) herumzuplagen, muss man nun eine Stammfunktion bestimmen. Die Berechnung des bestimmten Integrals

$$\int_a^b f(x)\,dx$$

kann nach folgendem dreistufigen Schema vorgenommen werden:

- Bestimmung irgendeiner Stammfunktion F zu f
- Einsetzen der unteren und oberen Integrationsgrenze a, b in die Stammfunktion F(x)
- Berechnung der Differenz F(b) – F(a)

Bestimmte Integrale, zu deren Integrand keine elementare Stammfunktion existiert, müssen entweder über den Grenzwert (5.7) oder aber näherungsweise mit numerischen Methoden (z.B. Trapezformel, Simpsonsche Regel) berechnet werden. Diese Methoden werden hier allerdings nicht behandelt.

**Beispiel 5.13**

Man berechne das bestimmte Integral $\int_2^4 \sqrt{x}\,dx$.

Da $F(x) = \frac{2}{3}x^{\frac{3}{2}}$ eine Stammfunktion $f(x) = \sqrt{x}$ ist, erhält man:

$$\int_2^4 \sqrt{x}\,dx = \left[\frac{2}{3}x^{\frac{3}{2}}\right]_2^4 = \frac{2}{3}4^{\frac{3}{2}} - \frac{2}{3}2^{\frac{3}{2}} \approx 3{,}45$$

### 5.4.3 Rechenregeln für das bestimmte Integral

Das bestimmte Integral hat drei einfache Eigenschaften:

- Sind die beiden Integrationsgrenzen gleich, so hat das Integral den Wert Null:

  $$\int_a^a f(x)\,dx = 0$$

- Werden die beiden Grenzen eines bestimmten Integrals vertauscht, so ändert sich das Vorzeichen des Integrals:

  $$\int_a^b f(x)\,dx = -\int_b^a f(x)\,dx$$

- Für bliebige a, b, c, $\in \mathbb{R}$ gilt:
  $$\int_a^b f(x)\,dx = \int_a^c f(x)\,dx + \int_c^b f(x)\,dx$$

Falls c zwischen a und b liegt, bedeutet obige Formel anschaulich, dass der Inhalt eines aus zwei Teilflächen zusammengesetzten Flächenstücks gleich der Summe der Inhalte beider Teilflächen ist.

**Beispiel 5.14**

1. $\int_1^1 x^2\,dx = 0$
2. $\int_1^0 x^2\,dx = -\int_0^1 x^2\,dx = -\left[\frac{1}{3}x^3\right]_0^1 = -\left(\frac{1}{3}1^3 - 0\right) = -\frac{1}{3}$
3. $\int_2^3 \sqrt{x}dx + \int_3^4 \sqrt{x}dx = \int_2^4 \sqrt{x}dx \approx 3{,}45$

Der in (5.8) aufgezeigte Zusammenhang zwischen unbestimmtem Integral (Stammfunktion) und bestimmtem Integral hat den Vorteil, alle Integrationsregeln des Abschnitts 5.3 auf das bestimmte Integral übertragen zu können. Im Einzelnen gilt daher:

Für einen beliebigen Faktor $c \in \mathbb{R}$ gilt:

$$\int_a^b cf(x)\,dx = c\int_a^b f(x)\,dx \tag{5.9}$$

Die Summenregel gilt ebenfalls:

$$\int_a^b (f(x) \pm g(x))dx = \int_a^b f(x)\,dx \pm \int_a^b g(x)\,dx \tag{5.10}$$

Auch die partielle Integration gilt uneingeschränkt:

$$\int_a^b f \cdot g'dx = [f \cdot g]_a^b - \int_a^b f' \cdot g\,dx \tag{5.11}$$

**Beispiel 5.15**

1. Man berechne $\int_2^4 (5\sqrt{x} - 3x^2)dx$. Unter Verwendung von (5.9) und (5.10) erhält man:
   $$\int_2^4 (5\sqrt{x} - 3x^2)dx = \int_2^4 5\sqrt{x}dx - \int_2^4 3x^2\,dx = 5\int_2^4 \sqrt{x}dx - 3\int_2^4 x^2\,dx = 5\left[\frac{2}{3}x^{\frac{3}{2}}\right]_2^4 - 3\left[\frac{1}{3}x^3\right]_2^4 \approx 38{,}76$$
2. Man berechne $\int_1^e x \cdot \ln x\,dx$. Analog zum Vorgehen in Abschnitt 5.3.3 wird gesetzt:
   $f(x) = \ln x,\ g'(x) = x$

Dies hat zur Folge:

$f'(x) = \frac{1}{x}$, $g(x) = \frac{1}{2}x^2$

Einsetzen in (5.11) ergibt:

$$\int_1^e x \cdot \ln x \, dx = \left[\frac{1}{2}x^2 \ln x\right]_1^e - \int_1^e \frac{1}{2} x dx = \frac{1}{2}e^2 - \left[\frac{1}{4}x^2\right]_1^e = \frac{1}{4}e^2 + \frac{1}{4}$$

Bei Anwendung der Substitutionsregel (vgl. Abschnitt 5.3.4) zur Berechnung eines bestimmten Integrals

$$\int_a^b f(x)\, dx$$

besitzt man zwei Möglichkeiten:

*1. Möglichkeit:*
Man geht zunächst in einer „Nebenrechnung" wie im Schema aus Abschnitt 5.3.4 vor und berechnet eine Stammfunktion zu f. Dabei darf die Rücksubstitution auf keinen Fall vergessen werden. Anschließend setzt man die beiden Integrationsgrenzen in die gefundene Stammfunktion ein.

**Beispiel 5.16**

Man berechne $\int_2^6 \sqrt{2x-3}\, dx$.

Analog dem Schema in Abschnitt 5.3.4 berechnet man zunächst eine Stammfunktion zu

$f(x) = \sqrt{2x-3}$:

1. $z = \sqrt{2x-3}$
2. $\frac{dz}{dx} = \frac{1}{\sqrt{2x-3}} \Rightarrow dx = \sqrt{2x-3}\, dz \Rightarrow dx = z\, dz$
3. $\int \sqrt{2x-3}\, dx = \int z^2\, dz$
4. $\int z^2\, dz = \frac{1}{3}z^3$
5. $\int \sqrt{2x-3}\, dx = \frac{1}{3}(\sqrt{2x-3})^3 = \frac{1}{3}(2x-3)^{\frac{3}{2}}$

Nachdem die Rücksubstitution abgeschlossen ist, setzt man in die gefundene Stammfunktion die ursprünglichen Integrationsgrenzen ein, also:

$$\left[\frac{1}{3}(2x-3)^{\frac{3}{2}}\right]_2^6 = \left[\frac{1}{3}\sqrt[2]{(2x-3)^3}\right]_2^6 = \frac{26}{3}$$

*2. Möglichkeit:*
Während der gesamten Rechnung wird berücksichtigt (und nicht erst am Ende, vgl. 1. Möglichkeit), dass ein bestimmtes Integral zu berechnen ist. Unter dieser Bedingung müssen die Integrationsgrenzen gemäß folgender Regel mit transformiert werden:

$$\int_a^b g(f(x)) \cdot f'(x)\, dx = \int_{f(a)}^{f(b)} g(z)\, dz$$

Dabei muss die Funktion $f(x)$ im Intervall $[a, b]$ eine eindeutige (umkehrbare) Funktion sein.

**Beispiel 5.17**

Man berechne $\int_1^e \frac{\ln x}{x} dx$.

1. Wahl einer geeigneten Substitutionsfunktion: $z = f(x) = \ln x$.
2. Bildung von $\frac{dz}{dx} = \frac{d}{dx} f(x) = f'(x)$ und Auflösen nach $dx$: $\frac{dz}{dx} = \frac{1}{x} \Rightarrow dx = x\, dz$
3. Substituiert (ersetzt) werden die untere Grenze $a$ durch $f(a)$ (hier also 1 durch $\ln 1$), die obere Grenze $b$ durch $f(b)$ (hier $e$ durch $\ln e$), $f(x)$ durch $z$, $dx$ durch $\frac{dz}{f'(x)}$. So erhält man wegen $\ln 1 = 0$ und $\ln e = 1$:
   $$\int_1^e \frac{\ln x}{x} dx = \int_0^1 \frac{z}{x} x\, dz = \int_0^1 z\, dz$$
4. Integration mit den neuen Grenzen:
   $$\int_0^1 z\, dz = \left[\frac{1}{2} z^2\right]_0^1 = \frac{1}{2}$$

Die 2. Möglichkeit ist im Allgemeinen vorteilhafter als die 1. Möglichkeit.

## 5.5 Flächenbestimmung mit dem bestimmten Integral

Bei der Einführung des bestimmten Integrals im Abschnitt 5.4.1 wurde für eine Funktion $f$ das bestimmte Integral

$$\int_a^b f(x)\, dx$$

als Inhalt der von der Kurve $f(x)$, der x-Achse und den Parallelen $x = a$ und $x = b$ gebildeten Fläche gedeutet. Benutzt man jedoch das bestimmte Integral schematisch zur Flächeninhaltsbestimmung, so kann man Überraschendes erleben.

**Beispiel 5.18**

Gesucht wird der Flächeninhalt des von dem Graphen der Funktion $f(x) = x - 2$, der x-Achse und den beiden Geraden mit den Gleichungen $x = 0$ und $x = 4$ eingeschlossenen Flächenstücks.

Bei oberflächlicher Betrachtung könnte man zu der Überzeugung gelangen, dass das bestimmte Integral

$\int_0^4 (x-2)dx$ die richtige Lösung liefert.

$$\int_0^4 (x-2)dx = \left[\frac{1}{2}x^2 - 2x\right]_0^4 = 0 - 0 = 0$$

Das bestimmte Integral

$$\int_0^4 (x-2)dx$$

hat also den Wert 0, obwohl die gesuchte (schraffierte) Fläche in der Abbildung 5.3 einen von Null verschiedenen Flächeninhalt hat.

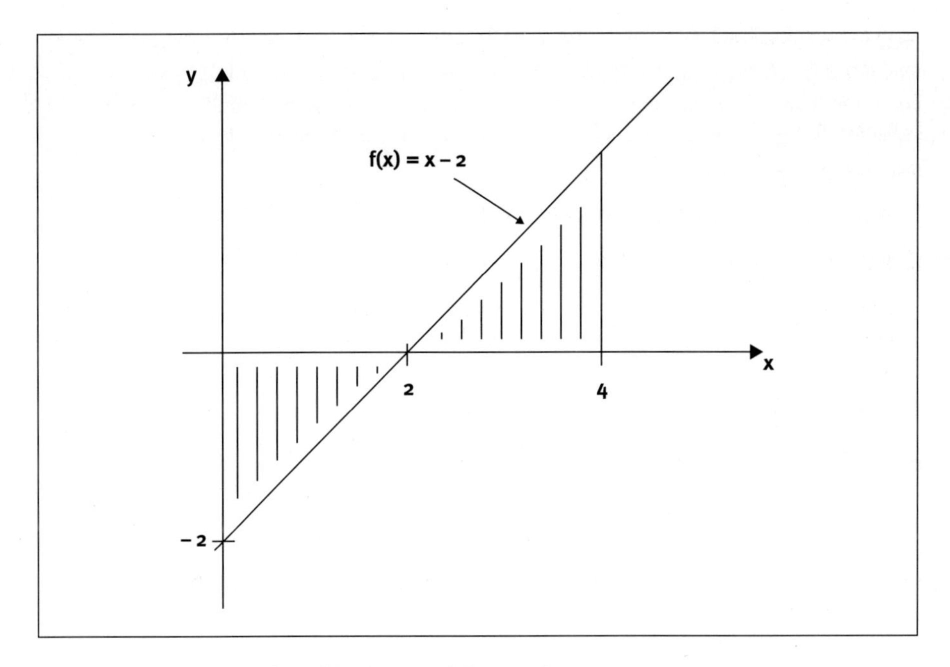


*Abb. 5.3: Flächen zwischen f(x) = x – 2 und der x-Achse*

Der Grund für das „falsche Ergebnis" in Beispiel 5.18 liegt in der Eigenschaft des bestimmten Integrals, dass oberhalb der x-Achse liegende Flächenteile mit einem positiven, unterhalb der x-Achse liegende Flächenteile dagegen mit einem negativen Vorzeichen bewertet werden. So ergibt das bestimmte Integral

$$\int_a^b f(x)\,dx$$

stets die *Differenz* (nicht die Summe) der oberhalb und unterhalb der x-Achse liegenden Flächenteile.

Um den Flächeninhalt $A$ zwischen x-Achse und Funktionskurve $f(x)$ im Bereich des Intervalls $[a,b]$ zu bestimmen, muss man daher zunächst sämtliche Nullstellen $c_1$, $c_2$, ... ,$c_n$ von $f$ in $[a,b]$ ermitteln. Dann ergibt sich der gesuchte Flächeninhalt wie folgt:

$$A = \left|\int_a^{c_1} f(x)\,dx\right| + \left|\int_{c_1}^{c_2} f(x)\,dx\right| + \ldots + \left|\int_{c_n}^{b} f(x)\,dx\right| \qquad (5.12)$$

(Dabei muss gelten: $c_1 < c_2 < \ldots < c_n$, d. h. die Nullstellen müssen aufsteigend geordnet sein.)

Es werden also die Absolutbeträge der Teilintegrale addiert. Dies führt zum richtigen Ergebnis, da die Funktion $f$ zwischen zwei aufeinander folgenden Nullstellen ihr Vorzeichen nicht wechselt.

**Fortsetzung Beispiel 5.18**

Die Nullstelle des Integranden $f(x) = x - 2$ im Intervall $[0,4]$ ist $c_1 = 2$. Um die gesuchte Fläche aus Abbildung 5.3 zu berechnen, zerlegt man das Integrationsintervall $[0,4]$ in die zwei Intervalle $[0,2]$, $[2,4]$ und integriert über die beiden entstandenen Teilintervalle wie folgt:

$$A = \left|\int_0^2 (x-2)dx\right| + \left|\int_2^4 (x-2)dx\right| = |-2| + |+2| = 4$$

**Hinweis:**

Eine Verallgemeinerung der Formel (5.12) ermöglicht es, den Inhalt der Fläche zwischen zwei vorgegebenen Kurven f und g über dem Intervall $[a,b]$ zu berechnen.

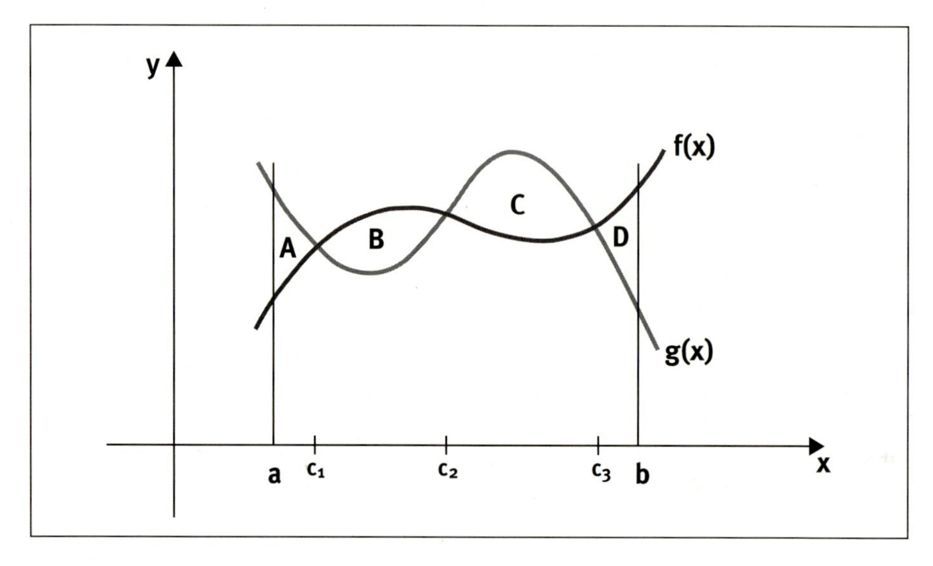


*Abb. 5.4: Fläche zwischen zwei Kurven*

Statt von Nullstelle zu Nullstelle integriert man hier von *Schnittpunkt zu Schnittpukt* der vorgegebenen Funktionen und addiert die Beträge der erhaltenen Werte. So ergibt sich für den Inhalt der Fläche A zwischen zwei vorgegebenen Kurven f und g mit den aufsteigend geordneten Schnittpunkten $c_1, c_2, \ldots, c_n$:

$$A = \left|\int_a^{c_1} (f(x) - g(x))\, dx\right| + \left|\int_{c_1}^{c_2} (f(x) - g(x))\, dx\right| + \ldots + \left|\int_{c_n}^{b} (f(x) - g(x))\, dx\right| \qquad (5.13)$$

(Dabei muss gelten: $c1 < c2 < \ldots < c_n$, d. h., die Schnittpunkte müssen aufsteigend geordnet sein.)

Haben die Funktionen f und g über dem untersuchten Intervall $[a,b]$ *keinen* Schnittpunkt, so vereinfacht sich Formel (5.13) folgendermaßen:

$$A = \left|\int_a^b (f(x) - g(x))dx\right| \qquad (5.14)$$

**Beispiel 5.19**
Wie groß ist der Flächeninhalt, der von den Parabeln
$f(x) = x^2 - 4x + 1$ und $f(x) = 7 - x^2$
eingeschlossen wird?
Hierzu bestimmt man zunächst die zwei Schnittpunkte der vorgegebenen Parabeln:
$x^2 - 4x + 1 = 7 - x^2$
$x_1 = -1, x_2 = 3$
Anschließend berechnet man die gesuchte Fläche zwischen den beiden Parabeln über dem Intervall [–1, 3]. Da innerhalb dieses Intervalls keine weiteren Schnittpunkte auftreten, gilt für die gesuchte Fläche nach (5.14):

$$\left|\int_{-1}^{3} (x^2 - 4x + 1) - (7 - x^2)dx\right| = \left|\int_{-1}^{3} (2x^2 - 4x - 6)dx\right| = \left|\left[\frac{2}{3}x^3 - 2x^2 - 6x\right]_{-1}^{3}\right| = \left|-\frac{64}{3}\right| = \frac{64}{3}$$

# 5.6 Einige ökonomische Anwendungen der Integralrechnung

## 5.6.1 Ökonomische Grenzfunktionen und Gesamtfunktionen

Eine ökonomischen Gesamtfunktion ist stets Stammfunktion der entsprechenden Grenzfunktion. Daher kann die Integration zur Bestimmung einer Gesamtfunktion benutzt werden, falls die entsprechende Grenzfunktion vorliegt (vgl. Beispiel 5.1).

### Gesamtkosten und Grenzkosten

Vorgegeben sei die Grenzkostenfunktion $K'(x)$. Dann gilt für die noch unbekannte Gesamtkostenfunktion $K(x)$ nach (5.8):

$$\int_{0}^{x} K'(z)\,dz = K(x) - K(0).$$

(Um Missverständnisse mit der oberen Integrationsgrenze $x$ zu vermeiden, wurde die Integrationsvariable von $x$ in $z$ umbenannt.)

$K(0)$ sind die Kosten, die auch bei (kurzfristiger) Einstellung der Produktion anfallen, d. h. $K(0)$ sind die beschäftigungsunabhängigen Fixkosten $K_f$. Subtrahiert man von $K(x)$, den Gesamtkosten für die Produktion von $x$ Einheiten, die Fixkosten $K(0)$, so erhält man die variablen Kosten $K_v(x)$. Aus dieser Überlegung folgt:

$$\int_{0}^{x} K'(z)\,dz = K(x) - K_f = K_v(x)$$

Umstellen nach $K(x)$ liefert:

$$K(x) = K_v(x) + K(0) = \int_{0}^{x} K'(z)\,dz + K_f$$

Das bestimmte Integral

$$\int_{0}^{x} K'(z)\,dz$$

gibt die variablen Kosten zur Produktion von $x$ Einheiten an. Allgemein kann man sagen:

Der Wert des bestimmten Integrals

$$\int_{x_1}^{x_2} K'(z)\,dz$$

gibt die variablen Kosten an, die man benötigt, um die Produktion von $x_1$ auf $x_2$ Einheiten zu steigern.

Grafisch lassen sich die variablen Kosten als Fläche zwischen der Kurve von $K'(x)$ und dem Intervall $[x_1, x_2]$ deuten.

**Erlösfunktion, Deckungsbeitrag und Gewinn**

Da die Erlösfunktion $E(x)$ (auch Umsatzfunktion genannt, vgl. Abschnitt 3.4.3.) eine Stammfunktion von $E'(x)$ ist, ergibt sich nach (5.8):

$$\int_{0}^{x} E'(z)\,dz = E(x) - E(0)$$

Der Erlös ergibt sich als Produkt aus Preis $p$ und abgesetzter Menge $x$, also ist $E(0) = 0$, so dass gilt:

$$E(x) = \int_{0}^{x} E'(z)\,dz$$

Für den Deckungsbeitrag $D(x)$ (vgl. Abschnitt 3.4.3) folgt nun:

$$D(x) = E(x) - K_v(x) = \int_{0}^{x} E'(z)\,dz - \int_{0}^{x} K'(z)\,dz = \int_{0}^{x} (E'(z) - K'(z))\,dz$$

Grafisch lässt sich der Deckungsbeitrag daher als die Fläche zwischen den beiden Kurven von $E'(x)$ und $K'(x)$ deuten. Dabei sind diejenigen Flächenstücke negativ anzusetzen, in denen die Grenzerlöskurve unterhalb der Grenzkostenkurve liegt, die übrigen Flächen zählen positiv.

Schließlich ergibt sich für den Gesamtgewinn $G(x)$:

$$G(x) = D(x) - K_f = \int_{0}^{x} (E'(z) - K'(z))\,dz - K_f$$

### 5.6.2 Konsumentenrente

Um das Prinzip der Konsumentenrente deutlich herauszustellen, ist im folgenden Beispiel eine sehr einfache Nachfragefunktion gewählt worden.

**Beispiel 5.20**

Die Nachfragefunktion $x(p)$ eines Produktes (vgl. Abschnitt 3.4.2), das ein Monopolist auf den Markt bringen will, sieht folgendermaßen aus:

$$x = x(p) = 10 - p \qquad (5.15)$$

Eine Unternehmungsberatung empfiehlt, den Preis für eine Einheit auf $p_M = 4$ festzusetzen. Aus der Nachfragefunktion folgt, dass zu einem Preis von 4 GE genau 6 Einheiten abzusetzen sind. Der voraussichtlich zu erzielende Umsatz beträgt daher: $6 \cdot 4$ GE = 24 GE

Später ändert die Unternehmungsberatung ihre Meinung und schlägt folgende Strategie vor. Zuerst wird der Preis auf 8 GE festgesetzt. Zu diesem Preis gibt es nach (5.15) zwei Käufer. Sobald diese gekauft haben, wird der Preis um 2 GE auf 6 GE gesenkt. Zu diesem Preis gibt es genau vier potentielle Käufer, von denen zwei aber schon bei einem Preis von 8 GE gekauft haben, so dass noch zwei Käufer beim Preis von 6 GE übrigbleiben. Dadurch, dass diese Kunden zum Preis von 8 GE bzw. 6 GE statt der zunächst vorgeschlagenen 4 GE eingekauft haben, beträgt der Mehrumsatz schon 12 GE. Schließlich senkt man den Preis noch einmal auf seine untere Grenze von 4 GE. Zu diesem Preis kaufen wiederum zwei Kunden. Der Gesamtumsatz beträgt nach dieser Srategie also $2(8 + 6 + 4) = 36$ GE (statt 24 GE).

In der Abbildung 5.5 werden die Umsätze als Flächen gedeutet. So entspricht die senkrecht schraffierte Fläche A dem Umsatz zum Preis 4. Die durch die zweite Strategie zusätzlich erzielten Umsätze sind oberhalb des Intervalls [4,10] eingezeichnet.

Ein anderes denkbares Preisfestsetzungsmodell ergibt sich aus den folgenden Überlegungen. Von der Preisobergrenze 10 GE wird der Preis der Reihe nach um eine GE gesenkt. Beim Höchstpreis findet kein Umsatz statt. Bei jeder Preissenkung ist die zusätzliche Nachfrage

$$x(p-1) - x(p) = 1$$

konstant, d. h. bei jeder neuen Preissenkung wird genau eine Einheit zusätzlich verkauft. Damit erhält man als Gesamtumsatz:

$$U = 1 \cdot (9 + 8 + \ldots + 4) = 39 \text{ GE}$$

Wählt man nun eine stetige Preissenkung (eine nur theoretische Möglichkeit), so geht der zusätzliche Umsatz über in die Fläche zwischen der Funktion $x(p)$ und dem Intervall [4,10]. Der Mehrumsatz beträgt also:

$$\int_4^{10} (10 - p)\, dp = 18 \text{ (GE)}$$

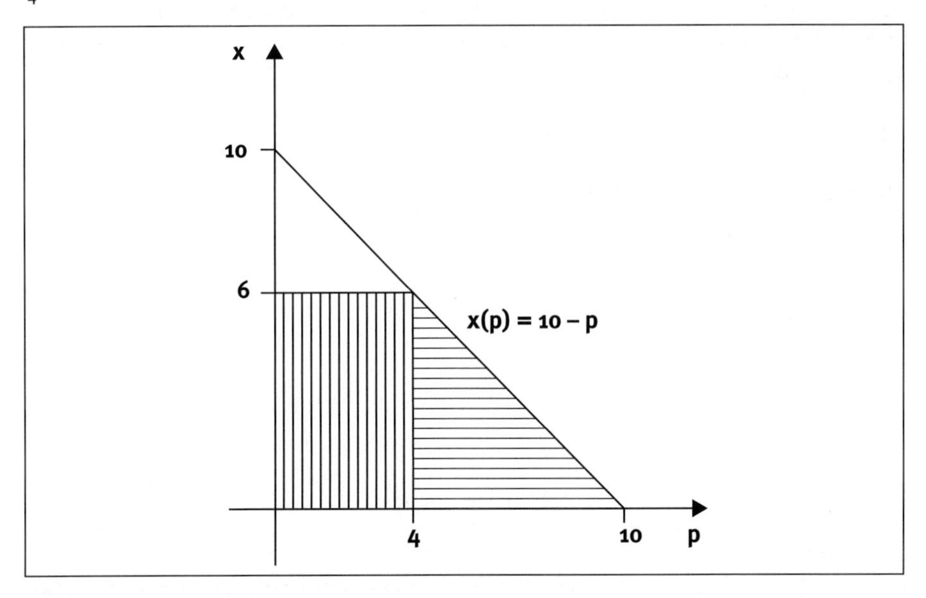


*Abb. 5.5: Beispiel zur Konsumentenrente*

Die im Beispiel 5.20 durchgeführten Überlegungen führen zum Begriff der Konsumentenrente. Verzichten die Anbieter eines Gutes auf eine stetige Preisreduktion von der Preisobergrenze $p_0$ bis zum Marktpreis $p_M$, indem sie sofort den Marktpreis $p_M$ festsetzen, so sparen die Käufer die so genannte Konsumentenrente:

$$K = \int_{p_M}^{p_o} x(p)\,dp$$

Die Konsumentenrente kann auch mit Hilfe der Umkehrfunktion $p(x)$ der Nachfragefunktion ausgedrückt werden. Es sei $x_M$ die Menge, die zum Preis von $p_M$ abgesetzt werden kann. Dann ergibt sich für die Konsumentenrente:

$$K = \int_0^{x_M} p(x)\,dx - p_M \cdot x_M$$

## 5.7 Aufgaben

**1.** Geben Sie zu den folgenden Funktionen jeweils eine elementare Stammfunktion an:

a) $f(x) = b, (b \in \mathbb{R})$ b) $f(t) = t^5$ c) $f(z) = x^5$

d) $f(x) = x^{-\frac{2}{5}}$ e) $f(x) = x^2 \cdot \sqrt[5]{x}$

**2.** Vorgegeben seien die Grenzkostenfunktion $K'(x) = 0{,}05\,x^2 - 2x + 100$ und die Fixkosten, die 5000 GE (Geldeinheiten) betragen. Man bestimme die Gesamtkostenfunktion $K(x)$.

**3.** Man berechne die folgenden Integrale durch partielle Integration:

a) $\int x^3 \cdot e^x dx$ b) $\int \sqrt{x} \cdot \ln x\, dx$

**4.** Man bestimme die folgenden Integrale mit Hilfe der Integration durch Substitution:

a) $\int x \cdot e^{x^2} dx$ b) $\int \frac{4t^3}{t^4 + 1} dt$ c) $\int (4x^2 + 30x)(8x + 30)dx$

**5.** Man berechne die folgenden Integrale:

a) $\int_7^7 e^{-x^2} dx$ b) $\int_e^{2e} \ln x\, dx$ c) $\int_a^a e^{-x^2} dx,\ a \in \mathbb{R}$

d) $\int_0^2 (x^2 + \sqrt{x})\, dx$ e) $\int_1^\pi x dx + \int_\pi^{9/2} x dx + \int_{9/2}^6 x dx$

**6.** Man berechne die folgenden bestimmten Integrale mittels Substitution:

a) $\int_1^0 (7 - 5x)^5 dx$ b) $\int_0^2 \sqrt{5x + 1} dx$

**7.** Man berechne das Integral $\int_0^1 (x + 2)e^{2x} dx$ mit partieller Integration.

**8.** Man ermittle den Flächeninhalt zwischen der x-Achse und dem Funktionsgraph von $f(x) = x^2(x - 1)(x + 1)$ über dem Intervall $[-3, 2]$.

**9.** Wie groß ist der Flächeninhalt A des Flächenstücks, das im Intervall $[-2,2]$ zwischen der Kurve $y = x^3 - x$ und der x-Achse liegt?

**10.** Die Grenzkosten einer Unternehmung betragen $K'(x) = 0{,}03x^2 - 2x + 60$.

a) Man berechne die Gesamtkostenfunktion $K(x)$, falls die fixen Kosten 800 GE betragen.

b) Welche zusätzlichen Kosten fallen bei einer Steigerung des Outputs $x$ von 100 Einheiten auf 200 an?

**11.** Vorgegeben seien die Nachfragefunktion $x(p) = \sqrt{160 - 10p}$ und der Marktpreis $p_M = 6$ im Marktgleichgewicht. Man berechne die die Konsumentenrente.

# 6 Funktionen von mehreren unabhängigen Variablen

## 6.1 Beispiele und grundlegende Begriffe

Um ökonomische Sachverhalte realitätsnah beschreiben zu können, müssen häufig mehrere Einflussgrößen einbezogen werden. Die adäquate mathematische Beschreibung solcher Situationen führt dann auf „natürliche" Weise zu Funktionen von zwei oder mehr unabhängigen Variablen. So ist die Nachfrage $x$ nicht nur eine Funktion des Preises $p$, sondern sie ist auch von der Höhe des eingesetzten Werbeetats, den Preisen der Konkurrenzprodukte und weiteren Einflussfaktoren abhängig.

Das folgende Anwendungsbeispiel erläutert zunächst den Begriff einer Funktion von mehreren unabhängigen Variablen.

**Beispiel 6.1**

Ein Unternehmen lässt in Portugal das Produkt E zentral für die beiden Märkte Deutschland und Italien produzieren, die Kostenfunktion lautet: $K(x) = 0{,}1x^2 + x + 100$

Die Märkte, auf denen das Produkt E angeboten wird, weisen unterschiedliche Preis-Absatz-Funktionen auf. In Deutschland gilt die Preis-Absatz-Funktion

$p_1 = p_1(x) = 111 - x$

und in Italien die Preis-Absatz-Funktion

$p_2 = p_2(x) = 59 - x.$

Um den Gewinn zu maximieren, wird das Unternehmen das Produkt in beiden Ländern zu unterschiedlichen Preisen anbieten (Preisdifferenzierung). Dies hat zur Folge, dass auch unterschiedliche Mengen, die sich auf Grund der Preis-Absatz-Funktionen ergeben, auf den beiden Teilmärkten abgesetzt werden.

Es stellt sich nun das Problem, diejenige Kombination der Preise zu finden, die den Gesamtgewinn maximiert. Um diese Frage zu lösen, muss zunächst die Gewinnfunktion bestimmt werden. Da man nicht davon ausgehen kann, dass in beiden Ländern die gleiche Menge $x$ abgesetzt wird, wird die Anzahl der in Deutschland abgesetzten Einheiten des Produktes E mit $x_1$ und die Anzahl der in Italien verkauften Einheiten mit $x_2$ bezeichnt. Damit erhält man den Umsatz

$E_1 = p_1(x_1)x_1 = (111 - x_1)x_1$

in Deutschland und

$E_2 = p_2(x_2)x_2 = (59 - x_2)x_2$ in Italien.

Der Gesamtumsatz E beträgt daher:

$E = E_1 + E_2 = (100 - x_1)x_1 + (48 - x_2)x_2 = -x_1^2 - x_2^2 + 111x_1 + 59x_2$

Für die Kosten ergibt sich bei einer Produktion von $x = x_1 + x_2$ Einheiten:

$K(x) = K(x_1 + x_2) = 0{,}1(x_1 + x_2)^2 + (x_1 + x_2) + 100 = 0{,}1x_1^2 + 0{,}1x_2^2 + x_1 + x_2 + 0{,}2x_1x_2 + 100$

In den beiden Ländern wird damit ein Gesamtgewinn erzielt von:

$G = E - K = -x_1^2 - x_2^2 + 111x_1 + 59x_2 - (0{,}1x_1^2 + 0{,}1x_2^2 + x_1 + x_2 + 0{,}2x_1x_2 + 100)$

$= -1{,}1x_1^2 - 1{,}1x_2^2 + 110x_1 + 58x_2 - 0{,}2x_1x_2 - 100$

Die Gewinnfunktion G ist also von den Variablen $x_1$ und $x_2$ abhängig; dies wird durch die Schreibweise $G(x_1,x_2)$ ausgedrückt.

Die sich anschließende Frage, wie groß $x_1$ und $x_2$ sein müssen, damit der Gewinn $G(x_1,x_2)$ maximal wird, kann erst nach Einführung der Differentialrechnung für Funktionen mit mehreren Variablen gelöst werden (siehe Beispiel 6.14).

### Funktion von zwei Variablen

Die Funktion von zwei Variablen ist wie folgt definiert:

> Eine Funktion von zwei unabhängigen Variablen ist eine Vorschrift, die jedem Paar reeller Zahlen $(x_1,x_2)$ aus einer Menge D genau eine reelle Zahl y zuordnet.
> Schreibweise: $y = f(x_1,x_2)$

$x_1,x_2$ sind die unabhängigen Variablen, y nennt man abhängige Variable oder Funktionswert.

Die Menge D heißt Definitionsbereich.

Häufig benutzt man statt der Bezeichnungen $x_1$, $x_2$, y bei einer Funktion von zwei unabhängigen Variablen die Buchstaben x und y für die unabhängigen Variablen und z für die abhängige Variable. Dies führt zu der symbolischen Schreibweise $z = f(x,y)$.

In ökonomischen Zusammenhängen verwendet man zur Kennzeichnung einer Funktion statt des Funktionssymbol f meist denselben Buchstaben wie für die abhängige Variable, also z.B. nicht $z = f(x,y)$, sondern $z = z(x,y)$.

Analog zu den Funktionen von zwei Variablen definiert man Funktionen von mehr als zwei Variablen. Dabei wird jeweils n geordneten reellen Zahlen (einem so genannten „n-Tupel reeller Zahlen") $(x_1, x_2, ..., x_n)$ aus einer Menge D mittels der Funktionsvorschrift f genau eine reelle Zahl zugeordnet.

Schreibweise: $y = f(x_1, x_2, ..., x_n)$.

**Beispiel 6.2**

1. $z = f(x, y) = x^2 + y^2 + 1$
   Der (natürliche ) Definitionsbereich von f enthält alle reellen Zahlenpaare (x,y), also $D = \{(x, y) \mid x \in \mathbb{R}, y \in \mathbb{R}\}$.
   Zu Übungszwecken werden noch zwei konkrete Funktionswerte bestimmt:
   $f(1, 2) = 1^2 + 2^2 + 1 = 6$; $f(2, \pi) = 4 + \pi^2 + 1 \approx 14{,}87$
2. $f(x_1, x_2) = \dfrac{1}{x_1(x_2 + 1)}$
   Hier muss man im Nenner die Nullstellen ausschließen, daher erhält man den Definitionsbereich
   $D = \{(x_1,x_2) \mid x_1 \in \mathbb{R}, x_1 \neq 0, x_2 \in \mathbb{R}, x_2 \neq -1\}$.
3. $f(x_1, x_2, x_3, x_4) = \dfrac{1}{x_1} + \dfrac{1}{x_2^2} + \dfrac{1}{x_3x_4}$; $D = \{(x_1, x_2, x_3, x_4) \mid x_i \in \mathbb{R}, x_i \neq 0 \text{ für } i = 1, 2, 3, 4\}$

Im Zusammenhang mit Funktionen von mehreren Variablen stösst man in den Wirtschaftswissenschaften häufig auf die so genannte *ceteris-paribus-Bedingung*. Darunter versteht man das Variieren einer ausgewählten unabhängigen Variablen unter gleichzeitiger Konstanthaltung der Werte aller übrigen unabhängigen Variablen. Auf diese Weise erhält man eine Funktion von nur einer Variablen.

**Beispiel 6.3**
Vorgegeben sei die Gewinnfunktion
$G(x_1,x_2) = -1{,}1x_1^2 - 1{,}1x_2^2 + 110x_1 + 58x_2 - 0{,}2x_1x_2 - 100$ (vgl. Beispiel 6.1).
Hier handelt es sich um eine Funktion von zwei Variablen, so dass die ceteris-paribus-Bedingung das Variieren einer Variablen und das Festhalten der zweiten bedeutet. Lässt man nun nur $x_1$ variieren, während die zweite unabhängige Variable, die den Absatz in Italien angibt, auf $x_2 = 20$ festgelegt wird, so erhält man die (nur noch von $x_1$ abhängige) Funktion
$G(x_1,20) = G(x_1) = -1{,}1x_1^2 - 440 + 110x_1 + 1160 - 4x_1 - 100 = -1{,}1x_1^2 + 106x_1 + 620.$
Diese Funktion zeigt an, wie sich der Gewinn in Abhängigkeit von der umgesetzten Menge $x_1$ unter der Bedingung entwickelt, dass in Italien konstant 20 Einheiten abgesetzt werden.
Geht man dagegen von einem Absatz von $x_2 = 10$ in Italien aus, so erhält man die Funktion
$G(x_1,10) = -1{,}1x_1^2 + 108x_1 + 370.$

## 6.2 Grafische Darstellung einer Funktion von zwei Variablen

Funktionen von zwei Variablen haben den Vorteil, dass sie grafisch dargestellt werden können. Dazu ordnet man jedem reellen Punktepaar $(x, y)$ aus dem Definitionsbereich D den entsprechenden Funktionswert $z = f(x, y)$ zu und trägt diesen senkrecht über $(x, y)$ in einem dreidimensionalen (x-y-z)-Koordinatensystem an.

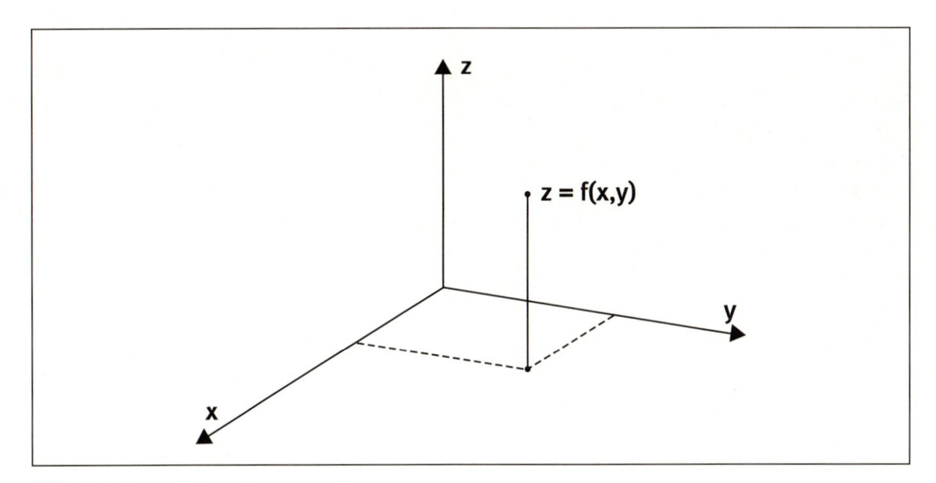


*Abb 6.1: (x-y-z)-Koordinatensystem*

Die „Höhenkoordinate“ z gibt den Abstand des Punktes $P = (x,y,z)$ von der (x,y)-Ebene an. Für $z < 0$ liegt der Punkt P unterhalb der (x,y)-Ebene, für $z > 0$ darüber. Punkte mit $z = 0$ liegen in der (x,y)-Ebene.

Ordnet man nun jedem Punkt (x,y) aus dem Definitionsbereich D die „Höhenkoordinate“ $z = f(x,y)$ zu, so bildet die Gesamtheit dieser Punkte in der Regel eine „gebirgige“ Fläche im Raum. Solche Funktionsflächen bezeichnet man auch als Funktionsgebirge.

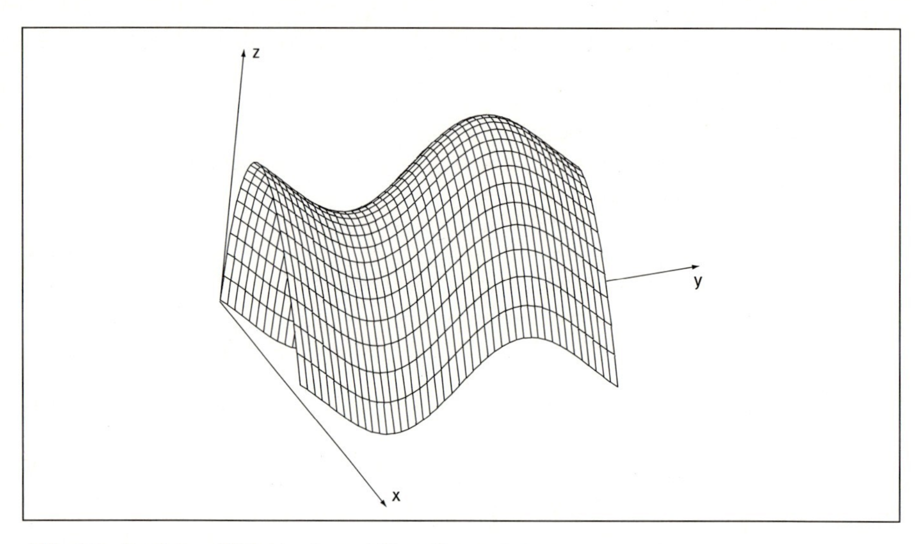


*Abb. 6.2: Funktionsfläche im (x-y-z)-Koordinatensystem*

Funktionen mit mehr als zwei Variablen lassen sich nicht mehr grafisch darstellen, da sie „Flächen" in einem nicht mehr vorstellbaren n-dimensionalen Raum mit $n > 3$ sind.

**Beispiel 6.4**

1. Der Graph der Funktion $z = f(x, y) = x^2 + y^2 + 1$ stellt eine um die z-Achse rotierende Parabel dar, die ihren Scheitelpunkt in $(0, 0, 1)$ hat.

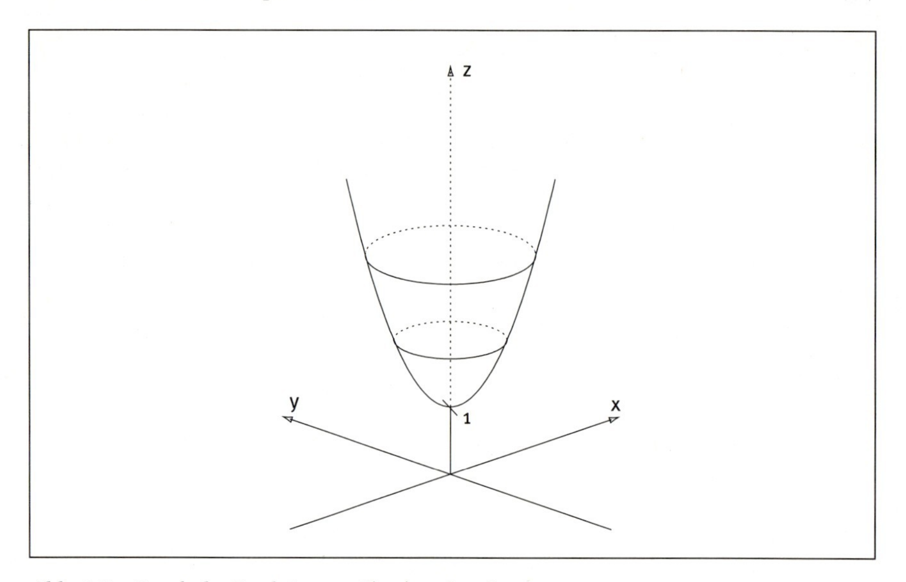


*Abb. 6.3: Graph der Funktion* $z = f(x, y) = x^2 + y^2 + 1$

2. Der Graph der Funktion $f(x, y) = -2x - y + 2$ ist eine Ebene. Eine Ebene ist durch die Vorgabe von 3 Punkten eindeutig festgelegt. Diese erhält man beispielsweise, indem man die Schnittpunkte der Ebene mit den drei Koordinatenachsen bestimmt. Diese markanten Punkte

zeichnen sich dadurch aus, dass jeweils zwei der drei Koordinaten den Wert Null haben. Damit ergibt sich für den Schnittpunkt $S_1$ mit der z-Achse:
$x = y = 0 \Rightarrow z = 2 \Rightarrow S_1 = (0, 0, 2)$
Schnittpunkt $S_2$ mit der y-Achse:
$x = 0$ und $z = -2x - y + 2 = 0 \Rightarrow -2 \cdot 0 - y + 2 = 0 \Rightarrow y = 2 \Rightarrow S_2 = (0, 2, 0)$
Schnittpunkt $S_3$ mit der x-Achse:
$y = 0$ und $z = -2x - 0 + 2 = 0 \Rightarrow x = 1 \Rightarrow S_3 = (1, 0, 0)$
Nun lässt sich die Ebene leicht grafisch veranschaulichen. Abbildung 6.4 zeigt den Teil der Ebene, der im positiven Oktanten des (x-y-z)-Koordinatensystems verläuft, d. h. den Bereich, in dem alle drei Koordinaten x, y, z größer oder gleich Null sind.

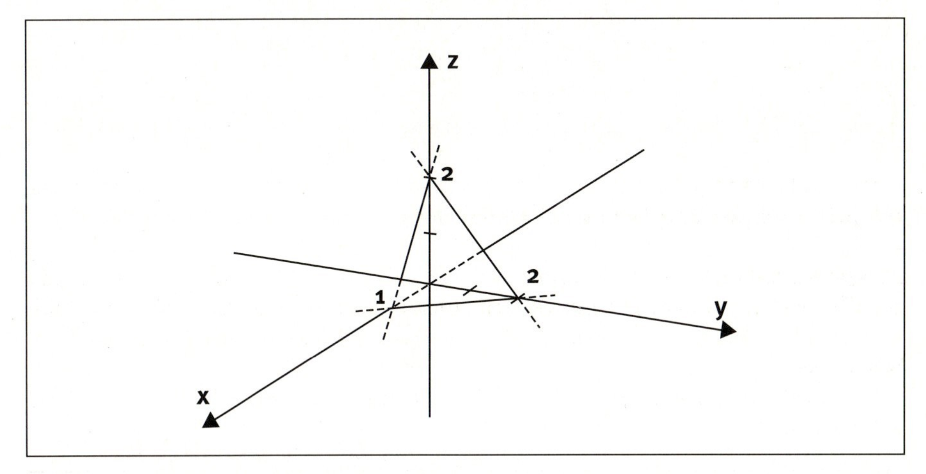


*Abb 6.4: Ebene im (x-y-z)-Koordinatensystem*

Im Allgemeinen ist der Verlauf von Flächen komplizierter Funktionen schwierig zu ermitteln. Häufig begnügt man sich daher mit der Angabe der so genannten Höhenlinien (auch Isohöhenlinien genannt) und schließt mit diesen auf die ungefähre Gestalt der gesuchten Fläche. Höhenlinien sind Kurven auf der Funktionsfläche, die eine konstante Entfernung von der (x-y)-Ebene haben. Man erhält sie als Schnittkurven der Funktionsflächen mit einer Ebene, die parallel zur (x-y)-Ebene in der vorgegebenen Höhe $c$ verläuft.
Eine Höhenlinie wird berechnet, indem man alle Punkte $(x, y)$ bestimmt, die die Gleichung

$$c = f(x, y) \tag{6.1}$$

erfüllen. In günstigen Fällen gelingt dies, indem man die Gleichung (6.1) nach $x$ (bzw. $y$) auflöst.

**Beispiel 6.5**

1. Es sei $f(x, y) = -2x - y + 2$ (vgl. Abbildung 6.4).Dann erhält man als Höhenlinien für
   $c = 0$: $0 = -2x - y + 2 \Rightarrow y = -2x + 2$
   $c = 1$: $1 = -2x - y + 2 \Rightarrow y = -2x + 1$
   $c = 2$: $2 = -2x - y + 2 \Rightarrow y = -2x$
   usw.
   Die Höhenlinien sind im Fall einer Ebene also Geraden.

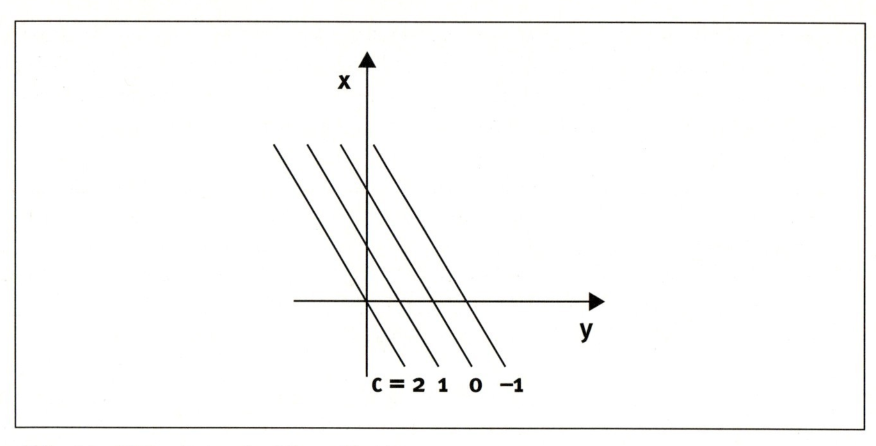


*Abb. 6.5: Höhenlinien der Ebene $f(x, y) = -2x - y + 2$*

Wie in Abbildung 6.5 projiziert man die Höhenlinien in ein $(x, y)$-Koordinatensystem und kennzeichnet jede Linie durch ihr Niveau $c$, d.h. ihren Abstand von der $(x,y)$-Ebene.

**2.** Es sei $f(x, y) = xy$.
Obwohl die Funktion einfach erscheint, ist die durch sie bestimmte Fläche nur schwer darstellbar. Mit Hilfe von Höhenlinien erhält man dagegen schnell einen guten Gesamteindruck vom Verhalten der Funktion. Die Höhenlinien $c = xy$ für $c \neq 0$ sind Hyperbeln, für $c = 0$ erhält man die beiden Koordinatenachsen.

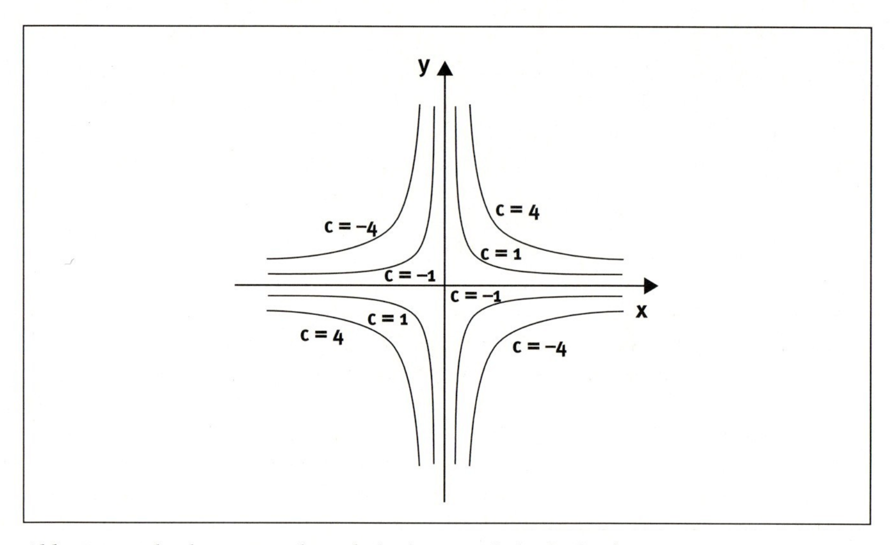


*Abb. 6.6: Höhenlinien eines hyperbolischen Paraboloids $f(x, y) = xy$*

Aus der Abbildung 6.6 kann man erkennen, dass der Graph die Form eines Sattels hat. Über den ersten und dritten Quadranten des $(x, y)$-Koordinatensystems steigt das Funktionsgebirge an, über den beiden übrigen Quadranten fällt die Fläche mit wachsender Entfernung vom Ursprung. Es handelt sich um ein so genanntes „hyperbolisches Paraboloid".

3. Zur Produktion eines Gutes werden zwei Produktionsfaktoren benötigt. (Produktionsfaktoren sind beispielsweise Arbeitskräfte, Roh-, Hilfs- und Betriebsstoffe, Maschinen.) Die produzierte Menge $x$ hängt also von den Einsatzmengen $r_1$ und $r_2$ der verwendeten Produktionsfaktoren ab, sie ist daher eine Funktion dieser eingesetzten Mengen:
$x = x(r_1,r_2)$
Solch eine Funktion nennt man Produktionsfunktion, die Höhenlinien heißen in diesem Fall Isoquanten. Auf einer Isoquante befinden sich alle Kombinationen von Faktormengen, die zum gleichen Produktionsniveau (zur gleichen produzierten Menge) führen. Voraussetzung für die Existenz von Isoquanten ist allerdings, dass die Produktionsfaktoren zumindest in einem gewissen Bereich gegeneinander austauschbar (substituierbar) sind.
Ein konkretes Beispiel für eine Produktionsfunktion ist:
$$x = x(r_1,r_2) = 2{,}5r_1r_2 \qquad (6.2)$$
Um die zu der Ausbringungsmenge von 100 zugehörige Isoquante zu berechnen, setzt man in der Formel (6.2) $x = 100$ und löst die entstandene Gleichung nach $r_2$ auf:
$$100 = 2{,}5r_1r_2 \Rightarrow r_2 = \frac{100}{2{,}5r_1}$$
Beispielsweise kann man 100 Einheiten mit der Kombination $r_1 = 10$, $r_2 = 4$, aber auch mit der Kombination $r_1 = 20$, $r_2 = 2$ produzieren.

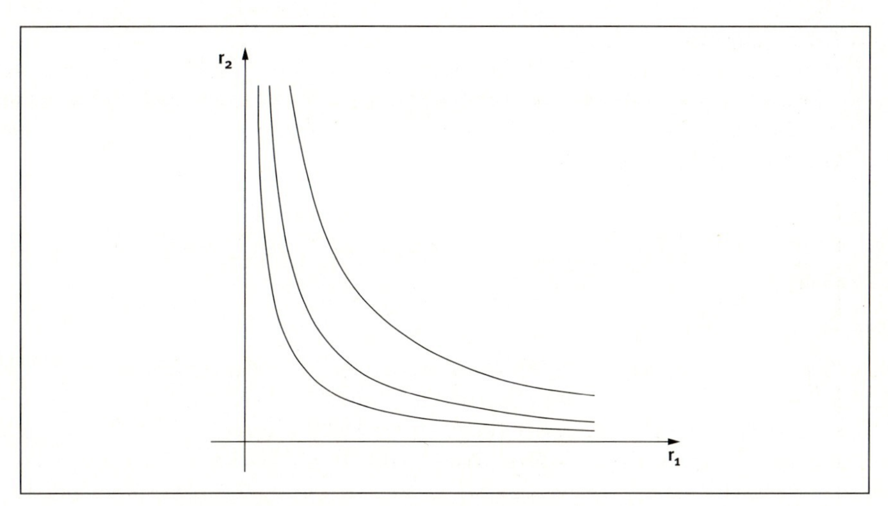


*Abb. 6.7: Isoquanten der Funktion $x = x(r_1,r_2) = 2{,}5r_1r_2$ zu den drei Produktionsniveaus $x_1 = 75$, $x_2 = 100$, $x_3 = 200$*

4. Höhenlinien werden häufig in geografischen Karten verwendet. Bei der Darstellung von gebirgigem Gelände werden Punkte gleicher Höhe miteinander verbunden. Aus einer Schar entsprechend beschrifteter Höhenlinien kann man erkennen, wie steil der Berg an verschiedenen Stellen ansteigt bzw. wo sich Täler und Gipfel befinden.

Alle Flächen, die bisher in den Beispielen untersucht wurden, sind „zusammenhängend" über ihrem Definitionsbereich, d. h., der Graph der Funktion weist keine Sprünge auf. Der Grund liegt in der Stetigkeit der behandelten Funktionen. Diese Eigenschaft soll hier nicht näher analysiert werden, es sei nur darauf hin gewiesen, dass im weiteren Verlauf dieses Kapitels ausschließlich stetige Funktionen mehrerer Variablen untersucht werden.

## 6.3 Differentialrechnung für Funktionen von mehreren Variablen

### 6.3.1 Partielle Ableitungen erster Ordnung

In Kapitel 4 wurde die 1. Ableitung von Funktionen einer unabhängigen Variablen behandelt und beispielsweise bei der Extremwertberechnung eingesetzt. Die Differentialrechnung von Funktionen mehrerer Variablen wird grundsätzlich zurückgeführt auf die Differentialrechnung von Funktionen einer Veränderlichen. Das bedeutet, dass sämtliche Ableitungsregeln aus Kapitel 4 übernommen werden können, einzig die Bezeichnungsweisen ändern sich.

**Partielle Ableitung**

Zunächst wird der Begriff der „partiellen Ableitung" definiert.
Vorgegeben sei eine Funktion von $n$ unabhängigen Variablen $y = f(x_1, x_2, \dots, x_n)$.

Unter der partiellen Ableitung (1. Ordnung) $f_{x_i}$ versteht man die (gewöhnliche) Ableitung von $f$ nach $x_i$, wobei alle übrigen Variablen $x_1, \dots, x_{i-1}, x_{i+1}, \dots, x_n$ als Konstanten aufgefasst werden (ceteris-paribus-Bedingung).

Andere wichtige Bezeichnungsweisen für die partielle Ableitung von $f$ nach $x_i$ sind:
$\frac{\partial y}{\partial x_i}, \frac{\partial f}{\partial x_i}, \frac{\partial}{\partial x_i} f(x_1, x_2, \dots, x_n)$

Man beachte dabei, dass $\partial$ ein stilisiertes d und kein griechisches delta $\delta$ ist.

**Beispiel 6.6**

1. $f(x_1,x_2) = 3x_1^2 + 3x_2 + 5x_1x_2^3$

   Bei der Berechnung von $\frac{\partial f}{\partial x_1}$ wird $f$ zunächst als eine nur von $x_1$ abhängige Funktion betrachtet und nach der Variablen $x_1$ differenziert. Während der Berechnung der 1. Ableitung nach $x_1$ wird dabei die Variable $x_2$ (wie irgendeine „gewöhnliche reelle Zahl") vorübergehend als konstante Größe aufgefasst und als solche behandelt. Der Summand $3x_2$ fällt daher als additive Konstante bei der Differentiation weg, während die multiplikative Konstante $5x_2^3$ unverändert bleibt. Auf diese Weise erhält man:

   $$\frac{\partial f}{\partial x_1} = 6x_1 + 5x_2^3$$

   Entsprechend berechnet man:

   $$\frac{\partial f}{\partial x_2} = 3 + 15x_1x_2^2$$

2. Sei $f(x_1, x_2, x_3) = x_1^2 + 2x_1x_2 + \ln(x_1x_2) + x_3$, dann gilt:

   $$f_{x_1}(x_1, x_2, x_3) = 2x_1 + 2x_2 + \frac{1}{x_1}$$

   $$f_{x_2}(x_1, x_2, x_3) = 2x_1 + \frac{1}{x_2}$$

   $$f_{x_3}(x_1, x_2, x_3) = 1$$

3. $f(x, y) = 4x^2y + x^2 + xy + y$
   Für die zwei partiellen Ableitungen erhält man dann:
   $f_x(x, y) = 8yx + 2x + y$
   $f_y(x, y) = 4x^2 + x + 1$

4. Sei $f(x, y) = x + e^{xy} + \sqrt{x^2 + 2y^2}$, dann ergibt sich:

$$f_x(x, y) = 1 + ye^{xy} + \frac{x}{\sqrt{x^2 + 2y^2}}$$

$$f_y(x, y) = xe^{xy} + \frac{2y}{\sqrt{x^2 + 2y^2}}$$

Nun sollen die partiellen Ableitungen für den Fall einer Funktion von zwei Variablen geometrisch gedeutet werden.

Vorgegeben seien eine Funktion $f(x, y)$ und ein Punkt $(x_0, y_0)$ aus dem Definitionsbereich von f. Zunächst wird nach der „Steigung" von f in $(x_0, y_0, z_0)$ (mit $z_0 = f(x_0, y_0)$) gefragt. Man stelle sich dazu vor, dass sich der Punkt $(x_0, y_0, z_0)$ auf einem „Berghang" befindet. Ausgehend von diesem Punkt, kann man im Allgemeinen mehrere Routen durch den Hang auswählen, die in Abhängigkeit von der eingeschlagenen Richtung verschieden „steil" ausfallen. Das bedeutet aber, dass es im Punkt $(x_0, y_0, z_0)$ mehr als „eine Steigung" gibt. Also muss die Fragestellung nach der Steigung in $(x_0, y_0, z_0)$ präzisiert werden, indem man eine Richtung vorgibt, in der die Steigung gemessen werden soll.

Die partielle Ableitung $f_x$ an der Stelle $(x_0, y_0)$ beschreibt nun den Anstieg von f in diesem Punkt in Richtung der x-Achse. Um diese Steigung zu bestimmen, schneidet man die Funktionsfläche von f mit der zur (x, z)-Ebene parallelen Fläche, auf der der Punkt $(x_0, y_0, z_0)$ liegt. So erhält man eine Schnittkurve $f(x, y_0)$, die überall denselben y-Wert (nämlich $y_0$) aufweist.

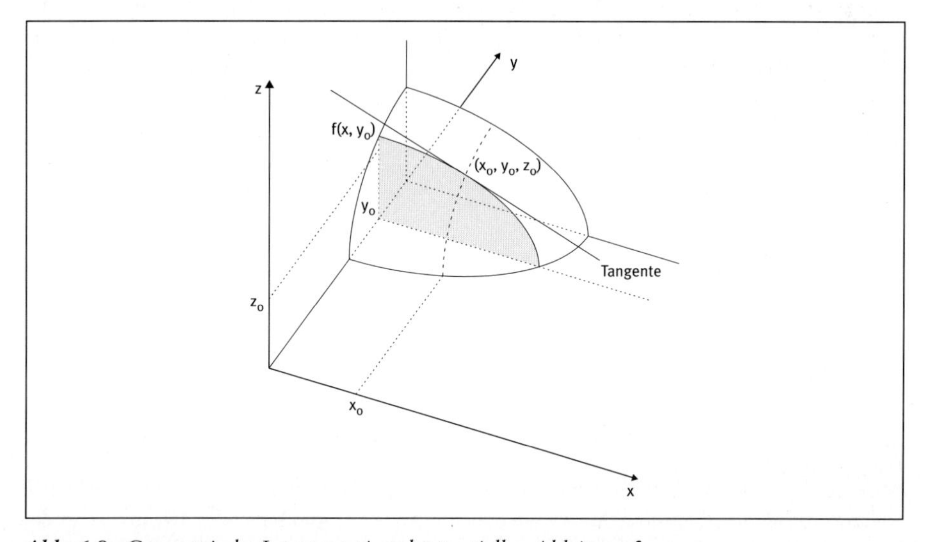


*Abb. 6.8: Geometrische Interpretation der partiellen Ableitung $f_x$*

Jetzt kann man das ursprüngliche Problem zurückführen auf die Bestimmung der Steigung der in Abbildung 6.8 fett gekennzeichneten Schnittkurve $f(x, y_0)$ im Punkt $(x_0, y_0)$. Dies gelingt mit den Methoden der Differentialrechnung für Funktionen einer Variablen, da die Funktion $f(x, y_0)$ nur noch von x abhängig ist. Die Funktion $f(x, y_0)$ wird zunächst nach x differenziert und anschließend $x_0$ in die 1. Ableitung eingesetzt. Der so erhaltene Wert ist die gewünschte Steigung von f im Punkt $(x_0, y_0)$ (natürlich in Richtung der x-Achse).

Im Beispiel 6.7 kann man das eben beschriebene Vorgehen noch einmal nachvollziehen.

**Beispiel 6.7**

Es seien $f(x, y) = 2x^2 + 3xy - 4$ und der Kurvenpunkt $P = (x_0, y_0, z_0) = (2, 3, 22)$ vorgegeben. Gesucht ist die Steigung von f im Punkt P in Richtung der x-Achse.

Die Schnittkurve der Funktion f und der zur (x, z)-Ebene parallelen Ebene, in der P liegt, erhält man, indem in f(x, y) für y der Wert von $y_0$, hier also 3, eingesetzt wird:

$f(x, y_0) = f(x, 3) = 2x^2 + 9x - 4$

(Gewöhnliches) Differenzieren nach x liefert die Steigung der Tangente (in Richtung der x-Achse) im Punkte $(x, y_0) = (x,3)$:

$f'(x,3) = 4x + 9$

Da man sich für den Anstieg der Tangente im Punkt (2, 3) interessiert, wird für x der Wert 2 eingesetzt:

$f'(2, 3) = 17$

Daher beträgt die Steigung von f im Punkte P in Richtung der x-Achse „17".

Das gleiche Ergebnis erhält man natürlich, indem man die partielle Ableitung $f_x$ an der Stelle (2, 3) direkt berechnet:

$f_x = 4x + 3y;\ f_x(2, 3) = 4 \cdot 2 + 3 \cdot 3 = 17$

Analog berechnet man in P die Steigung von f in Richtung der y-Achse.

Die partielle Ableitung kann wie folgt interpretiert werden:

Der Wert $f_{x_i}(P_0)$ gibt an, um wie viel Einheiten sich der Funktionswert von f an der Stelle $P_0$ näherungsweise ändert, wenn man die Variable $x_i$ um eine Einheit ändert, während alle übrigen Variablen konstant bleiben (ceteris-paribus-Bedingung).

**Beispiel 6.8**

Es sei $x(r_1,r_2)$ Produktionsfunktion (vgl. Beispiel 6.5, 3. Fall) mit

$x = x(r_1,r_2) = 5r_1^{0,3}r_2^{0,2}$.

Wie ändert sich die produzierte Menge x, falls ausgehend von einem Einsatzniveau von $r_1 = 40$ und $r_2 = 30$ der zweite Produktionsfaktor um 1 erhöht und der erste unverändert gelassen wird? Zur Beantwortung dieser Frage muss zunächst die partielle Ableitung

$$\frac{\partial x}{\partial r_2} = r_1^{0,3}r_2^{-0,8}$$

gebildet und anschließend deren Wert an der Stelle (40, 30) berechnet werden:

$$\frac{\partial x}{\partial r_2}(40, 30) = 40^{0,3}30^{-0,8} \approx 0{,}1990$$

Wird also die eingesetzte Menge des zweiten Produktionsfaktors von 30 auf 31 Einheiten erhöht, so steigt die produzierte Menge um näherungsweise 0,1990 Einheiten. (Wenn man exakt nachrechnet, also die Differenz $x(40,31) - x(40,30)$ bildet, erhält man 0,1964 Einheiten.)

### 6.3.2 Partielle Ableitungen höherer Ordnung

Da die partielle Ableitung einer Funktion zweier (oder mehrerer) Variablen ebenfalls eine Funktion zweier (oder mehrerer) Variablen ist, können die partiellen Ableitungen erster Ordnung selber wieder nach allen unabhängigen Variablen partiell differenziert werden. Auf diese Weise erhält man die partiellen Ableitungen zweiter Ordnung.

**Beispiel 6.9**

Es sei $f(x, y) = x^2y + 4y^3 + 7x^2$. Die partiellen Ableitungen erster Ordnung lauten:

$f_x(x, y) = 2xy + 14x$

$f_y(x, y) = x^2 + 12y^2$

Durch erneutes partielles Ableiten dieser Funktionen gewinnt man die partiellen Ableitungen zweiter Ordnung von f:

$f_{xx}(x, y) = 2y + 14$

$f_{xy}(x, y) = 2x$

$f_{yy}(x, y) = 24y$

$f_{yx}(x, y) = 2x$

Die Schreibweise $f_{yx}(x, y)$ bedeutet, dass f zuerst nach y und anschließend nach x partiell abgeleitet wird. Analog können die partiellen Ableitungen dritter (und höherer) Ordnung von f gebildet werden.

**Hinweise:**

- Die folgenden Schreibweisen sind für partielle Ableitungen höherer Ordnung auch üblich:

  $\frac{\partial^2 f}{\partial x \partial x}$ oder $\frac{\partial^2 f}{\partial x^2}$ (für $f_{xx}$), $\frac{\partial^2 f}{\partial x \partial y}$ (für $f_{yx}$), $\frac{\partial^2 f}{\partial y \partial x}$ (für $f_{xy}$),

  $\frac{\partial^2 f}{\partial y \partial y}$ oder $\frac{\partial^2 f}{\partial y^2}$ (für $f_{yy}$), $\frac{\partial^3 f}{\partial x \partial y \partial x}$ (für $f_{xyx}$), usw.

  Leitet man die partielle Ableitung $\frac{\partial f}{\partial x_i}$ der Funktion $y = f(x_1, x_2, \dots, x_n)$ nach der Variablen $x_k$ partiell ab, so erhält man die partielle Ableitung zweiter Ordnung $\frac{\partial^2 f}{\partial x_k \partial x_i}$ bzw. $f_{x_i x_k}$ usw.
- Ist f eine Funktion von n Variablen, so gibt es n partielle Ableitungen erster Ordnung, $n^2$ partielle Ableitungen zweiter Ordnung, $n^3$ partielle Ableitungen dritter Ordnung, usw.
- Partielle Ableitungen höherer Ordnung, die im Verlauf der Differentiation nach mindestens zwei verschiedenen Variablen partiell differenziert werden, nennt man gemischte Ableitungen. Beispiele für gemischte Ableitungen sind:

  $\frac{\partial^2 f}{\partial x_2 \partial x_3}$, $f_{x_2 x_2 x_1}$
- Für gemischte Ableitungen gilt der Satz von Schwarz (unter gewissen, hier nicht angeführten Voraussetzungen, die in der Regel erfüllt sind). Dieser besagt, dass es bei der Berechnung einer gemischten partiellen Ableitung nicht auf die Differentiationsreihenfolge ankommt. Das bedeutet z. B.:

  $f_{xy} = f_{yx}$ oder auch $f_{xxyy} = f_{yxyx} = f_{yyxx} = f_{yxxy} = f_{xyyx} = f_{xyxy}$

**Beispiel 6.10**

$f(x_1, x_2, x_3) = x_1^2 + 2x_1x_2 + e^{x_1x_2} + x_3$

Gesucht sind die zwei partiellen Ableitungen dritter Ordnung $f_{x_2x_2x_1}$ und $f_{x_2x_1x_2}$. Man berechnet zunächst $f_{x_2x_2x_1}$:

$f_{x_2} = 2x_1 + x_1e^{x_1x_2}$

$f_{x_2x_2} = x_1^2e^{x_1x_2}$

$f_{x_2x_2x_1} = 2x_1e^{x_1x_2} + x_1^2x_2e^{x_1x_2} = x_1e^{x_1x_2}(2 + x_1x_2)$

(Hier wurden die Produkt- und die Kettenregel der Differentialrechnung (vgl. Kapitel 4.3) angewandt.)

Mit dem Satz von Schwarz gilt dann:

$f_{x_2x_1x_2} = f_{x_2x_2x_1} = x_1e^{x_1x_2}(2 + x_1x_2)$

Man spart also erhebliche Rechenarbeit.

### 6.3.3 Totales Differential

Der Begriff des in Abschnitt 4.2 eingeführten Differentials lässt sich auf Funktionen mit mehreren unabhängigen Variablen übertragen, indem man die erste Ableitung $f'(x)$ durch die entsprechende partielle Ableitung $f_{x_i}(x_1, x_2, ..., x_n)$ ersetzt:

Unter dem i-ten partiellen Differential $df_{x_i}$ einer Funktion $y = f(x_1, x_2, ..., x_n)$ versteht man das Produkt

$$\frac{\partial f}{\partial x_i}(x_1, x_2, ..., x_n) \cdot dx_i,$$

wobei $dx_i$ eine kleine (infinitesimale) Änderung der Variablen $x_i$ bei Konstanthaltung aller übrigen Variablen (ceteris-paribus-Bedingung) bezeichnet.

Das partielle Differential $df_{x_i}$ gibt näherungsweise die Änderung der Funktion $y = f(x_1, x_2, ..., x_n)$ an, wenn $x_i$ um $dx_i$ geändert wird und alle übrigen Variablen unverändert bleiben.

**Beispiel 6.11**

Es sei $f(x_1,x_2) = 2x_1^2 + 2x_1x_2$, dann ist

$$\frac{\partial f}{\partial x_1} = 4x_1 + 2x_2.$$

Für das 1. partielle Differential gilt somit:

$$df_{x_1} = \frac{\partial f}{\partial x_1}dx_1 = (4x_1 + 2x_2)dx_1$$

Ändert man nun $x_1$ von dem Punkt (100, 20) ausgehend um $dx_1 = 0{,}2$ (unter Konstanthaltung von $x_2 = 20$), so ändert sich $f(x_1,x_2)$ näherungsweise um

$df_{x_1} = f_{x_1}(100,20)dx_1 = (400 + 40)0{,}2 = 88.$

Die exakte Funktionsänderung $f(100{,}2; 20) - f(100; 20)$ beträgt zum Vergleich 88,08.

Jetzt stellt sich die Frage, wie sich der Funktionswert von $f$ an der Stelle $(x_1, x_2, ..., x_n)$ ändert, falls man jede Variable $x_i$ gleichzeitig um $dx_i$ ändert. Hier ergibt sich, dass die Änderung von $f$ gut durch die Summe der $n$ Einzeländerungen $df_{x_1}$ approximiert werden kann. Man addiert also einfach die Einzeländerungen zur Gesamtänderung.

**Totales Differential** (vgl. 4.2)

$$df = df_{x_1} + df_{x_2} + ... + df_{x_n} = \frac{\partial f}{\partial x_1} dx_1 + \frac{\partial f}{\partial x_2} dx_2 + ... + \frac{\partial f}{\partial x_n} dx_n = \sum_{i=1}^{n} \frac{\partial f}{\partial x_i} dx_i$$

df heißt totales Differential von f. Das totale Differential df einer Funktion $f(x_1, x_2, ..., x_n)$ gibt näherungsweise an, um wie viel sich der Funktionswert $f(x_1, x_2, ..., x_n)$ ändert, falls man jede der unabhängigen Variablen $x_i$ $(i = 1, \dots, n)$ jeweils um $dx_i$ ändert.

**Beispiel 6.12**

Vorgegeben sei die Produktionsfunktion $x = x(r_1,r_2) = 5r_1^{0,3}r_2^{0,2}$. Für das totale Differential df erhält man, wenn sich $r_1$ um $dr_1$ und $r_2$ um $dr_2$ ändert:

$$dx = \frac{\partial x}{\partial r_1} dr_1 + \frac{\partial x}{\partial r_2} dr_2 = 1{,}5r_1^{-0,7}r_2^{0,2}dr_1 + r_1^{0,3}r_2^{-0,8}dr_2$$

Man beachte dabei, dass die Funktion mit x (nicht mit f) und die unabhängigen Variablen mit $r_i$ (nicht mit $x_i$) bezeichnet werden. Die Bezeichnungen beim totalen Differential muss man also entsprechend anpassen.

Erhöht man ausgehend von $r_1 = 10$ und $r_2 = 20$ den ersten Produktionsfaktor um 0,2 Einheiten und vermindert man den zweiten um 0,3, so erhält man als Näherungswert für die Änderung des Output:

$$dx = 1{,}5 \cdot 10^{-0,7} \cdot 20^{0,2} \cdot 0{,}2 + 10^{0,3} \cdot 20^{-0,8} \cdot (-0{,}3) \approx +0{,}0545$$

Also steigt der Output näherungsweise um 0,0545.

Die exakte Änderung $x(10{,}2;\, 19{,}7) - x(10;\, 20)$ beträgt dagegen 0,0531.

# 6.4 Extremwerte bei Funktionen von mehreren Variablen

## 6.4.1 Extrema ohne Nebenbedingungen

Wie im Fall einer unabhängigen Variablen versteht man unter einem relativen Extremum bei Funktionen von mehreren Variablen einen Punkt, in dem der Funktionswert größer bzw. kleiner ist als jeder Punkt aus der unmittelbaren Umgebung.

Die Funktion $f(x, y)$ hat an der Stelle $(x_E, y_E)$ ein relatives Maximum bzw. Minimum, wenn für alle Punkte $(x, y)$ aus der unmittelbaren Umgebung von $(x_E, y_E)$ gilt:

$$f(x, y) \le f(x_E, y_E) \text{ bzw. } f(x, y) \ge f(x_E, y_E) \qquad (6.3)$$

Statt von einem relativen spricht man häufig auch von einem lokalen Extremwert, da die Extremwerteigenschaft nur in der unmittelbaren Umgebung erfüllt sein muss.

Ist die Ungleichung (6.3) aber für jeden Punkt $(x,y)$ aus dem Definitionsbereich erfüllt, so spricht man von einem absoluten Maximum bzw. Minimum. Die Abbildungen 6.9 und 6.10 zeigen jeweils eine Funktion mit einem relativen Maximum bzw. einem relativen Minimum.

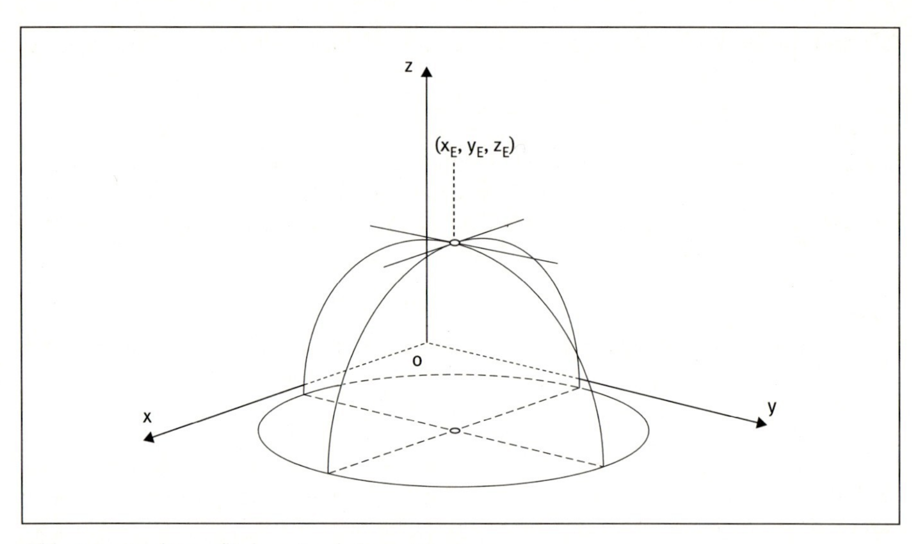


*Abb. 6.9: Funktionsfläche mit relativem Maximum*

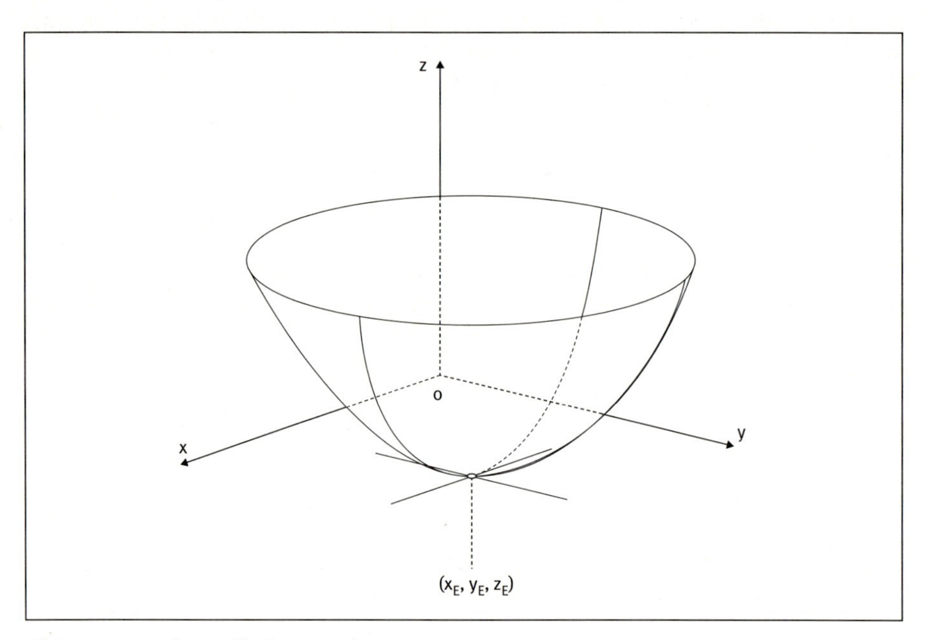


*Abb. 6.10: Funktionsfläche mit relativem Minimum*

Den Abbildungen 6.9 und 6.10 kann man entnehmen, dass die Funktionsfläche von f im Maximum- bzw. Minimumpunkt $(x_E, y_E, z_E)$ eine zur $(x, y)$-Ebene waagerechte Tangentialebene besitzt. Das bedeutet aber, dass jede durch $(x_E, y_E, z_E)$ gehende Tangente (egal in welcher Richtung) ebenfalls in dieser Tangentialebene liegt. Alle diese Tangenten haben daher die Steigung Null, insbesondere gilt daher für die partiellen Ableitungen an der Stelle $(x_E, y_E)$:

$$f_x(x_E, y_E) = 0, f_y(x_E, y_E) = 0 \qquad (6.4)$$

Die Bedingung (6.4) muss also *notwendigerweise* erfüllt sein für die Existenz eines relativen Extremums im Punkt $(x_E, y_E)$.

**Hinweis:**
Durch Nullsetzen der beiden partiellen Ableitungen erhält man ein System von zwei Gleichungen mit zwei Unbekannten. Lösungen dieses Gleichungssystems nennt man auch *stationäre Punkte*. Stationäre Punkte sind also genau die Punkte, die die Gleichungen (6.4) erfüllen.

**Beispiel 6.13**
Es sei $z = f(x, y) = 4x^2 + 6xy + 4y^2 - 10x - 4y$. Durch Nullsetzen der partiellen Ableitungen erhält man:
$f_x = 8x + 6y - 10 = 0$
$f_y = 6x + 8y - 4 = 0$
Als Lösung des Gleichungssystems ergibt sich der stationäre Punkt $(x_E, y_E) = (2, -1)$.

Die Forderung (6.4) entspricht der Bedingung $f'(x_E) = 0$ bei einer Funktion f mit einer Variablen (vgl. Abschnitt 4.5.3). $f'(x_E) = 0$ ist nicht hinreichend für das Vorliegen eines Extremums in $x_E$. In der gleichen Situation befindet man sich bei Funktionen mit mehreren Variablen, auch hier gibt es stationäre Punkte, in denen kein Extremum vorliegt. Es gibt also Flächenpunkte mit einer zur x,y-Ebene parallelen Tangentialebene, ohne dass dort ein Minimum oder Maximum vorliegt.

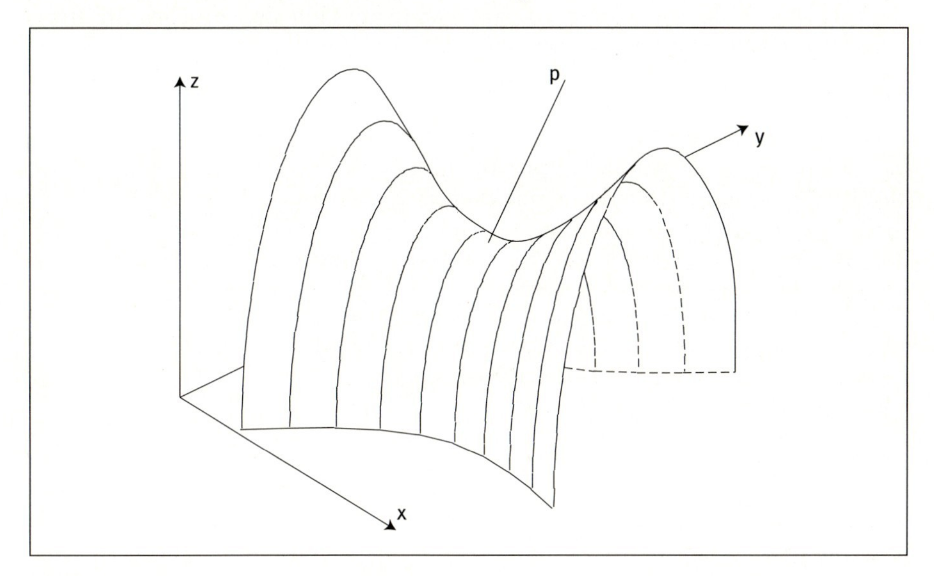


*Abb. 6.11: Funktionsfläche mit Sattelpunkt*

Wie die Abbildung 6.11 zeigt, liegt im Punkt P kein Extremum vor, obwohl die Tangente in x-Richtung bzw. y-Richtung waagerecht und damit die partiellen Ableitungen als Maß für die Steigung dieser Tangente gleich Null sind. Die Schnittkurve der Funktionsfläche mit einer zur x, z-Ebene parallelen Ebene weist nämlich in P ein Minimum, die Schnittkurve mit einer zur y, z-Ebene parallelen Ebene dagegen in P ein Maximum auf. Da die Funktionsfläche einem Pferdesattel ähnelt, nennt man P auch einen *Sattelpunkt* von f.

Um eine Aussage über die Existenz lokaler Extrema zu bekommen, wird noch ein weiteres Kriterium benötigt. Ähnlich wie bei Funktionen von einer Variablen, bei denen man die zweite oder sogar höhere Ableitungen in $x_E$ berechnen muss (vgl. Abschnitt 4.5.3), setzt man die partiellen Ableitungen zweiter Ordnung von $f(x, y)$ ein. Dies zeigt der folgende wichtige Satz:

## Lokales Extremum

Die Funktion $f(x, y)$ besitzt im Punkt $(x_E, y_E)$ ein lokales Extremum, falls gleichzeitig gilt:
$f_x(x_E, y_E) = f_y(x_E, y_E) = 0$

$$f_{xx}(x_E, y_E) \cdot f_{yy}(x_E, y_E) - f_{xy}^2(x_E, y_E) > 0 \qquad (6.5)$$

Es handelt sich dabei um ein
- lokales Minimum, falls $f_{xx}(x_E, y_E) > 0$ (und damit auch $f_{yy}(x_E, y_E) > 0$) erfüllt ist.
- lokales Maximum, falls $f_{xx}(x_E, y_E) < 0$ (und damit auch $f_{yy}(x_E, y_E) < 0$) erfüllt ist.

Ist $(x_E, y_E)$ ein stationärer Punkt und gilt darüber hinaus
$f_{xx}(x_E, y_E) \cdot f_{yy}(x_E, y_E) - f_{xy}^2(x_E, y_E) < 0$,
so liegt in $(x_E, y_E)$ ein Sattelpunkt (also mit Sicherheit kein Extremum) vor.

Gilt $f_{xx}(x_E, y_E) \cdot f_{yy}(x_E, y_E) - f_{xy}^2(x_E, y_E) = 0$, so kann mit Hilfe der partiellen Ableitungen zweiter Ordnung keine Entscheidung gefällt werden, ob in $(x_E, y_E)$ ein Extremum vorliegt.

**Fortsetzung von Beispiel 6.13**

Um festzustellen ob im stationären Punkt $(x_E, y_E) = (2, -1)$ ein Extremum vorliegt, müssen zunächst die partiellen Ableitungen zweiter Ordnung gebildet werden.
$f_{xx} = 8$, $f_{yy} = 8$, $f_{xy} = f_{yx} = 6$
(Die partiellen Ableitungen zweiter Ordnung sind hier zur $(x, y)$-Ebene parallele Ebenen mit dem Abstand 8 bzw. 6 Einheiten.)
Anschließend wird geprüft, ob die Bedingung (6.5) erfüllt ist:
$f_{xx}(x_E, y_E) \cdot f_{yy}(x_E, y_E) - f_{xy}^2(x_E, y_E) = f_{xx}(2, -1) \cdot f_{yy}(2, -1) - f_{xy}^2(2, -1) = 8 \cdot 8 - 6^2 = 28 > 0$
Da die Bedingung (6.5) erfüllt ist, liegt ein Extremum in $(2, -1)$ vor. Wegen $f_{xx}(2, -1) = 8 > 0$ handelt es sich dabei um ein Minimum.

Jetzt kann man auch das Problem der Gewinnmaximierung bei räumlicher Preisdifferenzierung aus Beispiel 6.1 lösen.

**Beispiel 6.14**

Gesucht ist das Maximum der Gewinnfunktion aus Beispiel 6.1
$G(x_1, x_2) = -1{,}1x_1^2 - 1{,}1x_2^2 + 110x_1 + 58x_2 - 0{,}2x_1x_2 - 100$.
(Hier übernimmt also $x_1$ die Rolle von $x$ und $x_2$ diejenige von $y$.)
Zunächst berechnet man die stationären Punkte von $G$, die man durch Nullsetzen der partiellen Ableitungen von $G$ erhält:
$G_{x_1} = -2{,}2x_1 - 0{,}2x_2 + 110 = 0$
$G_{x_2} = -0{,}2x_1 - 2{,}2x_2 + 58 = 0$
Aus der ersten Gleichung folgt:

$$x_2 = -11x_1 + 550 \qquad (6.6)$$

Einsetzen dieses Ergebnisses in die zweite Gleichung liefert:
$-0{,}2x_1 - 2{,}2(-11x_1 + 550) + 58 = 0$
Es folgt: $x_1 = 48$. Aus (6.6) ergibt sich $x_2 = 22$. Der einzige stationäre Punkt von $G(x_1, x_2)$ hat also die Koordinaten (48, 22).
Nun wird noch untersucht, ob dieser Punkt die Bedingung (6.5) erfüllt.
$G_{x_1x_1} = -2{,}2,\ G_{x_1x_2} = G_{x_2x_1} = -0{,}2,\ G_{x_2x_2} = -2{,}2$
$G_{x_1x_1}(48, 22) \cdot G_{x_2x_2}(48, 22) - (G_{x_1x_2}(48, 22))^2 = 4{,}8 > 0$
Also liegt im Punkt (48, 22) ein Extremum vor. Da darüber hinaus gilt $G_{xx}(48, 22) = -2{,}2 < 0$, handelt es sich um ein Maximum.
Aus den in Beispiel 6.1 angegebenen Preis-Absatz-Funktionen folgt für die festzusetzenden Preise:
$p_1 = 111 - 48 = 63$ (Preis in Deutschland)
$p_2 = 59 - 22 = 37$ (Preis in Italien)
Falls das Unternehmen diese Preise festlegt, wird es 48 Einheiten in Deutschland und 22 Einheit in Italien verkaufen. Der Gewinn beträgt:
$G(48, 22) = 3178$ GE

**Beispiel 6.15**

Es sei $f(x, y) = \frac{x}{y^2} + xy$.

Gesucht sind wieder die relativen Extrema dieser Funktion.
Zunächst werden die partiellen Ableitungen erster Ordnung bestimmt:

$$f_x = \frac{1}{y^2} + y$$

$$f_y = -\frac{2x}{y^3} + x$$

Durch Nullsetzen der partiellen Ableitungen erhält man die die stationären Punkte:

$$\frac{1}{y^2} + y = 0$$

$$-\frac{2x}{y^3} + x = 0$$

$(x_E, y_E) = (0, -1)$ ist die einzige Lösung dieses Gleichungssystems.
Um die Bedingung (6.5) überprüfen zu können, berechnet man zunächst die partiellen Ableitungen zweiter Ordnung:

$$f_{xx} = 0,\ f_{xy} = -\frac{2}{y^3} + 1,\ f_{yy} = \frac{6x}{y^4}$$

Einsetzen des stationären Punktes (0, −1) in die partiellen Ableitungen führt zu dem Ergebnis $f_{xx}(0, -1) \cdot f_{yy}(0, -1) - f_{xy}{}^2(0, -1) = 0 \cdot 0 - 4 = -4 < 0$.
Also liegt in (0, −1) kein Extremum, sondern ein Sattelpunkt vor (s. Abbildung 6.11), da die Bedingung (6.5) nicht erfüllt ist.

Das Vorgehen zur Bestimmung der relativen Extrema einer Funktion $f(x_1, x_2, ..., x_n)$ mit mehr als zwei Variablen verläuft analog dem Verfahren für Funktionen mit zwei Variablen. Zunächst berechnet man die stationären Punkte von f, indem man sämtliche partiellen Ableitungen 1. Ordnung berechnet und Null setzt, also:

$$f_{x_1}(x_1, x_2, ..., x_n) = 0$$
$$f_{x_2}(x_1, x_2, ..., x_n) = 0$$
$$\vdots$$
$$f_{x_n}(x_1, x_2, ..., x_n) = 0$$

Punkte, die diese notwendige Bedingung erfüllen, können (müssen aber nicht) Extremwerte sein.

Auf die Angabe der hinreichenden Bedingungen, die man mit Hilfe von Determinanten formulieren kann, wird hier verzichtet, da diese mit steigender Variablenzahl immer aufwendiger werden. Meistens genügt es bei einer ökonomischen Analyse, nur die stationären Punkte zu bestimmen, da das zugrundeliegende Problem oft schon Rückschlüsse darauf zulässt, ob ein Minimum oder ein Maximum vorliegt.

### 6.4.2 Extremwertbestimmung unter Nebenbedingungen

Häufig ist die Bestimmung der Extrema bei Funktionen von mehreren Variablen nur sinnvoll, wenn noch zusätzliche Bedingungen (Restriktionen) berücksichtigt werden, die von den beteiligten unabhängigen Variablen gleichzeitig erfüllt sein müssen. Beispielsweise ist die Minimierung einer Kostenfunktion nur dann sinnvoll, wenn die zu produzierenden Mengen (das Produktionsniveau) vorgegeben sind. Ist nämlich das Produktionsniveau nicht bekannt, so erhält man als Lösung des Kostenminimierungsproblems den Ursprung (d. h. die Produktion kann eingestellt werden), denn keine Produktion erzeugt natürlich die geringsten Kosten.

**Beispiel 6.16**

Im Beispiel 6.14 wurde gezeigt, dass der Gewinn genau dann maximiert wird, wenn man 48 Einheiten auf dem deutschen Markt und 22 Einheit in Italien verkauft, wobei sich die (unterschiedlichen) Preise aus der jeweiligen Preis-Absatz-Funktion ergeben. Aufgrund von Lieferengpässen können aber nur 50 Einheiten in der zentralen Fertigungsstätte in Portugal hergestellt werden. Dies führt zu der Nebenbedingung (NB):

$x_1 + x_2 = 50$

(Dabei sei $x_1$ die Anzahl der für Deutschland und $x_2$ die Anzahl der für Italien produzierten Einheiten.)

Üblicherweise wird die Nebenbedingung so umgeformt, dass eine Seite der Gleichung Null ergibt:

NB: $g(x_1, x_2) = 50 - x_1 - x_2 = 0$

Die Extrema der Funktion $y = f(x_1, x_2)$ sind also zu bestimmen unter Beachtung der Nebenbedingung

$$g(x_1, x_2) = 0. \qquad (6.7)$$

(Die Nebenbedingung muss dabei stets so umgeformt werden, dass auf einer Seite Null steht.)

Man interessiert sich folglich nicht mehr für Extrema des gesamten Funktionsgebirges, sondern nur noch für Extremwerte derjenigen Kurve, die von $g(x_1, x_2) = 0$ aus dem Funktionsgebirge herausgeschnitten wird.

Dieses Problem ist mit Hilfe der *Variablensubstitution* oder der *Lagrange-Methode* lösbar.

### Variablensubstitution

Bei einfachen Problemen löst man (falls möglich) die Nebenbedingung nach $x_1$ (bzw. $x_2$) auf. Durch Einsetzen des Ergebnisses in $f(x_1, x_2)$ erhält man dann eine Funktion, die nur noch von der Variablen $x_1$ (bzw. $x_2$) abhängt. Die Extrema dieser Funktion werden schließlich mit den Methoden der Differentialrechnung für Funktionen mit einer unabhängigen Variablen berechnet (vgl. Abschnitt 4.5.3).

#### Fortsetzung von Beispiel 6.16

$G(x_1, x_2) = -1{,}1x_1^2 - 1{,}1x_2^2 + 110x_1 + 58x_2 - 0{,}2x_1x_2 - 100$ soll maximiert werden unter der Nebenbedingung $g(x_1, x_2) = 50 - x_1 - x_2 = 0$.

Aus der Nebenbedingung folgt: $x_1 = 50 - x_2$

Einsetzen dieses Zusammenhangs in $G(x_1, x_2)$ liefert eine nur noch von $x_2$ abhängige Funktion, die hier mit $G^\exists(x_2)$ bezeichnet wird:

$G^\exists(x_2) = -1{,}1(50 - x_2)^2 - 1{,}1x_2^2 + 110(50 - x_2) + 58x_2 - 0{,}2(50 - x_2)x_2 - 100 = -2x_2^2 + 48x_2 + 2.650.$

Um das Maximum von $G^\exists(x_2)$ zu bestimmen, wird zunächst $G^{\exists\prime}(x_2)$ berechnet und gleich Null gesetzt:

$G^{\exists\prime}(x_2) = -4x_2 + 48 = 0$

Also folgt $x_2 = 12$.

Da $G^{\exists\prime\prime}(12) < 0$ ist (wie man leicht einsieht), liegt in $x_2 = 12$ ein Maximum von $G^\exists$ vor.

Aus der Nebenbedingung erhält man schließlich noch $x_1 = 38$.

Damit liegt in $(38, 12)$ das Maximum von $G(x_1, x_2)$ unter der Nebenbedingung $g(x_1, x_2) = 50 - x_1 - x_2 = 0$.

Der Gewinn beträgt in diesem Fall $G(38, 12) = G^\exists(12) = 2.938$.

Selbst in dem einfachen Fall einer Funktion mit zwei unabhängigen Variablen und einer Nebenbedingung kann die Substitution einer Variablen kompliziert oder sogar unmöglich sein. Beispielsweise lässt sich die Nebenbedingung $g(x_1, x_2) = x_2 e^{x_1} + \ln(x_1, x_2) = 0$ nach keiner der Variablen explizit auflösen. In diesen Fällen wendet man die Methode nach Lagrange an.

### Lagrange-Methode

Um das in (6.7) geschilderte Problem zu lösen, bildet man die so genannte Lagrange-Funktion

$$L(x_1, x_2, \lambda) = f(x_1, x_2) + \lambda g(x_1, x_2).$$

Die zusätzliche Variable $\lambda$ (Lambda) heißt Lagrange-Multiplikator. $L$ ist also eine Funktion von den drei unabhängigen Variablen $x_1, x_2, \lambda$.

Die Lagrange-Funktion verknüpft die eigentliche Zielfunktion $f(x_1, x_2)$ mit der Nebenbedingung $g(x_1, x_2)$ zu einer Funktion $L$. Dabei ist unbedingt zu beachten, dass die Nebenbedingung so umgeformt wird, dass auf einer Seite Null steht.

Es gilt nun: ist der Punkt $(x_{1E}, x_{2E}, \lambda_E)$ ein Extremum der Funktion $L(x_1, x_2, \lambda)$, so ist der Punkt $(x_{1E}, y_{2E})$ (die $\lambda$-Koordinate wird einfach weggelassen) ein Extremum von $f$ unter Berücksichtigung der Nebenbedingung $g$.

Gesucht sind daher im Folgenden die Extrema von $L(x_1, x_2, \lambda)$, die man mit den Methoden aus Abschnitt 6.4.1 berechnet. Hierzu bestimmt man zunächst die stationären Punkte von $L(x_1, x_2, \lambda)$, indem alle partiellen Ableitungen 1. Ordnung von L gleich Null gesetzt werden. Dies führt zu einem Gleichungssystem mit drei Gleichungen und drei Unbekannten:

$$\begin{aligned} L_{x_1}(x_1, x_2, \lambda) &= f_{x_1}(x_1, x_2) + \lambda\, g_{x_1}(x_1, x_2) = 0 \\ L_{x_2}(x_1, x_2, \lambda) &= f_{x_2}(x_1, x_2) + \lambda\, g_{x_2}(x_1, x_2) = 0 \\ L_{\lambda}(x_1, x_2, \lambda) &= g(x_1, x_2) = 0 \end{aligned} \tag{6.8}$$

Da die partielle Ableitung $L_\lambda$ gerade der Funktion g, die die Nebenbedingung enthält, entspricht, erfüllt jeder stationäre Punkt von L automatisch die Nebenbedingung $g(x_1, x_2) = 0$.

Ist nun $(x_{1E}, x_{2E}, \lambda_E)$ eine Lösung des Gleichungssystems (6.8), so ist möglicherweise $(x_{1E}, x_{2E})$ ein Extremum von f unter der geforderten Nebenbedingung. Das bedeutet aber, das bisher beschriebene Verfahren liefert nur notwendige Bedingungen für das Vorliegen von Extrema unter Nebenbedingungen.

Es wird hier auf die Angabe von hinreichenden Bedingungen für das Vorliegen eines Minimums bzw. Maximums verzichtet, da diese kompliziert und mit zunehmender Variablenzahl mühsam zu handhaben sind. Dies ist gängige Praxis in den Wirtschaftswissenschaften, da bei ökonomischen Analysen häufig schon aus der Problemstellung klar wird, ob tatsächlich ein Maximum oder Minimum vorhanden ist.

**Fortsetzung von Beispiel 6.16**

Zunächst wird die Lagrange-Funktion gebildet:

$L(x_1, x_2, \lambda) = G(x_1, x_2) + \lambda g(x_1, x_2) = -1{,}1x_1^2 - 1{,}1x_2^2 + 110x_1 + 58x_2 - 0{,}2x_1x_2 - 100 + \lambda(50 - x_1 - x_2)$

Zur Bestimmung der stationären Punkte werden die partiellen Ableitungen berechnet und gleich Null gesetzt.

$$L_{x_1}(x_1, x_2, \lambda) = -2{,}2x_1 - 0{,}2x_2 + 110 - \lambda = 0 \tag{6.9}$$

$$L_{x_2}(x_1, x_2, \lambda) = -0{,}2x_1 - 2{,}2x_2 + 58 - \lambda = 0 \tag{6.10}$$

$$L_{\lambda}(x_1, x_2, \lambda) = 50 - x_1 - x_2 = 0 \tag{6.11}$$

Es ist also ein Gleichungssystem mit 3 Gleichungen und 3 Unbekannten zu lösen.

Aus (6.9) folgt

$\lambda = -2{,}2x_1 - 0{,}2x_2 + 110$

und aus (6.10)

$\lambda = -0{,}2x_1 - 2{,}2x_2 + 58.$

Durch Gleichsetzen erhält man

$-2{,}2x_1 - 0{,}2x_2 + 110 = -0{,}2x_1 - 2{,}2x_2 + 58$

$x_1 = x_2 + 26.$

Einsetzen dieses Ergebnisses in (6.11) führt zu:

$50 - (x_2 + 26) - x_2 = 0$

Also ist $x_2 = 12$.

Jetzt folgt $x_1 = 38$ und $\lambda = 24$.

Die Funktion $G(x_1, x_2)$ besitzt demnach möglicherweise unter der Nebenbedingung $g(x_1, x_2) = 0$ im Punkt (38, 12) ein lokales Extremum.

Der Lagrange-Multiplikator $\lambda$ lässt sich folgendermaßen interpretieren: $\lambda$ gibt an, um welchen Betrag sich der Wert der Zielfunktion $f(x_1, x_2)$ näherungsweise ändert, falls das absolute Glied der Nebenbedingung um eine Einheit variiert.

**Beispiel 6.17**

Im Beispiel 6.16 wurde $\lambda = 24$ ermittelt. Das bedeutet, dass sich der Gewinn $G$ um ungefähr 24 erhöht, wenn das absolute Glied der Nebenbedingung $g(x, y) = 50 - x_1 - x_2$ von 50 auf 51 wächst, d.h. das Produktionsniveau von 50 auf 51 ausgeweitet wird.

Natürlich lässt sich die Lagrange-Methode für Funktionen mit mehr als zwei Variablen und einer oder mehreren Nebenbedingungen verallgemeinern. Dies führt zu folgender allgemeiner Aussage.

Gesucht sind die Extrema der Zielfunktion $f(x_1, x_2, ..., x_n)$ unter Einhaltung der $k$ Nebenbedingungen:

$$g_1(x_1, x_2, ..., x_n) = 0$$
$$g_2(x_1, x_2, ..., x_n) = 0$$
$$\vdots$$
$$g_k(x_1, x_2, ..., x_n) = 0$$

Dazu bildet man zunächst die Lagrange-Funktion

$$L(x_1, x_2, ..., x_n, \lambda_1, \lambda_2, ..., \lambda_k)$$
$$= f(x_1, x_2, ..., x_n) + \lambda_1 g_1(x_1, x_2, ..., x_n) + \lambda_2 g_2(x_1, x_2, ..., x_n) + ... + \lambda_k g_k(x_1, x_2, ..., x_n)$$
$$= f(x_1, x_2, ..., x_n) + \sum_{i=1}^{k} \lambda_i g_i(x_1, x_2, ..., x_n).$$

Anschließend berechnet man die stationären Punkte von $L$, indem man die $n + k$ partiellen Ableitungen 1. Ordnung von $L$ berechnet und gleich Null setzt:

$$L_{x_1}(x_1, x_2, ..., x_n, \lambda_1, ..., \lambda_k) = 0$$
$$\vdots$$
$$L_{x_n}(x_1, x_2, ..., x_n, \lambda_1, ..., \lambda_k) = 0$$
$$L_{\lambda_1}(x_1, x_2, ..., x_n, \lambda_1, ..., \lambda_k) = g_1(x_1, x_2, ..., x_n) = 0$$
$$\vdots$$
$$L_{\lambda_k}(x_1, x_2, ..., x_n, \lambda_1, ..., \lambda_k) = g_k(x_1, x_2, ..., x_n) = 0$$

Eine Lösung dieses Gleichungssystems ist dann möglicherweise ein Extremum der gewünschten Art.
Durch die $k$ letzten Gleichungen des obigen Gleichungssystems ist garantiert, dass die gefundene Lösung tatsächlich alle Nebenbedingungen erfüllt.

**Beispiel 6.18**

Gesucht sind die stationären Punkte der Funktion $y = f(x_1, x_2, x_3) = 2x_1^2 + 2x_2^2 + 2x_3^2$ unter den zwei Nebenbedingungen $x_1 + x_2 = 3$, $x_2 - x_3 = 3$.
Die zugehörige Lagrangefunktion lautet:

$$L(x_1, x_2, x_3, \lambda_1, \lambda_2, \lambda_3) = f(x_1, x_2, x_3) + \lambda_1 g_1(x_1, x_2, x_3) + \lambda_2 g_2(x_1, x_2, x_3)$$
$$= 2x_1^2 + 2x_2^2 + 2x_3^2 + \lambda_1(3 - x_1 - x_2) + \lambda_2(3 - x_2 + x_3)$$

Anschließend werden die 5 partiellen Ableitungen 1. Ordnung von L berechnet und gleich Null gesetzt:

**1.** $L_{x_1} = 4x_1 - \lambda_1 = 0$
**2.** $L_{x_2} = 4x_2 - \lambda_1 - \lambda_2 = 0$
**3.** $L_{x_3} = 4x_3 + \lambda_2 = 0$
**4.** $L_{\lambda_1} = 3 - x_1 - x_2 = 0$
**5.** $L_{\lambda_2} = 3 - x_2 + x_3 = 0$

Aus Gleichung 1 folgt $\lambda_1 = 4x_1$.
Aus Gleichung 3 folgt $\lambda_2 = -4x_3$.
Einsetzen dieser Werte in Gleichung 2 liefert:
$4x_2 - 4x_1 - (-4x_3) = 0$
Division dieser Gleichung durch 4 ergibt:
**6.** $x_2 - x_1 + x_3 = 0$
Aus Gleichung 4 folgt
**7.** $x_1 = 3 - x_2$.
Aus Gleichung 5 folgt
**8.** $x_3 = -3 + x_2$.
Einsetzen dieser Werte in Gleichung 6 liefert:
$x_2 - (3 - x_2) + (-3 + x_2) = 0$
$3x_2 = 6$, also $x_2 = 2$
Aus Gleichung 7 folgt dann $x_1 = 1$ und aus Gleichung 8 $x_3 = -1$.
Als stationärer Punkt ergibt sich somit $(1, 2, -1)$.
Schließlich berechnet man noch $\lambda_1 = 4x_1 = 4$ und $\lambda_2 = -4x_3 = 4$.

## 6.5 Aufgaben

1. Man bestimme für die Funktion $f(x, y) = \frac{y}{x+1}$ den größtmöglichen Definitionsbereich und berechne $f(0, 0)$, $f(1, 2)$ und $f(\pi, 3)$.

2. Man bestimme für folgende Funktionen die partiellen Ableitungen erster und zweiter Ordnung.
   a) $f(x, y) = x^3y^4 + x^2y$ b) $f(x, y) = x^3 + x^2 \ln y + xy + 7$
   c) $f(x, y) = e^{xy}$ d) $f(x_1, x_2, x_3) = x_1^2 + 2x_1x_3 + x_2^2$

3. Vorgegeben sei die Kostenfunktion $K(x, y) = 2x^{1,3} + 3y^2 + 2x^{0,3}y^{0,2} + 1200$ eines Zweiproduktunternehmens. Man berechne mit Hilfe des totalen Differentials, wie sich die Kosten ändern, wenn sich bei einem Output von $x = 12$ ME und $y = 20$ ME $x$ um 0,1 ME verringert und $y$ um 0,2 ME erhöht.

4. Man bestimme alle Extrema der Funktion
   $z = f(x,y) = -x^3 - 3x^2y + 3xy^2 + 21x - y^3 + 3y$.

5. Ein Fahrradhersteller produziert zwei Fahrradvarianten. Die Preisabsatzfunktionen lauten jeweils:
   $p_1 = 1800 - 12{,}5x$
   $p_2 = 2000 - 10y$
   Die Kostenfunktion hängt von x und y in der folgenden Art ab:
   $K(x, y) = 15xy + 950x + 1050y + 2500$
   Man bestimme $x$ und $y$ so, dass der Gewinn des Fahrradherstellers maximiert wird.

6. Gesucht ist das Maximum der Produktionsfunktion $x(r_1, r_2) = 2r_1r_2$ unter der Bedingung, dass die Kosten der Produktion genau 400 GE betragen. Die Preise von $r_1$ und $r_2$ seien $p_1 = 10$ GE und $p_2 = 20$ GE.

# 7 Lineare Algebra

Die Anwendungen der Linearen Algebra in den Wirtschaftswissenschaften sind zahlreich, die praktische Bedeutung der Linearen Algebra ist deshalb für den Wirtschaftswissenschaftler größer als die anderer mathematischer Gebiete. So lassen sich viele betriebs- und volkswirtschaftliche Aufgabenstellungen einfach, übersichtlich und computergerecht aufbereitet mit Hilfe von Matrizen (einer Grundstruktur der Linearen Algebra, vgl. Kapitel 7.1.1) darstellen. Dies gilt beispielsweise für Input-Output-Analysen, die innerbetriebliche Leistungsverrechnung und die Untersuchung mehrstufiger Produktionsprozesse. Bei der Modellierung derartiger Fragestellungen werden in der Regel große Datenmengen verarbeitet, die den Einsatz von EDV unbedingt erfordern. Hier zeigt sich erneut die Stärke der Linearen Algebra. Sie ist die ideale Sprache zur Beschreibung, effizienten Weiterverarbeitung und sinnvollen Verknüpfung von großen Datenblöcken.
Daneben stellt die Lineare Algebra auch leistungsfähige Verfahren zur Lösung betrieblicher Entscheidungsprobleme zur Verfügung. So liefert sie Algorithmen zur Lösung von linearen Gleichungssystemen (vgl. Abschnitt 7.2) und Problemen der linearen Optimierung, die in Kapitel 8 behandelt wird. In der Praxis wird die lineare Optimierung beispielsweise beim Transportproblem, Tourenplanungsproblem, Lagerhaltungsproblem, bei der Rohölverarbeitung in Raffinerien und beim Verschnittproblem eingesetzt.

## 7.1 Matrizen und Vektoren

### 7.1.1 Grundbegriffe der Matrizenrechnung

Zahlentabellen sind das wichtigste Hilfsmittel zur überschaubaren und zusammenfassenden Darstellung von ökonomischen Sachverhalten.

**Beispiel 7.1**
In einem Unternehmen werden drei Produkte $P_1$, $P_2$, $P_3$ hergestellt. Monatlich erhält die verantwortliche Produktmanagerin eine tabellarische Aufstellung über die verkauften Einheiten dieser drei Produkte in Deutschland (D) und drei weiteren europäischen Ländern: Frankreich (F), Italien (I) und Schweiz (CH). So wird Anfang Mai die folgende Tabelle erstellt:

Verkaufte Einheiten im April

| | D | F | I | CH |
|---|---|---|---|---|
| $P_1$ | 110 | 5 | 0 | 100 |
| $P_2$ | 55 | 15 | 10 | 20 |
| $P_3$ | 10 | 20 | 5 | 0 |

Beispielsweise bedeutet die Zahl 100 in der ersten Zeile, dass 100 Einheiten des Produkts $P_1$ im April in der Schweiz verkauft wurden. Zur Speicherung und Weiterverarbeitung werden diese

Daten in eine Datenbank eingegeben. Auf dem Bildschirm erscheinen zwei Klammern, zwischen die man die Zahlen der vorliegenden Tabelle unter strenger Berücksichtigung ihrer Reihenfolge eingibt. Es entsteht ein Zahlenschema, das man Matrix nennt:

$$\begin{pmatrix} 110 & 5 & 0 & 100 \\ 55 & 15 & 10 & 20 \\ 10 & 20 & 5 & 0 \end{pmatrix}$$

Mit den in Beispiel 7.1 eingeführten rechteckigen Zahlentabellen kann man „Mathematik betreiben“, beispielsweise wird „eine Multiplikation“ zwischen zwei Matrizen eingeführt, die den Anwendungsbedürfnissen genügt.

**Matrix**

Eine *m x n – Matrix* (lies: m Kreuz n Matrix) ist ein aus m Zeilen und n Spalten bestehendes rechteckiges Schema reeller Zahlen:

$$\mathbf{A}_{(m,n)} = \begin{pmatrix} a_{11} & a_{12} & \cdot & \cdot & \cdot & a_{1j} & \cdot & \cdot & \cdot & a_{1n} \\ a_{21} & a_{22} & \cdot & \cdot & \cdot & a_{2j} & \cdot & \cdot & \cdot & a_{2n} \\ \cdot & \cdot & & & & \cdot & & & & \cdot \\ \cdot & \cdot & & & & \cdot & & & & \cdot \\ \cdot & \cdot & & & & \cdot & & & & \cdot \\ a_{i1} & a_{i2} & \cdot & \cdot & \cdot & a_{ij} & \cdot & \cdot & \cdot & a_{in} \\ \cdot & \cdot & & & & \cdot & & & & \cdot \\ \cdot & \cdot & & & & \cdot & & & & \cdot \\ \cdot & \cdot & & & & \cdot & & & & \cdot \\ a_{m1} & a_{m2} & \cdot & \cdot & \cdot & a_{mj} & \cdot & \cdot & \cdot & a_{mn} \end{pmatrix}$$

Die Einträge $a_{ij} \in \mathbb{R}$ $(i = 1,2,...,m,\ j = 1,2,...,n)$ heißen *Elemente* der Matrix. Der Doppelindex „ij“, mit dem die Elemente einer Matrix versehen sind, gibt an, an welcher Stelle in der Matrix das Element $a_{ij}$ steht, nämlich im Schnittpunkt von i-ter Zeile und j-ter Spalte. Die erste Ziffer des Index bezieht sich immer auf die Zeile (und damit die zweite immer auf die Spalte). Deswegen nennt man „i“ auch den Zeilenindex und „j“ den Spaltenindex.

Häufig schreibt man statt $\mathbf{A}_{(m,n)}$ einfach **A** (meist fett gedruckt). Andere gebräuchliche Bezeichnungen sind: $(a_{ij})$, $(a_{ij})_{(m,n)}$, $\mathbf{A}_{m,n}$. Selbstverständlich können neben **A** bzw. $a_{ij}$ auch andere Buchstaben wie **B**, $(b_{ij})$, **C**, $(c_{ij})$ usw. zur Kennzeichnung einer Matrix verwendet werden.

**Beispiel 7.2**

**1.** Im Beispiel 7.1 findet man die Matrix

$$\mathbf{A} = \begin{pmatrix} 110 & 5 & 0 & 100 \\ 55 & 15 & 10 & 20 \\ 10 & 20 & 5 & 0 \end{pmatrix}$$

mit $a_{22} = 15$, $a_{31} = 10$, $a_{23} = 10$ usw.

**2.** $$\mathbf{B} = \begin{pmatrix} 1000 \\ -800 \\ -25 \end{pmatrix}$$

Hier handelt es sich um eine Matrix, die nur aus einer Spalte besteht, also um eine (3 x 1)-Matrix.

3. Die Zeitschrift $A_1$ steht in direkter Konkurrenz zu den beiden Zeitschriften $A_2$ und $A_3$. $A_1$ ist zurzeit sehr erfolgreich und hat im Mai einen Marktanteil von 0,6 (oder 60%). Die restlichen 40% verteilen sich gleichmäßig auf die beiden Konkurrenten; diese weisen also einen Marktanteil von jeweils 0,2 auf. Seit einigen Tagen wird zur Steigerung der Auflage des Konkurrenzblattes $A_2$ eine aufwendige Werbekampagne durchgeführt. Dadurch aufgeschreckt, beauftragt die Verlagsleitung der Zeitschrift $A_1$ das Marktforschungsinstitut Mafo, die voraussichtliche Käuferfluktuation im Juni zu bestimmen. Schließlich präsentiert die Mafo der Verlagsführung folgendes Ergebnis:

$$\mathbf{M} = \begin{pmatrix} 0{,}71 & 0{,}19 & 0{,}10 \\ 0{,}01 & 0{,}95 & 0{,}04 \\ 0{,}05 & 0{,}20 & 0{,}75 \end{pmatrix}$$

Dabei gibt $a_{ij}$ den Anteil der Leser an, die im Juni von der Zeitschrift $A_i$ zur Zeitschrift $A_j$ wechseln wollen. Beispielsweise bedeutet $a_{23} = 0{,}04$, dass 4% der Leser von $A_2$ im Juni zu $A_3$ wechseln wollen. $a_{22} = 0{,}95$ gibt an, dass 95% der Mai-Leser von $A_2$ auch im Juni wieder $A_2$ kaufen werden (Markentreue). Die Matrix **M** heißt daher auch Matrix der Käuferfluktuation (bzw. Matrix der Markentreue).

Durch Vertauschen von Zeilen und Spalten einer Matrix erhält man wieder eine Matrix.

**Beispiel 7.3**

Die Informationen über den Absatz im April (vgl. Beispiel 7.1) können auch durch die folgende Tabelle übermittelt werden:

Verkaufte Einheiten im April

| | $P_1$ | $P_2$ | $P_3$ |
|---|---|---|---|
| D | 110 | 55 | 10 |
| F | 5 | 15 | 20 |
| I | 0 | 10 | 5 |
| CH | 100 | 20 | 0 |

Beim Vergleich dieser Tabelle mit der entsprechenden Tabelle aus Beispiel 7.1 stellt man fest, dass die hier vorliegende einfach durch Vertauschen der Zeilen und Spalten entstanden ist. Dabei ging keine Information verloren.

**Transponierte Matrix**

Die aus der (m x n) – Matrix $\mathbf{A} = (a_{ij})$ durch Vertauschen der Zeilen und Spalten entstandene (n x m) – Matrix $\mathbf{B} = (b_{ji})$ mit $b_{ji} = a_{ij}$ für j = 1,...., n; i = 1,....., m heißt die zu **A** transponierte Matrix $\mathbf{A}^T$.

Häufig benutzt man statt $\mathbf{A}^T$ auch die Schreibweise **A'**.

**Beispiel 7.4**

Es sei $\mathbf{A} = \begin{pmatrix} 110 & 5 & 0 & 100 \\ 55 & 15 & 10 & 20 \\ 10 & 20 & 5 & 0 \end{pmatrix}$

die 3 x 4 – Matrix aus Beispiel 7.1.

Dann ist $\mathbf{A}^T = \begin{pmatrix} 110 & 55 & 10 \\ 5 & 15 & 20 \\ 0 & 10 & 5 \\ 100 & 20 & 0 \end{pmatrix}$ eine 4 x 3 – Matrix.

Beispielsweise findet man das Element $a_{14} = 100$ aus **A** nun an der Stelle $a_{41}$ in $\mathbf{A}^T$.

Es leuchtet sofort ein, dass zweimaliges Transponieren einer Matrix wieder die Ausgangsmatrix ergibt:
Sei **A** eine (m x n) – Matrix, dann gilt $(\mathbf{A}^T)^T = \mathbf{A}$.

### 7.1.2 Sonderfälle von Matrizen

Zunächst werden zwei wichtige Sonderfälle von Matrizen definiert.

#### Spaltenvektor, Zeilenvektor

Eine m x 1 Matrix nennt man Spaltenvektor.
Eine 1 x n Matrix heißt Zeilenvektor.

Ein Spaltenvektor ist also eine Matrix mit genau einer Spalte. Im Folgenden werden Spaltenvektoren durch kleine lateinische Buchstaben mit darüber stehendem Pfeil $\vec{a}$, $\vec{b}$, $\vec{c}$, ... bezeichnet.
Ein Zeilenvektor ist eine Matrix mit genau einer Zeile. Da aus einem Spaltenvektor $\vec{a}$ durch Transponieren ein Zeilenvektor $\vec{a}^T$ entsteht, werden Zeilenvektoren mit $\vec{a}^T, \vec{b}^T, \vec{c}^T$, ... bezeichnet.

Die Elemente eines Spalten- bzw. Zeilenvektors heißen auch Komponenten des Vektors. Die Komponenten werden in der Regel nur durch einen Index gekennzeichnet, also

$$\vec{a} = \begin{pmatrix} a_1 \\ a_2 \\ \vdots \\ a_m \end{pmatrix} \text{ bzw. } \vec{b}^T = (b_1 \ldots b_n).$$

**Beispiel 7.5**

**1.** Über die im Beispiel 7.1 vorgestellten Produkte erhält man folgende Information:

| | Änderung des Umsatzes gegenüber dem Vormonat |
|---|---|
| $P_1$ | + 100.000 Euro |
| $P_2$ | – 8.000 Euro |
| $P_3$ | – 25.000 Euro |

Diese Information lässt sich auch durch den Spaltenvektor

$\vec{a} = \begin{pmatrix} 100.000 \\ -8.000 \\ -25.000 \end{pmatrix}$ mit $a_1 = 100.000$, $a_2 = -8.000$, $a_3 = -25.000$ wiedergeben.

**2.** Die erste Zeile der Matrix $\begin{pmatrix} 110 & 5 & 0 & 100 \\ 55 & 15 & 10 & 20 \\ 10 & 20 & 5 & 0 \end{pmatrix}$

aus Beispiel 7.1 kann man auch als Zeilenvektor auffassen, etwa:

$\vec{a}^T = (110 \;\; 5 \;\; 0 \;\; 100)$ mit $a_1 = 110$, $a_2 = 5$, $a_3 = 0$, $a_4 = 100$

Dabei gibt $\vec{a}^T$ die von $P_1$ verkauften Einheiten in Deutschland, Frankreich, Italien und der Schweiz an.

3. Jede Matrix $\mathbf{A}_{m,n}$ besteht aus m Zeilenvektoren mit n Komponenten bzw. n Spaltenvektoren mit m Komponenten. So besteht beispielsweise die Matrix

$\begin{pmatrix} 14700 & 13700 \\ 12675 & 13475 \\ 1750 & 1775 \end{pmatrix}$ aus den Spaltenvektoren $\vec{a} = \begin{pmatrix} 14700 \\ 12675 \\ 1750 \end{pmatrix}$ und $\vec{b} = \begin{pmatrix} 13700 \\ 13475 \\ 1775 \end{pmatrix}$

bzw. den drei Zeilenvektoren

$\vec{a}^T = (14700 \;\; 13700)$, $\vec{b}^T = (12675 \;\; 13475)$, $\vec{c}^T = (1750 \;\; 1775)$.

Sonderfälle von Matrizen sind Nullmatrix, quadratische Matrix, Diagonalmatrix, Einheitsmatrix und Dreiecksmatrix.

**Nullmatrix**

Eine (m x n) Matrix, deren Elemente alle gleich 0 sind, heißt *Nullmatrix*. Diese wird mit $\mathbf{0}_{m,n}$ oder einfach mit $\mathbf{0}$ bezeichnet.

$$\mathbf{0} = \begin{pmatrix} 0 & 0 & \dots & 0 \\ 0 & 0 & \dots & 0 \\ \vdots & \vdots & \ddots & \vdots \\ 0 & 0 & \dots & 0 \end{pmatrix}$$

**Nullvektor**

Vektoren, deren Komponenten alle Null sind, heißen *Nullvektoren*. Sie werden mit $\vec{0}$ bzw. $\vec{0}^T$ bezeichnet.

Also $\vec{o} = \begin{pmatrix} 0 \\ 0 \\ \vdots \\ 0 \end{pmatrix}$ bzw. $\vec{o}^T = (0\ 0 \ldots 0)$

(In der Regel wird aus dem Zusammenhang klar, wie viele Komponenten der durch $\vec{o}^T$ bzw. $\vec{o}$ gekennzeichnete Nullvektor hat.)

**Beispiel 7.6**

$$\mathbf{0}_{2,3} = \begin{pmatrix} 0 & 0 & 0 \\ 0 & 0 & 0 \end{pmatrix}, \vec{o} = \begin{pmatrix} 0 \\ 0 \\ 0 \end{pmatrix}, \vec{o}^T = (0\ 0\ 0)$$

## Quadratische Matrix

Gilt für eine m x n – Matrix **A**, dass m = n ist, so heißt die Matrix *quadratisch*. In diesem Fall stimmen Zeilen- und Spaltenzahl überein.

**Beispiel 7.7**

$$\mathbf{A}_{2,2} = \begin{pmatrix} 4 & 1 \\ 7 & 5 \end{pmatrix}$$

Bei einer quadratischen Matrix $\mathbf{A}_{n,n}$ bezeichnet man die Elemente $a_{11}, a_{22}, \ldots, a_{nn}$ als *Hauptdiagonale* (Diagonale von links oben nach rechts unten).

**Beispiel 7.8**

Es sei **M** die Matrix aus Beispiel 7.2, also $\mathbf{M} = \begin{pmatrix} 0{,}71 & 0{,}19 & 0{,}10 \\ 0{,}01 & 0{,}95 & 0{,}04 \\ 0{,}05 & 0{,}20 & 0{,}75 \end{pmatrix}$.

Dann geben die Elemente $a_{ii}$ auf der Hauptdiagonalen denjenigen Anteil der Leser an, die ihrer Zeitschrift die Treue halten. Beispielsweise bedeutet $a_{22} = 0{,}95$, dass 95% der Leser von $A_2$ im kommenden Monat wieder $A_2$ kaufen werden.

## Diagonalmatrix

Eine quadratische Matrix $\mathbf{D}_{n,n}$ deren sämtliche Elemente außerhalb der Hauptdiagonale Null sind, heißt *Diagonalmatrix*. Es gilt also: $a_{ij} = 0$ für $i \neq j$.

$$\mathbf{D}_{n,n} = \begin{pmatrix} a_{11} & 0 & \ldots & 0 \\ 0 & a_{22} & \ddots & \vdots \\ \vdots & \ddots & \ddots & 0 \\ 0 & \ldots & 0 & a_{nn} \end{pmatrix}$$

**Beispiel 7.9**

Interessiert man sich nur für den Anteil der Leser, die der jeweiligen Zeitschrift die Treue halten, erhält man die Matrix

$$\mathbf{M}_D = \begin{pmatrix} 0{,}71 & 0 & 0 \\ 0 & 0{,}95 & 0 \\ 0 & 0 & 0{,}75 \end{pmatrix}$$ (vgl. Beispiel 7.2).

**Einheitsmatrix, Einheitsvektor**

Eine n x n – Diagonalmatrix, deren Hauptdiagonalelemente alle gleich 1 sind, heißt *Einheitsmatrix* $\mathbf{E}_{n,n}$ oder kurz $\mathbf{E}$ (auch Einheitsmatrix n-ter Ordnung). Es gilt also $a_{ij} = 0$ für $i \neq j$ und $a_{ii} = 1$ für $i = 1, \ldots, n$.

$$\mathbf{E}_{n,n} = \begin{pmatrix} 1 & 0 & \ldots & 0 \\ 0 & 1 & \ldots & 0 \\ \vdots & \vdots & \ddots & \vdots \\ 0 & 0 & \ldots & 1 \end{pmatrix}$$

**Beispiel 7.10**

$$\mathbf{E}_{3,3} = \begin{pmatrix} 1 & 0 & 0 \\ 0 & 1 & 0 \\ 0 & 0 & 1 \end{pmatrix} \text{ (Einheitsmatrix 3-ter Ordnung)}$$

Die Zeilen bzw. Spaltenvektoren der Einheitsmatrix $\mathbf{E}_{n,n}$ heißen *Einheitsvektoren*. Sie werden mit $\vec{e}_i$ bzw. $\vec{e}_i^{\,T}$ $(i = 1,\ldots,n)$ bezeichnet.

$$\vec{e}_1 = \begin{pmatrix} 1 \\ 0 \\ \vdots \\ 0 \end{pmatrix}, \vec{e}_2 = \begin{pmatrix} 0 \\ 1 \\ \vdots \\ 0 \end{pmatrix}, \ldots, \vec{e}_n = \begin{pmatrix} 0 \\ 0 \\ \vdots \\ 1 \end{pmatrix}$$

oder $\vec{e}_i^{\,T} = (0\ldots0 \; 1 \; 0\ldots0), i = 1, \ldots, n$

($\vec{e}_i^{\,T}$ besitzt also genau eine 1 an der i-ten Stelle, die übrigen Komponenten sind Null.)

**Beispiel 7.11**

$$\vec{e}_1 = \begin{pmatrix} 1 \\ 0 \\ 0 \end{pmatrix}, \vec{e}_2 = \begin{pmatrix} 0 \\ 1 \\ 0 \end{pmatrix}, \vec{e}_3 = \begin{pmatrix} 0 \\ 0 \\ 1 \end{pmatrix} \text{ bzw. } \vec{e}_1^{\,T} = (1 \;\; 0 \;\; 0) \text{ usw.}$$

**Dreiecksmatrix**

Eine quadratische Matrix, deren sämtliche Elemente oberhalb (unterhalb) der Hauptdiagonalen gleich Null sind, heißt untere (obere) *Dreiecksmatrix*. Es gilt also für eine untere (obere) Dreiecksmatrix $\mathbf{A}$:

$a_{ij} = 0$ für $i < j$ $(i > j)$

**Beispiel 7.12**

Obere Dreiecksmatrix: $\mathbf{A} = \begin{pmatrix} 1 & 1 & 0 \\ 0 & 4 & 3 \\ 0 & 0 & 7 \end{pmatrix}$

Untere Dreiecksmatrix: $\mathbf{B} = \begin{pmatrix} 1 & 0 & 0 \\ 1 & 2 & 0 \\ 4 & 0 & 3 \end{pmatrix}$

### 7.1.3 Addition von Matrizen

**Beispiel 7.13**

Es soll herausgefunden werden, wie viel Einheiten der drei Produkte $P_1$, $P_2$, $P_3$ in den Monaten April und Mai in den vier Ländern D, F, I, CH verkauft wurden. Dazu muss die Matrix aus Beispiel 7.1, die die Verkaufszahlen des April enthält, nämlich

$$\mathbf{A} = \begin{pmatrix} 110 & 5 & 0 & 100 \\ 55 & 15 & 10 & 20 \\ 10 & 20 & 5 & 0 \end{pmatrix}$$

mit der entsprechenden Matrix für den Monat Mai

$$\mathbf{B} = \begin{pmatrix} 0 & 10 & 0 & 0 \\ 0 & 15 & 0 & 0 \\ 10 & 10 & 20 & 15 \end{pmatrix}$$

zusammengefasst werden. Die „einander entsprechenden" Verkaufszahlen werden dabei addiert und die entstandenen Summen in eine neue Matrix übertragen. „Einander entsprechend" bedeutet, an der gleichen Stelle innerhalb der Matrix stehend. Dies führt zu:

$$\mathbf{C} = \begin{pmatrix} 110 & 15 & 0 & 100 \\ 55 & 30 & 10 & 20 \\ 20 & 30 & 25 & 15 \end{pmatrix}$$

Umgekehrt erhält man bei Kenntnis der Matrizen **C** und **A** durch Subtraktion der sich entsprechenden Verkaufszahlen die Verkaufszahlen des Monats Mai.

> Es seien **A** und **B** zwei m x n – Matrizen. Unter der Summe (Differenz)
> **A + B (A – B)**
> von $\mathbf{A} = (a_{ij})$ und $\mathbf{B} = (b_{ij})$ versteht man die m x n – Matrix
> $\mathbf{C} = (c_{ij})$ mit $c_{ij} = a_{ij} + b_{ij}$ $(c_{ij} = a_{ij} - b_{ij})$, $i = 1, \dots, m;\ j = 1, \dots, n$.

Zwei Matrizen, die die gleiche Anzahl von Zeilen und Spalten besitzen, bezeichnet man als *Matrizen gleichen Typs*. Nur Matrizen gleichen Typs können addiert (subtrahiert) werden.

**Beispiel 7.14**

Es seien $\mathbf{A} = \begin{pmatrix} 4 & 1 \\ 3 & 2 \\ 2 & 7 \end{pmatrix}$ und $\mathbf{B} = \begin{pmatrix} 1 & 1 \\ 1 & 1 \\ 2 & 10 \end{pmatrix}$.

Dann ist $\mathbf{A} + \mathbf{A} = \begin{pmatrix} 8 & 2 \\ 6 & 4 \\ 4 & 14 \end{pmatrix}$, $\mathbf{B} - \mathbf{A} = \begin{pmatrix} -3 & 0 \\ -2 & -1 \\ 0 & 3 \end{pmatrix}$ und $\mathbf{B} + \mathbf{A} = \begin{pmatrix} 5 & 2 \\ 4 & 3 \\ 4 & 17 \end{pmatrix}$.

Die beiden Matrizen $\mathbf{A} = \begin{pmatrix} 4 & 3 \\ 7 & 2 \end{pmatrix}$ und $\mathbf{B} = \begin{pmatrix} 4 & 4 & 0 \\ 7 & 4 & 1 \end{pmatrix}$ kann man nicht addieren, da sie nicht vom gleichen Typ sind.

### 7.1.4 Multiplikation einer Matrix mit einem Skalarfaktor

**Beispiel 7.15**
Mit den drei Produkten $P_1$, $P_2$, $P_3$ wurden innerhalb eines Jahres die folgenden Umsätze (in Millionen US-Dollar) erzielt:

| | USA | Kanada | Mexiko |
|---|---|---|---|
| $P_1$ | 10 | 10 | 20 |
| $P_2$ | 10 | 50 | 10 |
| $P_3$ | 50 | 10 | 50 |

Diese Tabelle soll in Euro umgerechnet werden. Dazu muss man jedes Element der Tabelle mit dem Wechselkurs 1,10 (angenommener Wert) multiplizieren. Man rechnet also:

$$1{,}10 \cdot \begin{pmatrix} 10 & 10 & 20 \\ 10 & 50 & 10 \\ 50 & 10 & 50 \end{pmatrix} = \begin{pmatrix} 11 & 11 & 22 \\ 11 & 55 & 11 \\ 55 & 11 & 55 \end{pmatrix}.$$

Die auf der rechten Seite neu entstandene Matrix enthält die Umsätze in Millionen Euro.

Eine Matrix $\mathbf{A} = (a_{ij})$ wird mit einer reellen Zahl (Skalar) t multipliziert, indem jedes Matrixelement mit t multipliziert wird. Schreibweise:
$t \cdot \mathbf{A} = t\mathbf{A} = t(a_{ij}) = \mathbf{A}t = \mathbf{A} \cdot t$

**Beispiel 7.16**

**1.** Seien $t = 4$ und $\mathbf{A} = \begin{pmatrix} 4 & 3 \\ 7 & 2 \end{pmatrix}$, dann gilt: $t \cdot \mathbf{A} = 4 \cdot \begin{pmatrix} 4 & 3 \\ 7 & 2 \end{pmatrix} = \begin{pmatrix} 16 & 12 \\ 28 & 8 \end{pmatrix}$.

**2.**
$\begin{pmatrix} \frac{1}{111} & \frac{4}{111} \\ \frac{1}{111} & \frac{17}{111} \end{pmatrix}$ lässt sich vereinfachen zu $\frac{1}{111} \begin{pmatrix} 1 & 4 \\ 1 & 17 \end{pmatrix}$.

Die Subtraktion zweier Matrizen $\mathbf{A} - \mathbf{B}$ lässt sich mit Hilfe der Skalarmultiplikation auf die Addition von zwei Matrizen zurückführen. Denn es gilt:
$\mathbf{A} - \mathbf{B} = \mathbf{A} + ((-1) \cdot \mathbf{B})$.

Folgende Rechenregeln gelten für die bisher eingeführten Matrizenoperationen. Es seien **A**, **B**, und **C** drei Matrizen gleichen Typs und s, t zwei reelle Zahlen (Skalare). Dann gilt:

- $\mathbf{A} + \mathbf{B} = \mathbf{B} + \mathbf{A}$ (Kommutativgesetz)
- $\mathbf{A} + (\mathbf{B} + \mathbf{C}) = (\mathbf{A} + \mathbf{B}) + \mathbf{C}$ (Assoziativgesetz)
- $t(\mathbf{A} + \mathbf{B}) = t \cdot \mathbf{A} + t \cdot \mathbf{B}$ (Distributivgesetz)
- $(t + s)\mathbf{A} = t \cdot \mathbf{A} + s \cdot \mathbf{A}$ (Distributivgesetz)
- $(s \cdot t)\mathbf{A} = s(t \cdot \mathbf{A})$.

### 7.1.5 Skalarprodukt

**Beispiel 7.17**
Die insgesamt von den Produkten $P_1$, $P_2$, $P_3$ im Monat Juni hergestellten Einheiten werden durch den Produktionsvektor
$\vec{x}^T = (225 \quad 100 \quad 35)$
dargestellt. Die entsprechenden Verkaufspreise im Juni betragen (in € pro Einheit)

$$\vec{p} = \begin{pmatrix} 10 \\ 15 \\ 20 \end{pmatrix}.$$

Der Gesamtumsatz der Unternehmung im Juni ergibt sich, indem man die entsprechenden Komponenten von $\vec{x}^T$ und $\vec{p}$ miteinander multipliziert und die Produkte anschließend addiert, also:
$U = 225 \cdot 10 + 100 \cdot 15 + 35 \cdot 20 = 4450$ (€)

Man sagt auch, dass der Umsatz im Beispiel 7.17 das Skalarprodukt aus Mengen- und Preisvektor ist.

Vorgegeben seien ein Zeilenvektor $\vec{a}^T = (a_1, a_2, \ldots, a_n)$ und ein Spaltenvektor

$$\vec{b} = \begin{pmatrix} b_1 \\ b_2 \\ \vdots \\ b_n \end{pmatrix}.$$

Unter dem *Skalarprodukt* dieser beiden Vektoren versteht man die reelle Zahl (den Skalar):

$$\vec{a}^T \cdot \vec{b} = (a_1 \quad a_2 \ldots a_n) \begin{pmatrix} b_1 \\ b_2 \\ \vdots \\ b_n \end{pmatrix} = a_1 b_1 + a_2 b_2 + \ldots + a_n b_n = \sum_{i=1}^{n} a_i b_i$$

Das Skalarprodukt ist nur für Vektoren mit *gleicher Komponentenanzahl* definiert.

Die Forderung in der Definition, dass der linke Vektor ein Zeilenvektor und der rechte Vektor ein Spaltenvektor ist, wird gestellt, um formale Widersprüche mit der Matrizenmultiplikation (vgl. Abschnitt 7.1.6) zu vermeiden. Man kann auf diese Forderung aber auch verzichten und somit das Skalarprodukt zwischen zwei Spaltenvektoren bzw. zwei Zeilenvektoren zulassen (wie das bei Anwendungen innerhalb der Wirtschaftswissenschaften praktisch immer geschieht).

**Beispiel 7.18**

1. Beispiel 7.17 lässt sich jetzt mit Hilfe des Skalarproduktes formulieren:

$$U = \vec{x}^T \cdot \vec{p} = (225 \quad 100 \quad 35) \begin{pmatrix} 10 \\ 15 \\ 20 \end{pmatrix} = 4450.$$

2. $(4 \quad 7 \quad 0{,}5 \quad 4) \cdot \begin{pmatrix} 3 \\ 4 \\ 7 \\ 0{,}5 \end{pmatrix} = 45{,}5$

3. Das Skalarprodukt der beiden Vektoren $\vec{a}^T = (4\ \ 7)$ und $\vec{b} = \begin{pmatrix} 2 \\ 4 \\ 5 \end{pmatrix}$

kann nicht gebildet werden, da die beiden Vektoren nicht die gleiche Anzahl von Komponenten besitzen.

### 7.1.6 Multiplikation von Matrizen

Anders als die Addition von Matrizen ist die Multiplikation zweier geeigneter Matrizen *nicht* durch die Multiplikation sich entsprechender Elemente definiert.

**Beispiel 7.19**
Die Tabelle

| | Umsatz berechnet mit prognostiziertem Devisenkurs (in €) | Umsatz berechnet mit tatsächlichem Devisenkurs (in €) |
|---|---|---|
| $P_1$ | 2600 | 2850 |
| $P_2$ | 4100 | 4650 |
| $P_3$ | 1950 | 2250 |

ist folgendermaßen berechnet worden.

Zunächst existieren die beiden Tabellen:

Umsätze im April
(in der jeweiligen Landeswährung)

| | USA | Kanada | CH |
|---|---|---|---|
| $P_1$ | 1000 | 2000 | 1000 |
| $P_2$ | 500 | 4500 | 2000 |
| $P_3$ | 500 | 3000 | 0 |

(Beispielsweise bedeutet $a_{21} = 500$, dass von $P_2$ in den USA ein Umsatz in Höhe von 500 Dollar erzielt wurde.)

| | prognostizierter Devisenkurs (in €) | tatsächlicher Devisenkurs (in €) |
|---|---|---|
| USA | 0,90 | 0,90 |
| Kanada | 0,50 | 0,60 |
| CH | 0,70 | 0,75 |

(Hier bedeutet beispielsweise $a_{31} = 0{,}70$, dass einem Schweizer Franken 0,70 Euro entsprechen.)

Um $c_{11}$ (= 2600) aus der ersten Tabelle zu erhalten, muss man den mit $P_1$ erzielten Gesamtumsatz unter Einbeziehung der Wechselkurse berechnen:

$1000 \cdot 0{,}9 + 2000 \cdot 0{,}50 + 1000 \cdot 0{,}70 = 2600.$

Die Summe $c_{11}$ ist also darstellbar als Skalarprodukt des ersten Zeilenvektors der Tabelle Umsätze mit dem ersten Spaltenvektor der Tabelle Devisenkurse. Allgemein gilt, dass das Element $c_{ik}$ der Matrix **C** sich als Skalarprodukt des i-ten Zeilenvektors der Tabelle Umsätze mit dem k-ten Spaltenvektor der Tabelle Devisenkurse ergibt.

Vorgegeben seien die beiden Matrizen $\mathbf{A} = \mathbf{A}_{(m,p)} = (a_{ij})$ und $\mathbf{B} = \mathbf{B}_{(p,n)} = (b_{jk})$. (Man beachte, dass die Spaltenzahl p von **A** mit der Zeilenzahl von **B** übereinstimmen muss.)
Die Matrix $\mathbf{C} = \mathbf{C}_{(m,n)} = (c_{ik})$, deren Elemente $c_{ik}$ das Skalarprodukt der i-ten Zeile von **A** und der k-ten Spalte von **B** sind, heißt das *Matrizenprodukt* von **A** und **B**. Man schreibt $\mathbf{C} = \mathbf{A} \cdot \mathbf{B} = \mathbf{AB}$.

Es gilt nach dieser Definition für die Elemente der Matrix **C**:

$$c_{ik} = (a_{i1}\ a_{i2} \ldots a_{ip}) \begin{pmatrix} b_{1k} \\ b_{2k} \\ \cdot \\ \cdot \\ \cdot \\ b_{pk} \end{pmatrix} = \sum_{j=1}^{p} a_{ij} b_{jk} \text{ für } i = 1,\ldots,m;\ k = 1,\ldots,n.$$

Die (einzige) Voraussetzung für die Bildung des Matrizenprodukts AB ist, dass die Spaltenzahl von **A** mit der Zeilenzahl von **B** übereinstimmt.
Die Zeilenzahl des Matrizenproduktes **C** (= **AB**) stimmt mit der Zeilenzahl von **A** und die Spaltenzahl von C stimmt mit der Spaltenzahl von **B** überein.
Das Skalarprodukt ist ein Spezialfall der Matrizenmultiplikation, wenn man für die im Matrizenprodukt **AB** linksstehende Matrix **A** einen Zeilenvektor und für **B** einen Spaltenvektor wählt.

Die Verwendung des so genannten *Falkschen Schemas* kann helfen, bei der Multiplikation von Matrizen die Übersicht zu bewahren. Diese Rechentechnik sei an einem Beispiel demonstriert.
Vorgegeben sind:

$$\mathbf{A} = \begin{pmatrix} 1 & 2 & 1 \\ 0 & 2 & 1 \\ 1 & 1 & 1 \end{pmatrix}, \mathbf{B} = \begin{pmatrix} 1 & 1 \\ 0 & 2 \\ 2 & 2 \end{pmatrix}$$

Zu berechnen ist $\mathbf{C} = \mathbf{AB}$ (mit dem Falkschen Schema). Hierzu benutzt man die folgende „versetzte Schreibweise“:

**Falksches Schema**

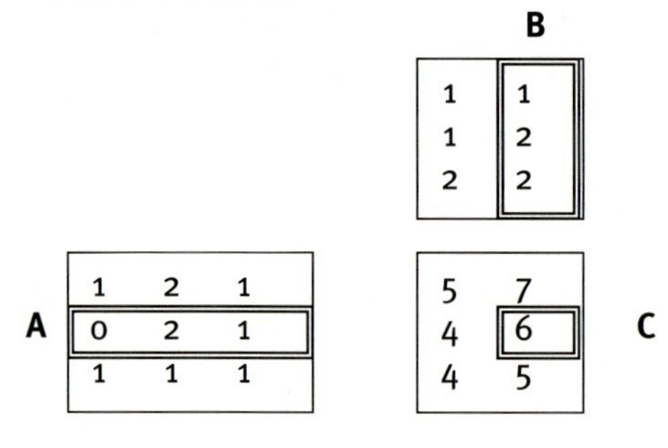


Dabei wird jedes Element $c_{ik}$ von $\mathbf{C} = \mathbf{AB}$ berechnet als Skalarprodukt derjenigen Zeile von **A** und derjenigen Spalte von **B**, deren Verlängerungen sich in $c_{ik}$ schneiden.

So kreuzt sich beispielsweise die doppelt umrandete zweite Zeile von **A** mit der genauso gekennzeichneten zweiten Spalte von **B** im Element $c_{22}$ von **C**. Der Wert von $c_{22}$ ergibt sich daher als Skalarprodukt

$$(0\ \ 2\ \ 1)\begin{pmatrix}1\\2\\2\end{pmatrix} = 0 + 4 + 2 = 6.$$

Entsprechend verfährt man für die übrigen Elemente von **C** = **AB**.

**Beispiel 7.20**

**1.** Matrix der Verbrauchskoeffizienten (Produktionskoeffizienten)

In einer Unternehmung werden die Produkte $E_1$ und $E_2$ aus den Zwischenprodukten $Z_1$, $Z_2$, $Z_3$ hergestellt. Diese wiederum werden unter Einsatz der vier Rohstoffe $R_1$, $R_2$, $R_3$, $R_4$ gefertigt. Der folgende Gozintograph verdeutlicht diesen zweistufigen Fertigungsprozess.

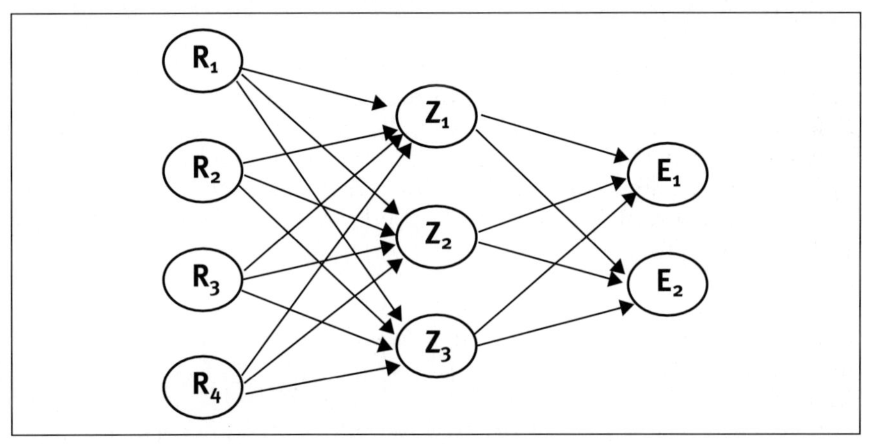


*Abb. 7.1: Gozintograph*

(Der Name Gozintograph geht auf den Ungarn Vazsonyi zurück, der ihn auf den nichtexistierenden „gefeierten italienischen Mathematiker Zepartzat Gozinto" zurückführte. In Wirklichkeit leitet sich der Name aus einer Verballhornung von „goes into" ab.)

Statt mittels des schnell unübersichtlich werdenden Gozintographen lassen sich die Produktionskoeffizienten übersichtlicher durch die folgenden Tabellen wiedergeben:

| | $Z_1$ | $Z_2$ | $Z_3$ |
|---|---|---|---|
| $R_1$ | 2 | 4 | 3 |
| $R_2$ | 3 | 7 | 6 |
| $R_3$ | 71 | 3 | 2 |
| $R_4$ | 8 | 1 | 1 |

| | $E_1$ | $E_2$ |
|---|---|---|
| $Z_1$ | 4 | 11 |
| $Z_2$ | 7 | 10 |
| $Z_3$ | 3 | 82 |

Dies führt zu den Matrizen

$$\mathbf{A}^{RZ} = \begin{pmatrix} 2 & 4 & 3 \\ 3 & 7 & 6 \\ 71 & 3 & 2 \\ 8 & 1 & 1 \end{pmatrix}, \mathbf{B}^{ZE} = \begin{pmatrix} 4 & 11 \\ 7 & 10 \\ 3 & 82 \end{pmatrix}.$$

Die Matrix $\mathbf{A}^{RZ}$ beschreibt den Zusammenhang zwischen Rohstoffen und Zwischenprodukten. Das Element $a_{ij}$ von $\mathbf{A}^{RZ}$ gibt die Menge des Rohstoffes i an, die für die Produktion einer Einheit des Zwischenproduktes j benötigt wird. $a_{31} = 71$ bedeutet also den Verbrauch von 71 Einheiten des Rohstoffes $R_3$ für die Produktion einer Einheit von $Z_1$. Analog beschreibt $\mathbf{B}^{ZE}$ den Zusammenhang zwischen Zwischenprodukten und Endprodukten.
Welche Mengen werden von den Rohstoffen $R_1$ bis $R_4$ benötigt, um jeweils eine Einheit von $E_1$ bzw. $E_2$ herzustellen? Gesucht ist also die Matrix der Rohstoffverbrauchskoeffizienten (Verbrauchsmatrix) für die beiden Endprodukte,

$$\mathbf{C}^{RE} = \begin{pmatrix} c_{11} & c_{12} \\ c_{21} & c_{22} \\ c_{31} & c_{32} \\ c_{41} & c_{42} \end{pmatrix}$$

oder als Tabelle

| | $E_1$ | $E_2$ |
|---|---|---|
| $R_1$ | $c_{11}$ | $c_{12}$ |
| $R_2$ | $c_{21}$ | $c_{22}$ |
| $R_3$ | $c_{31}$ | $c_{32}$ |
| $R_4$ | $c_{41}$ | $c_{42}$ |

.

Zunächst wird exemplarisch $c_{32}$ aus den Elementen von $\mathbf{A}^{RZ}$ und $\mathbf{B}^{ZE}$ berechnet, wobei $c_{32}$ angibt, wie viele Einheiten des Rohstoffes $R_3$ in einer Einheit von $E_2$ eingehen.
Aus der Matrix $\mathbf{B}^{ZE}$ entnimmt man: für eine Einheit von $E_2$ werden 11 Einheiten von $Z_1$, 10 Einheiten von $Z_2$ und 82 Einheiten von $Z_3$ benötigt.
Mit Hilfe der Matrix $\mathbf{A}^{RZ}$ ergibt sich: für eine Einheit von $Z_1$ benötigt man 71 Einheiten von $R_3$, für eine Einheit von $Z_2$ benötigt man 3 Einheiten von $R_3$, für eine Einheit von $Z_3$ benötigt man 2 Einheiten von $R_3$.
Insgesamt benötigt man daher: $11 \cdot 71 + 10 \cdot 3 + 82 \cdot 2 = 975$ Einheiten von $R_3$ für die Produktion einer Einheit von $E_2$, d. h. $c_{32} = 975$.
$c_{32}$ hat sich als Skalarprodukt der dritten Zeile von $\mathbf{A}^{RZ}$ mit der zweiten Spalte von $\mathbf{B}^{ZE}$ ergeben.
Ganz analog berechnet man die übrigen Elemente von $\mathbf{C}^{RE}$, es gilt also:

$$\mathbf{C}^{RE} = \mathbf{A}^{RZ}\,\mathbf{B}^{ZE} = \begin{pmatrix} 45 & 308 \\ 79 & 595 \\ 311 & 975 \\ 42 & 180 \end{pmatrix}$$

**2.** Es sei $\mathbf{M} = \begin{pmatrix} 0{,}71 & 0{,}19 & 0{,}10 \\ 0{,}01 & 0{,}95 & 0{,}04 \\ 0{,}05 & 0{,}20 & 0{,}75 \end{pmatrix}$ die Matrix der Käuferfluktuation aus Beispiel 7.2.

Im Mai betrug die verkaufte Auflage

| | $A_1$ | $A_2$ | $A_3$ |
|---|---|---|---|
| verkaufte Auflagenhöhe (in 100.000) | 1,2 | 0,4 | 0,4 |

oder in Vektorschreibweise: (1,2 0,4 0,4)

Voraussichtlich wird die verkaufte Auflagenhöhe im Juni (in 100.000)

$$(1{,}2 \quad 0{,}4 \quad 0{,}4) \cdot \begin{pmatrix} 0{,}71 & 0{,}19 & 0{,}10 \\ 0{,}01 & 0{,}95 & 0{,}04 \\ 0{,}05 & 0{,}20 & 0{,}75 \end{pmatrix} = (0{,}876 \quad 0{,}688 \quad 0{,}436) \text{ betragen.}$$

Das Beispiel 7.21 dient neben der Übung der Matrizenmultiplikation auch dem „Aufdecken" interessanter Eigenschaften der Matrizenmultiplikation.

**Beispiel 7.21**

**1.** Es sei $\mathbf{A} = \begin{pmatrix} 4 & 7 \\ 3 & 2 \end{pmatrix}$, $\mathbf{B} = \begin{pmatrix} 1 & 3 & 4 \\ 7 & 2 & 3 \end{pmatrix}$.

Dann gilt $\mathbf{AB} = \begin{pmatrix} 53 & 26 & 37 \\ 17 & 13 & 18 \end{pmatrix}$.

Das Produkt **BA** ist nicht definiert, da die Spaltenzahl (= 3) von **B** nicht mit der Zeilenzahl (= 2) von **A** übereinstimmt.

**2.** Es sei $\mathbf{A} = \begin{pmatrix} 3 & 4 \\ 2 & 1 \end{pmatrix}$, $\mathbf{B} = \begin{pmatrix} 0 & 2 \\ 1 & 1 \end{pmatrix}$.

Dann gilt $\mathbf{A} \cdot \mathbf{B} = \begin{pmatrix} 4 & 10 \\ 1 & 5 \end{pmatrix}$ und $\mathbf{B} \cdot \mathbf{A} = \begin{pmatrix} 4 & 2 \\ 5 & 5 \end{pmatrix}$.

Hier sind im Gegensatz zum ersten Fall zwar die Produkte **AB** und **BA** definiert, es gilt aber $\mathbf{AB} \neq \mathbf{BA}$. Also ist die Matrizenmultiplikation im allgemeinen nicht kommutativ.

**3.** Es sei $\mathbf{A} = \begin{pmatrix} 2 & 1 \\ -4 & -2 \end{pmatrix}$, $\mathbf{B} = \begin{pmatrix} 1 & -3 \\ -2 & 6 \end{pmatrix}$.

Dann gilt $\mathbf{A} \cdot \mathbf{B} = \begin{pmatrix} 0 & 0 \\ 0 & 0 \end{pmatrix}$.

Aus $\mathbf{A} \cdot \mathbf{B} = \mathbf{0}$ folgt also nicht, dass **A** oder **B** eine Nullmatrix sein muss. Dagegen gilt für zwei reelle Zahlen a, b: aus $a \cdot b = 0$ folgt $a = 0$ oder $b = 0$.

**4.** Es sei $\vec{a} = \begin{pmatrix} 1 \\ 3 \\ 2 \end{pmatrix}$, $\vec{b}^T = (1 \quad 2 \quad 0)$.

Dann ist $\vec{a} \cdot \vec{b}^T = \begin{pmatrix} 1 & 2 & 0 \\ 3 & 6 & 0 \\ 2 & 4 & 0 \end{pmatrix}$ und $\vec{b}^T \cdot \vec{a} = 7$ (Skalarprodukt).

5. Es sei $\mathbf{A} = \begin{pmatrix} 2 & 4 \\ 7 & 3 \end{pmatrix}$, $\vec{a} = \begin{pmatrix} 1 \\ 2 \end{pmatrix}$

Dann ist $\mathbf{A} \cdot \vec{a} = \begin{pmatrix} 10 \\ 13 \end{pmatrix}$ und $\vec{a}^T \cdot \mathbf{A} = (16 \;\; 10)$.

Dagegen sind $\mathbf{A} \cdot \vec{a}^T$ und $\vec{a} \cdot \mathbf{A}$ nicht definiert.

6. $\begin{pmatrix} 4 & 1 & 4 \\ 7 & 1{,}732 & 1 \\ 1 & 1 & 3{,}5 \end{pmatrix} \cdot \begin{pmatrix} 1 & 0 & 0 \\ 0 & 1 & 0 \\ 0 & 0 & 1 \end{pmatrix} = \begin{pmatrix} 4 & 1 & 4 \\ 7 & 1{,}732 & 1 \\ 1 & 1 & 3{,}5 \end{pmatrix}$

7. $\begin{pmatrix} 4 & 1 & 4 \\ 7 & 1{,}732 & 1 \\ 1 & 1 & 3{,}5 \end{pmatrix} \cdot \begin{pmatrix} 0 & 0 \\ 0 & 0 \\ 0 & 0 \end{pmatrix} = \begin{pmatrix} 0 & 0 \\ 0 & 0 \\ 0 & 0 \end{pmatrix}$

Die Matrizenmultiplikation weist folgende Eigenschaften auf:

- $\mathbf{A} \cdot \mathbf{0} = \mathbf{0} \cdot \mathbf{A} = \mathbf{0}$
- $\mathbf{A} \cdot \mathbf{E} = \mathbf{E} \cdot \mathbf{A} = \mathbf{A}$
- $\mathbf{A} \cdot (\mathbf{B} \cdot \mathbf{C}) = (\mathbf{A} \cdot \mathbf{B})\,\mathbf{C}$
- $\mathbf{A} \cdot (\mathbf{B} + \mathbf{C}) = \mathbf{AB} + \mathbf{AC}$
- $(\mathbf{A} + \mathbf{B}) \cdot \mathbf{C} = \mathbf{AC} + \mathbf{BC}$
- $(\mathbf{A} \cdot \mathbf{B})^T = \mathbf{B}^T \cdot \mathbf{A}^T$
- im Allgemeinen gilt: $\mathbf{AB} \neq \mathbf{BA}$

Dass die Matrizenmultiplikation im Allgemeinen nicht kommutativ ist (siehe auch Bsp. 7.21), hat folgende wichtige Konsequenz. Wenn eine Matrizengleichung (eine Gleichung, in der mindestens eine Matrix vorkommt) mit einer Matrix (einem Vektor) multipliziert werden soll, so muss man beide Seiten der Gleichung entweder *nur* von links oder *nur* von rechts mit der entsprechenden Matrix (Vektor) multiplizieren.

### 7.1.7 Inverse einer quadratischen Matrix

Nach der Einführung der Matrizenmultiplikation stellt sich nun die Frage nach der „Division" von Matrizen. Innerhalb der reellen Zahlen gilt:

$a : b = a \cdot \frac{1}{b} = a \cdot b^{-1}$ (für $b \neq 0$)

„Division durch b" bedeutet daher hier nichts anderes als Multiplikation mit $\frac{1}{b}$.

$\frac{1}{b}$ heißt auch die (multiplikative) Inverse zu b, da $b \cdot \frac{1}{b} = 1$ gilt.

Statt $\frac{1}{b}$ schreibt man auch $b^{-1}$.

Analog kann man für quadratische Matrizen die inverse Matrix einführen. Dabei spielt die Einheitsmatrix $\mathbf{E}$ (vgl. Abschnitt 7.1.2) die Rolle, die die „1" innerhalb der reellen Zahlen einnimmt.

Gibt es zu einer (quadratischen) (n x n) – Matrix **A** eine (n x n) – Matrix $\mathbf{A}^{-1}$, so dass gilt:
$\mathbf{A}^{-1}\mathbf{A} = \mathbf{A}\mathbf{A}^{-1} = \mathbf{E}_{(n,n)}$,
dann heißt **A** regulär (invertierbar), und $\mathbf{A}^{-1}$ wird als *Inverse* oder *inverse Matrix* von **A** bezeichnet.

Für nicht quadratische Matrizen ist die Inverse nicht definiert.

- Ist $\mathbf{A}^{-1}\mathbf{A} = \mathbf{E}$, so gilt auch $\mathbf{A}\mathbf{A}^{-1} = \mathbf{E}$ und umgekehrt.
- Nicht jede quadratische Matrix besitzt eine Inverse (siehe Beispiel 7.22).
- Besitzt **A** eine Inverse $\mathbf{A}^{-1}$, so ist diese Inverse eindeutig bestimmt. Also gibt es höchstens eine Inverse zu einer quadratischen Matrix **A**.
- Auf die konkrete Berechnung der Inversen einer Matrix **A** wird im Abschnitt 7.2.4 eingegangen

**Beispiele 7.22**

Die Matrix $\mathbf{A} = \begin{pmatrix} 1 & 0 & 0 \\ 0 & 2 & 0 \\ 0 & 0 & 3 \end{pmatrix}$ ist die Inverse der Matrix $\mathbf{B} = \begin{pmatrix} 1 & 0 & 0 \\ 0 & \frac{1}{2} & 0 \\ 0 & 0 & \frac{1}{3} \end{pmatrix}$.

Um dies zu überprüfen, berechne man **AB** (bzw. **BA**).

Dagegen hat $\mathbf{C} = \begin{pmatrix} 1 & 0 \\ 0 & 0 \end{pmatrix}$ keine Inverse.

Denn die Elemente der zweiten Zeile von **C** sind alle Null. Dies hat zur Folge, dass die Elemente der zweiten Zeile des Produktes **CD** für eine beliebige 2 x 2 – Matrix **D** ebenfalls alle gleich Null sind. Insbesondere ist immer $\mathbf{CD} \neq \mathbf{E}$.

Für das Rechnen mit der Inversen gelten folgende Rechenregeln, wenn **A** und **B** zwei invertierbare Matrizen gleichen Typs sind:

- $(\mathbf{A}^{-1})^{-1} = \mathbf{A}$
  Also ist **A** die Inverse von $\mathbf{A}^{-1}$.
- $(\mathbf{A}^{-1})^T = (\mathbf{A}^T)^{-1}$
  Also kommt es auf die Reihenfolge der Operationen Transponieren und Invertieren nicht an.
- $(\mathbf{AB})^{-1} = \mathbf{B}^{-1}\mathbf{A}^{-1}$
- $(c\mathbf{A})^{-1} = \frac{1}{c}\mathbf{A}^{-1}$, $(c \in \mathbb{R}, c \neq 0)$

# 7.2 Lineare Gleichungssysteme

## 7.2.1 Definition und Beispiele

**Beispiel 7.23**
Drei Produkte $P_1, P_2, P_3$ werden aus zwei Rohstoffen $R_1, R_2$ gemäß folgender Tabelle hergestellt:

| | $P_1$ | $P_2$ | $P_3$ |
|---|---|---|---|
| $R_1$ | 10 | 5 | 5 |
| $R_2$ | 10 | 10 | 15 |

(Dabei bedeutet beispielsweise '10' im Schnittpunkt von zweiter Zeile und erster Spalte, dass 10 Einheiten von $R_2$ zur Herstellung einer Einheit von $P_1$ benötigt werden, usw.) Will man nun $x_1$ Einheiten von $P_1$, $x_2$ Einheiten von $P_2$ und $x_3$ Einheiten von $P_3$ herstellen, so benötigt man gemäß obiger Tabelle:
$10\,x_1 + 5\,x_2 + 5\,x_3$ Einheiten des Rohstoffs $R_1$ und
$10\,x_1 + 10\,x_2 + 15\,x_3$ Einheiten des Rohstoffs $R_2$.
Wegen eines Streiks stehen nur noch 150 Einheiten von $R_1$ und 300 Einheiten von $R_2$ für den Monat Juni zur Verfügung.
Wie viel Einheiten von $P_1$, $P_2$ und $P_3$ kann man mit dieser vorgegebenen Rohstoffmenge herstellen? Gesucht sind also alle Kombinationen von $x_1, x_2, x_3$, die die folgenden Gleichungen gleichzeitig erfüllen:
$10\,x_1 + 5\,x_2 + 5\,x_3 = 150$
$10\,x_1 + 10\,x_2 + 15\,x_3 = 300$
Diese Gleichungen lassen sich knapp und gleichzeitig übersichtlich in Matrizenschreibweise darstellen. Dazu setzt man:

$$\mathbf{A} = \begin{pmatrix} 10 & 5 & 5 \\ 10 & 10 & 15 \end{pmatrix}, \vec{x} = \begin{pmatrix} x_1 \\ x_2 \\ x_3 \end{pmatrix}, \vec{b} = \begin{pmatrix} 150 \\ 300 \end{pmatrix}$$

Jetzt kann man statt der Gleichungen schreiben:

$$\mathbf{A}\vec{x} = \vec{b} \text{ oder ausführlicher } \begin{pmatrix} 10 & 5 & 5 \\ 10 & 10 & 15 \end{pmatrix} \cdot \begin{pmatrix} x_1 \\ x_2 \\ x_3 \end{pmatrix} = \begin{pmatrix} 150 \\ 300 \end{pmatrix}$$

Ein lineares Gleichungssystem ist ein System von m (linearen) Gleichungen mit n Unbekannten (Variablen) $x_i$ ($i = 1,\ldots,n$) folgender Art:

$$\begin{aligned} a_{11}x_1 + a_{12}x_2 + \ldots + a_{1n}x_n &= b_1 \\ a_{21}x_1 + a_{22}x_2 + \ldots + a_{2n}x_n &= b_2 \\ &\vdots \\ a_{m1}x_1 + a_{m2}x_2 + \ldots + a_{mn}x_n &= b_m \end{aligned}$$

In Matrizenschreibweise erhält man für ein solches Gleichungssystem $\mathbf{A}\vec{x}=\vec{b}$

mit der *Koeffizientenmatrix* $\mathbf{A}=\begin{pmatrix} a_{11} & a_{12} & \cdots & a_{1n} \\ \vdots & \vdots & \ddots & \vdots \\ a_{m1} & a_{m2} & \cdots & a_{mn} \end{pmatrix}$,

dem *Variablenvektor* $\vec{x}=\begin{pmatrix} x_1 \\ x_2 \\ \vdots \\ x_n \end{pmatrix}$ und der *rechten Seite* $\vec{b}=\begin{pmatrix} b_1 \\ b_2 \\ \vdots \\ b_m \end{pmatrix}$.

- Gilt $\mathbf{A}\vec{x}_1=\vec{b}$, so wird $\vec{x}_1=\begin{pmatrix} a_1 \\ \vdots \\ a_n \end{pmatrix}$ als eine Lösung des linearen Gleichungssystems $\mathbf{A}\vec{x}=\vec{b}$ bezeichnet.

- Durch Hinzufügen des Spaltenvektors $\vec{b}$ zur Koeffizientenmatrix $\mathbf{A}$ entsteht die so genannte erweiterte Matrix $(\mathbf{A},\vec{b})$ des linearen Gleichungssystems $\mathbf{A}\vec{x}=\vec{b}$. In diesem Kapitel wird die erweiterte Matrix eines linearen Gleichungssystems durch eine senkrechte Linie zwischen $\mathbf{A}$ und $\vec{b}$ gekennzeichnet, also

  $$(\mathbf{A},\vec{b})=\left(\begin{array}{cccc|c} a_{11} & a_{12} & \cdots & a_{1n} & b_1 \\ \vdots & \vdots & \ddots & \vdots & \vdots \\ a_{m1} & a_{m2} & \cdots & a_{mn} & b_m \end{array}\right).$$

- Ein lineares Gleichungssystem $\mathbf{A}\vec{x}=\vec{b}$ heißt homogen, falls $\vec{b}=\vec{o}$ (d.h. falls alle rechten Seiten des linearen Gleichungssystems gleich Null sind).
  Ein homogenes lineares Gleichungssystem $\mathbf{A}\vec{x}=\vec{o}$ hat immer die so genannte „triviale" Lösung: $x_i = 0$ für $i = 1,2,\ldots,n$. Daneben kann ein homogenes lineares Gleichungssystem auch noch weitere „nichttriviale" Lösungen haben.

- Ist die Koeffizientenmatrix $\mathbf{A}$ quadratisch und existiert die Inverse $\mathbf{A}^{-1}$ (vgl. Abschnitt 7.1.7), so kann man die Lösung des linearen Gleichungssystems $\mathbf{A}\vec{x}=\vec{b}$ sofort berechnen. Denn Multiplikation des linearen Gleichungssystems $\mathbf{A}\vec{x}=\vec{b}$ von links mit $\mathbf{A}^{-1}$ auf beiden Seiten ergibt:

  $$\mathbf{A}^{-1}\mathbf{A}\vec{x}=\mathbf{A}^{-1}\vec{b}\Rightarrow \mathbf{E}\vec{x}=\mathbf{A}^{-1}\vec{b}\Rightarrow \vec{x}=\mathbf{A}^{-1}\vec{b}$$

  Also ist $\mathbf{A}^{-1}\vec{b}$ der (wie man später sehen wird) einzige Lösungsvektor des linearen Gleichungssystems $\mathbf{A}\vec{x}=\vec{b}$.

**Beispiel 7.24**

Vorgegeben sei das lineare Gleichungssystem aus Beispiel 7.23. Dann gilt mit

$\mathbf{A}=\begin{pmatrix} 10 & 5 & 5 \\ 10 & 10 & 15 \end{pmatrix}$, $\vec{x}=\begin{pmatrix} x_1 \\ x_2 \\ x_3 \end{pmatrix}$, $\vec{b}=\begin{pmatrix} 150 \\ 300 \end{pmatrix}$, dass $\vec{x}_1=\begin{pmatrix} 5 \\ 10 \\ 10 \end{pmatrix}$ eine Lösung von $\mathbf{A}\vec{x}=\vec{b}$ ist.

Man kann also mit den vorhandenen Rohstoffmengen 5 Einheiten von $P_1$ und jeweils 10 Einheiten von $P_2$ und $P_3$ herstellen lassen.

Bei der Untersuchung eines linearen Gleichungssystems stellen sich unter anderem folgende Fragen:

- Gibt es überhaupt Lösungen?
- Falls ja, wie viele?
- Wie können diese Lösungen berechnet werden?

Ein einfaches und anschauliches Beispiel liefert erste Antworten. Die Lösungsmenge einer linearen Gleichung mit den zwei Unbekannten $x_1$, $x_2$ lässt sich als Gerade in einer $x_1$,$x_2$-Koordinatensystem-Ebene auffassen. (Häufig benutzt man statt $x_1$, $x_2$ die Variablennamen x,y.) Mit Hilfe dieser geometrischen Veranschaulichung erhält man drei Fälle.

**Beispiel 7.25**

1. Gegeben seien die Geraden mit den Gleichungen
   $1x_1 + 1x_2 = 1$
   $-1x_1 + 1x_2 = 1$,
   die ein lineares Gleichungssystem bilden.
   Die Geraden schneiden sich in (0,1). Also ist $\begin{pmatrix} 0 \\ 1 \end{pmatrix}$ die einzige Lösung des linearen Gleichungssystems, denn eine Lösung muss beide (Geraden)gleichungen erfüllen und daher auf beiden Geraden gleichzeitig liegen.

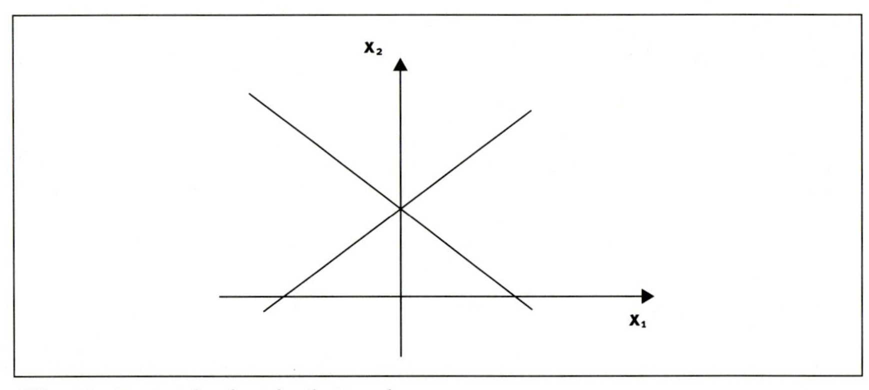


*Abb. 7.2: Zwei sich schneidende Geraden*

2. $1x_1 + 1x_2 = 1$
   $2x_1 + 2x_2 = 4$
   Da diese Gleichungen nicht gleichzeitig erfüllt werden können, haben die beiden Geraden keinen Schnittpunkt, sie sind parallel. Es gibt keine Lösung.

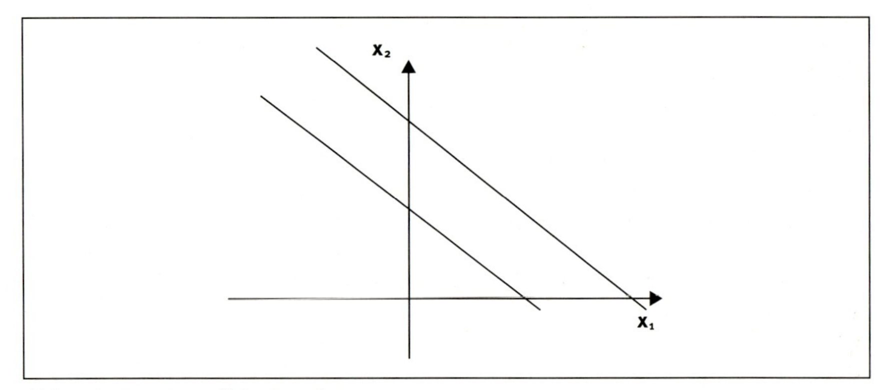


*Abb. 7.3: Zwei parallele Geraden*

**3.** $1x_1 + 1x_2 = 1$

$2x_1 + 2x_2 = 2$

Die beiden Gleichungen beschreiben diesselbe Gerade, also gibt es unendliche viele Lösungen.

$\vec{x} = \begin{pmatrix} x_1 \\ 1 - x_1 \end{pmatrix}$ ist für beliebiges $x_1 \in \mathbb{R}$ die allgemeine Lösung des linearen Gleichungssystems.

So erhält man beispielsweise für $x_1 = 1$ bzw. $x_1 = 2$ die speziellen Lösungen:

$\vec{x}_1 = \begin{pmatrix} 1 \\ 0 \end{pmatrix}, \vec{x}_2 = \begin{pmatrix} 2 \\ -1 \end{pmatrix}$ usw.

Das Beispiel 7.25 hat alle grundsätzlich möglichen Fälle bezüglich der Lösbarkeit eines linearen Gleichungssystems aufgezeigt. Es tritt also immer genau einer der drei Fälle bei der Lösung eines linearen Gleichungssystems auf:

- Es gibt keine Lösung.
- Es gibt genau eine Lösung.
- Es gibt unendliche viele Lösungen.

Es gibt daher z. Bsp. kein lineares Gleichungssystem, das genau zwei verschiedene Lösungen besitzt.

### 7.2.2 Beispiele zum Gauß-Algorithmus

Bei der Anwendung des Gauß-Algorithmus wird ein lineares Gleichungssystem durch Umformungen, die die Lösungsmenge des linearen Gleichungssystems nicht verändern, solange vereinfacht, bis die Lösung leicht abgelesen werden kann.

**Beispiel 7.26**

Vorgegeben sei das lineare Gleichungssystem:

$$\begin{aligned} 1x_1 + 1x_2 + 0x_3 &= 2 \\ 2x_1 + 1x_2 + 1x_3 &= 5 \\ 1x_1 - 2x_2 + 2x_3 &= 3 \end{aligned} \qquad (7.1)$$

Setzt man

$$\mathbf{A} = \begin{pmatrix} 1 & 1 & 0 \\ 2 & 1 & 1 \\ 1 & -2 & 2 \end{pmatrix}, \vec{b} = \begin{pmatrix} 2 \\ 5 \\ 3 \end{pmatrix}, \vec{x} = \begin{pmatrix} x_1 \\ x_2 \\ x_3 \end{pmatrix},$$

so lässt sich dieses lineare Gleichungssystem auch folgendermaßen schreiben: $\mathbf{A}\vec{x} = \vec{b}$

Zunächst versucht man aus der 2. und 3. Gleichung von (7.1) $x_1$ zu eleminieren (entfernen). Dies gelingt, indem von der 2. Gleichung das zweifache der 1. Gleichung und von der 3. Gleichung die 1. Gleichung subtrahiert werden. Dadurch erhält man ein neues lineares Gleichungssystem, das aber die gleiche Lösung wie (7.1) besitzt:

$$\begin{array}{l|lll|} 1x_1 & +1x_2 & +0x_3 & =2 \\ \hline 0x_1 & -1x_2 & +1x_3 & =1 \\ 0x_1 & -3x_2 & +2x_3 & =1 \\ \hline \end{array} \qquad (7.2)$$

In (7.2) bilden die 2. und 3. Gleichung (der umrandete Teil) ein lineares Gleichungssystems mit den Variablen $x_2$ und $x_3$, das analog weiter behandelt wird. In diesem „Teilsystem" wird in der 3. Gleichung $x_2$ entfernt, indem man zur 3. Gleichung das (-3)-fache der 2. Gleichung addiert. So erhält man :

$$\begin{aligned} 1x_1 + 1x_2 + 0x_3 &= 2 \\ -1x_2 + 1x_3 &= 1 \\ -1x_3 &= -2 \end{aligned} \tag{7.3}$$

Es ist ein lineares Gleichungssystem in Dreiecksgestalt entstanden, das leicht „von unten nach oben" gelöst werden kann. Aus der 3. Gleichung von (7.3) folgt sofort $-x_3 = -2 \Rightarrow x_3 = 2$. Unter Benutzung dieses Ergebnisses ergibt sich aus der 2. Gleichung $-1x_2 + 1 \cdot 2 = 1 \Rightarrow x_2 = 1$. Schließlich liefert die 1. Gleichung
$1x_1 + 1 \cdot 1 + 0 \cdot 2 = 2 \Rightarrow x_1 = 1$.

Also ist der Vektor $\vec{x}_1 = \begin{pmatrix} 1 \\ 1 \\ 2 \end{pmatrix}$ „die" Lösung von $\mathbf{A}\vec{x} = \vec{b}$.

Man kann nun einige Arbeit sparen, wenn die im Beispiel 7.26 durchgeführten Umformungen an der erweiterten Matrix $(A,\vec{b})$ vorgenommen werden. Dabei bezeichnen römische Ziffern die entsprechenden Zeilen der voranstehenden Matrix. Beispielsweise bedeutet „II - 2I", dass von der 2. Zeile das zweifache der 1. Zeile subtrahiert werden soll. Auf diese Weise erhält man folgenden Lösungsweg für das in Beispiel 7.26 behandelte lineare Gleichungssystem:

$$(A,\vec{b}) = \left(\begin{array}{ccc|c} 1 & 1 & 0 & 2 \\ 2 & 1 & 1 & 5 \\ 1 & -2 & 2 & 3 \end{array}\right) \begin{array}{l} \\ II - 2I \\ III - I \end{array} \Rightarrow \left(\begin{array}{ccc|c} 1 & 1 & 0 & 2 \\ 0 & -1 & 1 & 1 \\ 0 & -3 & 2 & 1 \end{array}\right) \begin{array}{l} \\ \\ III - 3II \end{array} \Rightarrow \left(\begin{array}{ccc|c} 1 & 1 & 0 & 2 \\ 0 & -1 & 1 & 1 \\ 0 & 0 & -1 & -2 \end{array}\right)$$

$\Rightarrow x_3 = 2, x_2 = 1, x_1 = 1$

Die dem Gauß-Algorithmus zugrundeliegende Idee besteht also darin, die erweiterte Matrix $(A,\vec{b})$ so (durch erlaubte Transformationen) umzuformen, dass unterhalb von $a_{ii}$ nur „Nullen" entstehen.
Ist **A** quadratisch (gibt es also genau so viele Gleichungen wie Unbekannte), so ist das Ziel des Gauß-Algorithmus, **A** in eine obere Dreiecksmatrix umzuwandeln.

Folgende „*elementare Zeilenoperationen*" kann man an der erweiterten Matrix $(A,\vec{b})$ des linearen Gleichungssystems $\mathbf{A}\vec{x} = \vec{b}$ vornehmen, ohne die Lösungsmenge zu verändern:

- Vertauschen zweier Zeilen,
- Multiplikation aller Elemente einer Zeile mit einer Zahl, die von Null verschieden ist,
- Addition einer Zeile zu einer anderen.

Man kann natürlich die oben aufgeführten Operationen kombinieren und gleichzeitig durchführen, beispielsweise kann man zum a-fachen einer Zeile das b-fache einer anderen Zeile hinzu addieren. (Dabei bezeichnen a und b irgendwelche reelle Zahlen.) Zusätzlich kann man Variablen umbenennen und dann das linearen Gleichungssystems neu ordnen. Dies entspricht einem Spaltentausch in der Koeffizientenmatrix **A**.

**Beispiel 7.27**

**1.** Es sei $\mathbf{A}\vec{x} = \vec{b}$ ein lineares Gleichungssystem mit $\mathbf{A} = \begin{pmatrix} 1 & -1 \\ 2 & 0 \\ 3 & -1 \\ 6 & -2 \end{pmatrix}$, $\vec{b} = \begin{pmatrix} 1 \\ 4 \\ 5 \\ 10 \end{pmatrix}$.

$$(A,\vec{b}) = \left(\begin{array}{cc|c} 1 & -1 & 1 \\ 2 & 0 & 4 \\ 3 & -1 & 5 \\ 6 & -2 & 10 \end{array}\right)$$

wird jetzt durch elementare Zeilenoperationen folgendermaßen umgeformt:

$$\left(\begin{array}{cc|c} 1 & -1 & 1 \\ 2 & 0 & 4 \\ 3 & -1 & 5 \\ 6 & -2 & 10 \end{array}\right) \begin{array}{l} \\ II-2I \\ III-3I \\ IV-6I \end{array} \Rightarrow \left(\begin{array}{cc|c} 1 & -1 & 1 \\ 0 & 2 & 2 \\ 0 & 2 & 2 \\ 0 & 4 & 4 \end{array}\right) \begin{array}{l} \\ \\ III-II \\ IV-2II \end{array} \Rightarrow \left(\begin{array}{cc|c} 1 & -1 & 1 \\ 0 & 2 & 2 \\ 0 & 0 & 0 \\ 0 & 0 & 0 \end{array}\right)$$

Die letzten beiden Zeilen entsprechen der Gleichung $0x_1 + 0x_2 = 0$, d.h., diese beiden Gleichungen kann man weglassen, ohne dass sich die Lösungsmenge des zugrundeliegenden linearen Gleichungssystems ändert. Als Lösung ergibt sich:

$2x_2 = 2 \Rightarrow x_2 = 1$

$1x_1 - 1 = 1 \Rightarrow x_1 = 2$

**2.** Es sei **A** wie im vorhergehenden Beispiel und $\vec{b} = \begin{pmatrix} 1 \\ 4 \\ 5 \\ 11 \end{pmatrix}$.

Es werden folgende Umformungen durchgeführt:

$$\left(\begin{array}{cc|c} 1 & -1 & 1 \\ 2 & 0 & 4 \\ 3 & -1 & 5 \\ 6 & -2 & 11 \end{array}\right) \begin{array}{l} \\ II-2I \\ III-3I \\ IV-6I \end{array} \Rightarrow \left(\begin{array}{cc|c} 1 & -1 & 1 \\ 0 & 2 & 2 \\ 0 & 2 & 2 \\ 0 & 4 & 5 \end{array}\right) \begin{array}{l} \\ \\ III-II \\ IV-2II \end{array} \Rightarrow \left(\begin{array}{cc|c} 1 & -1 & 1 \\ 0 & 2 & 2 \\ 0 & 0 & 0 \\ 0 & 0 & 1 \end{array}\right)$$

Hier bedeutet die letzte Zeile $0x_1 + 0\,x_2 = 1$. Da diese Gleichung durch keine Kombination reeller Zahlen $x_1, x_2$ gelöst werden kann, enthält das lineare Gleichungssystem einen Widerspruch. Das bedeutet $\mathbf{A}x = b$ ist *nicht* lösbar.

**3.** Es sei $\mathbf{A} = \begin{pmatrix} -1 & -1 & 3 & 2 \\ 1 & 2 & -2 & 1 \\ 0 & 1 & 1 & 3 \end{pmatrix}$, $\vec{b} = \begin{pmatrix} -2 \\ 1 \\ -1 \end{pmatrix}$.

Gesucht sind wieder alle Lösungen von $\mathbf{A}x = \vec{b}$. (Es handelt sich hier um ein lineares Gleichungssystem mit 4 Unbekannten und drei Gleichungen.)

$$(A,\vec{b}) = \left(\begin{array}{cccc|c} -1 & -1 & 3 & 2 & -2 \\ 1 & 2 & -2 & 1 & 1 \\ 0 & 1 & 1 & 3 & -1 \end{array}\right) II+I \Rightarrow \left(\begin{array}{cccc|c} -1 & -1 & 3 & 2 & -2 \\ 0 & 1 & 1 & 3 & -1 \\ 0 & 1 & 1 & 3 & -1 \end{array}\right) III-I \Rightarrow \left(\begin{array}{cccc|c} -1 & -1 & 3 & 2 & -2 \\ 0 & 1 & 1 & 3 & -1 \\ 0 & 0 & 0 & 0 & 0 \end{array}\right)$$

Die letzte Zeile, die $0x_1 + 0\,x_2 + 0x_3 + 0x_4 = 0$ „bedeutet", kann wieder weggelassen werden. So wurde das ursprüngliche Gleichungssystem auf zwei Gleichungen mit 4 Variablen reduziert. Dies heißt, dass man zwei Variablen frei wählen kann, hier etwa $x_3$ und $x_4$. Aus der zweiten Zeile ergibt sich dann:

$x_2 + x_3 + 3x_4 = -1 \Rightarrow x_2 = -x_3 - 3x_4 - 1$

Abschließend folgt aus der ersten Zeile:

$-x_1 - (-x_3 - 3x_4 - 1) + 3x_3 + 2x_4 = -2 \Rightarrow x_1 = 4x_3 + 5x_4 + 3$

Als allgemeine Lösung erhält man somit: $\vec{x} = \begin{pmatrix} 4x_3 + 5x_4 + 3 \\ -x_3 - 3x_4 - 1 \\ x_3 \\ x_4 \end{pmatrix}, x_3, x_4 \in \mathbb{R}$

Für $x_3 = x_4 = 1$ ergibt sich die spezielle Lösung $\vec{x}_1 = \begin{pmatrix} 12 \\ -5 \\ 1 \\ 1 \end{pmatrix}$.

Für jede andere Kombination von $x_3$ und $x_4$ erhält man weitere spezielle Lösungen.

### 7.2.3 Allgemeine Formulierung des Gauß-Algorithmus

Der bisher nur in Beispielen vorgestellte Gauß-Algorithmus wird in diesem Abschnitt so allgemein beschrieben, dass eine „Rechenvorschrift" (Algorithmus) für ein beliebiges lineares Gleichungssystem entsteht.

Vorgegeben sei das lineare Gleichungssystem $\mathbf{A}\vec{x} = \vec{b}$ mit m Gleichungen und n Unbekannten.

- 1.Schritt:
  Es wird die erweiterte Matrix $(A,\vec{b}) = \left(\begin{array}{cccc|c} a_{11} & a_{12} & \cdots & a_{1n} & b_1 \\ \vdots & \vdots & \ddots & \vdots & \vdots \\ a_{m1} & a_{m2} & \cdots & a_{mn} & b_m \end{array}\right)$ gebildet.
- 2.Schritt:
  Falls $a_{11} = 0$, vertausche man die Zeilen (bzw. falls dies nicht zum Erfolg führt, die Spalten) bis $a_{11} \neq 0$. Man erhält $\left(\begin{array}{cccc|c} a'_{11} & a'_{12} & \cdots & a'_{1n} & b'_1 \\ \vdots & \vdots & \ddots & \vdots & \vdots \\ a'_{m1} & a'_{m2} & \cdots & a'_{mn} & b'_m \end{array}\right)$
- 3. Schritt:
  Durch Anwendung der elementaren Zeilenoperationen
  $II - \frac{a'_{21}}{a'_{11}} I,\ III - \frac{a'_{31}}{a'_{11}} I, IV - \frac{a'_{41}}{a'_{11}} I$ usw. bis zur m-ten Zeile
  werden in der 1. Spalte von $(A,\vec{b})$ unterhalb von $a'_{11}$ „Nullen" erzeugt. (Dabei bezeichnen die römischen Zahlen wieder die entsprechenden Zeilen der erweiterten Matrix $(A,\vec{b})$.) Durch diese Umrechnung entsteht eine neue Matrix:

  $$(A^{(1)}, b^{(1)}) = \left(\begin{array}{cccc|c} a'_{11} & a'_{12} & \cdots & a'_{1n} & b'_1 \\ 0 & a''_{22} & \cdots & a''_{2n} & b''_2 \\ \vdots & \vdots & \ddots & \vdots & \vdots \\ 0 & a''_{m2} & \cdots & a''_{mn} & b''_m \end{array}\right)$$

  Die neu entstandenen, durch zwei Striche gekennzeichneten Koeffizienten $a_{ik}''$, lassen sich wie folgt berechnen:

  $a''_{ik} = a'_{ik} - \frac{a'_{i1}}{a'_{11}} a'_{1k}, \quad i = 2, \ldots, m, k = 2, \ldots, n$

  $b''_i = b'_i - \frac{a'_{i1}}{a'_{11}} b'_1, \quad i = 2, \ldots, m$

In $(A^{(1)}, \vec{b}^{(1)})$ ist nun ein „Untersystem“ von $m-1$ Gleichungen mit $n-1$ Unbekannten entstanden, wenn man sich auf die durch zwei Striche gekennzeichneten Elemente $a''_{ik}$, $b''_i$ beschränkt. Dieses „Teilsystem“ wird jetzt auf die gleiche Weise behandelt wie zuvor das Gesamtsystem$(A,\vec{b})$. Das bedeutet:

- 1. Schritt:
  Ist $a''_{22} = 0$, so vertausche man Zeilen (bzw Spalten) bis $a''_{22} \neq 0$.
- 2. Schritt:
  Durch elementare Zeilenoperationen unterhalb von $a''_{22}$ erzeuge man „Nullen“.

Die 1. Spalte von $(A^{(1)}, \vec{b}^{(1)})$ darf durch diese beiden Schritte nicht verändert werden.

Auf diese Weise ist ein neues Teilsystem unterhalb der zweiten Zeile entstanden, das nur noch die Unbekannten $x_3, \ldots, x_n$ enthält:

$$\left(\begin{array}{cccccc|c} a'_{11} & a'''_{12} & a'''_{13} & \cdots & a'''_{1n} & & b'''_1 \\ 0 & a'''_{22} & a'''_{23} & \cdots & a'''_{2n} & & b'''_2 \\ 0 & 0 & a'''_{33} & \cdots & a'''_{3n} & & b'''_3 \\ \vdots & \vdots & \vdots & \vdots & \vdots & & \vdots \\ 0 & 0 & a'''_{m3} & \cdots & a'''_{mn} & & b'''_m \end{array}\right)$$

Dieses Untersystem wird wieder in analoger Weise wie $(A^{(1)}, \vec{b}^{(1)})$ behandelt usw.

Folgende Sonderfälle können bei der Durchführung der Anweisungen eintreten:

- Bei den Umrechnungen in der erweiterten Koeffizientenmatrix entsteht eine Nullzeile, d.h. eine Zeile, deren sämtliche Elemente Null sind. Da solch eine Zeile der Gleichung $0x_1 + 0x_2 + \ldots + 0x_n = 0$ entspricht, kann man diese Zeile bei der weiteren Rechnung einfach weglassen.
- Bei den Umrechnungen in der erweiterten Koeffizientenmatrix entsteht eine Zeile, die in der letzten Spalte eine von Null verschiedene Zahl und sonst nur Nullen enthält. Diese Zeile entspricht der Gleichung:
  $0x_1 + 0x_2 + \ldots + 0x_n = b, b \neq 0.$
  Also enthält das Gleichungssystem einen Widerspruch und ist daher nicht lösbar.

Jedes widerspruchsfreie lineare Gleichungssystem kann durch wiederholte Anwendung des oben geschilderten Verfahrens auf ein System der folgenden Form reduziert werden:

$$\left(\begin{array}{ccccccc|c} \bar{a}_{11} & \bar{a}_{12} & \cdots & \bar{a}_{1r} & \cdots & \bar{a}_{1n} & & \bar{b}_1 \\ 0 & \bar{a}_{22} & \cdots & \bar{a}_{2r} & \cdots & \bar{a}_{2n} & & \bar{b}_2 \\ \vdots & \ddots & \ddots & \vdots & & & & \vdots \\ 0 & \cdots & 0 & \bar{a}_{rr} & \cdots & \bar{a}_{rn} & & \bar{b}_r \end{array}\right) \text{ mit } \bar{a}_{ii} \neq 0 \text{ für } i = 1, \ldots, r \text{ und } r \leq n \qquad (7.4)$$

(Dabei wurden alle Zeilen, die nur aus Nullen bestehen, weggelassen.)

Trat während der Durchführung des Gauß-Algorithmus kein Widerspruch auf und hat man alle „Nullzeilen“ weggestrichen, so erreicht man schließlich das in (7.4) beschriebene lineare Gleichungssystem. Dies bedeutet zunächst, dass das lineare Gleichungssystem mindestens 1 Lösung hat. Hierbei werden zwei Fälle unterschieden:

- r = n

  Dann hat (7.4) folgende Dreiecksgestalt: $\left(\begin{array}{cccc|c} \overline{a}_{11} & \overline{a}_{12} & \cdots & \overline{a}_{1n} & \overline{b}_1 \\ 0 & \overline{a}_{22} & \cdots & \overline{a}_{2n} & \overline{b}_2 \\ \vdots & 0 & \ddots & \vdots & \vdots \\ 0 & \cdots & 0 & \overline{a}_{nn} & \overline{b}_n \end{array}\right)$.

  Hieraus lässt sich durch „Rückwärtsrechnen“ die eindeutige Lösung ermitteln.

- r < n

  Jetzt besitzt das umgewandelte lineare Gleichungssystem „Trapezform“:

  $$\left(\begin{array}{cccccc|c} \overline{a}_{11} & \overline{a}_{12} & \cdots & \overline{a}_{1r} & \cdots & \overline{a}_{1n} & \overline{b}_1 \\ 0 & \overline{a}_{22} & \cdots & \overline{a}_{2r} & \cdots & \overline{a}_{2n} & \overline{b}_2 \\ \vdots & \ddots & \ddots & \vdots & & & \vdots \\ 0 & \cdots & 0 & \overline{a}_{rr} & \cdots & \overline{a}_{rn} & \overline{b}_r \end{array}\right)$$

  Es gibt noch r Gleichungen mit n Unbekannten. Man sagt, das lineare Gleichungssystem ist unterbestimmt. n – r Variablen können beliebig gewählt werden, die restlichen r Unbekannten ergeben sich durch Rückwärtsauflösung des gestaffelten Systems (vgl. Fall 3 aus Beispiel 7.27).

### 7.2.4 Berechnung der Inversen einer Matrix

Mit einer Variante des Gauß-Algorithmus lässt sich die Inverse einer quadratischen Matrix berechnen. Die folgende Vorschrift beantwortet die Frage, ob die Inverse einer Matrix existiert und bestimmt diese (gegebenenfalls) gleichzeitig:

Es sei **A** eine (quadratische) (n x n) – Matrix.
Zunächst wird die erweiterte Matrix (A, E) gebildet (wobei E für die n x n -Einheitsmatrix steht).
Danach versuche man durch elementare Zeilenoperationen die Matrix (A, E) so umzuformen, dass „die linke Hälfte A“ von (A, E) in eine Einheitsmatrix überführt wird.
Bei diesem Versuch können zwei Fälle auftreten:

- Der Versuch gelingt. Dann steht im rechten Teil der neu entstanden Matrix (E, B) die Inverse von **A**. Es gilt in diesem Fall also: $\mathbf{B} = \mathbf{A}^{-1}$
- Es entsteht während der Umformungen eine Nullzeile in **A**. Dann besitzt **A** keine Inverse.

**Beispiel 7.28**

Es sei $\mathbf{A} = \begin{pmatrix} 1 & 1 & 0 \\ 1 & 1 & 1 \\ 0 & 2 & 2 \end{pmatrix}$.

Zur Berechnung der Inversen wird zunächst die erweitertete Matrix gebildet:

$$(A,E) = \left(\begin{array}{ccc|ccc} 1 & 1 & 0 & 1 & 0 & 0 \\ 1 & 1 & 1 & 0 & 1 & 0 \\ 0 & 2 & 2 & 0 & 0 & 1 \end{array}\right)$$

Durch elementare Zeilenoperationen wird anschließend versucht, im linken Teil von (A, E) eine Einheitsmatrix zu erzeugen. Der wesentliche Unterschied zum Gauß-Algorithmus besteht also darin, nicht nur unterhalb, sondern auch oberhalb der Hauptdiagonalen von A „Nullen" zu erzeugen:

$$\left(\begin{array}{ccc|ccc} 1 & 1 & 0 & 1 & 0 & 0 \\ 1 & 1 & 1 & 0 & 1 & 0 \\ 0 & 2 & 2 & 0 & 0 & 1 \end{array}\right) \begin{array}{c} \\ II-I \Rightarrow \\ \\ \end{array} \left(\begin{array}{ccc|ccc} 1 & 1 & 0 & 1 & 0 & 0 \\ 0 & 0 & 1 & -1 & 1 & 0 \\ 0 & 2 & 2 & 0 & 0 & 1 \end{array}\right)$$

Anschließend werden 2. Zeile und 3. Zeile der zuletzt entstandenen Matrix getauscht, um die 0 an der Stelle $a_{22}$ durch ein von 0 verschiedenes Element zu ersetzen:

$$\left(\begin{array}{ccc|ccc} 1 & 1 & 0 & 1 & 0 & 0 \\ 0 & 2 & 2 & 0 & 0 & 1 \\ 0 & 0 & 1 & -1 & 1 & 0 \end{array}\right) \begin{array}{c} \\ II:2 \Rightarrow \\ \\ \end{array} \left(\begin{array}{ccc|ccc} 1 & 1 & 0 & 1 & 0 & 0 \\ 0 & 1 & 1 & 0 & 0 & \frac{1}{2} \\ 0 & 0 & 1 & -1 & 1 & 0 \end{array}\right) \begin{array}{c} I-II \\ \Rightarrow \\ \\ \end{array} \left(\begin{array}{ccc|ccc} 1 & 0 & -1 & 1 & 0 & -\frac{1}{2} \\ 0 & 1 & 1 & 0 & 0 & \frac{1}{2} \\ 0 & 0 & 1 & -1 & 1 & 0 \end{array}\right) \begin{array}{c} I+III \\ II-III \\ \\ \end{array}$$

$$\Rightarrow \left(\begin{array}{ccc|ccc} 1 & 0 & 0 & 0 & 1 & -\frac{1}{2} \\ 0 & 1 & 0 & 1 & -1 & \frac{1}{2} \\ 0 & 0 & 1 & -1 & 1 & 0 \end{array}\right)$$

Die Inverse zu A existiert also, und es gilt: $\mathbf{A}^{-1} = \begin{pmatrix} 0 & 1 & -\frac{1}{2} \\ 1 & -1 & \frac{1}{2} \\ -1 & 1 & 0 \end{pmatrix}$

Um die Inverse zu $\mathbf{A} = \begin{pmatrix} 1 & 1 & 0 \\ 1 & 1 & 1 \\ 0 & 2 & 2 \end{pmatrix}$ aus Beispiel 7.28 zu bestimmen, kann man auch (auf den ersten Blick) anders vorgehen:

Zur Berechnung der ersten Spalte $\begin{pmatrix} x_{11} \\ x_{21} \\ x_{31} \end{pmatrix}$ von $\mathbf{A}^{-1}$ löst man das lineare Gleichungssystem

$$\mathbf{A}\begin{pmatrix} x_{11} \\ x_{21} \\ x_{31} \end{pmatrix} = \begin{pmatrix} 1 \\ 0 \\ 0 \end{pmatrix}.$$

Zur Berechnung der zweiten Spalte $\begin{pmatrix} x_{12} \\ x_{22} \\ x_{32} \end{pmatrix}$ von $\mathbf{A}^{-1}$ löst man entsprechend

$$\mathbf{A}\begin{pmatrix} x_{12} \\ x_{22} \\ x_{32} \end{pmatrix} = \begin{pmatrix} 0 \\ 1 \\ 0 \end{pmatrix}.$$

Für die dritte Spalte $\begin{pmatrix} x_{13} \\ x_{23} \\ x_{33} \end{pmatrix}$ von $\mathbf{A}^{-1}$ berechnet man

$$\mathbf{A}\begin{pmatrix} x_{13} \\ x_{23} \\ x_{33} \end{pmatrix} = \begin{pmatrix} 0 \\ 0 \\ 1 \end{pmatrix}.$$

Die Matrix $\begin{pmatrix} x_{11} & x_{12} & x_{13} \\ x_{21} & x_{22} & x_{23} \\ x_{31} & x_{32} & x_{33} \end{pmatrix}$,

die aus diesen drei Lösungen gebildet wird, ist dann die gesuchte Inverse $\mathbf{A}^{-1}$.
Hier werden also drei lineare Gleichungssysteme mit jeweils drei Unbekannten nacheinander gelöst, wobei jedes lineare Gleichungssystem die gleiche Koeffizientenmatrix (nämlich **A**) besitzt. In dem zu Beginn des Abschnitts dargestellten Algorithmus

zur Berechnung der Inversen werden nun diese drei linearen Gleichungssysteme gleichzeitig (statt nacheinander) mit einer einzigen erweiterten Matrix (A, E) gelöst, wobei die Einheitsmarix **E** gerade aus den drei rechten Seiten der oben angegebenen drei linearen Gleichungssysteme besteht.

Das Beispiel 7.29 zeigt eine Matrix, die keine Inverse besitzt.

**Beispiel 7.29**

$$\mathbf{B} = \begin{pmatrix} 1 & 1 & \frac{1}{2} \\ 1 & 1 & 1 \\ 2 & 2 & 1 \end{pmatrix}$$

Es soll (falls möglich) die Inverse $\mathbf{B}^{-1}$ bestimmt werden:

$$(\mathbf{B}, \mathbf{E}) = \left(\begin{array}{ccc|ccc} 1 & 1 & \frac{1}{2} & 1 & 0 & 0 \\ 1 & 1 & 1 & 0 & 1 & 0 \\ 2 & 2 & 1 & 0 & 0 & 1 \end{array}\right) \begin{array}{l} \\ II - I \\ III - 2I \end{array} \Rightarrow \left(\begin{array}{ccc|ccc} 1 & 1 & \frac{1}{2} & 1 & 0 & 0 \\ 0 & 0 & \frac{1}{2} & -1 & 1 & 0 \\ 0 & 0 & 0 & -2 & 0 & 1 \end{array}\right)$$

Da in der letzten Matrix in der linken Hälfte eine Nullzeile entstanden ist, kann man den Versuch beenden, $\mathbf{B}^{-1}$ zu bestimmen. $\mathbf{B}^{-1}$ existiert nicht.

Beispiel 7.30 stellt ein vereinfachtes „*Input-Output-Modell*" vor, in dem die Matrizenrechnung einschließlich der Bestimmung der Inversen Anwendung findet.

**Beispiel 7.30**

Ein Betrieb besteht aus den Abteilungen $U_1, U_2, ..., U_n$, in denen jeweils ein Produkt hergestellt wird. Die in den n Abteilungen produzierten Güter können nicht unabhängig voneinander hergestellt werden. So kann beispielsweise eine Einheit des in der Abteilung $U_1$ produzierten Produkts nur gefertigt werden, wenn gewisse Produkte aus den übrigen Abteilungen $U_2, ..., U_n$ zur Verfügung stehen. Gleiches gilt sinngemäß auch für die in den übrigen Abteilungen hergestellten Produkte.

Der Produktionsvektor $\vec{x} = \begin{pmatrix} x_1 \\ x_2 \\ \vdots \\ x_n \end{pmatrix}$ bezeichnet die gesamte Produktion der n Abteilungen,

wobei $x_i$ die Gesamtproduktion der Abteilung $U_i$ angibt.

Ein Teil von $x_i$ wird eventuell für die eigene Produktion verbraucht, ein weiterer Teil geht an die übrigen Abteilungen, nur der verbleibende Rest $y_i$ steht für den externen Verkauf (für die Nachfrage von außerhalb des Unternehmens) zur Verfügung.

Der Vektor $\vec{y} = \begin{pmatrix} y_1 \\ y_2 \\ \vdots \\ y_n \end{pmatrix}$ gibt den „Output" an, der zur Deckung der äußeren Nachfrage zur Verfügung steht.

$$\vec{x} - \vec{y} = \begin{pmatrix} x_1 - y_1 \\ x_2 - y_2 \\ \vdots \\ x_n - y_n \end{pmatrix}$$

bezeichnet denjenigen Teil der Gesamtproduktion, der intern im Unternehmen verbraucht wird, also den so genannten *endogenen Input*.

Der interne Verbrauch wird genauer über die Produktionsmatrix $\mathbf{A} = (a_{ik})$ erfasst, wobei die Elemente $a_{ik}$ angeben, wie viel Einheiten die Abteilung $U_i$ zur Herstellung einer Einheit der Abteilung $U_k$ beitragen muss. Gesucht ist jetzt die Beziehung zwischen $\vec{x}$ und $\vec{y}$. Nun gilt für die Gesamtproduktion $x_i$ der i-ten Abteilung:

$$x_i = \sum_{k=1}^{n} a_{ik}x_k + y_i \tag{7.5}$$

Dabei bezeichnet die Summe $\sum_{k=1}^{n} a_{ik}x_k$ denjenigen Anteil von $x_i$, der intern verbraucht wird (wobei $a_{ik} \cdot x_k$ von der Abteilung $U_k$ benötigt wird) und $y_i$ das, was zum Verkauf nach außen zur Verfügung steht.
In Matrixschreibweise lautet dann (7.5) simultan für alle Abteilungen folgendermaßen:
$\vec{x} = \mathbf{A}\vec{x} + \vec{y}$

Jetzt stellen sich zwei Fragen:

- Wie viel kann man nach außen verkaufen, wenn die Produktionsmengen vorgegeben sind? (Hier ist also nach $\vec{y}$ gefragt, wenn $\vec{x}$ vorgegeben ist.)
- Wie viel muss man insgesamt produzieren, wenn die Verkaufsmengen vorgegeben sind? (Hier ist also nach $\vec{x}$ gefragt, wenn $\vec{y}$ vorgegeben ist.)

Die erste Frage lässt sich einfach beantworten, denn aus der gerade hergeleiteten Gleichung $\vec{x} = \mathbf{A}\vec{x} + \vec{y}$ folgt sofort:
$\vec{y} = \vec{x} - \mathbf{A}\vec{x}$
Wegen $\mathbf{E}\vec{x} = \vec{x}$, kann man für den Vektor $\vec{x}$ auch $\mathbf{E}\vec{x}$ schreiben (dabei ist $\mathbf{E}$ die (n x n)-Einheitsmatrix). Also kann man die Gleichung $\vec{y} = \vec{x} - \mathbf{A}\vec{x}$ auch durch $y = \mathbf{E}\vec{x} - \mathbf{A}\vec{x}$ ersetzen.
Ausklammern des Vektors $\vec{x}$ führt schließlich zu:
$\vec{y} = (\mathbf{E} - \mathbf{A})\vec{x}$

Nun zur (interessanteren) zweiten Frage. Zu deren Beantwortung muss man die eben hergeleitete Gleichung $\vec{y} = (\mathbf{E} - \mathbf{A})\vec{x}$ nach $\vec{x}$ auflösen. Dazu werden beide Seiten von links mit der Inversen von $\mathbf{E} - \mathbf{A}$ also mit $(\mathbf{E} - \mathbf{A})^{-1}$ multipliziert:
$(\mathbf{E} - \mathbf{A})^{-1}\vec{y} = (\mathbf{E} - \mathbf{A})^{-1}(\mathbf{E} - \mathbf{A})\vec{x} = \mathbf{E}\vec{x} = \vec{x}$
Man erhält also:
$\vec{x} = (\mathbf{E} - \mathbf{A})^{-1}\vec{y}$

Es folgt ein Zahlenbeispiel zur Illustration des in Beispiel 7.30 behandelten vereinfachten „Input-Output-Modells".

**Beispiel 7.31**

Ein Betrieb besteht aus den Abteilungen $U_1$ und $U_2$, in denen die Produkte $P_1$ und $P_2$ gefertigt werden. Die dazugehörige Produktionsmatrix $\mathbf{A}$ sieht folgendermaßen aus:

$$\mathbf{A} = \begin{pmatrix} \frac{1}{3} & \frac{1}{5} \\ \frac{1}{8} & \frac{1}{10} \end{pmatrix}$$

Das Element $a_{12} = \frac{1}{5}$ bedeutet hier beispielsweise, dass die Abteilung $U_2$ zur Herstellung einer Einheit von $P_2$ $\frac{1}{5}$ einer Einheit von $P_1$ benötigt. (Man stelle sich beispielsweise vor, dass in $U_1$ Energie gewonnen wird, die auch zur Produktion von $P_2$ in $U_2$ benötigt wird.)

Im Monat Mai besteht eine *externe* Nachfrage nach 230 Einheiten von $P_1$ und 69 Einheiten von $P_2$.

Wie viel muss insgesamt im Mai produziert werden, um diese Nachfrage zu befriedigen?
Die Lösung erhält man durch Anwendung der Formel $\vec{x} = (\mathbf{E} - \mathbf{A})^{-1}\vec{y}$.

Dabei ist $\vec{y} = \begin{pmatrix} 230 \\ 69 \end{pmatrix}$ vorgegeben.

Zunächst muss also die Inverse von $\mathbf{E} - \mathbf{A}$ berechnet werden. Es ergibt sich:

$$\mathbf{E} - \mathbf{A} = \begin{pmatrix} 1 & 0 \\ 0 & 1 \end{pmatrix} - \begin{pmatrix} \frac{1}{3} & \frac{1}{5} \\ \frac{1}{8} & \frac{1}{10} \end{pmatrix} = \begin{pmatrix} \frac{2}{3} & \frac{-1}{5} \\ \frac{-1}{8} & \frac{9}{10} \end{pmatrix}$$

Als Inverse zu $\begin{pmatrix} \frac{2}{3} & \frac{-1}{5} \\ \frac{-1}{8} & \frac{9}{10} \end{pmatrix}$ berechnet man: $(\mathbf{E} - \mathbf{A})^{-1} = \begin{pmatrix} \frac{36}{23} & \frac{8}{23} \\ \frac{5}{23} & \frac{80}{69} \end{pmatrix}$

Jetzt erhält man für den Gesamtproduktionsvektor $\vec{x}$:

$$\vec{x} = (\mathbf{E} - \mathbf{A})^{-1}\vec{y} = \begin{pmatrix} \frac{36}{23} & \frac{8}{23} \\ \frac{5}{23} & \frac{80}{69} \end{pmatrix} \begin{pmatrix} 230 \\ 69 \end{pmatrix} = \begin{pmatrix} 384 \\ 130 \end{pmatrix}.$$

Um die Nachfrage von 230 Einheiten von $P_1$ und 69 Einheiten $P_2$ zu befriedigen, müssen insgesamt 384 Einheiten von $P_1$ und 130 Einheiten von $P_2$ erzeugt werden. 154 Einheiten $P_1$ und 61 Einheiten $P_2$ werden intern für die Produktion verbraucht.

## 7.3 Aufgaben

**1.** Gegeben seien die Marizen $\mathbf{A} = \begin{bmatrix} 10 & 1 \\ 1 & 0 \end{bmatrix}$, $\mathbf{B} = \begin{bmatrix} 1 & 0 \\ 1 & 2 \end{bmatrix}$. Man berechne:

a) $\mathbf{A} + \mathbf{B}$ b) $\mathbf{A} - \mathbf{B}$ c) $\mathbf{A} + 2\mathbf{B}$ d) $-2\mathbf{A} + 0{,}5\mathbf{B}$
e) $\mathbf{A}'$ f) $\mathbf{AB}$ g) $\mathbf{BA}$ h) $(4\mathbf{B})(2\mathbf{A})$
i) $8(\mathbf{BA})$ j) $(\mathbf{AB})^T$ k) $\mathbf{B}^T\mathbf{A}^T$

**2.** Gegeben seien die Matrizen $A = \begin{bmatrix} 1 & 0 & 1 \\ 2 & 1 & 1 \end{bmatrix}$, $\mathbf{B} = \begin{bmatrix} 1 & 0 \\ 1 & 2 \end{bmatrix}$.

Man prüfe, ob die folgenden Operationen definiert sind und berechne gegebenenfalls das Ergebnis.
a) $\mathbf{A} + \mathbf{B}$ b) $\mathbf{B} - 2\mathbf{A}$ c) $\mathbf{AB}$ d) $\mathbf{BA}$
e) $(2\mathbf{A})\mathbf{B}$ f) $(\mathbf{AB})^T$ g) $(\mathbf{BA})^T$

**3.** Gegeben seien die Matrizen bzw. Vektoren

$$\mathbf{A} = \begin{bmatrix} 1 & 0 \\ 1 & 2 \end{bmatrix}, \vec{a} = \begin{bmatrix} 1 \\ 2 \end{bmatrix}, \vec{b} = \begin{bmatrix} 1 \\ 0 \\ 1 \end{bmatrix}, \vec{c} = \begin{bmatrix} 1 \\ 1 \\ 1 \end{bmatrix}.$$

Man prüfe, ob die folgenden Operationen definiert sind, und berechne gegebenenfalls das Ergebnis.
a) $\mathbf{A}\vec{a}$ b) $\vec{a}\mathbf{A}$ c) $\vec{a}\vec{b}$ d) $\vec{a}^T\vec{b}$ e) $\vec{b}^T\vec{c}$
f) $\mathbf{A}\vec{b}$ g) $\vec{c}^T\mathbf{A}$ h) $\mathbf{AA}$

**4.** Gegeben seien die beiden Matrizen
$\mathbf{A} = \begin{bmatrix} 9 & 8 & 7 \\ 6 & 5 & 4 \\ 3 & 2 & 1 \end{bmatrix}$, $\mathbf{B} = \begin{bmatrix} d & 0 & 0 \\ 0 & e & 0 \\ 0 & 0 & f \end{bmatrix}$ mit beliebigen reellen Zahlen $d, e, f$.
Man berechne $\mathbf{AB}$ und $\mathbf{BA}$. Was bewirkt also die Multiplikation einer Matrix mit einer Diagonalmatrix von rechts bzw. links?

**5.** Es seien $\mathbf{A} = \begin{bmatrix} 1 & 0 & 0 & 0 \\ 0 & 2 & 0 & 0 \\ 0 & 0 & 3 & 0 \\ 0 & 0 & 0 & 4 \end{bmatrix}$, $\mathbf{B} = \begin{bmatrix} 1 & 0 & 0 \\ 0 & 0 & 0 \\ 0 & 0 & 0 \end{bmatrix}$.

Berechnen Sie (falls möglich) $\mathbf{A}^{-1}$ und $\mathbf{B}^{-1}$.

**6.** In einer Unternehmung werden die Produkte $E_1$ und $E_2$ aus den Zwischenprodukten $Z_1, Z_2, Z_3$ hergestellt. Diese werden wiederum unter Einsatz der Rohstoffe $R_1, R_2, R_3$ gefertigt. Die hierfür benötigten Produktionskoeffizienten enthalten die folgenden Tabellen:

| | $Z_1$ | $Z_2$ | $Z_3$ |
|---|---|---|---|
| $R_1$ | 2 | 4 | 3 |
| $R_2$ | 3 | 7 | 6 |
| $R_3$ | 1 | 3 | 2 |

| | $E_1$ | $E_2$ |
|---|---|---|
| $Z_1$ | 4 | 11 |
| $Z_2$ | 7 | 10 |
| $Z_3$ | 3 | 2 |

$a_{32} = 3$ in der linken Tabelle bedeutet also den Verbrauch von 3 Einheiten des Rohstoffes $R_3$ für die Produktion einer Einheit von $Z_2$.

a) Man berechne mit Hilfe der Matrizenmultiplikation, welche Mengen von den Rohstoffen $R_1$ bis $R_3$ benötigt werden, um jeweils eine Einheit von $E_1$ bzw. $E_2$ herzustellen.
b) Man berechne mit Hilfe der Matrizenmultiplikation und des Ergebnisses aus a), welche Mengen von den Rohstoffen $R_1$ bis $R_3$ benötigt werden, um 17 Einheiten von $E_1$ und 13 Einheiten von $E_2$ herzustellen zu können.

**7.** Vorgegeben sei das lineare Gleichungssystem:
$10x_1 + 5x_2 + 5x_3 = 35$
$1x_1 + 10x_2 + 15x_3 = 56$
$2x_1 + 5x_2 + 5x_3 = 47$
Man erstelle die zugehörige Koeffizientenmatrix **A**, den Variablenvektor $\vec{x}$, den Vektor der rechten Seite $\vec{b}$ und die erweiterte Matrix (A,b).

**8.** Man bestimme mit Hilfe des Gauß-Algorithmus alle Lösungen der folgenden linearen Gleichungssysteme $\mathbf{A}\vec{x} = \vec{b}$.

a) $\mathbf{A} = \begin{pmatrix} 2 & 0 \\ 1 & 1 \end{pmatrix}, \vec{b} = \begin{pmatrix} 6 \\ 1 \end{pmatrix}$ b) $\mathbf{A} = \begin{pmatrix} 2 & 2 & -5 \\ 0 & 1 & -1 \\ 0 & 2 & -3 \end{pmatrix}, \vec{b} = \begin{pmatrix} 1 \\ 1 \\ 1 \end{pmatrix}$ c) $\mathbf{A} = \begin{pmatrix} 2 & 2 \\ 2 & 3 \\ 6 & 8 \end{pmatrix}, \vec{b} = \begin{pmatrix} 0 \\ -1 \\ -2 \end{pmatrix}$

d) $\mathbf{A} = \begin{pmatrix} 2 & 2 \\ 2 & 3 \\ 6 & 8 \end{pmatrix}, \vec{b} = \begin{pmatrix} 0 \\ -1 \\ -3 \end{pmatrix}$ e) $\mathbf{A} = \begin{pmatrix} 1 & -1 & 1 & -1 \\ 2 & 1 & -2 & 1 \\ 4 & -1 & 0 & -1 \end{pmatrix}, \vec{b} = \begin{pmatrix} 4 \\ -1 \\ 7 \end{pmatrix}$

**9.** Man bestimme (falls möglich) die Inverse der folgenden Matrizen:

a) $\mathbf{A} = \begin{pmatrix} 1 & 1 \\ 1 & 0 \end{pmatrix}$ b) $\mathbf{B} = \begin{pmatrix} 2 & 2 & -5 \\ 0 & 1 & -1 \\ 0 & 2 & -3 \end{pmatrix}$ c) $\mathbf{C} = \begin{pmatrix} 234 & 123 & 1 \\ 545 & 234 & 0 \end{pmatrix}$ d) $\mathbf{D} = \begin{pmatrix} 1 & 1 & 2 \\ 2 & 2 & 2 \\ 4 & 4 & 8 \end{pmatrix}$

**10.** Ein Unternehmen besteht aus drei Abteilungen $U_1$, $U_2$ und $U_3$, in denen die Produkte $P_1$, $P_2$ und $P_3$ gefertigt werden. Die dazugehörige Produktionsmatrix **A** sieht folgendermaßen aus:

$$\mathbf{A} = \begin{pmatrix} 0{,}1 & 0{,}1 & 0{,}2 \\ 0{,}3 & 0{,}2 & 0{,}1 \\ 0{,}4 & 0{,}1 & 0{,}3 \end{pmatrix}.$$

Die externe Nachfrage beträgt nach $P_1$ und $P_2$ jeweils 1000 Einheiten und nach $P_3$ 5000 Einheiten.

a) Man bestimme die zur Befriedigung dieser externen Nachfrage benötigte Gesamtproduktion $\vec{x}$.
b) Es können höchstens 240 Einheiten von $P_1$, 150 Einheiten von $P_2$ und 300 Einheiten von $P_3$ erzeugt werden. Welche externe Nachfrage $\vec{y}$ kann mit dieser Gesamtproduktion befriedigt werden?

# 8 Lineare Optimierung

Im Kapitel 6 wurden Funktionen von mehreren Variablen maximiert bzw. minimiert unter Beachtung vorgegebener Nebenbedingungen. Dabei mussten die Nebenbedingungen in *Gleichungs*form vorliegen (vgl. Lagrange-Methode, Abschnitt 6.4.2). Bessere Realitätsnähe erreicht man jedoch, wenn man als Nebenbedingungen auch Ungleichungen zulässt.

Warum sollten beispielsweise genau 50 Einheiten des Produkts im Beispiel 6.16 gefertigt werden? In der Regel fordert die Unternehmensleitung die Produktion von höchstens 50 Einheiten, d.h. es wird nur eine Obergrenze vorgegeben, die nicht überschritten werden darf. Dies führt zu der Nebenbedingung $x_1 + x_2 \leq 50$ (statt $x_1 + x_2 = 50$). Stellt man dann fest, dass der Gewinn sein Maximum bei einem Absatz von weniger als 50 Einheiten erreicht, so wird auch nur diese (im Hinblick auf das Unternehmensziel Gewinnmaximierung) benötigte Menge produziert.

Mathematische Probleme, in die Ungleichungen einbezogen sind, lassen sich nicht mehr mit den Methoden der Differentialrechnung lösen. Für den Fall, dass sowohl die zu optimierende Funktion als auch die Nebenbedingungen linear sind, wurden die Verfahren der linearen Optimierung entwickelt.

## 8.1 Standard-Maximum-Problem

### 8.1.1 Problemstellung und grafische Lösung eines Standard-Maximum-Problems

**Beispiel 8.1**

Ein Unternehmen stellt ein Produkt aus den drei Rohstoffen $R_1$, $R_2$, $R_3$ her. Es stehen zwei unterschiedliche Produktionsverfahren zur Verfügung. In der folgenden Tabelle findet man die für die Herstellung einer Einheit des Produktes benötigten Mengeneinheiten (ME) der Rohstoffe (die so genannten Produktionskoeffizienten) im jeweiligen Produktionsverfahren. Zusätzlich sind in der letzten Spalte die maximal verfügbaren Mengen der drei Rohstoffe aufgeführt.

| | Verfahren A | Verfahren B | verfügbare Mengen (ME) |
|---|---|---|---|
| $R_1$ | 5 | 10 | 3.000 |
| $R_2$ | 0 | 3 | 750 |
| $R_3$ | 4 | 2 | 1.200 |

(Beispielsweise bedeutet die „4" in der letzten Zeile, dass im Verfahren A zur Herstellung einer Mengeneinheit des Produktes 4 ME des Rohstoffes $R_3$ benötigt werden.)

Der Stückgewinn (oder besser Stückdeckungsbeitrag) beträgt für ein mit Verfahren A produziertes Produkt 200 €, für eine Einheit eines mit Verfahren B hergestellten Produkts dagegen 300 €. Ziel des Unternehmens ist es, den Gewinn (Deckungsbeitrag) unter optimaler Ausnutzung der beiden zur Verfügung stehenden Verfahren und der vorhandenen Rohstoffkapazitäten zu *maximieren*. Dabei wird vorausgesetzt, dass alle produzierten Einheiten auch abgesetzt werden können.

Mit den vorhandenen Rohstoffkapazitäten lassen sich beispielsweise 300 ME im Verfahren A herstellen. Da hierfür der gesamte Rohstoffvorrat von $R_3$ benötigt wird, kommt Verfahren B dann nicht zum Einsatz. Der Gewinn würde in diesem Fall
$300 \cdot 200 = 60.000$ € betragen.
Ein andere Möglichkeit besteht darin, 100 ME mit Verfahren A und 250 ME mit Verfahren B zu produzieren. Dies führt zu einem Gewinn von
$100 \cdot 200 + 250 \cdot 300 = 95.000$ €.
Die zweite Möglichkeit führt also zu einem höheren Gewinn.
Um die beste Lösung zu ermitteln, wird das Problem zunächst durch ein mathematisches Modell beschrieben.
Bezeichnet man mit $x_1$ die Anzahl der mit Verfahren A und mit $x_2$ die mit Verfahren B hergestellten Einheiten des Endproduktes, so lautet die zu maximierende Zielfunktion Z:

$$Z = 200x_1 + 300x_2 \tag{8.1}$$

Da die Zielfunktion (8.1) nur die Variablen $x_1$, $x_2$ enthält, lässt sich das Optimierungsproblem des Beispiels 8.1 grafisch lösen. Diese Lösungsmöglichkeit soll hier ausführlich vorgeführt werden, weil das Verständnis des grafischen Lösungsweges das Begreifen des in Abschnitt 8.1.2 behandelten rechnerischen Verfahrens erleichtert. Die praktische Bedeutung des grafischen Lösungsverfahrens ist dagegen nur gering, da reale Probleme in der Regel mehr als zwei Variablen haben, so dass sie grafisch nur umständlich (beim Vorliegen von 3 Variablen) oder gar nicht mehr gelöst werden können.

Die Lösung des Optimierungsproblems aus Beispiel 8.1 erfolgt in zwei Schritten.

- Zunächst werden alle Kombinationen $(x_1, x_2)$ bestimmt, die mit den vorhandenen Rohstoffmengen produziert werden können.
- Anschließend wird unter diesen Kombinationen diejenige ausgewählt, die die Zielfunktion maximiert.

Eine Kombination $(x_1, x_2)$, die mit den vorhandenen Rohstoffmengen produziert werden kann, wird *zulässige Lösung* genannt. Beispielsweise ist (100, 50) (d.h. 100 Einheiten werden mit Verfahren A und 50 Einheiten werden mit Verfahren B produziert) eine zulässige Lösung, da hierzu
$100 \cdot 5 + 50 \cdot 10 = 1.000$ Einheiten des Rohstoffs $R_1$,
$50 \cdot 3 = 150$ Einheiten des Rohstoffs $R_2$ und
$100 \cdot 4 + 50 \cdot 2 = 500$ Einheiten des Rohstoffs $R_3$
benötigt werden, so dass die vorhandenen Rohstoffvorräte bei weitem nicht verbraucht werden.

Dagegen ist die Kombination (500, 100) keine zulässige Lösung, da hier zur Produktion unter anderem 3.500 Einheiten des Rohstoffes $R_1$ benötigt würden, aber nur 3.000 Einheiten zur Verfügung stehen.

Aus der Aufgabenstellung lassen sich die folgenden drei Ungleichungen herleiten, die jede mögliche zulässige Lösung erfüllen muss:
Für die Produktion einer beliebigen Kombination $(x_1, x_2)$ werden $5 \cdot x_1 + 10 \cdot x_2$ Einheiten des Rohstoffs $R_1$ benötigt. Da 3.000 Einheiten dieses Rohstoffes zur Verfügung stehen, ergibt sich hieraus die Ungleichung
$5x_1 + 10x_2 \leq 3.000.$

Analog leitet man die Ungleichungen für die Rohstoffe $R_2$, $R_3$ her. Insgesamt erhält man ein System von drei Ungleichungen (auch Restriktionen genannt):

$5x_1 + 10x_2 \leq 3.000$ (Rohstoff $R_1$) (8.2)

$0x_1 + 3x_2 \leq 750$ (Rohstoff $R_2$) (8.3)

$4x_1 + 2x_2 \leq 1200$ (Rohstoff $R_3$) (8.4)

Da keine negativen Produktmengen gefertigt werden können, müssen $x_1$ und $x_2$ noch zusätzlich die so genannten Nichtnegativitätsbedingungen (abgekürzt NNB) erfüllen:

$x_1 \geq 0, x_2 \geq 0$ (8.5)

Um den Bereich aller zulässigen Lösungen geometrisch zu veranschaulichen, wird zunächst die erste Ungleichung (8.2) analysiert. Ersetzt man in der Ungleichung (8.2) das Ungleichheitszeichen durch ein Gleichheitszeichen, so erhält man die lineare Gleichung $5x_1 + 10x_2 = 3.000$.
Auflösen nach $x_2$ führt zu der Geradengleichung (auch Restriktionsgleichung genannt):

$x_2 = 300 - \frac{1}{2} x_1$ (8.6).

Auf dieser Geraden liegen alle Punkte $(x_1, x_2)$, also alle Produktionsprogramme, die zum vollständigen Verbrauch des Rohstoffs $R_1$ führen. Beispiele für solche Produktionsprogramme sind (0, 300), (10, 295) oder (300, 150). Diejenigen Kombinationen $(x_1, x_2)$, die zu einem Verbrauch von weniger als 3.000 Einheiten des Rohstoffs $R_1$ führen, liegen unterhalb der Geraden. Man sagt auch: die Lösungsmenge der Ungleichung (8.2) ist die unterhalb der Geraden (8.6) liegende *Halbebene* einschließlich der Begrenzungsgeraden.

Um die Gerade $x_2 = 300 - \frac{1}{2} x_1$ in ein $x_1$,$x_2$-Koordinatensystem zeichnen zu können, wird zunächst deren Schnittpunkt mit der $x_1$- bzw. $x_2$-Achse bestimmt. Wenn man $x_1$ Null setzt, erhält man den Punkt (0, 300) als Schnittpunkt der Geraden (8.6) mit der $x_2$-Achse, und für $x_2 = 0$ folgt $x_1 = 600$, so dass die Gerade im Punkt (600, 0) die $x_1$-Achse schneidet. Mittels der gefundenen Punkte kann nun die Gerade eingezeichnet und der Bereich gekennzeichnet werden, der die Ungleichung $5x_1 + 10x_2 \leq 3.000$ erfüllt.

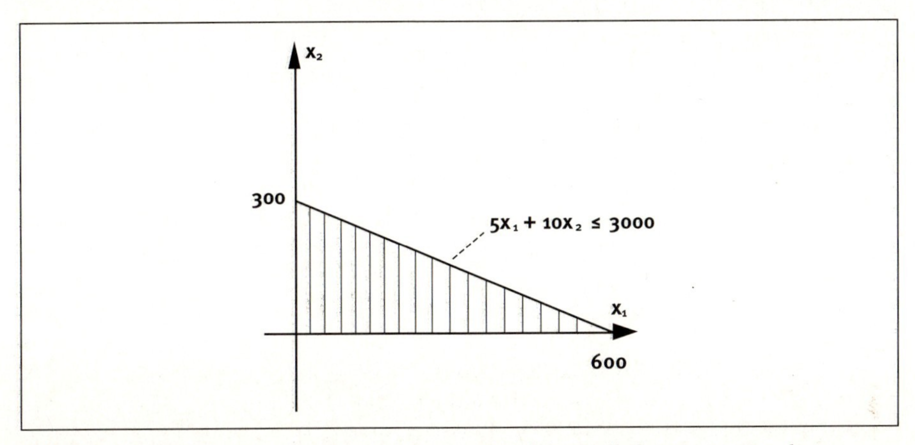


*Abb. 8.1: Der durch $5x_1 + 10x_2 \leq 3.000$ bestimmte Teil der Halbebene im 1. Quadranten*

Die Ungleichungen (8.3) und (8.4) beschreiben ebenfalls Halbebenen, die jeweils unterhalb der Begrenzungsgeraden $x_2 = 250$ bzw. $x_2 = 600 - 2x_1$ liegen, einschließlich der jeweiligen Begrenzung.

Auch die Nichtnegativitätsbedingungen lassen sich geometrisch als Halbebenen deuten. Für $x_1 \geq 0$ erhält man die $x_2$-Achse und die Halbebene rechts von der $x_2$-Achse, entsprechend für $x_2 \geq 0$ die $x_1$-Achse und die Halbebene oberhalb von der $x_1$-Achse.

Die Schnittmenge dieser 5 Halbebenen (also die zu allen 5 Halbebenen gleichzeitig gehörenden Punkte) bildet den Bereich der zulässigen Lösungen, den so genannten zulässigen Bereich. Dieser ist in der Abbildung 8.2 schraffiert dargestellt. Nur innerhalb dieses Bereiches ist keine der geforderten Restriktionen und Nichtnegativitätsbedingungen verletzt.

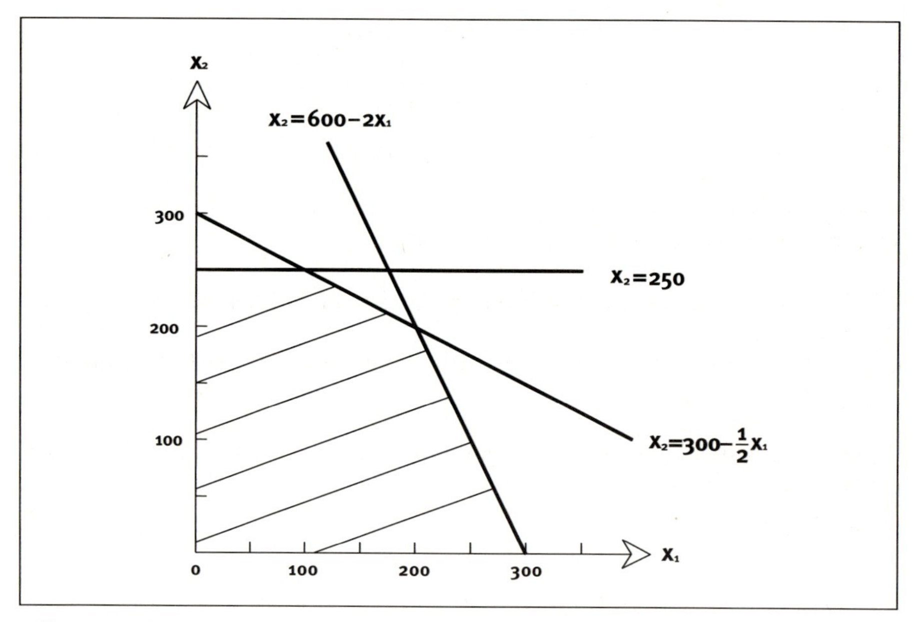


*Abb. 8.2: Zulässiger Bereich*

Der zulässige Bereich stellt im Beispiel 8.1 ein Fünfeck dar, wobei jede Ecke der Schnittpunkt zweier Restriktionsgeraden ist. (Dabei werden auch die begrenzenden Achsen zu den Restriktionsgeraden gezählt). Diese Schnittpunkte bezeichnet man als Eckpunkte des Restriktionssystems. Darüber hinaus existieren auch noch Schnittpunkte von Restriktionsgeraden im nicht zulässigen Bereich. Für das vorliegende Beispiel erhält man

- Eckpunkte im zulässigen Bereich:
  $E_0 = (0, 0)$; $E_1 = (0, 250)$; $E_2 = (100, 250)$; $E_3 = (200, 200)$; $E_4 = (300, 0)$

- Eckpunkte im nicht zulässigen Bereich:
  $E_5' = (0, 600)$, $E_6' = (0, 300)$, $E_7' = (175, 250)$, $E_8' = (600, 0)$

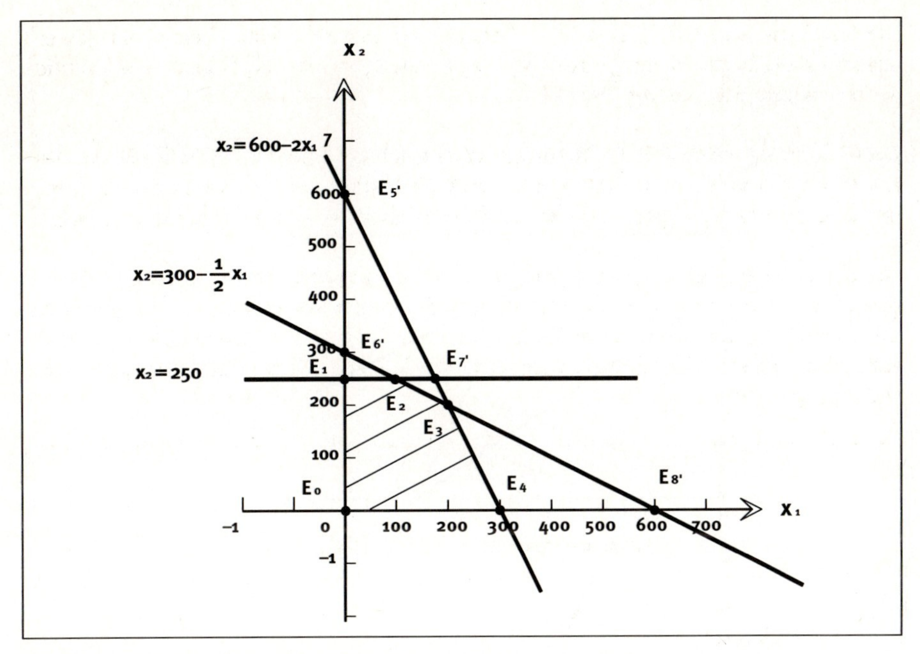


*Abb. 8.3: Zulässiger Bereich mit bezeichneten Ecken*

Um den Punkt $(x_1,x_2)$ des schraffierten Bereichs, für den die Zielgröße
$Z = 200x_1 + 300x_2$.
möglichst groß ist, zu finden, wird die Zielfunktion $Z$ zunächst nach $x_2$ aufgelöst:

$$x_2 = -\frac{2}{3}x_1 + \frac{Z}{300}$$

Anschließend werden probeweise drei konkrete Werte für $Z$ eingesetzt. Für $Z = 60.000$ erhält man z. B. die Gerade:

$$x_2 = -\frac{2}{3}x_1 + 200$$

Das mit $Z = 60.000$ gekennzeichnete Geradenstück, welches innerhalb des schraffierten Bereiches verläuft (vgl. Abb. 8.4), stellt alle diejenigen zulässigen Produktionskombinationen $(x_1,x_2)$ dar, die jeweils zu einem Gewinn von 60.000 GE führen. Man spricht deshalb auch von einer Isogewinngeraden.
Analog erhält man für $Z = 100.000$ die Gerade

$$x_2 = -\frac{2}{3}x_1 + \frac{1.000}{3}$$

und für $Z = 110.000$ die Gerade

$$x_2 = -\frac{2}{3}x_1 + \frac{1.100}{3}.$$

Diese Geraden werden nun zu Abb. 8.2 hinzugefügt, wobei sie der Einfachheit halber mit $Z = 60.000$, $Z = 100.000$ und $Z = 110.000$ gekennzeichnet sind (vgl. Abb. 8.5). Da alle Isogewinngeraden dieselbe Steigung „$-\frac{2}{3}$" aufweisen, verlaufen sie parallel.

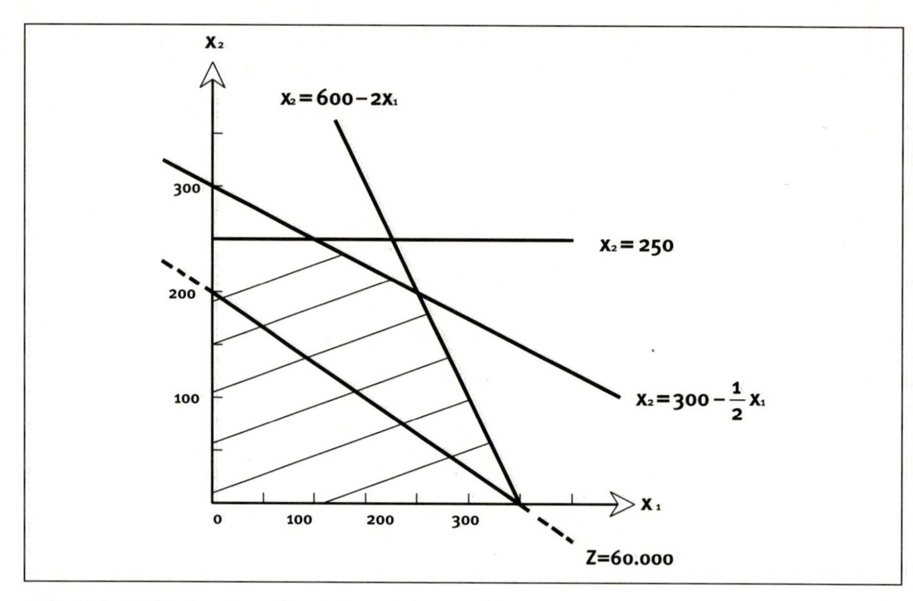


*Abb. 8.4: Zulässiger Bereich mit Isogewinngerade*

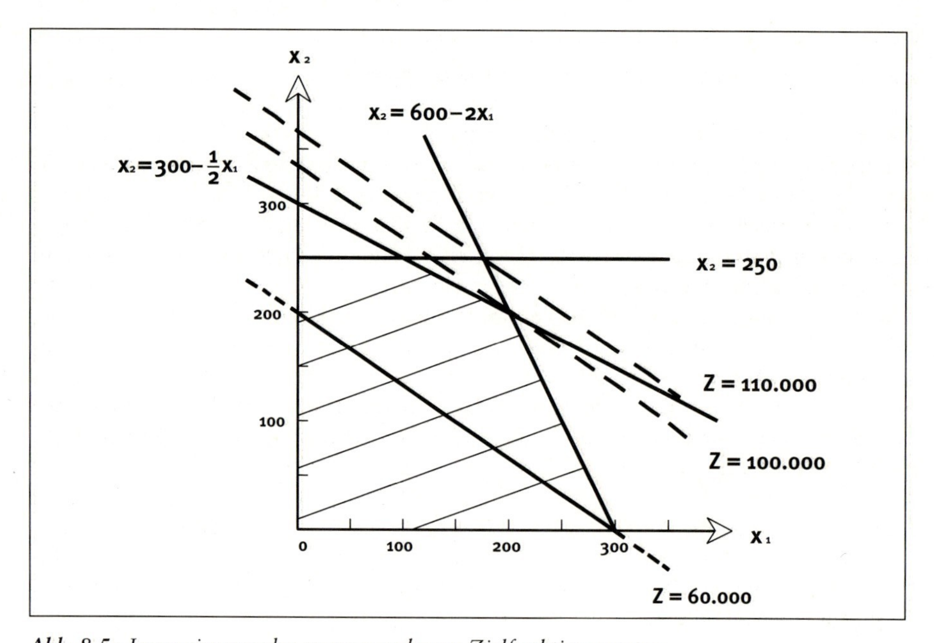


*Abb. 8.5: Isogewinngeraden zu vorgegebenen Zielfunktionswerten*

Für Z = 110.000 hat die zugehörige Gerade keinen Punkt mehr mit dem schraffierten Bereich gemeinsam, es existiert also keine zulässige Lösung, die zu einem Gewinn von 110.000 Einheiten führt.

Je größer Z gewählt wird, desto weiter „rechts oben" verläuft die Isogewinngerade. Um also das gesuchte Maximum zu erhalten, muss man eine Isogewinngerade (beispielsweise die für Z = 60.000) solange parallel nach rechts oben verschieben, bis sie nur noch einen Punkt mit dem zulässigen Bereich gemeinsam hat.

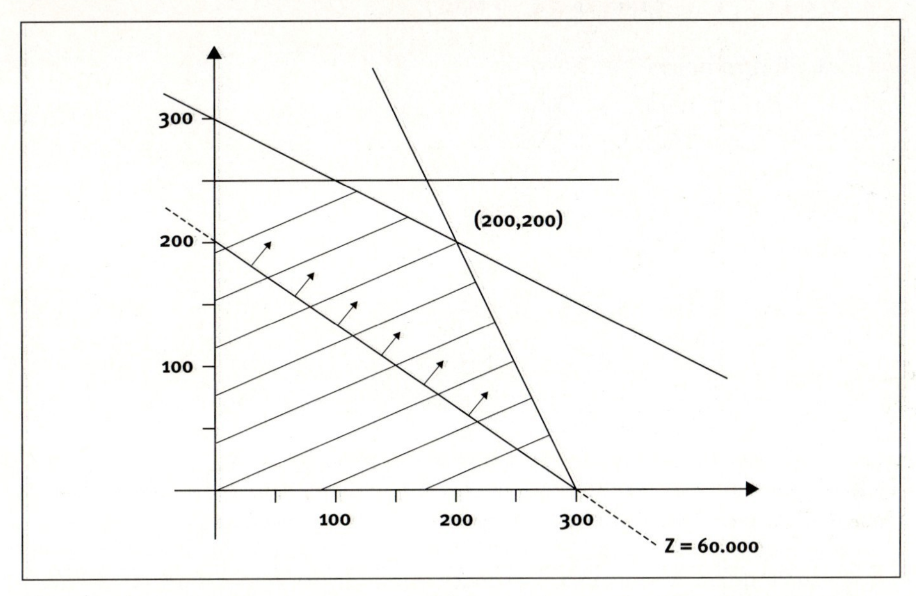


*Abb. 8.6: Bestimmung des optimalen Produktionsprogramms durch Parallelverschiebung*

Der so erhaltene Eckpunkt (200, 200) gibt die optimale zulässige Lösung an. Das Unternehmen maximiert also seinen Gewinn, wenn es jeweils 200 Einheiten mit dem Verfahren A und mit dem Verfahren B herstellt. Der mit diesem Produktionsprogramm erzielte Gewinn beträgt 100.000. Setzt man $x_1 = 200$ und $x_2 = 200$ in die Restriktionsungleichungen (8.2) bis (8.4) ein, so zeigt sich, dass nach der Produktion des optimalen Produktionsprogrammes (200, 200) vom Rohstoff $R_2$ noch 150 Einheiten übrig sind, während die Rohstoffe $R_1$ und $R_3$ vollständig verbraucht werden. Letzteres folgt auch sofort daraus, dass der optimale Punkt (200, 200) *gleichzeitig* auf der Restriktionsgeraden für den Rohstoff $R_1$ (hier befinden sich alle Produktionsprogramme, die den Rohstoff $R_1$ vollständig verbrauchen) und der Restriktionsgeraden für den Rohstoff $R_3$ (hier befinden sich alle Produktionsprogramme, die den Rohstoff $R_3$ vollständig verbrauchen) liegt.

Im Beispiel 8.1 wird das Optimum in einem Eckpunkt des zulässigen Bereichs angenommen. Dass dies bei derartigen Problemen immer der Fall ist, soll hier nicht bewiesen werden, spielt jedoch bei dem im folgenden Abschnitt eingeführten Simplexalgorithmus eine entscheidende Rolle.

### 8.1.2 Simplexalgorithmus

Mit Hilfe des Simplexalgorithmus (Simplexverfahren) kann man das in Abschnitt 8.1.1 vorgestellte Standard-Maximum-Problem rechnerisch lösen. Ein lineares Optimierungsproblem mit den n Entscheidungsvariablen $x_1, x_2, ..., x_n$ bezeichnet man als Standard-Maximum-Problem, wenn es die folgende Struktur aufweist.

**Mathematisches Modell des Standard-Maximum-Problems**

**I.** Lineare Zielfunktion

$$Z = c_1x_1 + c_2x_2 + \ldots + c_jx_j + \ldots + c_nx_n \rightarrow \text{Max!}$$

**II.** Lineare Restriktionen:

$$a_{11}x_1 + a_{12}x_2 + \ldots + a_{1j}x_j + \ldots + a_{1n}x_n \le b_1$$
$$a_{21}x_1 + a_{22}x_2 + \ldots + a_{2j}x_j + \ldots + a_{2n}x_n \le b_2$$
$$\vdots$$
$$a_{m1}x_1 + a_{m2}x_2 + \ldots + a_{mj}x_j + \ldots + a_{mn}x_n \le b_m$$

(mit $b_i \ge 0$ für $i = 1,2,\ldots,m$)

**III.** Nichtnegativitätsbedingungen

$$x_1 \ge 0, x_2 \ge 0, \ldots, x_n \ge 0.$$

Bezeichnungen: $x_j$ Entscheidungs- oder Problemvariable; $c_j$ Zielfunktionskoeffizient; $b_i$ rechte Seite der i-ten Restriktion

Ein Standard-Maximum-Problem zeichnet sich also dadurch aus, dass alle vorkommenden Funktionen und Ungleichungen linear sind. Das bedeutet, dass die Entscheidungsvariablen $x_i$ nur in der ersten Potenz auftreten dürfen und auch keine gemischten Produkte der Form $x_ix_j$ vorhanden sind. Darüber hinaus sind alle Restriktionen vom „≤“ -Typ, die rechten Seiten $b_i$ sind alle nichtnegativ, und die Zielfunktion soll maximiert werden.

Für das Beispiel 8. 1 (s. Abschnitt 8.1.1) erhält man das folgende mathematische Modell:
Zielfunktion:
$Z = 200x_1 + 300x_2 \rightarrow \text{Max!}$

Restriktionsungleichungen:
$5x_1 + 10x_2 \le 3000$
$3x_2 \le 750$
$4x_1 + 2x_2 \le 1200$

Nichtnegativitätsbedingungen:
$x_1 \ge 0, x_2 \ge 0$

Hier ist also $n = 2$ (zwei Entscheidungsvariablen) und $m = 3$ (drei Restriktionen). Eine algorithmische Rechenmethode zur Lösung des Standard-Maximum-Problems ist der 1947 von G. B. DANTZIG erstmals angegebene Simplexalgorithmus.

Der Simplexalgorithmus nutzt die (hier nicht bewiesene) Tatsache aus, dass das gesuchte Optimum eines Standard-Maximum-Problems (falls es überhaupt existiert) *immer* in mindestens einem *„Eckpunkt“* des zulässigen Bereichs liegt.

(Unter einem Eckpunkt im Zusammenhang mit einem linearen Optimierungsproblem mit $n$ Entscheidungsvariablen versteht man einen Punkt, der gleichzeitig $n$ Restriktionsgleichungen erfüllt. Dabei bildet man die Restriktionsgleichungen aus den

Restriktionsungleichungen, indem das Ungleichheitszeichen jeweils durch ein Gleichheitszeichen ersetzt wird.)

Das Simplexverfahren soll hier zunächst an der grafischen Lösung des Beispiels 8.1 aus Abschnitt 8.1.1 erläutert werden.

Im ersten Schritt wird das Ungleichheitssystem

$$\begin{aligned} 5x_1 + 10x_2 &\leq 3.000 \\ 3x_2 &\leq 750 \\ 4x_1 + 2x_2 &\leq 1.200 \end{aligned} \tag{8.7}$$

durch so genannte Schlupfvariablen (Hilfsvariablen) $y_1$, $y_2$ und $y_3$ in ein lineares Gleichungssystem überführt.

$$\begin{aligned} 5x_1 + 10x_2 + y_1 &= 3.000 \\ 3x_2 + y_2 &= 750 \\ 4x_1 + 2x_2 + y_3 &= 1.200 \end{aligned} \tag{8.8}$$

Um zu einer inhaltlichen Interpretation der Schlupfvariablen zu gelangen, wird zunächst die Schlupfvariable $y_1$ analysiert. Diese stellt gerade die Differenz zwischen der rechten Seite „3.000" (der maximal vorhandenen Kapazität des Rohstoffes $R_1$) und $5x_1 + 10x_2$ dar; $y_1$ gibt also den nicht ausgenutzten Teil der ersten Restriktion für jede zulässige Kombination $(x_1, x_2)$ an. Für Beispiel 8.1 bedeutet dies, dass $y_1$ die nicht verbrauchten Einheiten des Rohstoffs $R_1$ nach der Verwirklichung des Produktionsprogramms $(x_1, x_2)$ angibt, denn es gilt:

$$5x_1 + 10x_2 \quad + \quad y_1 \quad = \quad 3.000$$

(verbrauchte Einheiten $R_1$ + nicht verbrauchte Einheiten $R_1$ = verfügbare Einheiten $R_1$)

Entsprechend gibt $y_2$ die nicht verbrauchten Einheiten des Rohstoffs $R_2$ und $y_3$ die nicht verbrauchten Einheiten des Rohstoffs $R_3$ an.

Da die ökonomische Deutung der Schlupfvariablen von der Art des ökonomischen Problems abhängt, muss man sich die wirtschaftliche Interpretation in jedem Fall neu überlegen.

Auch die Schlupfvariablen $y_i$ müssen die Nichtnegativitätsbedingungen erfüllen, denn ein negatives $y_i$ würde bedeuten, dass die zur Verwirklichung von $(x_1, x_2)$ benötigten Ressourcen die vorhandene Kapazität übersteigen, so dass die entsprechende Restriktionsungleichung nicht erfüllt wäre. Beispielsweise hätte $y_1 = -300$ im Gleichungssystem (8.8) die Bedeutung, dass zur Verwirklichung der Produktionsstrategie $(x_1, x_2)$ 3.300 Einheiten von $R_1$ benötigt werden, also genau 300 Einheiten mehr als vorhanden sind.

Die Zielfunktion hat die Gleichung

$$-200x_1 - 300x_2 + Z = 0$$

Dabei ist darauf zu achten, dass die Produkte $c_i\, x_i$ ($i = 1,..., n$) von Z subtrahiert werden. (Allgemein: $-c_1x_1 - c_2x_2 + ... - c_nx_n + Z = 0$)

Insgesamt ist auf diese Weise ein mathematisches Modell entstanden, welches aus vier Gleichungen mit den sechs Variablen $x_1, x_2, y_1, y_2, y_3, Z$ besteht:

$$\begin{aligned} -200x_1 - 300x_2 + \quad\quad\quad Z &= 0 \\ 5x_1 + 10x_2 + y_1 \quad\quad\quad &= 3.000 \\ 3x_2 + \quad y_2 \quad\quad &= 750 \\ 4x_1 + 2x_2 + \quad\quad y_3 &= 1.200 \end{aligned} \tag{8.9}$$

(mit $x_1 \geq 0, x_2 \geq 0, y_1 \geq 0, y_2 \geq 0, y_3 \geq 0$)

Das Tableau 1 (Ausgangstableau) des Simplexalgorithmus wird nun erstellt, indem in der Kopfzeile die Namen der Variablen und darunter die Koeffizienten des Gleichungssystems eingetragen werden. Dabei ist zu beachten, dass die Koeffizienten der Zielfunktionszeile in die letzte Zeile des Tableaus eingetragen werden, die vom Rest des Tableaus durch eine gestrichelte Linie getrennt wird. Die Werte der jeweiligen rechten Seite kennzeichnet man mit $b_i$. Zusätzlich werden in der ersten mit BV gekennzeichneten Spalte die Schlupfvariablen $y_1, y_2, \dots$ und die zu maximierende Größe $Z$ eingetragen.

**Ausgangstableau (Tableau 1)**

| BV | $x_1$ | $x_2$ | $y_1$ | $y_2$ | $y_3$ | Z | $b_i$ |
|---|---|---|---|---|---|---|---|
| $y_1$ | 5 | 10 | 1 | 0 | 0 | 0 | 3.000 |
| $y_2$ | 0 | 3 | 0 | 1 | 0 | 0 | 750 |
| $y_3$ | 4 | 2 | 0 | 0 | 1 | 0 | 1.200 |
| Z | −200 | −300 | 0 | 0 | 0 | 1 | 0 |

Es fällt auf, dass sich im Ausgangstableau in 4 Spalten Einheitsvektoren (vgl. Abschnitt 7.1.2) befinden. Die zugehörigen Variablen heißen Basisvariablen. Die restlichen Variablen nennt man Nichtbasisvariablen.

**Basislösung**

Für ein Gleichungssystem, bei dem die Zahl der Gleichungen mit der Zahl der Basisvariablen übereinstimmt, kann man sofort eine Lösung angeben, indem man die Nichtbasisvariablen Null setzt und den Basisvariablen die Werte der entsprechenden „rechten Seiten“ zuweist. Eine solche Lösung wird auch als Basislösung bezeichnet.

Im vorliegenden Beispiel sind also zunächst $y_1, y_2, y_3, Z$ die Basisvariablen und $x_1, x_2$ die Nichtbasisvariablen. Setzt man die Nichtbasisvariablen $x_1, x_2$ gleich Null, so erhält man die Lösung

$x_1 = 0, x_2 = 0, y_1 = 3.000, y_2 = 750, y_3 = 1.200, Z = 0$

$y_2$ wird z.B. 750 zugewiesen, da die „1“ des unterhalb $y_2$ stehenden Einheitsvektors in der zweiten Zeile steht.

Diese so genannte Basislösung lässt sich geometrisch interpretieren als der Punkt $E_0$ in Abbildung 8.3 (Ursprung (0, 0) des Koordinatensystems). Ökonomisch bedeutet die Lösung, dass mit keinem der beiden zur Verfügung stehenden Verfahren produziert wird, der erzielte Gewinn $Z = 0$ ist und die Schlupfvariablen mit den maximal vorhandenen Rohstoffkapazitäten übereinstimmen.

Dass es sich bei dieser Basislösung noch nicht um die optimale Lösung handelt, erkennt man im Ausgangstableau an den negativen Koeffizienten in der letzten Zeile, der Zielfunktionszeile.

So bedeutet beispielsweise der Koeffizient „–200" in der Zielfunktionszeile, dass ein Basistausch der Nichtbasisvariablen $x_1$ die Zielgröße $Z$ erhöht, weil sich durch den Basistausch der Wert von $x_1 = 0$ im Ausgangstableau in einen Wert $x_1 > 0$ verändert. Das wiederum hat zur Folge, dass sich $Z$ um $200x_1$ erhöht, denn aus der Zielfunktionsgleichung $-200x_1 - 300x_2 + Z = 0$ folgt ja $Z = 200x_1 + 300x_2$.

Grundsätzlich gilt für jedes Simplextableau folgendes Optimalitätskriterium:

**Optimalitätskriterium**
Enthält die Zielfunktionszeile eines Simplextableaus einen negativen Koeffizienten in der j-ten Spalte, so lässt sich die Zielgröße $Z$ noch vergrößern, wenn die zu der j-ten Spalte gehörende Variable in eine Basisvariable umgerechnet wird. Enthält die Zielfunktion dagegen nur nichtnegative Koeffizienten, so ist das gesuchte Optimum erreicht und kann aus der zum Tableau gehörigen Basislösung sofort abgelesen werden.

Die Grundidee des Simplexalgorithmus besteht nun darin, ausgehend vom Ursprung des Koordinatensystem $(0, 0)$ solange von Ecke zu Ecke zu „springen", bis eine optimale Lösung gefunden ist.

Um zum Beipiel von der Ecke $E_0$ zur Ecke $E_1$ zu gelangen, wird eine Nichtbasisvariable des Ausgangstableaus, nämlich $x_2$, gegen eine Basisvariable $(y_2)$ ausgetauscht (Basistausch), während die andere Nichtbasisvariable $(x_1)$ des Ausgangstableaus ihren Status beibehält.

In der folgenden Tabelle sind alle Ecken im zulässigen Bereich des Beispiels 8.1 (vgl. Abbildung 8.3), die zugehörigen Nichtbasisvariablen und Basisvariablen aufgeführt:

| Eckpunkt | NBV | BV |
|---|---|---|
| $E_0$ | $x_1, x_2$ | $y_1, y_2, y_3, Z$ |
| $E_1$ | $x_1, y_2$ | $x_2, y_1, y_3, Z$ |
| $E_2$ | $y_1, y_2$ | $x_1, x_2, y_3, Z$ |
| $E_3$ | $y_1, y_3$ | $x_1, x_2, y_2, Z$ |
| $E_4$ | $x_2, y_3$ | $x_1, y_1, y_2, Z$ |

Jeder Schritt zu einer benachbarten Ecke entspricht im Simplexalgorithmus der Umrechnung eines Simplextableaus und wird als Simplexiteration oder Simplexschritt bezeichnet. Die Umrechnung findet rein schematisch statt, d. h. man muss sich um die geometrische Bedeutung (dass man die Ecken des zulässigen Bereichs „abläuft") nicht kümmern.

**Pivotspalte**

Für die Simplexiteration wird zunächst eine Spalte des Ausgangstableaus ausgewählt, die in der Zielfunktionszeile einen negativen Koeffizienten aufweist. Diese Spalte ist so zu verändern, dass sie im Ergebnis der Veränderung einen Einheitsvektor enthält.

Existiert mehr als eine Spalte mit einem negativen Koeffizienten in der Zielfunktionszeile, so kommt jede dieser Spalten gleichberechtigt für die Umrechnung in Frage. Die schließlich zufällig (beispielsweise durch Auslosen) gewählte Spalte, die in einen Einheitsvektor umgerechnet werden soll, nennt man Pivotspalte.

Im vorliegenden Ausgangstableau wird die zweite Spalte unterhalb von $x_2$ zur Pivotspalte gewählt (ebenso hätte man sich auch für die erste Spalte unterhalb von $x_1$ entscheiden können). $x_2$ soll also durch Basistausch Basisvariable werden, während $x_1$ Nichtbasisvariable bleibt.

Da $x_1$ Nichtbasisvariable bleibt, gilt weiterhin $x_1 = 0$. Es müssen im Ungleichungssystem (8.7) also wegen $x_1 = 0$ die folgenden Ungleichungen für $x_2$ erfüllt sein:
$10x_2 \leq 3.000,\ 3x_2 \leq 750,\ 2x_2 \leq 1.200$

Diese drei Ungleichungen lassen sich nach $x_2$ auflösen, indem man die rechten Seiten durch den Koeffizienten vor $x_2$ dividiert:

$$x_2 \leq \frac{3.000}{10} = 300$$

$$x_2 \leq \frac{750}{3} = 250$$

$$x_2 \leq \frac{1.200}{2} = 600$$

Da $x_2$ alle drei Bedingung gleichzeitig erfüllen muss, kann man maximal $x_2 = 250$ Einheiten nach dem zweiten Verfahren B herstellen, ohne den zulässigen Bereich zu verlassen. Dies ist auf einen *Engpass* beim Rohstoff $R_2$ (im Vergleich zu den beiden anderen Rohstoffen) zurückzuführen.

Formal berechnet man im Simplextableau den Engpass, indem man die Elemente der rechten Seite (unterhalb von $b_i$) durch die Koeffizienten der Pivotspalte, die in der gleichen Zeile stehen, dividiert. Dabei ist nur Division durch positive Koeffizienten erlaubt.

Diese Quotientenbildung wird in einer zusätzlich am Ende des ersten Tableaus eingefügten Spalte, die mit $q_i$ bezeichnet wird, vorgenommen. Im Ausgangstableau werden also die rechten Seiten $b_i$ jeweils durch den entsprechenden Koeffizienten der Pivotspalte dividiert.

**Pivotzeile**

Der kleinste Quotient bestimmt die Pivotzeile. Das hierbei verwendete Kriterium des *„kleinsten Quotienten"* nennt man auch *Engpasskriterium*. Das im Schnittpunkt von Pivotzeile und Pivotspalte stehende Element bezeichnet man als *Pivotelement*, es wird im Tableau eingerahmt.

| BV | $x_1$ | $x_2$ | $y_1$ | $y_2$ | $y_3$ | Z | $b_i$ | $q_i$ |
|---|---|---|---|---|---|---|---|---|
| $y_1$ | 5 | 10 | 1 | 0 | 0 | 0 | 3.000 | $\frac{3.000}{10} = 300$ |
| $y_2$ | 0 | **[3]** | 0 | 1 | 0 | 0 | 750 | $\frac{750}{3} = 250$ |
| $y_3$ | 4 | 2 | 0 | 0 | 1 | 0 | 1.200 | $\frac{1.200}{2} = 600$ |
| Z | −200 | −300 | 0 | 0 | 0 | 1 | 0 | |

Mit der Bestimmung des Pivotelements hat man festgelegt, wo die „1" des neuen Einheitsvektors stehen soll, in allen übrigen Zeilen der Pivotspalte müssen dann Nullen erzeugt werden.

Es geht nun darum, die neue, verbesserte Lösung vollständig zu berechnen. Dazu wird in der $x_2$-Spalte des Tableaus ein Einheitsvektor mit der „1" in der zweiten Zeile erzeugt, und zwar unter Verwendung derselben Umrechnungsmethoden wie beim Gaußschen Algorithmus (vgl. Kapitel 6.2).

Um also das nächste Tableau zu ermitteln, wird zunächst die gesamte Pivot-Zeile durch das Pivot-Element (hier: 3) dividiert, um die „1" an der Stelle des Pivot-Elements zu erzeugen. Dadurch entsteht folgendes Tableau:

| BV | $x_1$ | $x_2$ | $y_1$ | $y_2$ | $y_3$ | Z | $b_i$ |
|---|---|---|---|---|---|---|---|
| $y_1$ | 5 | 10 | 1 | 0 | 0 | 0 | 3.000 |
| $y_2$ | 0 | 1 | 0 | $\frac{1}{3}$ | 0 | 0 | 250 |
| $y_3$ | 4 | 2 | 0 | 0 | 1 | 0 | 1.200 |
| Z | −200 | −300 | 0 | 0 | 0 | 1 | 0 |

Um die Nullen in der Pivot-Spalte zu erzeugen, werden geeignete Vielfache der neuen (*umgerechneten*) Pivot-Zeile zu den übrigen Zeilen addiert (bzw. subtrahiert).

Im Beispiel sind also nacheinander die folgenden Zeilenoperationen vorzunehmen:

- das 10-fache der Pivotzeile wird von der ersten Zeile subtrahiert
- das 2-fache der Pivotzeile wird von dritten Zeile subtrahiert
- das 300-fache der Pivotzeile wird zur Zielfunktionszeile addiert

Dies führt zu folgendem Tableau:

**Tableau 2**

| BV | $x_1$ | $x_2$ | $y_1$ | $y_2$ | $y_3$ | Z | $b_i$ |
|---|---|---|---|---|---|---|---|
| $y_1$ | 5 | 0 | 1 | $-\frac{10}{3}$ | 0 | 0 | 500 |
| $x_2$ | 0 | 1 | 0 | $\frac{1}{3}$ | 0 | 0 | 250 |
| $y_3$ | 4 | 0 | 0 | $-\frac{2}{3}$ | 1 | 0 | 700 |
| Z | −200 | 0 | 0 | 100 | 0 | 1 | 75.000 |

In der ersten Spalte wurde noch die Schlupfvariable $y_2$, die zur Nichtbasisvariablen wurde, durch die neue Basisvariable $x_2$ ersetzt.

Aus diesem Tableau kann die erste verbesserte zulässige Basislösung direkt abgelesen werden.
Basisvariablen: $Z = 75.000$, $x_2 = 250$, $y_1 = 500$, $y_3 = 700$
Nichtbasisvariablen: $x_1 = 0$, $y_2 = 0$.

Dies bedeutet, dass 250 Einheiten ($x_2 = 250$) mit dem Verfahren B hergestellt werden und dass das Verfahren A nicht eingesetzt wird ($x_1 = 0$). Ungenutzt bleiben bei dieser Produktion 500 Einheiten des Rohstoffs $R_1$ ($y_1 = 500$) und 700 Einheiten des Rohstoffs $R_3$ ($y_3 = 700$), dagegen wird der Rohstoff $R_2$ vollständig verbraucht ($y_2 = 0$). Der mit diesem Produktionsprogramm zu erzielende Gewinn beträgt 75.000 GE ($Z = 75.000$).

Man „befindet" sich mit Tableau 2 in der Ecke $E_1$ der Abbildung 8.3 mit den Koordinaten (0, 250).

Da in der Zielfunktionszeile des umgerechneten Tableaus immer noch ein negativer Wert steht, ist eine weitere Verbesserung der Zielgröße durch einen Basistausch möglich. Da nur ein Wert negativ ist, liegt die Pivot-Spalte fest: $x_1$ wird zur neuen Basisvariablen. Zur Bestimmung der Pivotzeile wird wieder das Engpasskriterium herangezogen. Bei der Quotientenbildung ist zu beachten, dass nur Quotienten gebildet werden dürfen mit positiven Koeffizienten aus der Pivotspalte. Zeilen, die einen negativen Koeffizienten in der Pivotspalte besitzen, kommen als Pivotzeile grundsätzlich nicht in Frage, da ansonsten eine nicht zulässige Lösung erzielt wird. Auch die Division durch Null darf nicht vorgenommen werden.

Im folgenden Tableau sind die Quotienten gebildet und die Pivotspalte sowie das Pivotelement markiert:

| BV | $x_1$ | $x_2$ | $y_1$ | $y_2$ | $y_3$ | Z | $b_i$ | $q_i$ |
|---|---|---|---|---|---|---|---|---|
| $y_1$ | **5** | 0 | 1 | $-\frac{10}{3}$ | 0 | 0 | 500 | $\frac{500}{5} = 100$ |
| $x_2$ | 0 | 1 | 0 | $\frac{1}{3}$ | 0 | 0 | 250 | |
| $y_3$ | 4 | 0 | 0 | $-\frac{2}{3}$ | 1 | 0 | 700 | $\frac{700}{4} = 175$ |
| Z | −200 | 0 | 0 | 100 | 0 | 1 | 75.000 | |

Die Bestimmung einer verbesserten Lösung geschieht jetzt nach dem gleichen Verfahren, welches schon ausführlich bei der Berechnung des zweiten Simplextableaus beschrieben wurde. Ziel der Umrechnung ist die Erzeugung eines Basisvektors in der Pivotspalte mit der „1" in der ersten Zeile.

Zunächst werden daher alle Elemente der Pivotzeile durch „5" dividiert und anschließend geeignete Vielfache der so umgerechneten Pivotzeile derart zu den übrigen Zeilen des Tableaus addiert, dass die Nullen des Einheitsvektors in der Pivotspalte erzeugt werden. Dies bedeutet im Einzelnen:

- das Vierfache der ersten Zeile wird von der dritten Zeile subtrahiert
- das 200-fache der ersten Zeile wird zur Zielfunktionszeile addiert

Die zweite Zeile bleibt unverändert, da dort schon eine Null in der ersten Spalte steht. Nach Durchführung dieser Zeilenoperationen erhält man das dritte Simplextableau:

**Tableau 3**

| BV | $x_1$ | $x_2$ | $y_1$ | $y_2$ | $y_3$ | Z | $b_i$ | $q_i$ |
|---|---|---|---|---|---|---|---|---|
| $x_1$ | 1 | 0 | $\frac{1}{5}$ | $-\frac{2}{3}$ | 0 | 0 | 100 | |
| $x_2$ | 0 | 1 | 0 | $\frac{1}{3}$ | 0 | 0 | 250 | $\frac{250}{\frac{1}{3}} = 750$ |
| $y_3$ | 0 | 0 | $-\frac{4}{5}$ | **2** | 1 | 0 | 300 | $\frac{300}{2} = 150$ |
| Z | 0 | 0 | 40 | $-\frac{100}{3}$ | 0 | 1 | 95.000 | |

Da hier $x_1$ im Austausch gegen $y_1$ in die Basis aufgenommen wurde, wird entsprechend in der Kopfspalte $y_1$ durch $x_1$ ersetzt.

Die zweite verbesserte zulässige Lösung lässt sich folgendermaßen interpretieren:
Basisvariablen: $x_1 = 100$, $x_2 = 250$, $y_3 = 300$, $Z = 95.000$
Nichtbasisvariablen: $y_1 = 0$, $y_2 = 0$

Dies bedeutet, dass jetzt 100 Einheiten ($x_1 = 100$) mit dem Verfahren A und 250 Einheiten ($x_2 = 250$) mit dem Verfahren B hergestellt werden. Ungenutzt bleiben bei dieser Produktion 300 Einheiten des Rohstoffs $R_3$ ($y_3 = 300$). Dagegen werden der Rohstoff $R_1$ und $R_2$ vollständig verbraucht ($y_1 = 0, y_2 = 0$). Der Gewinn beträgt 95.000 GE ($Z = 95.000$).

Man „befindet" sich mit diesem Tableau in der Ecke $E_2$ der Abbildung 8.3 mit den Koordinaten (100, 250).

Da nach wie vor ein negativer Koeffizient in der Zielfunktionszeile existiert, muss ein weiterer Simplexschritt durchgeführt werden. Da nur die Spalte unterhalb von $y_2$ einen negativen Koeffizienten in der Zielfunktionszeile aufweist, wird diese Spalte als Pivotspalte ausgewählt. Mit dem Kriterium des kleinsten Quotienten wird die dritte Zeile als Pivotzeile und die gekennzeichnete „2" als Pivotelement bestimmt.

Ziel der folgenden Umrechnung ist die Erzeugung eines Basisvektors in der Pivotspalte mit der „1" an der Stelle des Pivotelementes.

Zunächst muss die Pivotzeile durch „2" dividiert werden. Anschließend werden zur Erzeugung von Nullen in der Pivotspalte das $(\frac{2}{3})$-fache der umgerechneten Pivotzeile zur ersten Zeile addiert, das $(-\frac{1}{3})$-fache der Pivotzeile zur zweiten Zeile addiert und schließlich das $(\frac{100}{3})$-fache der Pivotzeile zur Zielfunktionszeile addiert. Alle diese Operationen werden mit der *umgerechneten* Pivotzeile durchgeführt. Dies führt zum vierten Simplextableau:

**Tableau 4**

| BV | $x_1$ | $x_2$ | $y_1$ | $y_2$ | $y_3$ | Z | $b_i$ |
|---|---|---|---|---|---|---|---|
| $x_1$ | 1 | 0 | $-\frac{1}{15}$ | 0 | $\frac{1}{3}$ | 0 | 200 |
| $x_2$ | 0 | 1 | $\frac{2}{15}$ | 0 | $-\frac{1}{6}$ | 0 | 200 |
| $y_2$ | 0 | 0 | $-\frac{2}{5}$ | 1 | $\frac{1}{2}$ | 0 | 150 |
| Z | 0 | 0 | $\frac{80}{3}$ | 0 | $\frac{50}{3}$ | 1 | 100.000 |

Da die Zielfunktionszeile keinen negativen Koeffizienten mehr aufweist, enthält das zuletzt berechnete vierte Tableau die optimale Lösung. Diese sieht folgendermaßen aus:
Basisvariablen: $x_1 = 200, x_2 = 200, y_2 = 150, Z = 100.000$
Nichtbasisvariablen: $y_1 = 0, y_3 = 0$

Es kann also maximal ein Gewinn von 100.000 GE ($Z = 100.000$) mit den verfügbaren Rohstoffen erzielt werden, dazu müssen 200 Einheiten ($x_1 = 200$) mit dem Verfahren A und 200 Einheiten ($x_2 = 200$) mit dem Verfahren B hergestellt werden. Ungenutzt bleiben bei dieser Produktion 150 Einheiten des Rohstoffs $R_2$ ($y_2 = 150$). Dagegen werden der Rohstoff $R_1$ und $R_3$ vollständig verbraucht ($y_1 = 0, y_3 = 0$).

Man „befindet" sich mit diesem Tableau in der Ecke $E_3$ der Abbildung 8.3 mit den Koordinaten (200, 200).

Das folgende Diagramm fasst den Ablauf des Simplexverfahrens für das Standard-Maximum-Problem noch einmal zusammen.

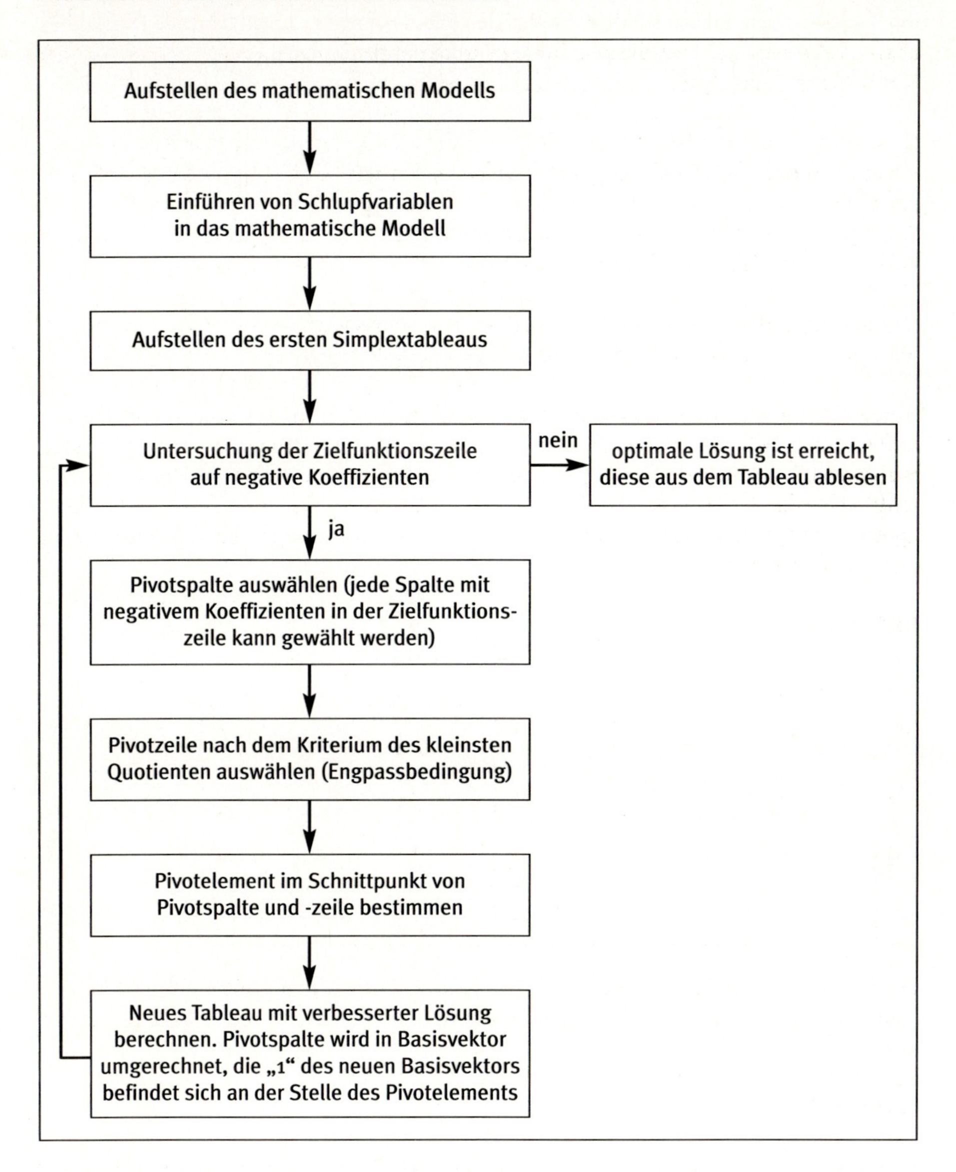


Auf eine allgemeine Formulierung des Simplexalgorithmus für eine beliebige Anzahl von Strukturvariablen wird hier verzichtet, da das allgemeine Vorgehen ganz analog zu dem gerade ausführlich durchgerechneten Beispiel mit zwei Strukturvariablen verläuft. Stattdessen wird abschließend noch ein weiteres Beispiel, diesmal mit drei Entscheidungsvariablen, vorgestellt, bei dem auch die im „Innern“ des optimalen Simplextableaus stehenden Koeffizienten interpretiert werden.

**Beispiel 8.2**
Eine Firma stellt drei Modelle $P_1$, $P_2$ und $P_3$ eines Produktes her. Die Produktion wird in zwei Abteilungen vorgenommen, die jedes Modell durchlaufen muss. Es liegen folgende Daten hinsichtlich des Gewinnes, des Absatzes und der Produktionskapazitäten vor:

| | Arbeitszeit in Stunden<br>Typ $P_1$ | <br>Typ $P_2$ | <br>Typ $P_3$ | Maximal mögliche Arbeitsstunden |
|---|---|---|---|---|
| Abteilung A | 30 | 50 | 20 | 11.200 |
| Abteilung B | 40 | 50 | 30 | 17.600 |
| Gewinn je Einheit | 100 | 80 | 60 | |
| maximale monatl. Absatzmenge | 200 | 150 | keine Beschränkung | |

Insgesamt können in einem Monat höchstens 400 Einheiten des Produktes hergestellt werden. Wie viel Einheiten sollen von jedem Typ im Monat hergestellt werden, um bei Einhaltung der oben vorgegebenen Restriktionen einen möglichst großen Gewinn zu erzielen?

Bezeichnet man die unbekannten, zu bestimmenden Mengen des Produkts mit $x_1$ (Typ $P_1$), $x_2$ (Typ $P_2$) und $x_3$ (Typ $P_3$), so erhält man folgendes mathematische Modell:

Zielfunktion
$Z = 100x_1 + 80x_2 + 60x_3 \rightarrow \text{Max!}$

Restriktionsungleichungen
$30x_1 + 50x_2 + 20x_3 \leq 11.200$
$40x_1 + 50x_2 + 30x_3 \leq 17.600$
$x_1 \leq 200$
$x_2 \leq 150$
$x_1 + x_2 + x_3 \leq 400$

Nichtnegativitätsbedingungen
$x_1 \geq 0, x_2 \geq 0, x_3 \geq 0$

Einführung der Schlupfvariablen
$30x_1 + 50x_2 + 20x_3 + y_1 = 11.200$
$40x_1 + 50x_2 + 30x_3 + y_2 = 17.600$
$x_1 + y_3 = 200$
$x_2 + y_4 = 150$
$x_1 + x_2 + x_3 + y_5 = 400$

Interpretation der Schlupfvariablen:
$y_1$, $y_2$ geben die freien, ungenutzten Kapazitäten (in Arbeitsstunden) in den Abteilungen A bzw. B an. $y_3$, $y_4$ geben die Anzahl der Einheiten vom Typ $P_1$ bzw. $P_2$ an, die noch bis zur Erreichung der maximalen monatlichen Absatzmengen produziert werden können. $y_5$ schließlich gibt die Differenz zwischen der Gesamtproduktion von $P_1$, $P_2$ und $P_3$ und der maximal möglichen Produktion von 400 Einheiten an.

Die folgenden Simplextableaus führen zur optimalen Lösung:

**Tableau 1**

| BV | $x_1$ | $x_2$ | $x_3$ | $y_1$ | $y_2$ | $y_3$ | $y_4$ | $y_5$ | Z | $b_i$ | $q_i$ |
|---|---|---|---|---|---|---|---|---|---|---|---|
| $y_1$ | 30 | 50 | 20 | 1 | 0 | 0 | 0 | 0 | 0 | 11.200 | $373\frac{1}{3}$ |
| $y_2$ | 40 | 50 | 30 | 0 | 1 | 0 | 0 | 0 | 0 | 17.600 | 440 |
| $y_3$ | 1 | 0 | 0 | 0 | 0 | 1 | 0 | 0 | 0 | 200 | 200 |
| $y_4$ | 0 | 1 | 0 | 0 | 0 | 0 | 1 | 0 | 0 | 150 | |
| $y_5$ | 1 | 1 | 1 | 0 | 0 | 0 | 0 | 1 | 0 | 400 | 400 |
| Z | –100 | –80 | –60 | 0 | 0 | 0 | 0 | 0 | 1 | 0 | |

**Tableau 2**

| BV | $x_1$ | $x_2$ | $x_3$ | $y_1$ | $y_2$ | $y_3$ | $y_4$ | $y_5$ | Z | $b_i$ | $q_i$ |
|---|---|---|---|---|---|---|---|---|---|---|---|
| $y_1$ | 0 | 50 | 20 | 1 | 0 | –30 | 0 | 0 | 0 | 5.200 | 104 |
| $y_2$ | 0 | 50 | 30 | 0 | 1 | –40 | 0 | 0 | 0 | 9.600 | 192 |
| $x_1$ | 1 | 0 | 0 | 0 | 0 | 1 | 0 | 0 | 0 | 200 | |
| $y_4$ | 0 | 1 | 0 | 0 | 0 | 0 | 1 | 0 | 0 | 150 | 150 |
| $y_5$ | 0 | 1 | 1 | 0 | 0 | –1 | 0 | 1 | 0 | 200 | 200 |
| Z | 0 | –80 | –60 | 0 | 0 | 100 | 0 | 0 | 1 | 20.000 | |

**Tableau 3**

| BV | $x_1$ | $x_2$ | $x_3$ | $y_1$ | $y_2$ | $y_3$ | $y_4$ | $y_5$ | Z | $b_i$ | $q_i$ |
|---|---|---|---|---|---|---|---|---|---|---|---|
| $x_2$ | 0 | 1 | $\frac{2}{5}$ | $\frac{1}{50}$ | 0 | $-\frac{3}{5}$ | 0 | 0 | 0 | 104 | 260 |
| $y_2$ | 0 | 0 | 10 | – 1 | 1 | –10 | 0 | 0 | 0 | 4.400 | 440 |
| $x_1$ | 1 | 0 | 0 | 0 | 0 | 1 | 0 | 0 | 0 | 200 | |
| $y_4$ | 0 | 0 | $-\frac{2}{5}$ | $-\frac{1}{50}$ | 0 | $\frac{3}{5}$ | 1 | 0 | 0 | 46 | |
| $y_5$ | 0 | 0 | $\frac{3}{5}$ | $-\frac{1}{50}$ | 0 | $-\frac{2}{5}$ | 0 | 1 | 0 | 96 | 160 |
| Z | 0 | 0 | –28 | $\frac{8}{5}$ | 0 | 52 | 0 | 0 | 1 | 28.320 | |

**Tableau 4**

| BV | $x_1$ | $x_2$ | $x_3$ | $y_1$ | $y_2$ | $y_3$ | $y_4$ | $y_5$ | Z | $b_i$ |
|---|---|---|---|---|---|---|---|---|---|---|
| $x_2$ | 0 | 1 | 0 | $\frac{1}{30}$ | 0 | $-\frac{1}{3}$ | 0 | $-\frac{2}{3}$ | 0 | 40 |
| $y_2$ | 0 | 0 | 0 | $-\frac{2}{3}$ | 1 | $-\frac{10}{3}$ | 0 | $-\frac{50}{3}$ | 0 | 2.800 |
| $x_1$ | 1 | 0 | 0 | 0 | 0 | 1 | 0 | 0 | 0 | 200 |
| $y_4$ | 0 | 0 | 0 | $-\frac{1}{30}$ | 0 | $\frac{1}{3}$ | 1 | $\frac{2}{3}$ | 0 | 110 |
| $x_3$ | 0 | 0 | 1 | $-\frac{1}{30}$ | 0 | $-\frac{2}{3}$ | 0 | $\frac{5}{3}$ | 0 | 160 |
| Z | 0 | 0 | 0 | $\frac{2}{3}$ | 0 | $\frac{100}{3}$ | 0 | $\frac{140}{3}$ | 1 | 32.800 |

Da die Zielfunktionszeile keinen negativen Koeffizienten mehr aufweist, enthält das vierte Tableau die optimale Lösung. Diese sieht folgendermaßen aus:
Basisvariablen: $x_1 = 200$, $x_2 = 40$, $x_3 = 160$, $y_2 = 2.800$, $y_4 = 110$, $Z = 32.800$
Nichtbasisvariablen: $y_1 = 0$, $y_3 = 0$, $y_5 = 0$

Unter den vorgegebenen Restriktionen kann also maximal ein Gewinn von 32.800 GE erzielt werden. Um diesen zu erreichen, müssen 200 Einheiten ($x_1 = 200$) vom Typ $P_1$, 40 Einheiten ($x_2 = 40$) vom Typ $P_2$ und 160 Einheiten ($x_3 = 160$) vom Typ $P_3$ hergestellt und abgesetzt werden. Ungenutzt bleiben bei diesem Produktionsprogramm 2.800 Arbeitsstunden der Abteilung B ($y_2 = 2.800$). Bis zur Erreichung der maximalen Absatzgrenze können von $P_2$ noch 110 Einheiten hergestellt werden ($y_4 = 110$).

### 8.1.3 Vollständige Interpretation des optimalen Tableaus

Für die Interpretation eines Simplextableaus sind in Kapitel 8.1.2 bisher nur die Koeffizienten der letzten Spalte $b_i$ hinzugezogen worden. Darüber hinaus lassen sich aber auch die Koeffizienten, die unterhalb von Nichtbasisvariablen stehen, ökonomisch deuten. Für die Werte in der Spalte der Nichtbasisvariablen $y_1$ des optimalen Tableaus 4 aus dem Beispiel 8.2 soll diese Interpretation exemplarisch entwickelt werden.

Dazu wird zunächst angenommen, dass die vorhandene Kapazität der Abteilung A um 1 Stunde überschritten wird, also statt 11.200 Stunden stehen 11.201 Stunden in der Abteilung A zur Verfügung. Es ist zu ermitteln, welche Auswirkungen diese Lockerung der ersten Restriktion auf das gewinnmaximale Produktionsprogramm hat.

Berechnet man mit dem Simplexalgorithmus die veränderte Aufgabenstellung erneut, beginnend mit dem 1. Tableau, so erhält man im vierten Schritt folgendes optimale Tableau, wobei nur Änderungen in der letzten Spalte $b_i$ auftreten:

| BV | $x_1$ | $x_2$ | $x_3$ | $y_1$ | $y_2$ | $y_3$ | $y_4$ | $y_5$ | Z | $b_i$ |
|---|---|---|---|---|---|---|---|---|---|---|
| $x_2$ | 0 | 1 | 0 | $\frac{1}{30}$ | 0 | $-\frac{1}{3}$ | 0 | $-\frac{2}{3}$ | 0 | $40\frac{1}{30}$ |
| $y_2$ | 0 | 0 | 0 | $-\frac{2}{3}$ | 1 | $-\frac{10}{3}$ | 0 | $-\frac{50}{3}$ | 0 | $2.799\frac{1}{3}$ |
| $x_1$ | 1 | 0 | 0 | 0 | 0 | 1 | 0 | 0 | 0 | 200 |
| $y_4$ | 0 | 0 | 0 | $-\frac{1}{30}$ | 0 | $\frac{1}{3}$ | 1 | $\frac{2}{3}$ | 0 | $109\frac{29}{30}$ |
| $x_3$ | 0 | 0 | 1 | $-\frac{1}{30}$ | 0 | $-\frac{2}{3}$ | 0 | $\frac{5}{3}$ | 0 | $159\frac{29}{30}$ |
| Z | 0 | 0 | 0 | $\frac{2}{3}$ | 0 | $\frac{100}{3}$ | 0 | $\frac{140}{3}$ | 1 | $32.800\frac{2}{3}$ |

Statt diese mühsame Rechnung durchzuführen, kann man die Auswirkungen der Erhöhung der Kapazität auch direkt aus dem ursprünglichen optimalen Tableau 4 des Beispiels 8.2 ablesen. Dazu addiert man einfach die Koeffizienten der Spalte unterhalb von $y_1$ zu den entsprechenden (in der gleichen Zeile stehenden Koeffizienten) der letzten Spalte $b_i$. Auf diese Weise erhält man, wenn man die Reihenfolge der Variablen aus der Kopfspalte des optimalen Tableaus beibehält und die entsprechenden Spalten als Vektoren auffasst:

$$\begin{pmatrix} x_2 \\ y_2 \\ x_1 \\ y_4 \\ x_3 \\ Z \end{pmatrix} = \begin{pmatrix} 40 \\ 2800 \\ 200 \\ 110 \\ 160 \\ 32800 \end{pmatrix} + \begin{pmatrix} \frac{1}{30} \\ -\frac{2}{3} \\ 0 \\ -\frac{1}{30} \\ -\frac{1}{30} \\ \frac{2}{3} \end{pmatrix} = \begin{pmatrix} 40\frac{1}{30} \\ 2.799\frac{1}{3} \\ 200 \\ 109\frac{29}{30} \\ 159\frac{29}{30} \\ 32.800\frac{2}{3} \end{pmatrix}$$

Interpretation dieser Basislösung:
Erhöht man die Kapazität der Abteilung A um eine Stunde, so wird die Produktion von Typ $P_2$ um $\frac{1}{30}$ Einheiten ($x_2 = 40\frac{1}{30}$) erhöht und die vom Typ $P_3$ um $\frac{1}{30}$ Einheiten ($x_3 = 159\frac{29}{30}$) vermindert, dagegen werden vom Typ $P_1$ weiterhin 200 Einheiten ($x_1 = 200$) produziert. Dabei verringert sich die freie Kapazität der Abteilung B um $\frac{2}{3}$ Stunden auf $2.799\frac{1}{3}$ Stunden ($y_2 = 2.799\frac{1}{3}$). Der Gewinn erhöht sich durch die zusätzliche Arbeitsstunde in Abteilung A um $\frac{2}{3}$ GE auf $32.800\frac{2}{3}$ GE ($Z = 32.800\frac{2}{3}$). Der Koeffizient „$\frac{2}{3}$" aus der Zielfunktionszeile wird in diesem Zusammenhang auch als *Grenzgewinn* oder *Schattenpreis* bezeichnet.

Die Kenntnis des Grenzgewinns ist natürlich als Entscheidungshilfe für die Einführung von Überstunden oder die Einstellung einer neuen Arbeitskraft von großer Bedeutung. Im vorliegenden Fall weiß man jetzt beispielsweise, dass eine Überstunde der Abteilung B den Gewinn um $\frac{2}{3}$ GE erhöht.

Die Bedeutung der Koeffizienten in der Spalte der Nichtbasisvariablen $y_1$ ergibt sich auch, wenn man das Simplextableau 4 aus Beispiel 8.2 als Gleichungssystem betrachtet:

$$x_2 + \frac{1}{30}y_1 - \frac{1}{3}y_3 - \frac{2}{3}y_5 = 40$$

$$-\frac{2}{3}y_1 + y_2 - \frac{10}{3}y_3 - \frac{50}{3}y_5 = 2.800$$

$$x_1 + y_3 = 200$$

$$-\frac{1}{30}y_1 + \frac{1}{3}y_3 + y_4 + \frac{2}{3}y_5 = 110$$

$$x_3 - \frac{1}{30}y_1 - \frac{2}{3}y_3 + \frac{5}{3}y_5 = 160$$

$$\frac{2}{3}y_1 + \frac{100}{3}y_3 + \frac{140}{3}y_5 + Z = 32.800$$

Die Nichtbasisvariablen $y_3$, $y_5$ sind dabei gleich Null, während die Erhöhung der Kapazität der Abteilung A um 1 Stunde gleichbedeutend mit der Verringerung von $y_1 = 0$ auf $y_1 = -1$ ist. (Negative Werte einer Schlupfvariablen lassen sich ganz allgemein als Kapazitätsüberschreitungen deuten.)

Setzt man nun $y_3 = y_5 = 0$ und $y_1 = -1$ im obigen Gleichungssystem ein, so erhält man:

$$x_2 - \frac{1}{30} = 40 \Rightarrow x_2 = 40\frac{1}{30}$$

$$\frac{2}{3} + y_2 = 2.800 \Rightarrow y_2 = 2.799\frac{1}{3}$$

$$x_1 = 200$$

$$\frac{1}{30} + y_4 = 110 \Rightarrow y_4 = 109\frac{29}{30}$$

$$x_3 + \frac{1}{30} = 160 \Rightarrow x_3 = 159\frac{29}{30}$$

$$-\frac{2}{3} + Z = 32.800 \Rightarrow Z = 32.800\frac{2}{3}$$

Diese Lösung stimmt mit der über den Simplexalgorithmus berechneten Lösung überein.

Die Koeffizienten der Zielfunktionszeile des optimalen Tableaus sind von besonderer Wichtigkeit. Denn die Koeffizienten der Zielfunktionszeile geben Auskunft darüber, welchen zusätzlichen Beitrag zur Zielgröße eine zusätzliche Einheit der betreffenden Kapazität bringen würde.

Ausgehend vom optimalen Tableau, erhält man so für Beispiel 8.2 die folgende Interpretation der Zielfunktionskoeffizienten:

- Kapazitätsausweitung in Abteilung A (zugehörige Schlupfvariable $y_1$): zusätzlicher Gewinn von $\frac{2}{3}$ Geldeinheiten pro zusätzlich geleisteter Stunde

- Kapazitätsausweitung in Abteilung B (zugehörige Schlupfvariable $y_2$): kein zusätzlicher Umsatz, da noch freie Kapazität vorhanden, so dass eine Erhöhung der Kapazität um eine Stunde keine Gewinnerhöhung zur Folge hat
- Erhöhung des maximalen Absatzes von Typ $P_1$ (zugehörige Schlupfvariable $y_3$): zusätzlicher Gewinn von $33\frac{1}{3}$ Geldeinheiten für jede Einheit von $P_1$, die über 200 Einheiten hinaus abgesetzt wird
- Erhöhung des maximalen Absatzes von Typ $P_2$ (zugehörige Schlupfvariable $y_4$): kein zusätzlicher Gewinn, da die maximale Absatzmenge von 150 noch nicht erreicht ist
- Ausweitung der Gesamtproduktion des Produktes (zugehörige Schlupfvariable $y_5$): zusätzlicher Gewinn von $46\frac{2}{3}$ Geldeinheiten für jede Einheit, die über 400 Einheiten hinaus gefertigt wird

Dabei ist allerdings zu beachten, dass die Kapazität einer Restriktion nicht beliebig erhöht werden kann, um den Gewinn zu vergrößern. Da die zu optimierende Zielgröße in der Regel mehreren Restriktionen unterworfen ist, führt die Kapazitätserhöhung einer Restriktion nur solange zu einer Vergrößerung des Zielgröße, wie dadurch nicht andere Restriktionen verletzt werden.

Auch die Verminderung der Kapazität der Abteilung A kann direkt aus dem optimalen Tableau (8.9) aus Kapitel 8.1.2 abgelesen werden. Verringert man die Kapazität um eine Stunde auf 11.199 Stunden (d.h. erhöht man die zur Kapazitätsrestriktion der Abteilung A gehörende Schlupfvariable $y_1$ von ihrem Wert Null auf Eins), so erhält man das zugehörige optimale Tableau, indem man von der rechten Seite $b_i$ die Spalte $y_1$ komponentenweise subtrahiert:

$$\begin{pmatrix} x_2 \\ y_2 \\ x_1 \\ y_4 \\ x_3 \\ Z \end{pmatrix} = \begin{pmatrix} 40 \\ 2.800 \\ 200 \\ 110 \\ 160 \\ 32.800 \end{pmatrix} - \begin{pmatrix} \frac{1}{30} \\ -\frac{2}{3} \\ 0 \\ -\frac{1}{30} \\ -\frac{1}{30} \\ \frac{2}{3} \end{pmatrix} = \begin{pmatrix} 39\frac{29}{30} \\ 2.800\frac{2}{3} \\ 200 \\ 110\frac{1}{30} \\ 160\frac{1}{30} \\ 32.799\frac{1}{3} \end{pmatrix}$$

Durch die Kapazitätsverminderung verringert sich also insbesondere der Gewinn von 32.800 auf $32.799\frac{1}{3}$.

Bisher wurde nur die Kapazitätserweiterung bzw. -verminderung um eine Einheit untersucht. Die dabei gewonnen Ergebnisse lassen sich wie folgt verallgemeinern.

Interessiert man sich für die Auswirkungen von Kapazitätsveränderungen um $x$ Einheiten, so muss man das x-fache der zu dieser Kapazitätsrestriktion gehörenden Schlupfvariablenspalte zu der rechten Seite $b_i$ komponentenweise addieren (bzw. von der rechten Seite $b_i$ komponentenweise subtrahieren).

Möchte man zum Beispiel wissen, wie sich eine Kapazitätsausweitung der Abteilung A um 90 auf 11.290 Stunden auf das optimale Tableau des Beispiels 8.2 auswirkt, addiert man das 90-fache der Spalte $y_1$ (Schlupfvariable zur Abteilung A) aus dem optimalen Tableau zur rechten Seite $b_i$. So erhält man:

$$\begin{pmatrix} x_2 \\ y_2 \\ x_1 \\ y_4 \\ x_3 \\ Z \end{pmatrix} = \begin{pmatrix} 40 \\ 2.800 \\ 200 \\ 110 \\ 160 \\ 32.800 \end{pmatrix} + 90 \begin{pmatrix} \frac{1}{30} \\ -\frac{2}{3} \\ 0 \\ -\frac{1}{30} \\ -\frac{1}{30} \\ \frac{2}{3} \end{pmatrix} = \begin{pmatrix} 43 \\ 2.740 \\ 200 \\ 107 \\ 157 \\ 32.860 \end{pmatrix}$$

Eine Kapazitätsausweitung der Abteilung A um 90 Stunden führt also insbesondere zu einem Produktionsprogramm von $x_1 = 200$, $x_2 = 43$, $x_3 = 157$ sowie zu einer Gewinnerhöhung von 60 GE.

## 8.2 Zwei-Phasen-Simplexmethode

### 8.2.1 Maximierungsproblem ohne zulässige Ausgangslösung

In praktischen Aufgabenstellungen treten häufig sowohl „≥" als auch „≤"-Nebenbedingungen auf. In diesem Abschnitt soll gezeigt werden, wie sich derartige Probleme im Rahmen der Zwei-Phasen-Simplexmethode auf ein Standard-Maximum-Problem zurückführen lassen, das dann mit der in Kapitel 8.1.2 eingeführten Grundversion des Simplexalgorithmus gelöst werden kann.

Zunächst soll dieses Verfahren an einer Modifikation des Beispiels 8.1 aus Kapitel 8.1.1 erläutert werden.

Neben den drei schon vorhandenen Restriktionen bezüglich der Rohstoffe (8.2) – (8.4) wird zusätzlich die Einhaltung einer vierten Nebenbedingung gefordert.

Der Preis, den man für eine Einheit des mit Verfahren A hergestellten Produktes realisieren kann, beträgt 500 GE, dagegen kann man auf Grund der besseren Qualität für eine Einheit des mit Verfahren B gefertigten Produktes einen Preis von 2.000 GE erzielen. Es soll *mindestens* ein Umsatz von 520.000 GE erzielt werden. Dies führt zu der 4. Restriktion:

$$500x_1 + 2.000x_2 \geq 520.000 \qquad (8.10)$$

Ungleichung (8.10) beschreibt die Halbebene, die oberhalb der Begrenzungsgeraden $x_2 = 260 - \frac{1}{4}x_1$ liegt, wobei die Begrenzungsgerade eingeschlossen ist.

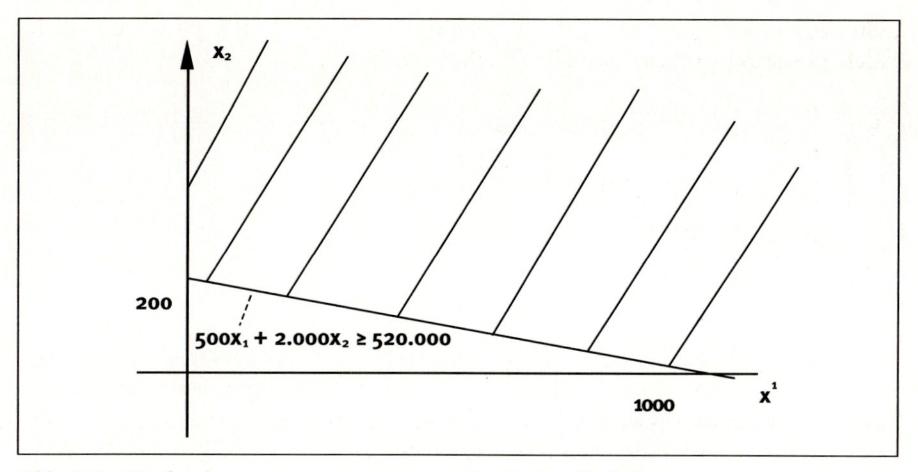


*Abb. 8.7: Die durch $500x_1 + 2.000x_2 \geq 520.000$ bestimmte Halbebene*

Nimmt man die Restriktion (8.10) noch zusätzlich in Abbildung 8.2 auf, so erhält man einen zulässigen Bereich für das erweiterte Problem, der den Ursprung (0,0) und auch die optimale Lösung (200, 200) des ursprünglichen Optimierungsproblemes nicht mehr enthält. Der neue, geschrumpfte zulässige Bereich ist in Abbildung 8.8 geschwärzt.

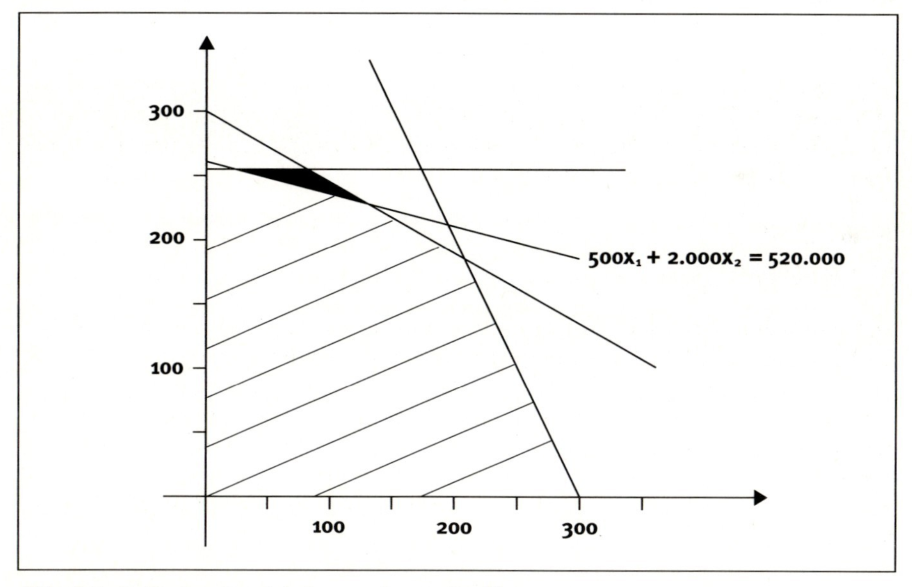


*Abb. 8.8: Zulässiger Bereich des erweiterten Problems*

Bei der rechnerischen Lösung mit Hilfe der Simplexmethode geht man von dem folgenden vollständigen mathematischen Modell des erweiterten Problems aus.

Zielfunktion
$Z = 200x_1 + 300x_2 \rightarrow \text{Max!}$

Restriktionsungleichungen
$5x_1 + 10x_2 \leq 3.000$
$3x_2 \leq 750$
$4x_1 + 2x_2 \leq 1.200$
$500x_1 + 2.000x_2 \geq 520.000$

Nichtnegativitätsbedingungen
$x_1 \geq 0, x_2 \geq 0$

Im ersten Schritt müssen alle Nebenbedingungen vom „≥"-Typ in Nebenbedingungen vom Typ „≤" umgeformt werden. Dies erreicht man durch Multiplizieren mit „–1" der entsprechenden Ungleichungen.

Im Beispiel betrifft dies nur die 4. Nebenbedingung:
$500x_1 + 2000x_2 \geq 520.000 \mid \cdot (-1)$
$-500x_1 - 2.000x_2 \leq -520.000$

Anschließend werden alle Restriktionsungleichungen wie gewohnt durch Einführen von Schlupfvariablen in Gleichungen umgewandelt. Man erhält:

$$\begin{aligned} 5x_1 + 10x_2 + y_1 &= 3.000 \\ 3x_2 + y_2 &= 750 \\ 4x_1 + 2x_2 + y_3 &= 1.200 \\ -500x_1 - 2.000x_2 + y_4 &= -520.000 \end{aligned}$$

Die Bedeutung der Schlupfvariablen $y_1$ bis $y_3$ bleibt unverändert. Um $y_4$ interpretieren zu können, wird die vierte Gleichung nach $y_4$ aufgelöst:
$y_4 = -520.000 + 500x_1 + 2.000x_2$

Jetzt erkennt man, dass ein positiver Wert für $y_4$ den Teil des Umsatzes kennzeichnet, der über den geforderten Mindestumsatz von 520.000 GE hinaus erzielt wird, ein negativer Wert von $y_4$ gibt dagegen an, um wie viel dieser Mindestumsatz verfehlt worden ist. (Dabei beachte man, dass $500x_1 + 2.000x_2$ den tatsächlich erzielten Umsatz angibt.) Für $y_4$ muss daher ebenfalls die Nichtnegativitätsbedingung ($y_4 \geq 0$) gefordert werden.

Nach Einführen der Schlupfvariablen überträgt man das mathematische Modell in das 1. Tableau (Ausgangstableau) analog zu dem Vorgehen in Kapitel 8.1.2.

**Tableau 1**

| BV | $x_1$ | $x_2$ | $y_1$ | $y_2$ | $y_3$ | $y_4$ | Z | $b_i$ |
|---|---|---|---|---|---|---|---|---|
| $y_1$ | 5 | 10 | 1 | 0 | 0 | 0 | 0 | 3.000 |
| $y_2$ | 0 | 3 | 0 | 1 | 0 | 0 | 0 | 750 |
| $y_3$ | 4 | 2 | 0 | 0 | 1 | 0 | 0 | 1.200 |
| $y_4$ | –500 | –2.000 | 0 | 0 | 0 | 1 | 0 | –520.000 |
| Z | –200 | –300 | 0 | 0 | 0 | 0 | 1 | 0 |

Diesem Tableau entnimmt man wie bisher die Basislösung:
$x_1 = 0, x_2 = 0, y_1 = 3.000, y_2 = 750, y_3 = 1200, y_4 = -520.000, Z = 0$

Wegen $y_4 < 0$ wird die Nichtnegativitätsbedingung für $y_4$ verletzt. Die im ersten Tableau stehende Basislösung ist *unzulässig*.

Ziel der folgenden Umrechnung ist es, zunächst ein Tableau zu erhalten, das eine zulässige Basislösung enthält.

**Zwei-Phasen-Simplexmethode**

Die Phase, in der, ausgehend vom nicht zulässigen Ursprung, eine zulässige Lösung gesucht wird, nennt man Phase 1. Falls die am Schluss der Phase 1 erreichte Lösung noch nicht optimal ist (falls also die Zielfunktionszeile noch negative Koeffizienten aufweist), folgt anschließend die Phase 2, in der mit den in Kapitel 8.1.2 eingeführten Regeln das Optimum bestimmt wird. Phase 1 und Phase 2 bilden zusammen die so genannte Zwei-Phasen-Simplexmethode.

Da ein negativer Koeffizient in der letzten Spalte $b_i$ eine Verletzung der Nichtnegativitätsbedingung anzeigt, müssen derartige Werte zunächst beseitigt werden. Dies erreicht man dadurch, dass eine gegen die Nichtnegativitätsbedingung verstoßende Basisvariable (im Beispiel $y_4$) in eine Nichtbasisvariable umgerechnet wird. Dadurch nimmt diese den Wert 0 an und erfüllt somit die Nichtnegativitätsbedingung.

In der Phase 1 bestimmt man zunächst das Pivotelement mit den folgenden Auswahlkriterien, die sich von denen der Phase 2 (vgl. Abschnitt 8.1.2) unterscheiden:

- Als Pivotzeile kann jede Zeile oberhalb der Zielfunktionszeile gewählt werden, die in der rechten Spalte $b_i$ einen negativen Koeffizienten aufweist.
- Als Pivotelement kommt dann jedes negative Element in der zuvor gewählten Pivotzeile in Frage, ausgenommen ist dabei nur das die Pivotzeile bestimmende Element in der Spalte $b_i$.

Findet man kein Pivotelement, so ist die Rechnung abzubrechen, da dann der zulässige Bereich leer ist und somit keine Optimallösung existiert (vgl. Kapitel 8.3.1.).

Ist ein Pivotelement vorhanden, wird die Spalte, in der das Pivotelement steht, in einen Basisvektor umgerechnet, wobei die „1“ des Einheitsvektors wieder durch die Stelle des Pivotelements bestimmt ist.

Im Tableau 1 kommt als Pivotzeile nur die vorletzte Zeile mit dem Wert „–520.000“ in der letzten Spalte in Frage. Als Pivotelement stehen zur Auswahl die beiden Werte „–500“ und „–2.000“. Hier wird willkürlich „–500“ ausgewählt und anschließend das zweite Tableau berechnet:

**Tableau 2**

| BV | $x_1$ | $x_2$ | $y_1$ | $y_2$ | $y_3$ | $y_4$ | Z | $b_i$ |
|---|---|---|---|---|---|---|---|---|
| $y_1$ | 0 | −10 | 1 | 0 | 0 | 0,01 | 0 | −2.200 |
| $y_2$ | 0 | 3 | 0 | 1 | 0 | 0 | 0 | 750 |
| $y_3$ | 0 | −14 | 0 | 0 | 1 | 0,008 | 0 | −2.960 |
| $x_1$ | 1 | 4 | 0 | 0 | 0 | −0,002 | 0 | 1040 |
| Z | 0 | 500 | 0 | 0 | 0 | −0,400 | 1 | 208.000 |

Diesem Tableau entnimmt man die Basislösung:
Basisvariablen: $x_1 = 1.040$, $y_1 = -2.200$, $y_2 = 750$, $y_3 = -2.960$, $Z = 208.000$
Nichtbasisvariablen: $x_2 = 0$, $y_4 = 0$

Das bedeutet, dass 1.040 Einheiten mit dem Verfahren A ($x_1 = 1.040$) gefertigt werden sollen. Die Verletzung der Nichtnegativitätsbedingung durch $y_1$ und $y_3$ zeigt allerdings an, dass die dazu benötigten Rohstoffmengen nicht vorhanden sind. Beispielsweise bedeutet $y_1 = -2.200$, dass 2.200 Einheiten des Rohstoffes $R_1$ für diese Produktion zusätzlich benötigt werden. Mit dem Tableau 2 befindet man sich daher immer noch in der Phase 1.

Als Pivotzeile wird jetzt die erste Zeile im Tableau 2 und als Pivotelement in dieser Zeile „−10“ gewählt Nach der Umrechnung erhält man dann:

**Tableau 3**

| BV | $x_1$ | $x_2$ | $y_1$ | $y_2$ | $y_3$ | $y_4$ | Z | $b_i$ |
|---|---|---|---|---|---|---|---|---|
| $x_2$ | 0 | 1 | −0,1 | 0 | 0 | −0,001 | 0 | 220 |
| $y_2$ | 0 | 0 | 0,3 | 1 | 0 | 0,003 | 0 | 90 |
| $y_3$ | 0 | 0 | −1,4 | 0 | 1 | −0,006 | 0 | 120 |
| $x_1$ | 1 | 0 | 0,4 | 0 | 0 | 0,002 | 0 | 160 |
| Z | 0 | 0 | 50,0 | 0 | 0 | 0,1 | 1 | 98.000 |

Diesem Tableau entnimmt man die Basislösung:
Basisvariablen: $x_1 = 160$, $x_2 = 220$, $y_2 = 90$, $y_3 = 120$, $Z = 98.000$
Nichtbasisvariablen: $y_1 = 0$, $y_4 = 0$

Weiterhin sieht man, dass kein Element in der letzten Spalte $b_i$ negativ ist, d.h. alle Variablen erfüllen die Nichtnegativitätsbedingung. Daher ist die berechnete Lösung zulässig und somit die Phase 1 beendet. Da auch kein Koeffizient der Zielfunktionszeile negativ ist, ist die am Ende der Phase 1 erreichte Lösung auch diejenige, die die Zielgröße maximiert. Man beachte in diesem Zusammenhang, dass der Gewinn und nicht etwa der Umsatz maximiert werden soll. Es können daher maximal 380 Einheiten (160 mit Verfahren A und 220 mit Verfahren B) unter Einhaltung der Nebenbedingungen hergestellt werden. Der mit diesem Produktionsprogramm erzielte Umsatz (vorausgesetzt alle Einheiten können abgesetzt werden) beträgt genau 520.000 GE ($y_4 = 0$) und der zugehörige Gewinn (die eigentliche Zielgröße) 98.000 GE.

Aufgabe 7 aus Kapitel 8.4 liefert ein Beispiel, in dem nach Abschluss der Phase 1 noch nicht die optimale Lösung erreicht ist, so dass anschließend die Phase 2 durchgeführt werden muss.

### 8.2.2 Minimierungsprobleme in der linearen Optimierung

Bisher wurde die Simplexmethode nur auf zu maximierende Zielfunktionen angewandt. Die Nebenbedingungen mussten in Form von „≤"-Bedingungen vorliegen oder in solche überführt werden. Jetzt soll gezeigt werden, wie man mit Hilfe der Simplexmethode auch eine lineare Zielfunktion unter Beachtung von vorgegebenen Nebenbedingungen *minimieren* kann.

**Beispiel 8.3**

Ein Unternehmen benötigt drei Metalle zur Weiterverarbeitung. Die Metalle werden aus den Rohstoffen $R_1$ und $R_2$ gewonnen. Der folgenden Übersicht kann man die Rohstoffpreise entnehmen, den monatlichen Bedarf an den Metallen und die Mengen der Metalle (in t), die aus 1 t Rohstoff gewonnen werden.

| | $R_1$ | $R_2$ | Mindestbedarf in t |
|---|---|---|---|
| Metall 1 | 0,4 t | 0,1 t | 50 t |
| Metall 2 | 0,1 t | 0,1 t | 100 t |
| Metall 3 | 0,3 t | 0,05 t | 60 t |
| Preis/t | 200 €/t | 100 €/t | |

(Beispielsweise bedeutet 0,4 t im Schnittpunkt von erster Spalte und erster Zeile, dass 0,4 t des Metalls 1 aus 1 t von $R_1$ gewonnen werden können.)
Wie viel Tonnen der beiden Rohstoffe müssen bezogen werden, damit der Metallbedarf kostenminimal gedeckt wird?

Zunächst wird das mathematische Modell zu Beispiel 8.3 erstellt, in dem mit $x_1$ die Menge des Rohstoffs $R_1$ und mit $x_2$ die Menge von $R_2$ (jeweils in t) bezeichnet wird.

Zielfunktion
$Z = 200x_1 + 100x_2 \rightarrow \text{Min!}$

Restriktionsungleichungen
$0{,}4x_1 + 0{,}1x_2 \geq 50$
$0{,}1x_2 + 0{,}1x_2 \geq 100$
$0{,}3x_1 + 0{,}05x_2 \geq 60$

Nichtnegativitätsbedingungen
$x_1 \geq 0,\ x_2 \geq 0$

Um dieses mathematische Modell mit der Zwei-Phasen-Simplexmethode lösen zu können, wird das Minimumproblem zunächst in ein Maximumproblem transformiert.

Dazu multipliziert man die zu minimierende Zielfunktion mit „–1" und maximiert die so entstandene Funktion $Z^*$. Hier muss man sich klar machen, dass an der selben Stelle, an der $Z^*$ ein Maximum annimmt, die Funktion $Z$ ein Minimum annimmt.

(Für eine Funktion Z von einer Variablen bewirkt die Multiplikation mit „–1", dass der Graph der Funktion $Z^* = -Z$ durch Spiegelung von $Z$ an der Abzisse entsteht. Dies bedeutet anschaulich, dass ein „Gipfelpunkt" in einen „Tiefpunkt", also ein Maximum in Minimum, überführt wird. Der Abszissenwert bleibt derselbe, nur die *Art* des Extremums ändert sich.)

Jetzt ist man in der Lage, das vorliegende Minimierungsproblem in ein Maximierungsproblem mit unzulässiger Ausgangslösung zu transformieren und dieses anschießend mit der Zwei-Phasen-Simplexmethode aus Kapitel 8.2.1 zu lösen. Nach Multiplikation der Zielfunktion und der Nebenbedingungen mit „–1" erhält man:
Zielfunktion
$Z^* = -200x_1 - 100x_2 \rightarrow$ Max!

Restriktionsungleichungen
$-0{,}4x_1 - 0{,}1x_2 \leq -50$
$-0{,}1x_2 - 0{,}1x_2 \leq -100$
$-0{,}3x_1 - 0{,}05x_2 \leq -60$

Nichtnegativitätsbedingungen
$x_1 \geq 0,\ x_2 \geq 0$

Anschließend werden die Schlupfvariablen eingeführt und das erste Simplextableau erstellt.

**Tableau 1**

| | $x_1$ | $x_2$ | $y_1$ | $y_2$ | $y_3$ | Z | $b_i$ |
|---|---|---|---|---|---|---|---|
| $y_1$ | –0,4 | –0,1 | 1 | 0 | 0 | 0 | –50 |
| $y_2$ | –0,1 | –0,1 | 0 | 1 | 0 | 0 | –100 |
| $y_3$ | –0,3 | [–0,05] | 0 | 0 | 1 | 0 | –60 |
| $Z^*$ | 200 | 100 | 0 | 0 | 0 | 1 | 0 |

Die negativen Werte in der letzten Spalte zeigen an, dass man sich in der Phase 1 befindet. Unter der Vielzahl der möglichen Pivotelemente (es gibt insgesamt 6 Möglichkeiten) wird der gekennzeichnete Koeffizient „–0,05" ausgewählt und das nächste Tableau berechnet.

**Tableau 2**

| | $x_1$ | $x_2$ | $y_1$ | $y_2$ | $y_3$ | Z | $b_i$ | $q_i$ |
|---|---|---|---|---|---|---|---|---|
| $y_1$ | 0,2 | 0 | 1 | 0 | −2 | 0 | 70 | 350 |
| $y_2$ | [0,5] | 0 | 0 | 1 | −2 | 0 | 20 | 40 |
| $y_3$ | 6 | 1 | 0 | 0 | − 20 | 0 | 1.200 | 200 |
| Z* | (−400) | 0 | 0 | 0 | 2.000 | 0 | −120.000 | |

$Z^* = -Z = -120.000$ bedeutet $Z = 120.000$, die im obigen Tableau enthaltene Lösung führt also zu Kosten von 120.000 GE.

Da alle Koeffizienten in der rechten Spalte $b_i$ oberhalb der Zielfunktionszeile nichtnegativ sind, ist die Phase 1 abgeschlossen. Der in der Zielfunktionszeile stehende negative Koeffizient „−400“ zeigt an, dass die optimale Lösung noch nicht erreicht ist. Es schließt sich daher die Phase 2 an.

**Tableau 3**

| | $x_1$ | $x_2$ | $y_1$ | $y_2$ | $y_3$ | Z | $b_i$ |
|---|---|---|---|---|---|---|---|
| $y_1$ | 0 | 0 | 1 | −0,4 | − 1,2 | 0 | 62 |
| $x_1$ | 1 | 0 | 0 | 2 | −4 | 0 | 40 |
| $x_2$ | 0 | 1 | 0 | −12 | 4 | 0 | 960 |
| Z* | 0 | 0 | 0 | 800 | 400 | 1 | −104.000 |

Das Tableau mit der optimalen Lösung ist erreicht, da kein Zielfunktionskoeffizient mehr negativ ist. Die kostenminimale Lösung kann man dem optimalen Tableau entnehmen:
Basisvariablen: $x_1 = 40, x_2 = 960, y_1 = 62, Z = 104.000$
Nichtbasisvariablen: $y_2 = 0, y_3 = 0$.

Für eine weiter gehende Interpretation wird zunächst am Beispiel von $y_1$ geklärt, welche Bedeutung die Schlupfvariablen hier haben. Dazu multipliziert man die erste Zeile des Tableaus 1, mit „−1“ und erhält:

$$0{,}4x_1 + 0{,}1x_2 - y_1 = 50 \quad (8.11)$$

In der optimalen Lösung wird $y_1$ nun der Wert „62“ zugewiesen, das heißt aber, dass der erste Teile der Gleichung (8.11) $0{,}4x_1 + 0{,}1x_2$, der die in den Rohstoffen enthaltene Menge des Metalls 1 beschreibt, den Wert 112 besitzt. Mithin ist ein Überschuss von 62 t von diesem Metall vorhanden. $y_1$ gibt also die über die Mindestmenge von 50 t hinausgehende Menge des Metalls 1 an. Analog geben die Schlupfvariablen $y_2$ bzw. $y_3$ die über die Mindestmenge hinausgehende Menge des Metalles 2 bzw. 3 an.

Die optimale Lösung lässt sich also folgendermaßen zusammenfassen. Es müssen 40 t des Rohstoffs $R_1$ und 960 t des Rohstoffs $R_2$ bezogen werden, um den Bedarf an den Metallen 1, 2 und 3 *kostenminimal* zu decken. Die angegebenen Mengen der Rohstoffe enthalten exakt die geforderten Mindestmengen der Metalle 2 und 3 ($y_2 = 0$, $y_3 = 0$), während von Metall 1 62t ($y_1 = 62$) mehr als verlangt vorhanden sind.

Jetzt ist man in der Lage, jedes beliebige lineare Maximierungs- bzw. Minimierungsproblem, das Nebenbedingungen in Form von „kleiner-gleich"-Bedingungen und/oder „größer-gleich"-Bedingungen aufweist, mit Hilfe der Zwei-Phasen-Simplexmethode nach folgendem Algorithmus zu lösen:

- Im ersten Schritt wird eine Minimierungsaufgabe durch Multiplikation der Zielfunktion mit „–1" in eine Maximierungsaufgabe transformiert.
- Anschließend werden eventuell vorhandene „größer-gleich"-Nebenbedingungen ebenfalls durch Multiplikation mit „–1" in „kleiner-gleich"-Bedingungen umgewandelt.
- Ist mindestens ein negativer Koeffizient in der letzten Spalte $b_i$ vorhanden, d.h. ist mindestens eine Nichtnegativitätsbedingung verletzt, so wird mit den Methoden der Phase 1 (siehe Kapitel 8.2.1) ein Tableau mit einer zulässigen Basislösung berechnet.
- Ist die am Ende der Phase 1 gefundene zulässige Lösung noch nicht optimal, d. h. weist die Zielfunktionszeile noch mindestens einen negativen Koeffizienten auf, so wird mit den Methoden der Phase 2 (siehe Kapitel 8.1.2) solange eine verbesserte Lösung berechnet, bis das Optimum erreicht ist.

Am Ende der Zwei-Phasen-Simplexmethode steht (vorausgesetzt es existiert eine optimale Lösung) ein Simplextableau, in dem alle Koeffizienten in der Zielfunktionszeile und auf der rechten Seite $b_i$ oberhalb der Zielfunktionszeile nichtnegativ sind. Aus diesem Tableau kann die optimale Lösung sofort abgelesen werden.

## 8.3 Sonderfälle bei linearen Optimierungsproblemen

### 8.3.1 Lineare Optimierungsmodelle ohne Lösung

Widersprechen sich die Restriktionen, so gibt es keinen Punkt, der alle Restriktionen erfüllt. Dies bedeutet, dass der zulässige Bereich leer ist und es somit keine Lösung, also auch keine optimale, geben kann.

**Beispiel 8.4**

Vorgegeben ist das mathematische Modell:

Zielfunktion

$Z = 10x_1 + 10x_2 \rightarrow \text{Max!}$

$10x_1 + 5x_2 \leq 3.000$

$x_1 \geq 500$

Nichtnegativitätsbedingungen

$x_1 \geq 0, x_2 \geq 0$

Wie die Abbildung 8.9 zeigt, haben die den Ungleichungen zugeordneten Halbebenen im ersten Quadranten keine gemeinsamen Punkte. Die beiden Restriktionen widersprechen sich also.

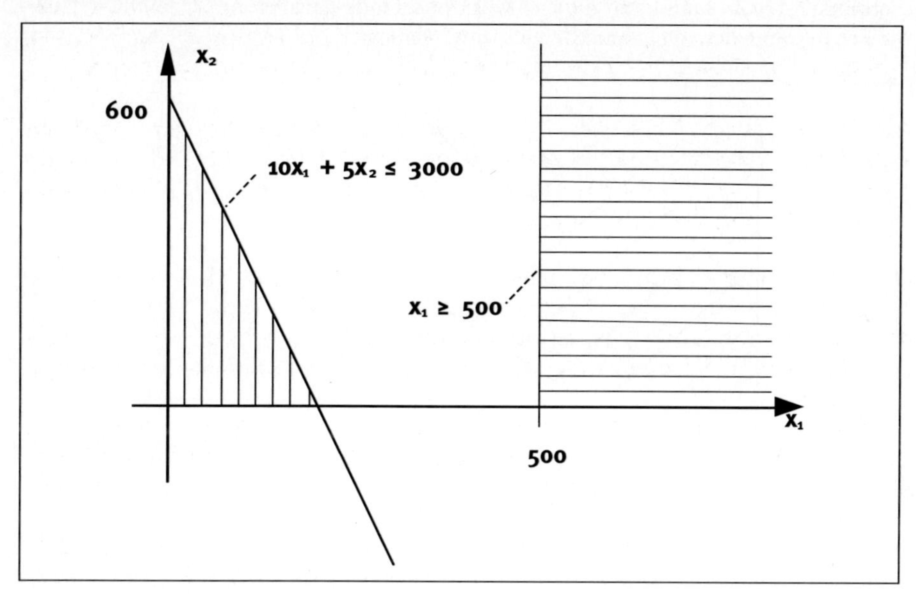


*Abb. 8.9: Leerer zulässiger Bereich*

Rechnerisch ergibt sich:

**Tableau 1**

| | $x_1$ | $x_2$ | $y_1$ | $y_2$ | Z | $b_i$ |
|---|---|---|---|---|---|---|
| $y_1$ | 10 | 5 | 1 | 0 | 0 | 3.000 |
| $y_2$ | –1 | 0 | 0 | 1 | 0 | –500 |
| Z | –10 | –10 | 0 | 0 | 1 | 0 |

**Tableau 2**

| | $x_1$ | $x_2$ | $y_1$ | $y_2$ | Z | $b_i$ |
|---|---|---|---|---|---|---|
| $y_1$ | 0 | 5 | 1 | 10 | 0 | –2.000 |
| $x_1$ | 1 | 0 | 0 | –1 | 0 | 500 |
| Z | 0 | –10 | 0 | –10 | 1 | 5.000 |

In Tableau 2 ist es nicht möglich, ein Pivotelement zu finden, da in der ersten Zeile kein negatives Element links von der rechten Seite $b_i$ vorkommt. Dies zeigt an, dass die Phase 1, in der man sich mit dem Tableau 2 befindet, nicht verlassen werden kann. Es gibt daher keine zulässige Lösung und somit erst recht keine optimale.

Es kann auch vorkommen, dass der zulässige Bereich nicht leer ist und es dennoch keine Lösung gibt. Dies kann dann der Fall sein, wenn der zulässige Bereich unbeschränkt ist, d.h. man kann die Zielfunktionsgerade parallel ins „Unendliche" verschieben, ohne den zulässigen Bereich zu verlassen.

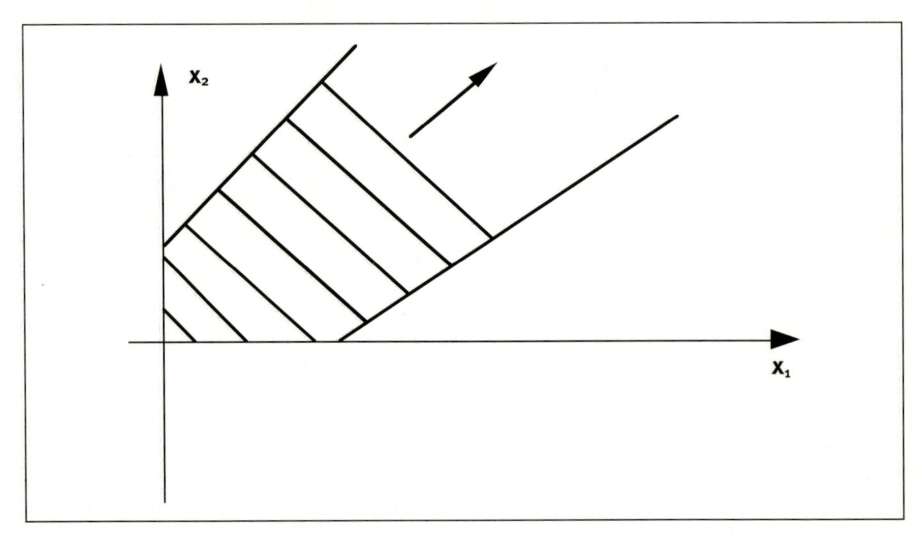


*Abb 8.10: Unbeschränkt zulässiger Bereich*

Formal erkennt man diesen Sachverhalt daran, dass man im Verlauf der Zwei-Phasen-Simplexmethode auf eine Pivotspalte stößt, die kein (positives) Pivotelement über dem negativen Zielfunktionskoeffizienten besitzt. Dies bedeutet, dass kein Engpass existiert, so dass die Zielgröße unbeschränkt wachsen kann.

### 8.3.2 Lineare Optimierungsprobleme mit mehr als einer optimalen Lösung

Zunächst wird ein sehr einfaches lineares Optimierungsproblem mit mehr als einer optimalen Lösung behandelt.

**Beispiel 8.5**
Zielfunktion
$Z = 10x_1 + 5x_2 \rightarrow$ Max!
Restriktionsungleichungen
$10x_1 + 5x_2 \leq 30$
$x_1 \leq 10$
Nichtnegativitätsbedingungen
$x_1 \geq 0, x_2 \geq 0$

In Beispiel 8.5 fällt auf, dass Zielfunktionsgerade und Begrenzungsgerade der zur ersten Restriktion gehörenden Halbebene die gleiche Steigung aufweisen. Als optimale Lösung kommt daher sowohl jede der beiden Ecken auf dieser Begrenzungsgerade als auch jeder andere Punkt auf der Verbindungsstrecke zwischen den beiden Ecken in Frage. Es gibt daher unendlich viele verschiedene Lösungen.

Bei der rechnerischen Lösung mit Hilfe der Simplexmethode erkennt man das Vorliegen von mehr als einer Lösung daran, dass im Tableau, das die optimale Lösung enthält, eine *Nichtbasisvariable* existiert, die in der Zielfunktionszeile eine Null besitzt. Rechnet man nämlich diese Nichtbasisvariable in eine Basisvariable um, so muss die Zielfunktionszeile wegen der dort stehenden Null *nicht* umgerechnet werden. Auf diese Weise erhält man eine weitere optimale Lösung, da sich der Wert für Z durch die Umrechnung nicht verändert hat.

**Fortsetzung von Beispiel 8.5**

**Tableau 1**

| BV | $x_1$ | $x_2$ | $y_1$ | $y_2$ | Z | $b_i$ |
|---|---|---|---|---|---|---|
| $y_1$ | 10 | 5 | 1 | 0 | 0 | 30 |
| $y_2$ | 1 | 0 | 0 | 1 | 0 | 10 |
| Z | −10 | −5 | 0 | 0 | 1 | 0 |

**Tableau 2**

| BV | $x_1$ | $x_2$ | $y_1$ | $y_2$ | Z | $b_i$ | $q_i$ |
|---|---|---|---|---|---|---|---|
| $x_2$ | 2 | 1 | 0,2 | 0 | 0 | 6 | 3 |
| $y_2$ | 1 | 0 | 0 | 1 | 0 | 10 | 10 |
| Z | 0 | 0 | 1 | 0 | 1 | 30 | |

Eine optimale Lösung ($x_1 = 0, x_2 = 6$) mit $Z = 30$ ist erreicht. Da die Nichtbasisvariable $x_1$ eine Null in der Zielfunktionszeile aufweist, kann man durch Umrechnen dieser Nichtbasisvariablen in eine Basisvariable eine weitere optimale Lösung berechnen. Dabei wird das Pivotelement durch das Kriterium des kleinsten Quotienten bestimmt.

**Tableau 3**

| BV | $x_1$ | $x_2$ | $y_1$ | $y_2$ | Z | $b_i$ |
|---|---|---|---|---|---|---|
| $x_1$ | 1 | 0,5 | 0,1 | 0 | 0 | 3 |
| $y_2$ | 0 | −0,5 | −0,1 | 1 | 0 | 7 |
| Z | 0 | 0 | 1 | 0 | 1 | 30 |

Da die Zielfunktionszeile nicht umgerechnet wurde, ist Z nach wie vor der Wert „30" zugewiesen, d.h. die neue Lösung ($x_1 = 3, x_2 = 0$) ist ebenfalls optimal mit $Z = 30$. Auch alle Punkte, die auf der Verbindungsstrecke zwischen den beiden eben berechneten optimalen Lösungen („Ecken") liegen, sind optimale Lösungen. Jeder dieser Punkte ($x_1, x_2$) lässt sich durch eine so genannte „konvexe Linearkombination" der beiden optimalen Basislösungen darstellen:
$(x_1, x_2) = \lambda\,(3{,}0) + (1 - \lambda)\,(0{,}6)$ mit $0 \leq \lambda \leq 1$
Jede Wahl von $\lambda$ führt zu einer anderen optimalen Lösung. Beispielsweise erhält man für $\lambda = 0{,}1$ die optimale Lösung (0,3; 5,4) und für $\lambda = 0{,}5$ die Lösung (1,5; 3) usw. Alle aufgeführten Optimallösungen führen dabei zu dem maximal möglichen Zielfunktionswert $Z = 30$.

### 8.3.3 Degeneration (Entartung)

Ein Lineares Optimierungs-Problem heißt degeneriert (entartet), wenn im Verlauf der Berechnung eines Simplexschrittes mehr als eine Pivotzeile zur Auswahl steht, d.h. falls mindestens zwei (natürlich gleichgroße) minimale Quotienten bei Anwendung des Kriteriums des kleinsten Quotienten zur Auswahl stehen. Wählt man eine beliebige dieser Zeilen zur Pivotzeile, so entsteht bei der Durchführung des Simplexschrittes in den Zeilen, die nicht zur Pivotzeile gewählt wurden, unterhalb von $b_i$ eine Null. Degeneration einer Basislösung liegt also stets dann vor, wenn mindestens eine Basisvariable den Wert „Null" annimmt.

Ökonomisch bedeutet eine degenerierte optimale Lösung, dass mehr als n Restriktionen gleichzeitig erfüllt sind, also eine besonders gute Abstimmung der vorhandenen Kapazitäten vorliegt.

**Beispiel 8.6**
Zielfunktion
$Z = x_1 + x_2 \rightarrow$ Max!
Restriktionsungleichungen
$5x_1 + 10x_2 \leq 3.000$
$3x_2 \leq 600$
$4x_1 + 2x_2 \leq 1.200$
Nichtnegativitätsbedingungen
$x_1 \geq 0, x_2 \geq 0$

**Tableau 1**

| BV | $x_1$ | $x_2$ | $y_1$ | $y_2$ | $y_3$ | Z | $b_i$ | $q_i$ |
|---|---|---|---|---|---|---|---|---|
| $y_1$ | 5 | 10 | 1 | 0 | 0 | 0 | 3.000 | $\frac{3000}{10} = 300$ |
| $y_2$ | 0 | 3 | 0 | 1 | 0 | 0 | 600 | $\frac{600}{3} = 200$ |
| $y_3$ | 4 | 2 | 0 | 0 | 1 | 0 | 1.200 | $\frac{1200}{2} = 600$ |
| Z | −1 | −1 | 0 | 0 | 0 | 1 | 0 | |

**Tableau 2**

| BV | $x_1$ | $x_2$ | $y_1$ | $y_2$ | $y_3$ | Z | $b_i$ | $q_i$ |
|---|---|---|---|---|---|---|---|---|
| $y_1$ | 5 | 0 | 1 | $-\frac{10}{3}$ | 0 | 0 | 1.000 | $\frac{1000}{5} = 200$ |
| $x_2$ | 0 | 1 | 0 | $\frac{1}{3}$ | 0 | 0 | 200 | |
| $y_3$ | 4 | 0 | 0 | $-\frac{2}{3}$ | 1 | 0 | 800 | $\frac{800}{4} = 200$ |
| Z | −1 | 0 | 0 | $\frac{1}{3}$ | 0 | 1 | 200 | |

Es gibt hier zwei gleichwertige Kandidaten für die Wahl zur Pivotzeile. Wählt man willkürlich die gekennzeichnete „4", so erhält man:

**Tableau 3**

| BV | $x_1$ | $x_2$ | $y_1$ | $y_2$ | $y_3$ | Z | $b_i$ |
|---|---|---|---|---|---|---|---|
| $y_1$ | 0 | 0 | 1 | $-\frac{5}{2}$ | $-\frac{5}{4}$ | 0 | 0 |
| $x_2$ | 0 | 1 | 0 | $\frac{1}{3}$ | 0 | 0 | 200 |
| $x_1$ | 1 | 0 | 0 | $-\frac{1}{6}$ | $\frac{1}{4}$ | 0 | 200 |
| Z | 0 | 0 | 0 | $\frac{1}{6}$ | $\frac{1}{4}$ | 1 | 400 |

Als optimale Lösung ergibt sich:
Basisvariablen: $x_1 = 200$, $x_2 = 200$, $y_1 = 0$, $Z = 400$
Nichtbasisvariablen: $y_2 = 0$, $y_3 = 0$
Da die Basisvariable $y_1$ den Wert Null annimmt, liegt Degeneration vor. Ökonomisch bedeutet dies, dass die Vorräte der drei Rohstoffe für die Herstellung des optimalen Produktionsprogrammes vollständig verbraucht werden. Erstellt man eine Grafik zum obigen Problem, so sieht man, dass der Eckpunkt (200, 200) im Schnittpunkt der drei Begrenzungsgeraden, die zu den drei vorhandenen Restriktionen gehören, liegt.

## 8.4 Aufgaben

1. Vorgegeben ist das lineare Gleichungssystem
$1x_1 + 1x_2 + 0x_3 + 12\,x_4 + 0x_5 = 2$
$0x_1 + 4x_2 + 1x_3 + 12\,x_4 + 0x_5 = 5$
$0x_1 + 7x_2 + 0x_3 + 12\,x_4 + 1x_5 = 125$
Man gebe, ohne zu rechnen, eine Lösung des obigen Gleichungssystems an.

2. Man führe den Simplexalgorithmus zum Beispiel 8.1 durch, indem man im Tableau 1 die erste Spalte (statt wie in Kapitel 8.1.2 die zweite Spalte) als Pivotspalte wählt.

3. Man löse das folgende Maximierungsproblem:
$Z = 30x_1 + 20x_2 \rightarrow \text{Max!}$
unter den Nebenbedingungen
$4x_1 + 3x_2 \leq 400$
$3x_1 + 4x_2 \leq 400$
$3x_2 \leq 120$
$x_1, x_2 \geq 0$
a) grafisch und b) mit Hilfe der Simplexmethode.

4. In einem Betrieb werden zwei Produkte $P_1$ und $P_2$ hergestellt. Für die Herstellung dieser Produkte werden drei Rohstoffe $R_1$, $R_2$, $R_3$ benötigt. Die für die Herstellung einer Einheit der Produkte erforderlichen Mengeneinheiten der Rohstoffe sowie die verfügbaren Rohstoffmengen kann man der folgenden Tabelle entnehmen:

| | $R_1$ | $R_2$ | $R_3$ |
|---|---|---|---|
| $P_1$ | 20 | 18 | 0 |
| $P_2$ | 20 | 9 | 10 |
| verfügbare Rohstoffeinheiten | 700 | 540 | 200 |

Es sollen mindestens 5 Einheiten des Produktes $P_1$ hergestellt werden. Der Verkauf einer Einheit von $P_1$ bzw. $P_2$ erbringt einen Deckungsbeitrag von 10 bzw. 15 Geldeinheiten. Ziel des Unternehmens ist die Maximierung des Deckungsbeitrages.
a) Man erstelle das mathematische Modell.
b) Man berechne mit Hilfe der Zwei-Phasen-Simplexmethode die optimale Lösung.
c) Man interpretiere die Werte, die den Variablen des Modells in der optimalen Lösung zugewiesen werden.
d) Wie verändert sich die unter b) berechnete optimale Lösung, falls vom Rohstoff $R_1$ 800 (statt 700) Einheiten zur Verfügung stehen?

5. Ein Autohändler bezieht zwei PKW-Modelle. In einem Monat muss er mindestens 30 PKWs vom Typ A und 20 vom Typ B abnehmen. Auf seinem Firmengelände kann der Händler maximal 65 PKWs vom Typ A und 45 PKWs vom Typ B unterbringen. Für Typ A gilt ein Einkaufspreis von 20.000 € und ein Verkaufspreis von 25.100 €. Typ B kostet im Einkauf 25.000 € und bringt einen Verkaufserlös

von 31.000 €. Dem Händler stehen maximal 2.000.000 € für den Einkauf zur Verfügung. Der Großhändler hat den Händler verpflichtet, mindestens für drei bestellte PKWs vom Typ A einen vom Typ B abzunehmen. Ziel des Autohändlers ist es, seinen Gewinn zu maximieren.
Man erstelle das mathematische Modell (mehr ist nicht verlangt) für die obige Situation.

**6.** Man löse das folgende Minimierungsproblem grafisch:
$Z = 5x_1 + x_2 \rightarrow$ Min!
unter den Nebenbedingungen:
$4x_1 + 3x_2 \geq 4$
$x_1 + 4x_2 \geq 2$
$x_1, x_2 \geq 0$

**7.** Ein Getränkehersteller möchte einen Fruchtsaft mit Vitaminen anreichern. Dafür stehen ihm zwei Vitamine enthaltende Lösungen $L_1$ und $L_2$ zur Verfügung. Die folgende Tabelle zeigt den Gehalt von den benötigten Vitaminen 1, 2 (in mg/Gramm Lösung), die Mindestmenge, die einer Flasche Fruchtsaft mit Hilfe der beiden Lösungen zugesetzt werden soll, sowie die Preise der beiden Lösungen (pro Gramm).

| | $L_1$ (in mg pro Gramm) | $L_2$ (in mg pro Gramm) | Mindestmenge in mg |
|---|---|---|---|
| Vitamin 1 | 3 | 2 | 16 |
| Vitamin 2 | 2 | 8 | 48 |
| Preis (E/Gramm) | 1 | 2 | |

Aufgrund gesetzlicher Vorschriften dürfen insgesamt höchstens 9 Gramm der beiden Lösungen einer Flasche Fruchtsaft zugesetzt werden. Wie viel muss von den beiden Lösungen einer Flasche Fruchtsaft zugesetzt werden, so dass einerseits die geforderten Mindestmengen an den Vitaminen 1 und 2 gedeckt sind und andererseits die Kosten für die verwendeten Lösungen möglichst gering sind?
Man erstelle das mathematische Modell und löse das Minimierungsproblem mit Hilfe der Zwei-Phasen-Simplexmethode.

**8.** Man löse das folgende Maximierungsproblem mit Hilfe des Simplexalgorithmus.
Zielfunktion
$Z = 30x_1 + 60x_2 \rightarrow$ Max!
Restriktionsungleichungen
$3x_1 + 2x_2 \leq 120$
$x_2 \leq 30$
$5x_1 + 10x_2 \leq 300$
Nichtnegativitätsbedingungen
$x_1 \geq 0, x_2 \geq 0$
Falls möglich gebe man drei verschiedene optimale Lösungen an. Liegt Degeneration vor?

# Lösungen der Aufgaben

## Lösungen zu 1.6

**1.** {M,e,n,g,l,h,r}

**2.** $\emptyset$, {2}, {4}, {6}, {8}, {2, 4}, {2, 6}, {2, 8}, {4, 6}, {4, 8}, {6, 8}, {2, 4, 6}, {2, 4, 8}, {2, 6, 8}, {4, 6, 8}, {2, 4, 6, 8}

**3.** Wahr sind: a), c), d), e), h), i), j), falsch sind: b), f), g).

**4.** $A \cap B = \{4, 6, 8, 10, 12\}$, $B \cap C = \{y \in \mathbb{N} \mid y$ ist durch sechs ohne Rest teilbar$\}$, $A \setminus B = \{3, 5, 7, 9, 11\}$

**5.** $A \cap C = \{5, 6, 7, 8\}$; $A \setminus B = \{-3, -2, -1, 0, 1, 8\}$; $\overline{B}_A = A \setminus B = \{-3, -2, -1, 0, 1, 8\}$; $A \cap \mathbb{N} = \{x \in \mathbb{N} \mid 1 \le x \le 8\}$; $A \cap (B \cup C) = \{x \in \mathbb{N} \mid 2 \le x \le 8\}$.

**6.** a) $(-\infty, 7)$; b) $(7, 9)$; c) $(-\infty, 4]$; d) $[3, 9]$

**7.** a) $\{x \in \mathbb{R} \mid 12 \le x \le 1134\}$; b) $\{x \in \mathbb{R} \mid x \ge 4\}$; c) $\{x \in \mathbb{R} \mid x < -4\}$

**8.** a) $[1, 3] \cup [3, 7] = [1, 7]$; b) $[1, 3] \cap [2, 7] = [2, 3]$; c) kein Intervall

**9.** a) $2v(4u + wv - 3v^3)$; b) $6(2x + 3 - 4y)$; c) $u(13u - 12v)$

**10.** a) $\sum_{j=1}^{19} 2x_j z_j$; b) $\sum_{t=1}^{28} t$; c) $\sum_{t=4}^{1001} t$; d) $\sum_{i=3}^{11} i^2$ e) $\sum_{i=3}^{100} x_i y_i^2$

**11.** a) $\prod_{i=2}^{5} i$; b) $\prod_{i=1}^{15} = 2i$

**12.** a) 20; b) 20; c) 54 d) $\frac{287}{30}$

**13.** a) 20; b) 35; c) $3^6 = 729$

**14.** a) $\frac{19 - 7a}{77}$; b) $\frac{35 + a}{77}$; c) $\frac{145}{66}$; d) $\frac{1 - t + t^2 - t^3}{t^6}$; e) $\frac{30x + 44}{(2x + 3)(5x + 7)}$;
f) $\frac{x + 3y - 9}{12}$; g) $\frac{17x + 3y - 9}{12}$; h) $\frac{4x + 10a - 20a^2 + 45ab}{10ax}$

**15.** a) $\frac{34}{13}$; b) $\frac{5a^2}{81x^2}$; c) $\frac{8}{7}$; d) $\frac{\frac{x}{y} + 1}{\frac{x + y}{2}} = \frac{x + y}{y} \cdot \frac{2}{x + y} = \frac{2}{y}$;

e) $\frac{4x}{4 - \frac{4}{1 - x}} = \frac{x}{1 - \frac{1}{1 - x}} = \frac{x}{\frac{1 - x - 1}{1 - x}} = \frac{x}{\frac{-x}{1 - x}} = x \cdot \frac{1 - x}{-x} = x - 1$;

f) $\dfrac{1+\dfrac{a}{b}}{\dfrac{a+b}{a}} = \dfrac{\dfrac{b+a}{b}}{\dfrac{a+b}{a}} = \dfrac{a}{b}$

**16.** a) $\dfrac{b(b+2)}{0{,}2(b^2-4)}$; b) $\dfrac{b-2}{2(b^2-4)}$

**17.** a) $\dfrac{2\cdot\sqrt[3]{7^2}}{7} = \dfrac{2\cdot 7^{\frac{2}{3}}}{7}$ b) $\dfrac{(x-2y)(\sqrt{2x}+\sqrt{4y})}{2x-4y}$

**18.** a) $\sqrt[4]{a^7}$; b) $\sqrt[3]{(x+y)^{\sqrt{2}}}$; c) $\sqrt[5]{6^{-12}}$

**19.** a) $-4$; b) 1,609; c) $-1{,}609$; d) 4.096; e) $-4.096$; f) 1; g) 0,145;
h) $\sqrt{2}$; i) 12.000

**20.** H zahlt 1560 €; K zahlt 5800 €; L zahlt 4640 €.

**21.** a) $4x + yx - 3 = 89 \Rightarrow x(4+y) = 92 \Rightarrow x = \dfrac{92}{4+y}$
b) $q = \dfrac{-R}{Ki-R}$; $i = \dfrac{R(q-1)}{Kq}$; $R = \dfrac{Kiq}{q-1}$

**22.** a) $x = \dfrac{25}{6}$; b) $x_1 = 3, x_2 = -2$; c) $x = 1$; d) $x = 0$; e) keine reelle Lösung;
f) $x = 5$ ($x = 2$ ist keine Lösung); g) $x = 2$ ($x = 5$ ist keine Lösung);
h) $x_1 = \sqrt{3}$, $x_2 = -\sqrt{3}$; i) $x_1 = 1$, $x_2 = -\dfrac{65}{4}$; j) $x_1 = c$, $x_2 = -c$;
k) $x_1 = \sqrt{2}$, $x_2 = -\sqrt{2}$, $x_3 = 1$, $x_4 = -1$; l) $x_1 = 0$, $x_2 = 2$, $x_3 = 1$

**23.** a) $x \approx 2{,}377$; b) $x \approx -1{,}585$; c) $x = 10^{14}$; d) $10^{400}$

**24.** a) $x < \dfrac{3}{2}$; b) $L = \{x \mid x<0 \text{ oder } x \geq \dfrac{1}{4}\}$; c) $-5 < x < 9$

**25.** a) $L = \{x \mid -2 < x < -\dfrac{2}{3}\}$; b) $L = \{x \mid x < -400 \text{ oder } x > 200\}$; c) $L = \{2 < x < 6\}$;
d) $L = \{6 \leq x \leq 8\}$

## Lösungen zu 2.5

**1.** a) 3, 5, 3, 5; b) $-4, -1, 2, 5$; c) $q, q^2, q^3, q^4$; d) $4 + \log 1, 4 + \log 2, 4 + \log 3, 4 + \log 4$

**2.** a) $s_7 = 28$; b) $s_7 = 476$; c) $s_7 \approx -0{,}9922$ ($a_n = -\left(\dfrac{1}{2}\right)^n$)

**3.** a) $a_n = -4 + (n-1)\,2$; b) $a_n = 3 + (n-1)(-2)$; c) $a_n = \left(-\dfrac{1}{2}\right)^n$; d) $a_n = \dfrac{n+1}{n+4}$

**4.** $a_{12} = 10 + (12-1)(-6) = -56$, $s_{12} = 6(10-56) = -276$

**5.** a) $a_{300} = 200 + (300 - 1)5 = 1.695$; $s_{300} = \frac{300}{2}(200 + 1.695) = 284.250$

b) $\sum_{j=200}^{300} a_j = \frac{101}{2}(a_{200} + a_{300}) = \frac{101}{2}(1.195 + 1.695) = 145.945$

oder $\sum_{j=200}^{300} a_j = \sum_{j=1}^{300} a_j - \sum_{j=1}^{199} a_j = 284.250 - \frac{199}{2}(200 + 1.190) = 284.250 - 138.305$

$= 145.945$

**6.** Hier handelt es sich um eine arithmetische Folge mit dem ersten Glied $a_1 = 200$, dem letzten Glied $a_n = 50$ und $d = 0{,}1$. Zuerst muss überlegt werden, wie viele Glieder die Folge $(a_n)$ hat. Für das gesuchte $n$ gilt:

$a_n = a_1 + (n - 1)d \Rightarrow n = \frac{a_n - a_1 + d}{d}$

Also gilt: $n = \frac{50 - 0{,}6 + 0{,}1}{0{,}1} = 495$ und $s_{495} = \frac{495}{2}(0{,}6 + 50) = 12.523{,}5$

Ein Sammler muss also für den Erwerb der vollständigen Serie 12.523,50 € aufbringen.

**7.** $R_{39} = 2.700.000 - 39\frac{2.700.000}{100} = 1.647.000$

**8.** $a_{10} = 54.000$, $s_{10} = 450.000$

**9.** $a_8 = 7 \cdot \left(\frac{1}{2}\right)^7 \approx 0{,}0547$; $s_8 = 7\frac{(0{,}5)^8 - 1}{-0{,}5} \approx 13{,}95$

**10.** $\sqrt[24]{7{,}5} = 1{,}08758$

**11.** a) 60 Tage
b) 73 Tage

**12.** a) Überlassungsdauer: 44 Tage; $Z_{44} = 567{,}02$;
b) Rückzahlungssumme: $2.500 + 186{,}99 = 2.686{,}99$ € (273 Zinstage)

**13.** a) $K_7 = 16.192$; b) Hier ist nach dem Barwert gefragt: $K_0 = 7.142{,}86$ €

**14.** a) Angebot 1: $K_0 = 8.977{,}86$; Angebot 2: $K_0 = 9.018{,}29$;
b) Angebot 1: $K_0 = 8.955{,}83$; Angebot 2: $K_0 = 8.952{,}55$

**15.** a) $K_{10} = 11.000$ b) $K_{10} = 15.529{,}24$

**16.** Hier ist nach dem Barwert gefragt. $K_0 = 3.929{,}50$

**17.** a) $p \approx 10{,}409$ b) $n = 11{,}896$ (Zinseszinsen); $n = 16{,}667$ (einfache Zinsen)

**18.** a) Hier ist nach dem Barwert gefragt: $K_0 = 6.805{,}84$. Dieser Betrag wächst bei $p = 8\%$ auf 10.000 €.

b) $n = \frac{\ln 1{,}41852}{\ln 1{,}06} = 6$; die Laufzeit beträgt 6 Jahre.

**19.** 10.307,26 €

**20.** Der Ansatz mit einer Laufzeit von 5 Jahren und 5 Tagen ist hier nicht richtig (entspricht nicht der Praxis der Banken). Statt dessen rechnet man: 01: 139 Tage einfache Zinsen, 02-05: 4 Jahre Zinseszinsen, 06: 231 Tage einfache Zinsen, $K_T = 15.610{,}93$

**21.** $K_0 = 19.416{,}85$

**22.** Nach ungefähr 8,75 Jahren

**23.** a) $K_{12} = 22.574{,}70$; b) $i_{eff} = 0{,}0824$ oder $p_{eff} = 8{,}24\%$

**24.** a) $50.000 \cdot 1{,}07^8 = 85.909{,}31$; $p_{eff} = 7\%$;
b) $50.000 \cdot 1{,}035^{16} = 86.699{,}30$; $p_{eff} = 7{,}12\%$
c) $50.000 \cdot 1{,}0175^{32} = 87.110{,}68$; $p_{eff} = 7{,}19\%$;
d) $50.000 \cdot (1 + \frac{0{,}07}{12})^{96} = 87.391{,}32$; $p_{eff} = 7{,}23\%$;
e) $50.000 \cdot (1 + \frac{0{,}07}{365})^{2920} = 87.528{,}89$; $p_{eff} = 7{,}25\%$

**25.** $p_{nom} = 10\%$; $p_{eff} = 10{,}38\%$

**26.** $14.980 = 10.000 \cdot (1 + 0{,}04)^{2n}$. Durch Logarithmieren auf beiden Seiten erhält man $n = 5{,}152$ Jahre

**27.** a) Für die gesuchte Zinsrate i pro Monat gilt:
$1{,}09 = (1 + i)^{12} \Rightarrow i = \sqrt[12]{1{,}09} - 1 = 0{,}0072$
Also gilt für den zu einem effektiven Zinssatz von 9% führenden monatlichen Zinssatz p = 0,72%. Dieser monatliche Zinssatz wird auch konformer Zinssatz genannt.
b) 15.386,24 € (Dieses Ergebnis erhält man (bis auf Rundungsfehler) sowohl bei Verwendung des effektiven (Jahres)zinssatzes als auch mittels des in a) berechneten monatlichen Zinssatzes).
c) 16.063,68 € (Verzinsung mit dem in a) berechneten monatlichen Zinssatz über 66 Monate.)

**28.** Der gesuchte nominelle Zinssatz beträgt p = 5%.

**29.** a) Barwerte: Angebot 1: 658.683,92 €, Angebot 2: 659.809,64 €, Angebot 3: 563.968,44 €
b) Kapitalwerte nach 6 Jahren: Angebot 1: 934.355,72 €,
Angebot 2: 935.952,58 €, Angebot 3: 563.968,44 €

**30.** a) Herr K: 500 €; Herr J: 550 €; b) 2.225,06 €

**31.** Kapitalwert der Einnahmen: 126.969,34, Kapitalwert der Ausgaben: 125.975,68. Der Kapitalwert C der Investition ergibt sich als Differenz der beiden berechneten Werte: $C = C_E - C_A = 126.969{,}34 - 125.975{,}68 = 993{,}66 > 0$. Also ist die Investition vorteilhaft.

**32.** Anwendung der Kapitalwertmethode (Kalkulationszinsfuß 5,5%) liefert: $C_{Sohn\,K.} = 0$. Für Tochter K. erhält man: Kapitalwert der Einnahmen:11.198,72, Kapitalwert der Ausgaben: 12.000. Der Kapitalwert beträgt also: $C = 11.198{,}72 - 12.000 = -801{,}28 < 0$. Sohn K. hat besser investiert.

**33.** Kapitalwert der Alternative 1: 281.016,77;
Kapitalwert der Alternative 2: 254.191,45.

**34.** a) $R_{30} = 56.084{,}94$ € b) $R_{30} = 113.283{,}21$ €
c) Die Lösungen erhält man hier durch Multiplikation der Lösungen unter a) und b) mit q, also mit 1,04 bzw. 1,08: $\bar{R}_{30} = 58.328{,}34$ € (bei 4% Verzinsung), $\bar{R}_{30} = 122.345{,}87$ € (bei 8% Verzinsung)

**35.** Die vorschüssige Rentenrate wird 16-mal gezahlt. Damit gilt: $\bar{R}_{16} = 298.084{,}40$ € und $\bar{R}_0 = 136.555{,}90$ €

**36.** Der Wert der Rente beträgt am Ende des vierten Jahres 8.832,65 €. Dieses Kapital wird bis zum Ende des 10. Jahres (also noch 6 Jahre lang) mit 7% verzinst. Damit gehen die ersten vier Raten mit $8.832{,}65 \cdot 1{,}07^6 = 13.255{,}43$ € in den gesuchten Endwert nach 10 Jahren ein. Der Endwert der restlichen 6 Raten ist einfach der Rentenendwert nach Zahlung der 6 vorschüssigen Raten: $\bar{R}_6 = 15.308{,}04$ €. Das gesuchte Kapital nach 10 Jahren beträgt daher: 13.255,43 € + 15.308,04 € = 28.563,47 €.

**37.** $n = 41{,}0354$ Jahre, d. h. nach 41 Jahren hat Sohn K. sein Sparziel noch nicht erreicht, er muss bis zum Ende des 42. Jahres warten.

**38.** Hier ist nach dem Barwert einer vorschüssigen Rente gefragt. Es ergibt sich: $\bar{R}_6 = 130.853{,}21$ €

**39.** $r = 6.000$ €

**40.** Hier ist nach dem Barwert einer nachschüssigen Rente gefragt, wobei Zinsperiode und Rentenperiode jeweils einen Monat betragen. Es ergibt sich: $R_6 = 34.772{,}98$ €

**41.** Zunächst berechnet man den Barwert der vorschüssigen über 20 Jahre laufenden Jahresrente von 36.000 €. Für diesen ergibt sich: $\bar{R}_0 = 508.821{,}81$ €. Dieser Betrag muss durch eine über 40 Jahre laufende nachschüssige Jahresrente aufgebracht werden. Für die Höhe der gesuchten Rate gilt: $r = 4.212{,}11$ €

**42.** $n = 15$ Jahre

**43.** Man kann die in Aufgabe 43 gestellte Frage auch folgendermaßen umformulieren: Wie hoch ist die jährliche Rate, die man 5-mal einem Anfangskapital von 460.000 € bei einer zugrunde gelegten Verzinsung von 5% entnehmen kann?
a) $r = 101.188{,}95$ € b) $r = 106.248{,}40$ €

**44.** a) $n \approx 8{,}5$ Jahre
b) Am Ende des 8. Jahres (also direkt nach Entnahme der 8-ten Rate) befinden sich noch 23.447,69 € auf dem Konto.
c) Am Ende des 9. Jahres kann man als Abschlusszahlung noch 25.323,50 € entnehmen.

**45.** $r_E = 48.880$

**46.** $r_E = 49.040$

**47.** $r_E = 1229{,}70$ €. Damit ergibt sich für den Kontostand am Ende des 10. Jahres:
$R_{10} = 15.758{,}89$ €

**48.** $r_E = 21.173{,}50$ €, der Rentenbarwert der 12-jährigen Rente beträgt dann:
$R_0 = 168.174{,}47$

**49.** a) $r = 7.389{,}16$ b) $r = 7.317{,}07$

**50.** $r_E = 5.368{,}12$, dann ergibt sich für den Kreditbetrag (den Barwert):
$R_0 = 20.988{,}92$

**51.** $T = 15.000$; $Z_5 = (150.000 - 4 \cdot 15.000)\ 0{,}075 = 6.750$; $A_5 = 15.000 + 6.750 = 21.750$;
$Z_8 = (150.000 - 7 \cdot 15.000)\ 0{,}075 = 3.375$; $A_8 = 18.375$

**52.**

| Jahr | Restschuld (zu Beginn des Jahres) | Zinsen $Z_j$ | Tilgung $T_j$ | Annuität $A_j$ |
|---|---|---|---|---|
| 1 | 40.000 | 3.200 | 6.000 | 9.200 |
| 2 | 34.000 | 2.720 | 6.000 | 8.720 |
| 3 | 28.000 | 2.240 | 6.000 | 8.240 |
| 4 | 22.000 | 1.760 | 6.000 | 7.760 |
| 5 | 16.000 | 1.280 | 6.000 | 7.280 |
| 6 | 10.000 | 800 | 6.000 | 6.800 |
| 7 | 4.000 | 320 | 4.000 | 4.320 |

**53.** $n = \frac{100}{3} = 33{,}333\ldots$, also ist $n^* = 33$.

$T_{34} = 100.000 - 33 \cdot 3.000 = 1.000$ Für das letzte (34.) Tilgungsjahr ergibt sich:
$Z_{34} = 1.000 \cdot 0{,}07 = 70$, $A_{34} = 1.070$

**54.** $A = 6.573{,}69$ €

**55.** Der gesuchte Kreditbetrag berechnet sich mit $n = 7$, $q = 1{,}09$ zu: $S = 503.295{,}28$ €

**56.** $n = 18{,}85$ Jahre. Das bedeutet: 18 Jahre lang muss die Annuität von 9.000 € gezahlt werden. Am Ende des 19. Jahres ist noch die Restschuld (der Tilgungsrest) in Höhe von $T_{19} = 7.283{,}05$ € sowie die darauf entfallenden Zinsen in Höhe von $Z_{19} = 7.283{,}05 \cdot 0{,}06 = 436{,}98$, insgesamt also $A_{19} = 7.720{,}03$ € zu entrichten.

**57.** Der gesuchte Kreditbetrag ergibt sich mit $A = 150$, $n = 54$, $q = 1{,}01$ zu: $S = 6.235{,}30$ €

**58.** $S = 347.751{,}70$

**59.** a) $a_u = 2.652{,}73$ b) $a_u = 2.635{,}78$

# Lösungen zu 3.5

**1.** Es liegt keine eindeutige Zuordnung vor. Dem Wert C des Definitionsbereichs wird sowohl 80 als auch 60 zugeordnet.

**2.** a) $D = \mathbb{R}$. Die Funktion ist für alle reellen Zahlen definiert.
b) Hier ist ebenfalls $D = \mathbb{R}$.
c) Für $x = -1$ bzw. $x = 2$ wird einer der Nenner Null, folglich ist $D = \mathbb{R} \setminus \{-1, 2\}$.
d) Da unter der Quadratwurzel keine negativen Werte zugelassen sind, ist
$D = \{p \in \mathbb{R} \mid p \geq 0\}$.

**3.** $f(2) = 0$, $f(b) = b - 2$; $f(-3a) = -3a - 2$; $p(1{,}5) = -4{,}75$; $p(-5) = 18$; $K(3) = -0{,}75$;
$K(2r) = \dfrac{-3}{(2r+1)(2r-2)}$; $U(100) = 11$

**4.**

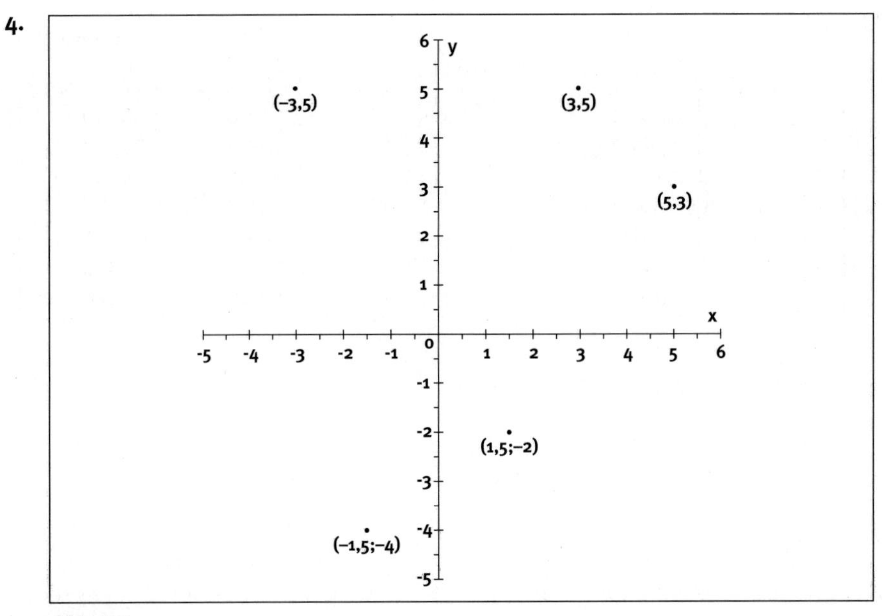


*Abb. 9.1*

**5.** Die Punkte (1, 5); (0, −1), (−1, −3), (7, 125) liegen auf der Kurve: Setzt man beispielsweise $x = 1$ in $f(x)$ ein, so ergibt sich der y-Wert 5; entsprechendes gilt für die anderen Punkte.

**6.** Die folgende Aufstellung zeigt eine von unendlich vielen möglichen richtigen Lösungen:

| x | −2 | −1 | 0 | 1 | 2 | 3 |
|---|---|---|---|---|---|---|
| y | −25 | −4 | −1 | 2 | 23 | 80 |

**7.** a) 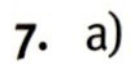

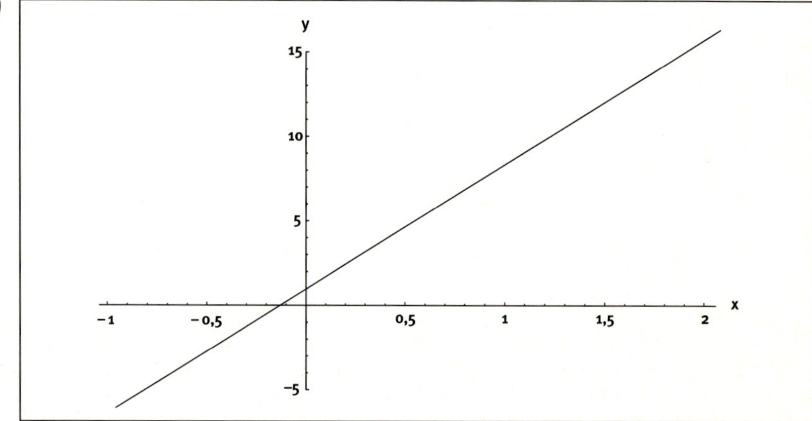


*Abb. 9.2*

b) 

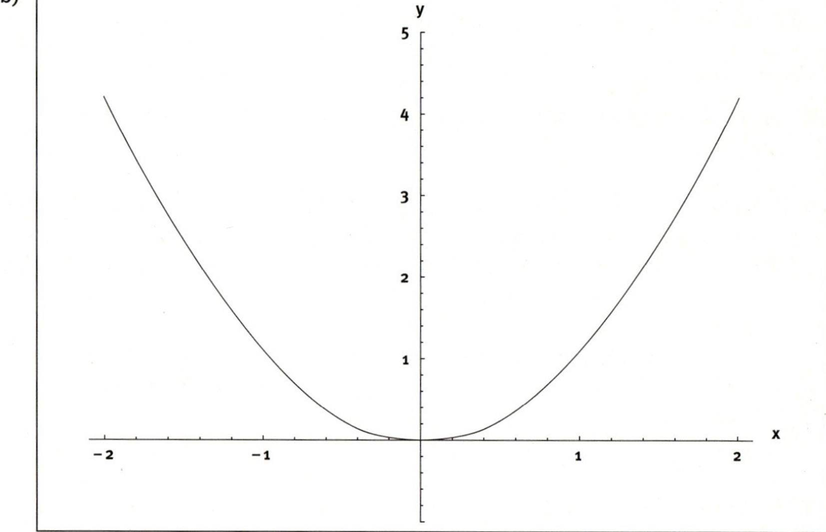


*Abb. 9.3*

c)

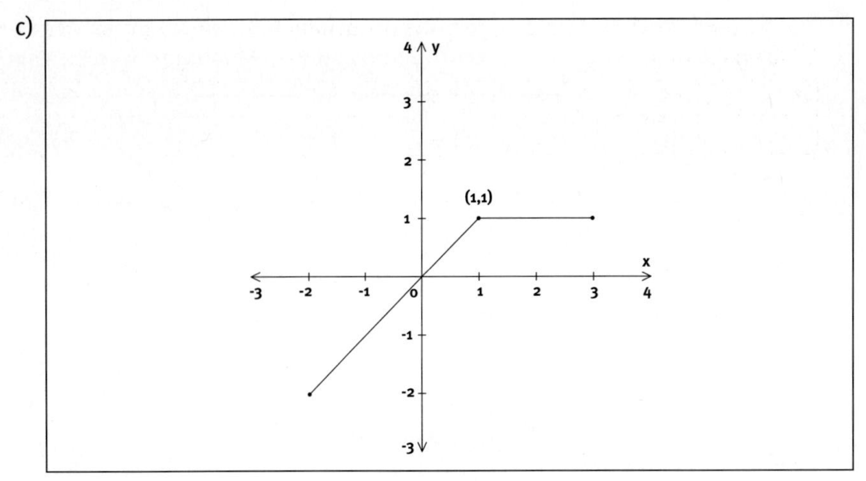


*Abb. 9.4*

**8.** a) Der Ansatz $0 = 2x_1 - 23$ führt zu $x_1 = 11{,}5$.
b) Da $k(p)$ genau dann Null wird, wenn mindestens einer der drei Klammerausdrücke den Wert Null hat, ergeben sich als Nullstellen $p_1 = -2$, $p_2 = 4$, $p_3 = -3$ und $p_4 = 3$.
c) Wie man mit der p-q-Formel leicht ermittelt, sind die Nullstellen $x_1 = 9$ und $x_2 = -1$.
d) Diese Funktion besitzt keine Nullstelle.
e) $t_1 = 3$ und $t_2 = -3$ sind die Nullstellen.

**9.** Die Funktion ist monoton wachsend, dagegen ist sie nicht streng monoton wachsend.

**10.** Es seien z. B. $x_1, x_2 > 0$ mit $x_1 < x_2$ gegeben. Aufgrund der Rechenregeln für Ungleichungen folgt: $x_1 \cdot x_1^2 < x_2 \cdot x_1^2$. Ebenso gilt: $x_2 \cdot x_1^2 < x_2 \cdot x_2^2$. Insgesamt folgt daraus die gewünschte Ungleichung: $x_1^3 < x_2^3$. In den anderen möglichen Fällen ($x_1, x_2 < 0$ oder $x_1 < 0 < x_2$) kann man ähnlich argumentieren.

**11.** Ein Beispiel (von unendlich vielen Möglichkeiten) ist: $f(x) = \begin{cases} 2 & 10 \le x \le 100 \\ -2x & 100 < x < 120 \end{cases}$

**12.** a) Die Umkehrfunktion lautet $x = \frac{1}{4}y + \frac{23}{4}$.
b) Hier ergibt sich $x = \frac{4}{z-2}$.
c) Die Umkehrfunktion existiert hier nicht. Beispielsweise werden $x_1 = 2$ und $x_2 = -2$ von der Funktion auf 16 abgebildet, so dass eine eindeutige Umkehrung nicht möglich ist.
d) Auflösen nach $x$ ergibt hier als Umkehrfunktion $x = y^2 - 2$ für $y \ge 0$.

**13.** a) Die grafische Bestimmung der Umkehrfunktion zu $y = 4x - 23$ funktioniert analog zur Abbildung 3.14.

b) Die nachfolgende Abbildung deutet an, wie durch Spiegelung an der ersten Winkelhalbierenden die Umkehrfunktion zu $y = x^3$ bestimmt werden kann.

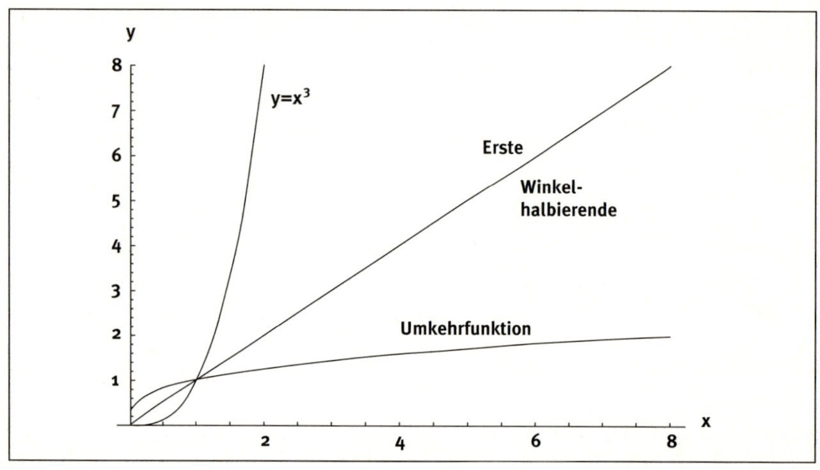


*Abb. 9.5*

**14.** Nein, denn sie weist Sprungstellen auf.

**15.** a) Das ist richtig, denn aus $a_n \to 2$ folgt $a_n{}^3 \to 8$.

b) Auch das stimmt: aus $a_n \to 1$ folgt $\frac{1}{a_n} \to 1$

c) Die Funktion ist bei $x = 0$ nicht einmal definiert, geschweige denn stetig.

**16.** a) Für die Anwendung der 2-Punkteform einer Geradengleichung wird gesetzt: $(x_1, y_1) = (1, 6)$ und $(x_2, y_2) = (3, 12)$. Zunächst wird die Steigung $m$ berechnet:

$$m = \frac{y_2 - y_1}{x_2 - x_1} = \frac{12 - 6}{3 - 1} = 3$$

Einsetzen in $y = mx + (y_1 - mx_1)$ führt zu der Geradengleichung:
$y = 3x + 6 - 3 \cdot 1 = 3x + 3$

b) Mit $m = \frac{-20 - (-1)}{4 - (-1)} = \frac{-19}{5}$ erhält man hier $y = \frac{-19}{5}x - \frac{24}{5}$.

**17.** Der Ansatz $y = -3x + a$ führt durch Einsetzen der Koordinaten des gegebenen Punktes zu $-1 = -3 + a$ bzw. $a = 2$, die Geradengleichung lautet also $y = -3x + 2$.

**18.** a) $x_1 = 3$ b) $p_1 = 0$ c) $x_1 = -\frac{c}{3}$

**19.** Man erhält den gesuchten Schnittpunkt durch Gleichsetzen der jeweiligen Gleichungen.

a) $3x - 2 = 4x + 1 \Rightarrow x = -3$. Als Schnittpunkt erhält man $S = (-3, -11)$.

b) Mit der gleichen Vorgehensweise wie in a) ergibt sich hier $S = (-\frac{3}{4}, 3)$.

**20.**

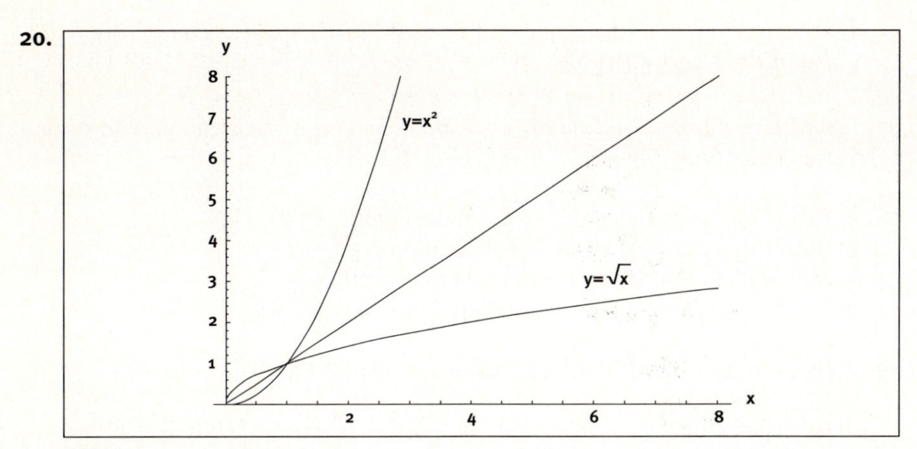


*Abb. 9.6*

**21.** Man rät zuerst, dass $x_1 = 2$ eine Nullstelle ist. Division von $f(x)$ durch $(x-2)$ ergibt das Polynom $x^2 + 2x + 1$ bzw. $(x+1)^2$. Mithin ist $x_2 = -1$ Nullstelle. Weitere gibt es nicht.

**22.** Die Lösungen der im Nenner stehenden quadratischen Gleichung sind $x_1 = 5$ und $x_2 = 6$. Für diese Werte kann die Funktion nicht durch die gegebene Vorschrift definiert werden. Also gilt für den größtmöglichen Definitionsbereich D von f: $D = \mathbb{R} \setminus \{5, 6\}$

**23.** Die Polstelle liegt in der Nullstelle des Nennerpolynoms $x_0 = -1$. (Man beachte, dass auch die zweite Voraussetzung für das Vorliegen eines Pols erfüllt ist: Das Zählerpolynom ist an der Stelle $x = -1$ ungleich Null.) Es gilt:

$$\lim_{x \to -1^+} \frac{1}{x^3+1} = +\infty, \quad \lim_{x \to -1^-} \frac{1}{x^3+1} = -\infty$$

Also liegt hier ein Pol mit Vorzeichenwechsel vor.

**24.** Wegen $5 = e^{\ln 5}$ gilt: $y = f(x) = 5^x = (e^{\ln 5})^x = e^{(\ln 5)x}$

**25.**

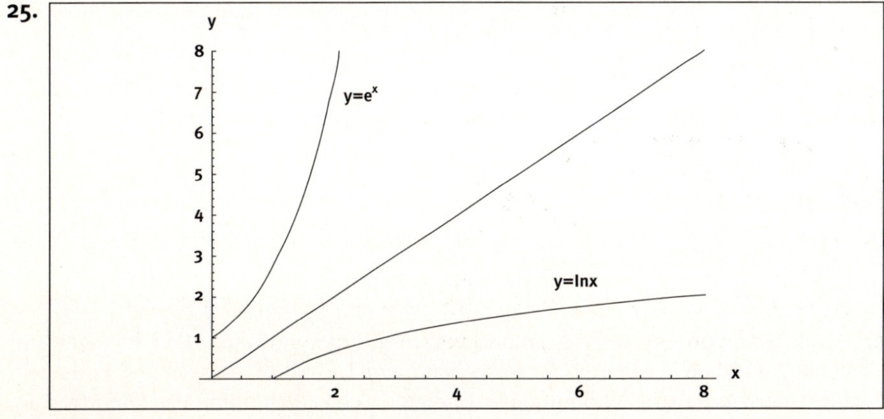


*Abb. 9.7*

**26.** $\ln(x_0^2 - 3) = 0$ ist gleichbedeutend mit $x_0^2 - 3 = 1$ bzw. $x_0^2 = 4$. $y = f(x)$ besitzt also die Nullstellen $-2$ und $+2$.

**27.** Logarithmusfunktionen sind für $a > 1$ streng monoton wachsend und für $0 < a < 1$ streng monoton fallend.

**28.** a) innere Funktion $f(x) = x^{120} - 34$, äußere Funktion $g(f) = f^{34}$
b) innere Funktion $f(x) = -x^2$, äußere Funktion $g(f) = e^f$
c) innere Funktion $f(x) = -x$, äußere Funktion $g(f) = e^f$
d) innere Funktion $f(x) = x^2 - 4$, äußere Funktion $g(f) = \sqrt{f}$

**29.** a) $f(g(x)) = (6x - 2)^3$ b) $g(f(x)) = 6x^3 - 2$ c) $h(x) + g(x) = 3^x + 6x - 2$

d) $f(x)g(x) = x^3(6x - 2) = 6x^4 - 2x^3$ e) $(\frac{f}{g})(x) = \frac{x^3}{6x - 2}$. f) $h(f(x)) = 3^{(x^3)}$

g) Zunächst berechnet man $h(g(x)) = 3^{6x-2}$ · Einsetzen dieser Funktion in die Funktion $g$ führt zu: $g(h(g(x))) = 6 \cdot 3^{6x-2} - 2$

**30.** $K_f = 12.000$, $K_v = 0{,}02x^3 - 2x^2 + 60x$, $k(x) = \frac{0{,}02x^3 - 2x^2 + 60x + 12000}{x}$

**31.** Gesucht ist die lineare Funktion (Gerade), auf der die beiden Punkte $(p_1, x_1) = (10, 5.000)$ und $(p_2, x_2) = (9, 6.000)$ liegen. Aus der 2-Punkteform der Geradengleichung ergibt sich zunächst die Steigung m:

$$m = \frac{5000 - 6000}{10 - 9} = -1000$$

Einsetzen in die Gleichung $x = mp + (x_1 - mp_1)$ liefert dann: $x = x(p) = -1000p + 15.000$. Nach der ebenfalls gefragten Funktion $p(x)$ gelangt man nun durch Bildung der Umkehrfunktion zu $x(p)$.
Man löst also die obige Geradengleichung $x = -1000p + 15.000$ nach $p$ auf und erhält:

$$p = p(x) = -\frac{1}{1000}x + 15$$

**32.** a) Für die Umsatzfunktion ergibt sich: $E(x) = (2520 - 30x)x = -30x^2 + 2.520x$. Dies führt zu der Gewinnfunktion $G(x) = E(x) - K(x) = -40x^2 + 5.200x - 168.000$.
b) Zur Berechnung der Gewinnschwellen müssen die Nullstellen der Gewinnfunktion berechnet werden: $G(x) = -40x^2 + 5.200x - 168.000 = 0$. Es ergibt sich: $x_1 = 70$, $x_2 = 60$
c) $D(x) = -40x^2 + 5.200x$

## Lösungen zu 4.6

**1.** $\frac{\Delta K}{\Delta x} = \frac{K(63) - K(60)}{3} = \frac{48464{,}4 - 43200}{3} = 1754{,}8$

**2.** Ausgehend von einem Einkommen von 90.000 €, entfallen 0,59 € Steuer auf einen zusätzlich verdienten €. Ausgehend von 1.700.000 abgesetzten Einheiten, führt der zusätzliche Verkauf einer Einheit zu einer Erhöhung des Umsatzes um 0,15.

**3.** a) $f'(x) = 0$ b) $f'(x) = -7x^{-8}$ c) $f'(p) = 4p^3$ d) $f'(x) = -\frac{9}{4}x^{-\frac{13}{4}} = \frac{-9}{4\sqrt[4]{x^{13}}}$

**4.** a) $f'(x) = 6x + 3{,}7\,e^x$ b) $f'(x) = 2e^x(1 + x)$

c) $f'(y) = \ln y + 1$ (x wird wie eine Konstante behandelt)

d) $f'(x) = 3x^2 + \frac{1}{x}$

e) $f'(x) = \frac{-x-2}{x^3}$

f) $f'(x) = \frac{3}{x} + 6xe^{2x} + 6x^2e^{2x}$

g) $f'(p) = \frac{2}{p}$

h) $f'(x) = (2x + 1)e^{x+x^2}$

i) $f'(x) = 100(x^2 + 10)^{99}(2x^4) + (x^2 + 10)^{100}(3x^2) = x^2(x^2 + 10)^{99}(203x^2 + 30)$

**5.** a) $f(x) = 2^x = e^{(\ln 2)x}$
$f'(x) = \ln 2 \cdot e^{(\ln 2)x} = \ln 2 \cdot 2^x$
$g(x) = 10^x = e^{(\ln 10)x}$
$g'(x) = \ln 10 \cdot e^{(\ln 10)x} = \ln 10 \cdot 10^x$

b) $f(x) = a^x = e^{(\ln a)x}$
$f'(x) = \ln a \cdot e^{(\ln a)x} = \ln a \cdot a^x$

**6.** a) $f(x) = 3x^3 - e^x$
$f'(x) = 9x^2 - e^x$
$f''(x) = 18x - e^x$
$f'''(x) = 18 - e^x$
$f^{(4)}(x) = -e^x$

b) $f(z) = e^{-z}$
$f'(z) = -e^{-z}$
$f''(x) = e^{-z}$
$f'''(x) = -e^{-z}$
$f^{(4)}(x) = e^{-z}$

**7.** a) f ist streng monoton wachsend auf dem ganzen Definitionsbereich (also für $x > 1$).
b) Für $x > 2$ ist $g(x)$ streng monoton fallend, und für $x < 2$ ist $g(x)$ streng monoton steigend.

**8.** $x_{W_1} = 1 + \sqrt{\frac{1}{3}} \approx 1{,}58$; $x_{W_2} = 1 - \sqrt{\frac{1}{3}} \approx 0{,}42$.

f ist konvex für $x < 1 - \sqrt{\frac{1}{3}}$ und für $x > 1 + \sqrt{\frac{1}{3}}$. Im Intervall $(1 - \sqrt{\frac{1}{3}}, 1 + \sqrt{\frac{1}{3}})$ ist f dagegen konkav.

**9.** $x_W = 0$, da $f''(0) = 0$ und $f^{(7)}(0) = 5.040$ (Die siebte, also eine ungerade Ableitung, ist die erste nichtverschwindende Ableitung an der Stelle 0.)

**10.** f hat im Intervall $[3{,}9]$ kein relatives Extremum, daher müssen die absoluten Extremwerte an den Intervallrändern liegen. Wegen $f(3) = 2$ und $f(9) = 74$ liegt in $x_{E_1} = 3$ das absolute Minimum und in $x_{E_2} = 9$ das absolute Maximum von f.

**11.** $G(x) = -0{,}5x^2 + 30x - 20$. Diese Funktion nimmt ihr Maximum in $x_E = 30$ an.

**12.** Das Betriebsoptimum wird für $x_{opt} = 7$ erreicht.

**13.** a) $f(x) = x^4 - 4x^3 + 4x^2$
$f'(x) = 4x^3 - 12x^2 + 8x$
$f''(x) = 12x^2 - 24x + 8$
$f'''(x) = 24x - 24$
Definitionsbereich: $D = \mathbb{R}$
Symmetrieverhalten: Es liegt keine Symmetrie vor.
Nullstellen: $x_1 = 0$, $x_2 = 2$
Polstellen: f besitzt keine Polstellen.
Monotonieverhalten: Es ist $f'(x) < 0$ für alle $x < 0$ und alle x aus dem Intervall $(1, 2)$, daher ist die Funktion f in den Intervallen $(-\infty, 0)$ und $(1,2)$ streng monoton fallend. In den übrigen Intervallen ist f streng monoton wachsend.
(Relative) Extremstellen: (relatives) Maximum in $x_{E1} = 1$ (mit $f(1) = 1$), (relative) Minima in $x_{E2} = 0$ und $x_{E3} = 2$ (mit $f(0) = f(2) = 0$)
Wendepunkte, Krümmungsverhalten: siehe Aufgabe 9
Asymptotisches Verhalten der Funktion für $x \to \pm\infty$: Es gilt:
$\lim_{x\to-\infty} f(x) = +\infty, \lim_{x\to+\infty} f(x) = +\infty$

Funktionsskizze:

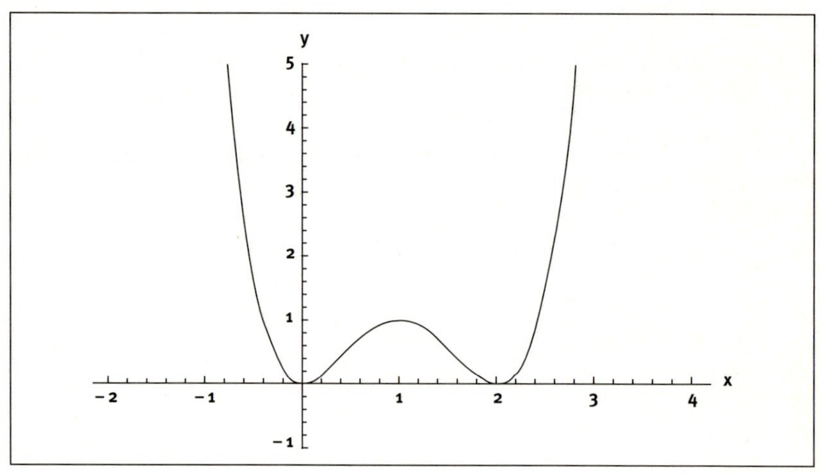


*Abb. 9.8*

b) $f(x) = \dfrac{-5x^2 + 5}{x^3}$

$f'(x) = \dfrac{5(x^2 - 3)}{x^4}$

$f''(x) = \dfrac{-10(x^2 - 6)}{x^5}$

$f'''(x) = \dfrac{30(x^2 - 10)}{x^6}$

Definitionsbereich: $D = \mathbb{R} \setminus \{0\}$
Symmetrieverhalten: Wegen $f(-x) = -f(x)$ handelt es sich um eine ungerade Funktion, d.h. die Funktion ist symmetrisch zum Ursprung (Punktsymmetrie).
Nullstellen: $x_1 = 1, x_2 = -1$
Polstellen: $x_P = 0$
Für das Verhalten der Funktion in der Nähe der Polstelle gilt:
$\lim\limits_{x \to 0^-} f(x) = -\infty, \lim\limits_{x \to 0^+} f(x) = +\infty$

Monotonieverhalten: Da der Nenner von $f'(x)$ immer positiv ist, ist $f'$ genau dann größer (kleiner) als Null, wenn der Zähler von $f'(x)$, also $5(x^2 - 3)$, größer (kleiner) als Null ist. Man erhält daher: $f(x)$ ist streng monoton wachsend für $x \in (-\infty, -\sqrt{3})$ und für $x \in (\sqrt{3}, +\infty)$. $f(x)$ ist streng monoton fallend für $x \in (-\sqrt{3}, 0)$ und $x \in (0, \sqrt{3})$.
(Relative) Extremstellen: (relatives) Maximum in
$x_{E1} = -\sqrt{3}$ mit $f(-\sqrt{3}) = \frac{10}{9}\sqrt{3}$,
(relatives) Minimum in $x_{E2} = \sqrt{3}$ mit $f(\sqrt{3}) = -\frac{10}{9}\sqrt{3}$.

Wendepunkte, Krümmungsverhalten: $x_{W1} = \sqrt{6}$ mit $f(\sqrt{6}) = -\frac{25}{36}\sqrt{6}$,
$x_{W2} = -\sqrt{6}$ mit $f(-\sqrt{6}) = \frac{25}{36}\sqrt{6}$. Für $x < -\sqrt{6}$ und $0 < x < \sqrt{6}$ gilt
$f''(x) > 0$, also ist f in den Intervallen $(-\infty, -\sqrt{6})$ und $(0, \sqrt{6})$ konvex.

Da $f''(x) < 0$ für $x \in (-\sqrt{6}, 0)$ und $x > \sqrt{6}$ gilt, ist f in den Intervallen $(-\sqrt{6}, 0)$ und $(\sqrt{6}, \infty)$ konkav.

Asymptotisches Verhalten der Funktion für $x \to \pm\infty$: Es gilt:
$\lim\limits_{x \to -\infty} f(x) = 0, \lim\limits_{x \to +\infty} f(x) = 0$

(Der Grad des Polynoms im Nenner von $f(x)$ ist höher als der Grad des Zählerpolynoms von $f(x)$.)

Funktionsskizze:

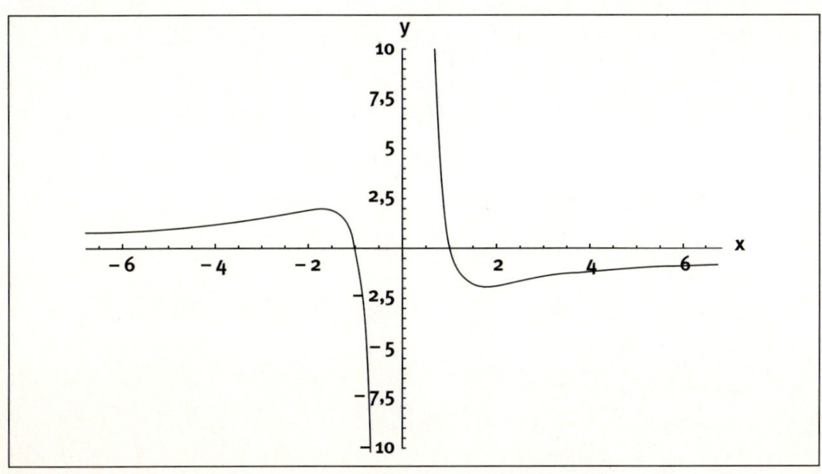


*Abb. 9.9*

**14.** a) $x_E = 50$ km/h

b) x bezeichne die Fahrgeschwindigkeit (in km/h). Dann gilt:

$$K(x) = 50 + \frac{800}{x} \cdot 10 + (\frac{x}{10} - 5 + \frac{250}{x}) \cdot 8 \cdot 1{,}50$$

c) $x_E = 95{,}74$ km/h

**15.** $\varepsilon_{K,x} = \frac{K'(x)}{K(x)} \cdot x = \frac{4x}{4x + 200} = \frac{x}{x + 50}$

Für die Elastizität der Kosten bezüglich des Outputs $x$ an der Stelle $x_0 = 50$ erhält man:

$$\varepsilon_{K,x}(50) = \frac{50}{100} = \frac{1}{2}$$

## Lösungen zu 5.7

**1.** a) $F(x) = bx + C$ b) $F(t) = \frac{1}{6}t^6 + C$

c) Hier ist die Integrationsvariable $z$, daher wird $x^5$ als Konstante behandelt: $F(z) = x^5z + C$

d) $F(x) = \frac{5}{3}x^{\frac{3}{5}} + C$

e) Es gilt $x^2 \cdot \sqrt[5]{x} = x^{\frac{11}{5}}$. Daher erhält man als Stammfunktion: $F(x) = \frac{5}{16}x^{\frac{16}{5}} + C$

**2.** $K(x) = \frac{5}{300}x^3 - x^2 + 100x + 5.000$ (Man beachte, dass $K(0) = 5.000$ gelten muss.)

**3.** a) $f(x) = x^3$, $g'(x) = e^x \Rightarrow f'(x) = 3x^2$, $g(x) = e^x$

Anwendung der partiellen Integration ergibt:

$$\int x^3e^x\,dx = x^3e^x - \int 3x^2e^x\,dx = x^3e^x - 3\int x^2e^x\,dx$$

Das auf der rechten Seite entstandenen Integral $\int x^2e^x\,dx$ wird anschließend mit partieller Integration weiter behandelt. Dies wurde schon im Beispiel 5.10 durchgeführt:

$$\int x^2e^x\,dx = e^x(x^2 - 2x + 2) + C$$

Einsetzen dieses Resultats löst das Ausgangsproblem:

$$\int x^3e^x\,dx = x^3e^x - 3e^x(x^2 - 2x + 2) + C = e^x(x^3 - 3x^2 + 6x - 6) + C$$

b) $f(x) = \ln x$, $g'(x) = \sqrt{x} \Rightarrow f'(x) = \frac{1}{x}$, $g(x) = \frac{2}{3}x^{\frac{3}{2}}$

$$\int \sqrt{x}\ln x\,dx = \frac{2}{3}x^{\frac{3}{2}}\ln x - \int \frac{1}{x}\frac{2}{3}x^{\frac{3}{2}}dx = \frac{2}{3}x^{\frac{3}{2}}\ln x - \int \frac{2}{3}x^{\frac{1}{2}} = \frac{2}{3}x^{\frac{3}{2}}\ln x - \frac{4}{9}x^{\frac{3}{2}} + C$$

$$= \frac{2}{3}x^{\frac{3}{2}}(\ln x - \frac{2}{3}) + C$$

**4.** a) 1. $z = e^{x^2}$ 2. $\frac{dz}{dx} = \frac{d}{dx} e^{x^2} = 2xe^{x^2} = 2xz \Rightarrow dx = \frac{dz}{2xz}$

3. $\int e^{x^2} dx = \int x z \frac{dz}{2xz} = \int \frac{1}{2} dz$ (Substitution) 4. $\int \frac{1}{2} dz = \frac{1}{2} z + C$ (Integration)

5. $\int x e^{x^2} dx = \frac{1}{2} e^{x^2} + C$ (Rücksubstitution)

b) 1. $z = t^4 + 1$ 2. $\frac{dz}{dt} = \frac{d}{dt}(t^4 + 1) = 4t^3 \Rightarrow dt = \frac{dz}{4t^3}$

3. $\int \frac{4t^3}{t^4 + 1} dt = \int \frac{4t^3}{z} \frac{dz}{4t^3} = \int \frac{1}{z} dz$ (Substitution) 4. $\int \frac{1}{z} dz = \ln|z| + C$ (Integration),

5. $\int \frac{4t^3}{t^4 + 1} dt = \ln|t^4 + 1| + C$ (Rücksubstitution)

c) Die vorliegende Aufgabe ist ein Integral vom Typ $\int f(x) \cdot f'(x)\, dx$ (mit $f(x) = 4x^2 + 30x$). Also gilt:

$$\int (4x^2 + 30x)(8x + 30) dx = \frac{1}{2}(4x^2 + 30x)^2 + C$$

**5.** a) $\int_7^7 e^{-x^2} dx = 0$, da untere und obere Grenzen übereinstimmen.

b) In Beispiel 5.10 wurde gezeigt: $\int \ln x\, dx = x(\ln x - 1) + C$. Daher gilt für das bestimmte Integral:

$$\int_e^{2e} \ln x\, dx = [x(\ln x - 1)]_e^{2e} = 2e(\ln 2e - 1) \approx 3{,}77$$

c) $\int_a^a e^{-x^2} dx = 0$, Begründung siehe a)

d) $\int_0^2 (x^2 + \sqrt{x})\, dx = \left[\frac{1}{3}x^3 + \frac{2}{3}x^{\frac{3}{2}}\right]_0^2 \approx 4{,}55$

e) $\int_1^{\pi} x dx + \int_{\pi}^{9/2} x dx + \int_{9/2}^{6} x dx = \int_1^6 x dx = \left[\frac{1}{2}x^2\right]_1^6 = 18 - \frac{1}{2} = \frac{35}{2}$

**6.** a) Zunächst kann man sich mittels der Substitution $z = 7 - 5x$ eine Stammfunktion $F(x)$ zu $f(x) = (7 - 5x)^5$ verschaffen. Für diese gilt:

$F(x) = -\frac{1}{30}(7 - 5x)^6$. Dann erhält man für das bestimmte Integral:

$$\int_1^0 (7 - 5x)^5 dx = \left[-\frac{1}{30}(7 - 5x)^6\right]_1^0 \approx -3.919{,}5$$

b) Diesmal wird das bestimmte Integral $\int_0^2 \sqrt{5x + 1}\, dx$

berechnet, ohne die Rücksubstitution vorzunehmen: Mit Hilfe der Substitution $z = 5x + 1$, der neuen unteren Grenze $5 \cdot 0 + 1 = 1$ und der neuen oberen Grenze $5 \cdot 2 + 1 = 11$ gilt:

$$\int_0^2 \sqrt{5x + 1}\, dx = \int_1^{11} \frac{1}{5}\sqrt{z}\, dz = \left[\frac{2}{15} z^{\frac{3}{2}}\right]_1^{11} \approx 4{,}73$$

**7.** Mit $f(x) = x + 2$, $g'(x) = e^{2x}$ erhält man $f'(x) = 1$, $g(x) = \frac{1}{2}e^{2x}$. Anwendung der partiellen Integration führt zu:

$$\int_0^1 (x + 2)e^{2x} dx = \left[(x+2)\frac{1}{2}e^{2x}\right]_0^1 - \int_0^1 \frac{1}{2}e^{2x} dx = \left[(x+2)\frac{1}{2}e^{2x}\right]_0^1 - \left[\frac{1}{4}e^{2x}\right]_0^1 \approx 8{,}49$$

**8.** Zunächst muss man die Nullstellen der Funktion $f(x) = x^2(x-1)(x+1) = x^4 - x^2$ im Intervall $[-3, 2]$ bestimmen. Da die Funktion schon in lineare Faktoren zerlegt ist, kann man sämtliche Nullstellen sofort ablesen: $c_1 = 0$, $c_2 = 1$ und $c_3 = -1$. Für den gesuchten Flächeninhalt gilt dann, wobei

$F(x) = \frac{1}{5}x^5 - \frac{1}{3}x^3$ eine Stammfunktion zu $f(x)$ ist:

$$A = \left|\int_{-3}^{-1} (x^4 - x^2)\,dx\right| + \left|\int_{-1}^{0} (x^4 - x^2)\,dx\right| + \left|\int_{0}^{1} (x^4 - x^2)\,dx\right| + \left|\int_{1}^{2} (x^4 - x^2)\,dx\right| \approx 43{,}87$$

**9.** Zunächst muss man die Nullstellen der Funktion $y = x^3 - x$ bestimmen. Es ist $y = x\,(x^2 - 1) = x\,(x+1)\,(x-1)$, also erhält man folgende Nullstellen: $c_1 = -1$, $c_2 = 0$, $c_3 = 1$. Für den gesuchten Flächeninhalt gilt dann:

$$A = \left|\int_{-2}^{-1} (x^3 - x)dx\right| + \left|\int_{-1}^{0} (x^3 - x)dx\right| + \left|\int_{0}^{1} (x^3 - x)dx\right| + \left|\int_{1}^{2} (x^3 - x)dx\right|$$

$$= \left|-\frac{9}{4}\right| + \left|\frac{1}{4}\right| + \left|-\frac{1}{4}\right| + \left|\frac{9}{4}\right| = 5$$

**10.** a) $K(x) = K_v(x) + K(0) = \int_0^x K'(z)\,dz + K_f = \int_0^x (0{,}03z^2 - 2z + 60)dz + 800$

$= 0{,}01x^3 - x^2 + 60x + 800$

b) $\int_{100}^{200} (0{,}03z^2 - 2z + 60)dz = 46.000$

**11.** Zunächst berechnet man die Preisobergrenze $p_O$: $x(p) = \sqrt{160 - 10p} = 0 \Rightarrow p_O = 16$
Damit gilt für die Konsumentenrente:

$$K = \int_{p_M}^{p_O} x(p)dp = \int_{6}^{16} (\sqrt{160 - 10p})dp \approx 66{,}67$$

(Dabei ist $X(p) = -\frac{1}{15}(160 - 10p)^{\frac{3}{2}}$ eine Stammfunktion von $x(p)$.)

# Lösungen zu 6.5

**1.** $D = \{(x, y) \mid x \in \mathbb{R}, x \neq -1; y \in \mathbb{R}\}$; $f(0, 0) = 0$; $f(1, 2) = 1$; $f(\pi, 3) = \frac{3}{\pi + 1} \approx 0{,}7244$

**2.** a) $f_x = 3x^2y^4 + 2xy$; $f_y = 4x^3y^3 + x^2$; $f_{xx} = 6xy^4 + 2y$; $f_{yy} = 12x^3y^2$; $f_{xy} = f_{yx} = 12x^2y^3 + 2x$

b) $f_x = 3x^2 + 2x\ln y + y$, $f_y = \frac{x^2}{y} + x$, $f_{xx} = 6x + 2\ln y$, $f_{yy} = -\frac{x^2}{y^2}$, $f_{xy} = f_{yx} = \frac{2x}{y} + 1$

c) $f_x = ye^{xy}$ (Kettenregel), $f_y = xe^{xy}$, $f_{xx} = y^2e^{xy}$, $f_{yy} = x^2e^{xy}$, $f_{xy} = f_{yx} = e^{xy} + xye^{xy}$
$= e^{xy}(1 + xy)$

d) $f_{x_1} = 2x_1 + 2x_3$, $f_{x_2} = 2x_2$, $f_{x_3} = 2x_1$, $f_{x_1x_1} = 2$, $f_{x_2x_2} = 2$, $f_{x_3x_3} = 0$, $f_{x_1x_2} = f_{x_2x_1} = 0$,
$f_{x_2x_3} = f_{x_3x_2} = 0$, $f_{x_1x_3} = f_{x_3x_1} = 2$

3. $K_x = 2{,}6x^{0,3} + 0{,}6x^{-0,7}y^{0,2}$, $K_y = 6y + 0{,}4x^{0,3}y^{-0,8}$. Weiterhin ist $dx = -0{,}1$ und $dy = 0{,}2$. $dK = K_x(12, 20)dx + K_y(12, 20)dy \approx 5{,}67 \cdot (-0{,}1) + 120{,}08 \cdot 0{,}2 \approx 23{,}45$. Also wachsen die Kosten um 23,45 GE.

4. Bestimmung der partiellen Ableitungen 1. und 2. Ordnung von $f(x, y)$:
$f_x = -3x^2 - 6xy + 3y^2 + 21$
$f_y = -3x^2 + 6xy - 3y^2 + 3$
$f_{xx} = -6x - 6y$
$f_{yy} = 6x - 6y$
$f_{xy} = f_{yx} = -6x + 6y$
Bestimmung der stationären Punkte durch Nullsetzen der partiellen Ableitungen 1. Ordnung:
1. Gleichung: $-3x^2 - 6xy + 3y^2 + 21 = 0$
2. Gleichung: $-3x^2 + 6xy - 3y^2 + 3 = 0$
Addition der beiden Gleichungen liefert:
$-6x^2 + 24 = 0 \Rightarrow x^2 = 4$, $x_1 = 2$, $x_2 = -2$
Einsetzen von $x_1 = 2$ für $x$ in die 1. Gleichung ergibt: $-12 - 12y + 3y^2 + 21 = 0$
Die Lösungen dieser quadratischen Gleichung sind: $y_1 = 3$, $y_2 = 1$
Damit stehen zwei stationäre Punkte fest: $(2, 3)$; $(2, 1)$
Analog ergibt das Einsetzen von $x_2 = -2$ für $x$ in die 1. Gleichung:
$-12 + 12y + 3y^2 + 21 = 0$
Die Lösungen dieser quadratischen Gleichung sind: $y_3 = -1$, $y_4 = -3$
Dies führt zu den weiteren zwei stationären Punkten: $(-2, -1)$; $(-2, -3)$
Jetzt muss für alle 4 gefundenen stationären Punkte untersucht werden, ob die Bedingung (6.5) erfüllt ist. Für den Punkt $(-2, -1)$ erhält man:
$f_{xx}(-2, -1) \cdot f_{yy}(-2, -1) - f_{xy}^2(-2, -1) = 18 \cdot (-6) - 6^2 = -144 < 0$
Also liegt in $(-2, -1)$ ein Sattelpunkt von $f$ vor. Analog zeigt man, dass auch in $(2, 1)$ ein Sattelpunkt existiert. Für den Punkt $(-2, -3)$ ergibt sich:
$f_{xx}(-2, -3) \cdot f_{yy}(-2, -3) - f_{xy}^2(-2, -3) = 180 - 36 = 144 > 0$
Da die Bedingung (6.5) erfüllt ist und $f_{xx}(-2, -3) = 30 > 0$ gilt, liegt in $(-2, -3)$ ein Minimum vor.
Schließlich kann man noch zeigen, dass im Punkt (2, 3) ein Maximum liegt.

5. Zunächst muss die Gewinnfunktion des Fahrradherstellers aufgestellt werden. Für diese erhält man:
$G(x,y) = p_1 \cdot x + p_2 \cdot y - K(x, y) = -12{,}5x^2 - 10y^2 + 850x + 950y - 15xy - 2500$,
$G_x = -25x + 850 - 15y$, $G_y = -20y + 950 - 15x$,
$G_{xx} = -25$, $G_{yy} = -20$, $G_{xy} = G_{yx} = -15$
Bestimmung der stationären Punkte durch Nullsetzen der partiellen Ableitungen 1. Ordnung:
$G_x = -25x + 850 - 15y = 0$
$G_y = -20y + 950 - 15x = 0$
Als Lösung dieses Gleichungssystem berechnet man: $x = 10$ und $y = 40$
Anschließend wird untersucht, ob die Bedingung (6.5) für den Punkt $(10, 40)$ erfüllt ist.
$G_{xx}(10, 40) \cdot G_{yy}(10, 40) - G_{xy}^2(10, 40) = (-25) \cdot (-20) - (-15)^2 = 275 > 0$
Da die Bedingung (6.5) erfüllt ist und $G_{xx}(10, 40) < 0$ gilt, liegt in $(10, 40)$ ein Gewinnmaximum vor.

Für die festzusetzenden Preis $p_1$ und $p_2$ ergibt sich:
$p_1 = 1800 - 12{,}5 \cdot 10 = 1675$, $p_2 = 2000 - 10 \cdot 40 = 1600$

**6.** Hier lautet die Nebenbedingung $400 = 10r_1 + 20r_2$. Somit erhält man für die Lagrange-Funktion:
$L(r_1, r_2, \lambda) = x(r_1, r_2) + \lambda g(r_1, r_2) = 2\, r_1 r_2 + \lambda(400 - 10r_1 - 20r_2)$
$L_{r_1} = 2r_2 - 10\lambda$
$L_{r_2} = 2r_1 - 20\lambda$
$L_\lambda = (400 - 10r_1 - 20r_2)$
Setzt man diese drei partiellen Ableitungen gleich Null und löst das dadurch entstandene Gleichungssystem, so folgt $r_1 = 20$, $r_2 = 10$, $\lambda = 2$.

## Lösungen zu 7.3

**1.** a) $\mathbf{A} + \mathbf{B} = \begin{bmatrix} 11 & 1 \\ 2 & 2 \end{bmatrix}$; b) $\mathbf{A} - \mathbf{B} = \begin{bmatrix} 9 & 1 \\ 0 & -2 \end{bmatrix}$; c) $\mathbf{A} + 2\mathbf{B} = \begin{bmatrix} 12 & 1 \\ 3 & 4 \end{bmatrix}$

d) $-2\mathbf{A} = \begin{bmatrix} -20 & -2 \\ -2 & 0 \end{bmatrix}$; $0{,}5\mathbf{B} = \begin{bmatrix} 0{,}5 & 0 \\ 0{,}5 & 1 \end{bmatrix}$; $-2\mathbf{A} + 0{,}5\mathbf{B} = \begin{bmatrix} -19{,}5 & -2 \\ -1{,}5 & 1 \end{bmatrix}$

e) $\mathbf{A}^T = \begin{bmatrix} 10 & 1 \\ 1 & 0 \end{bmatrix}$

(Das Vertauschen von Zeilen und Spalten führt zu keiner Änderung von **A**, da $a_{12} = a_{21}$ ist.)

f) $\mathbf{AB} = \begin{bmatrix} 11 & 2 \\ 1 & 0 \end{bmatrix}$; g) $\mathbf{BA} = \begin{bmatrix} 10 & 1 \\ 12 & 1 \end{bmatrix}$

h) $4\mathbf{B} = \begin{bmatrix} 4 & 0 \\ 4 & 8 \end{bmatrix}$; $2\mathbf{A} = \begin{bmatrix} 20 & 2 \\ 2 & 0 \end{bmatrix}$; $(4\mathbf{B})(2\mathbf{A}) = \begin{bmatrix} 4 & 0 \\ 4 & 8 \end{bmatrix} \begin{bmatrix} 20 & 2 \\ 2 & 0 \end{bmatrix} = \begin{bmatrix} 80 & 8 \\ 96 & 8 \end{bmatrix}$

i) $8(\mathbf{BA}) = (4\mathbf{B})(2\mathbf{A}) = \begin{bmatrix} 80 & 8 \\ 96 & 8 \end{bmatrix}$ (nach Teil h)

j) $(\mathbf{AB})^T = \begin{bmatrix} 11 & 1 \\ 2 & 0 \end{bmatrix}$

(Diese Matrix entsteht durch Vertauschen der Zeilen und Spalten der in Teil f) berechneten Matrix **AB**.)

k) Wegen $\mathbf{B}^T\mathbf{A}^T = (\mathbf{AB})^T$ folgt aus Teil j): $\mathbf{B}^T\mathbf{A}^T = \begin{bmatrix} 11 & 1 \\ 2 & 0 \end{bmatrix}$.

**2.** a) Die Addition **A** + **B** ist nicht definiert, da **A** und **B** nicht die gleiche Anzahl von Spalten und Zeilen besitzen.
b) **B** – 2**A** ist nicht definiert, da **B** und –2**A** nicht die gleiche Anzahl von Spalten und Zeilen besitzen.
c) **AB** ist nicht definiert, da die Anzahl der Spalten von **A** nicht mit der Anzahl der Zeilen von **B** übereinstimmt.

d) $\mathbf{BA} = \begin{bmatrix} 1 & 0 & 1 \\ 5 & 2 & 3 \end{bmatrix}$;

e) (2**A**)**B** ist nicht definiert, da **AB** (siehe c) nicht definiert ist.
f) $(\mathbf{AB})^T$ ist nicht definiert, da **AB** (siehe c) nicht definiert ist.

g) $(\mathbf{BA})^T = \begin{pmatrix} 1 & 5 \\ 0 & 2 \\ 1 & 3 \end{pmatrix}$

Man vertausche einfach die Zeilen und Spalten der in d) berechneten Matrix **BA.**

3. a) $\mathbf{A}\vec{a} = \begin{pmatrix} 1 \\ 5 \end{pmatrix}$; b) $\vec{a}\mathbf{A}$ ist nicht definiert. c) $\vec{a}\,\vec{b}$ ist nicht definiert.

d) $\vec{a}^T\vec{b}$ ist nicht definiert. e) $\vec{b}^T\vec{c} = (1, 0, 1)\begin{pmatrix} 1 \\ 1 \\ 1 \end{pmatrix} = 2$ (Skalarprodukt)

f) $\mathbf{A}\vec{b}$ ist nicht definiert. g) Dieses Produkt ist nicht definiert.

h) $\mathbf{AA} = \begin{pmatrix} 1 & 0 \\ 1 & 2 \end{pmatrix}\begin{pmatrix} 1 & 0 \\ 1 & 2 \end{pmatrix} = \begin{pmatrix} 1 & 0 \\ 3 & 4 \end{pmatrix}$ (Statt **AA** schreibt man auch $\mathbf{A}^2$.)

4. $\mathbf{AB} = \begin{pmatrix} 9d & 8e & 7f \\ 6d & 5e & 4f \\ 3d & 2e & 1f \end{pmatrix}$

Die erste Spalte der Matrix **A** wird mit dem ersten Hauptdiagonalelement $b_{11}$ der Diagonalmatrix **B** elementweise multipliziert. Die zweite Spalte der Matrix A wird mit dem zweiten Hauptdiagonalelement $b_{22}$ der Diagonalmatrix elementweise multipliziert usw.

$\mathbf{BA} = \begin{pmatrix} 9d & 8d & 7d \\ 6e & 5e & 4e \\ 3f & 2f & 1f \end{pmatrix}$

Die erste Zeile der Matrix **A** wird mit dem ersten Hauptdiagonalelement $b_{11}$ der Diagonalmatrix elementweise multipliziert. Die zweite Zeile der Matrix **A** wird mit dem zweiten Hauptdiagonalelement der Diagonalmatrix $b_{22}$ elementweise multipliziert usw.

5. Wie man schon nach Beispiel 7.22 vermuten kann, gilt allgemein für eine Diagonalmatrix **D**, dass $\mathbf{D}^{-1}$ nur existiert, wenn alle Hauptdiagonalelemente ungleich Null sind. Dann ist $\mathbf{D}^{-1}$ auch eine Diagonalmatrix, wobei die Kehrwerte der Diagonalelemente der Matrix **D** auf der Hauptdiagonalen von $\mathbf{D}^{-1}$ stehen.

$$\mathbf{A}^{-1} = \begin{pmatrix} 1 & 0 & 0 & 0 \\ 0 & \frac{1}{2} & 0 & 0 \\ 0 & 0 & \frac{1}{3} & 0 \\ 0 & 0 & 0 & \frac{1}{4} \end{pmatrix},$$

$\mathbf{B}^{-1}$ existiert nicht, da nicht alle Hauptdiagonalelemente von Null verschieden sind.

6. a) $\mathbf{A}^{RZ} = \begin{pmatrix} 2 & 4 & 3 \\ 3 & 7 & 6 \\ 1 & 3 & 2 \end{pmatrix}$, $\mathbf{B}^{ZE} = \begin{pmatrix} 4 & 11 \\ 7 & 10 \\ 3 & 2 \end{pmatrix}$; a) wird durch Multiplikation dieser beiden Matrizen beantwortet (siehe Beispiel 7.20): $\mathbf{C}^{RE} = \mathbf{A}^{RZ} \cdot \mathbf{B}^{ZE} = \begin{pmatrix} 45 & 68 \\ 79 & 115 \\ 31 & 45 \end{pmatrix}$

Beispielsweise werden 115 Einheiten des Rohstoffs $R_2$ benötigt, um eine Einheit von $E_2$ herzustellen.

b) Multiplikation von $\mathbf{C}^{RE}$ mit dem Produktionsvektor $\begin{pmatrix}17\\13\end{pmatrix}$ liefert die Lösung:

$$\begin{pmatrix}45 & 68\\79 & 115\\31 & 45\end{pmatrix}\begin{pmatrix}17\\13\end{pmatrix}=\begin{pmatrix}1649\\2838\\1112\end{pmatrix}$$

Um 17 Einheiten von $E_1$ und 13 Einheiten von $E_2$ herzustellen zu können, werden 1649 Einheiten von $R_1$, 2838 Einheiten von $R_2$ und 1112 Einheiten von $R_3$ benötigt.

**7.** $\mathbf{A}=\begin{pmatrix}10 & 5 & 5\\1 & 10 & 15\\2 & 5 & 5\end{pmatrix}, \vec{b}=\begin{pmatrix}35\\56\\47\end{pmatrix}, \vec{x}=\begin{pmatrix}x_1\\x_2\\x_3\end{pmatrix}, (\mathbf{A},b)=\left(\begin{array}{ccc|c}10 & 5 & 5 & 35\\1 & 10 & 15 & 56\\2 & 5 & 5 & 47\end{array}\right)$

**8.** a) $\left(\begin{array}{cc|c}2 & 0 & 6\\1 & 1 & 1\end{array}\right)\begin{array}{l}\\ II-0{,}5I\end{array}\Rightarrow\left(\begin{array}{cc|c}2 & 0 & 6\\0 & 1 & -2\end{array}\right)\Rightarrow x_2=-2, x_1=3$

b) $\left(\begin{array}{ccc|c}2 & 2 & -5 & 1\\0 & 1 & -1 & 1\\0 & 2 & -3 & 1\end{array}\right)\begin{array}{l}\\ \\ III-2II\end{array}\Rightarrow\left(\begin{array}{ccc|c}2 & 2 & -5 & 1\\0 & 1 & -1 & 1\\0 & 0 & -1 & -1\end{array}\right)\Rightarrow x_3=1, x_2=2, x_1=1$

c) $\left(\begin{array}{cc|c}2 & 2 & 0\\2 & 3 & -1\\6 & 8 & -2\end{array}\right)\begin{array}{l}\\ II-I\\ III-3I\end{array}\Rightarrow\left(\begin{array}{cc|c}2 & 2 & 0\\0 & 1 & -1\\0 & 2 & -2\end{array}\right)\begin{array}{l}\\ \\ III-2II\end{array}\Rightarrow\left(\begin{array}{cc|c}2 & 2 & 0\\0 & 1 & -1\\0 & 0 & 0\end{array}\right)\Rightarrow x_2=-1, x_1=1$

d) $\left(\begin{array}{cc|c}2 & 2 & 0\\2 & 3 & -1\\6 & 8 & -3\end{array}\right)\begin{array}{l}\\ II-I\\ III-3I\end{array}\Rightarrow\left(\begin{array}{cc|c}2 & 2 & 0\\0 & 1 & -1\\0 & 2 & -3\end{array}\right)\begin{array}{l}\\ \\ III-2II\end{array}\Rightarrow\left(\begin{array}{cc|c}2 & 2 & 0\\0 & 1 & -1\\0 & 0 & -1\end{array}\right)$

Das lineare Gleichungssystem enthält einen Widerspruch, es ist also nicht lösbar.

e) $\left(\begin{array}{cccc|c}1 & -1 & 1 & -1 & 4\\2 & 1 & -2 & 1 & -1\\4 & -1 & 0 & -1 & 7\end{array}\right)\begin{array}{l}\\ II-2I\\ III-4I\end{array}\Rightarrow\left(\begin{array}{cccc|c}1 & -1 & 1 & -1 & 4\\0 & 3 & -4 & 3 & -9\\0 & 3 & -4 & 3 & -9\end{array}\right)\begin{array}{l}\\ \\ III-II\end{array}\Rightarrow\left(\begin{array}{cccc|c}1 & -1 & 1 & -1 & 4\\0 & 3 & -4 & 3 & -9\\0 & 0 & 0 & 0 & 0\end{array}\right)$

Aus der zweiten Zeile folgt: $3x_2-4x_3+3x_4=-9\Rightarrow x_2=-3+\frac{4}{3}x_3-x_4$. Aus der ersten Zeile folgt: $1x_1-1x_2+1x_3-1x_4=4$. Setzt man hier für $x_2$ das aus der zweiten Zeile gewonnene Ergebnis ein, so erhält man:
$1x_1-(-3+\frac{4}{3}x_3-x_4)+1x_3-1x_4=4$. Auflösen nach $x_1$ liefert: $x_1=1+\frac{1}{3}x_3$

Als allgemeine Lösung erhält man jetzt: $\vec{x}=\begin{pmatrix}1+\frac{1}{3}x_3\\-3+\frac{4}{3}x_3-x_4\\x_3\\x_4\end{pmatrix}, x_3, x_4\in\mathbb{R}$

**9.** a) $\left(\begin{array}{cc|cc}1 & 1 & 1 & 0\\1 & 0 & 0 & 1\end{array}\right)\begin{array}{l}\\ II-I\end{array}\Rightarrow\left(\begin{array}{cc|cc}1 & 1 & 1 & 0\\0 & -1 & -1 & 1\end{array}\right)\begin{array}{l}I+II\\ \end{array}\Rightarrow\left(\begin{array}{cc|cc}1 & 0 & 0 & 1\\0 & -1 & -1 & 1\end{array}\right)\begin{array}{l}\\ \cdot(-1)\end{array}$

$\Rightarrow\left(\begin{array}{cc|cc}1 & 0 & 0 & 1\\0 & 1 & 1 & -1\end{array}\right)\Rightarrow A^{-1}=\begin{pmatrix}0 & 1\\1 & -1\end{pmatrix}$

b) $\left(\begin{array}{ccc|ccc} 2 & 2 & -5 & 1 & 0 & 0 \\ 0 & 1 & -1 & 0 & 1 & 0 \\ 0 & 2 & -3 & 0 & 0 & 1 \end{array}\right) \begin{array}{l} I-2II \\ \\ III-2II \end{array} \Rightarrow \left(\begin{array}{ccc|ccc} 2 & 0 & -3 & 1 & -2 & 0 \\ 0 & 1 & -1 & 0 & 1 & 0 \\ 0 & 0 & -1 & 0 & -2 & 1 \end{array}\right) \begin{array}{l} I-3III \\ II-III \\ \\ \end{array}$

$\Rightarrow \left(\begin{array}{ccc|ccc} 2 & 0 & 0 & 1 & 4 & -3 \\ 0 & 1 & 0 & 0 & 3 & -1 \\ 0 & 0 & -1 & 0 & -2 & 1 \end{array}\right) \begin{array}{l} :2 \\ \\ :(-1) \end{array} \Rightarrow \left(\begin{array}{ccc|ccc} 1 & 0 & 0 & 0{,}5 & 2 & -1{,}5 \\ 0 & 1 & 0 & 0 & 3 & -1 \\ 0 & 0 & 1 & 0 & 2 & -1 \end{array}\right)$

c) Die Bestimmung der Inversen ist hier nicht möglich, da die Matrix **C** nicht quadratisch ist.

d) $\left(\begin{array}{ccc|ccc} 1 & 1 & 2 & 1 & 0 & 0 \\ 2 & 2 & 2 & 0 & 1 & 0 \\ 4 & 4 & 8 & 0 & 0 & 1 \end{array}\right) \begin{array}{l} \\ II-2I \\ III-4I \end{array} \Rightarrow \left(\begin{array}{ccc|ccc} 1 & 1 & 2 & 1 & 0 & 0 \\ 0 & 0 & -2 & -2 & 1 & 0 \\ 0 & 0 & 0 & -4 & 0 & 1 \end{array}\right)$

Da in der links stehenden Matrix eine Nullzeile erzeugt wurde, ist die Matrix **D** nicht invertierbar:

**10.** a) In der Bezeichnungsweise von Beispiel 7.30 sind die Produktionsmatrix **A** und der Vektor der exogenen (äußeren) Nachfrage

$\vec{y} = \begin{pmatrix} 1000 \\ 1000 \\ 5000 \end{pmatrix}$ vorgegeben.

Mit Hilfe des Zusammenhangs $\vec{x} = (\mathbf{E}-\mathbf{A})^{-1}\vec{y}$ kann man das gesuchte $\vec{x}$ (Vektor der Gesamtproduktion) bestimmen. Dazu berechnet man zunächst $\mathbf{E}-\mathbf{A}$ und dann $(\mathbf{E}-\mathbf{A})^{-1}$:

$$\mathbf{E}-\mathbf{A} = \begin{pmatrix} 0{,}9 & -0{,}1 & -0{,}2 \\ -0{,}3 & 0{,}8 & -0{,}1 \\ -0{,}4 & -0{,}1 & 0{,}7 \end{pmatrix}$$

$$(\mathbf{E}-\mathbf{A})^{-1} = \begin{pmatrix} 1{,}375 & 0{,}225 & 0{,}425 \\ 0{,}625 & 1{,}375 & 0{,}375 \\ 0{,}875 & 0{,}325 & 1{,}725 \end{pmatrix}$$

Für den gesuchten Vektor $\vec{x}$ erhält man dann:

$$\begin{pmatrix} 1{,}375 & 0{,}225 & 0{,}425 \\ 0{,}625 & 1{,}375 & 0{,}375 \\ 0{,}875 & 0{,}325 & 1{,}725 \end{pmatrix} \begin{pmatrix} 1000 \\ 1000 \\ 5000 \end{pmatrix} = \begin{pmatrix} 3725 \\ 3875 \\ 9825 \end{pmatrix}$$

b) Hier ist der Vektor $\vec{x} = \begin{pmatrix} 240 \\ 150 \\ 300 \end{pmatrix}$ vorgegeben und $\vec{y}$ gesucht.

$\vec{y}$ läßt sich mit Hilfe der Formel $\vec{y} = (\mathbf{E}-\mathbf{A})\vec{x}$ berechnen (vgl. Beispiel 7.30):

$$\vec{y} = \begin{pmatrix} 0{,}9 & -0{,}1 & -0{,}2 \\ -0{,}3 & 0{,}8 & -0{,}1 \\ -0{,}4 & -0{,}1 & 0{,}7 \end{pmatrix} \begin{pmatrix} 240 \\ 150 \\ 300 \end{pmatrix} = \begin{pmatrix} 141 \\ 18 \\ 99 \end{pmatrix}$$

# Lösungen zu 8.4

1. Zunächst kann man sofort aus dem vorgegebenen Gleichungssystem ablesen, dass $x_2$ und $x_4$ Nichtbasisvariablen sowie $x_1$, $x_3$, und $x_5$ Basisvariablen sind. Also erhält man durch Nullsetzen der Nichtbasisvariablen die Lösung: $x_1 = 2$, $x_2 = 0$, $x_3 = 5$, $x_4 = 0$, $x_5 = 125$.

2. **Tableau 1**

| BV | $x_1$ | $x_2$ | $y_1$ | $y_2$ | $y_3$ | Z | $b_i$ | $q_i$ |
|---|---|---|---|---|---|---|---|---|
| $y_1$ | 5 | 10 | 1 | 0 | 0 | 0 | 3000 | $\frac{3000}{5} = 600$ |
| $y_2$ | 0 | 3 | 0 | 1 | 0 | 0 | 750 | |
| $y_3$ | 4 | 2 | 0 | 0 | 1 | 0 | 1200 | $\frac{1200}{4} = 300$ |
| Z | −200 | −300 | 0 | 0 | 0 | 1 | 0 | |

**Tableau 2**

| BV | $x_1$ | $x_2$ | $y_1$ | $y_2$ | $y_3$ | Z | $b_i$ | $q_i$ |
|---|---|---|---|---|---|---|---|---|
| $y_1$ | 0 | $\frac{15}{2}$ | 1 | 0 | $-\frac{5}{4}$ | 0 | 1500 | 200 |
| $y_2$ | 0 | 3 | 0 | 1 | 0 | 0 | 750 | 250 |
| $x_1$ | 1 | $\frac{1}{2}$ | 0 | 0 | $\frac{1}{4}$ | 0 | 300 | 600 |
| Z | 0 | −200 | 0 | 0 | 50 | 1 | 60.000 | |

**Tableau 3**

| BV | $x_1$ | $x_2$ | $y_1$ | $y_2$ | $y_3$ | Z | $b_i$ |
|---|---|---|---|---|---|---|---|
| $x_2$ | 0 | 1 | $\frac{2}{15}$ | 0 | $-\frac{1}{6}$ | 0 | 200 |
| $y_2$ | 0 | 0 | $-\frac{2}{5}$ | 1 | $\frac{1}{2}$ | 0 | 150 |
| $x_1$ | 1 | 0 | $-\frac{1}{15}$ | 0 | $\frac{1}{3}$ | 0 | 200 |
| Z | 0 | 0 | $\frac{80}{3}$ | 0 | $\frac{50}{3}$ | 1 | 100.000 |

**3.** a)

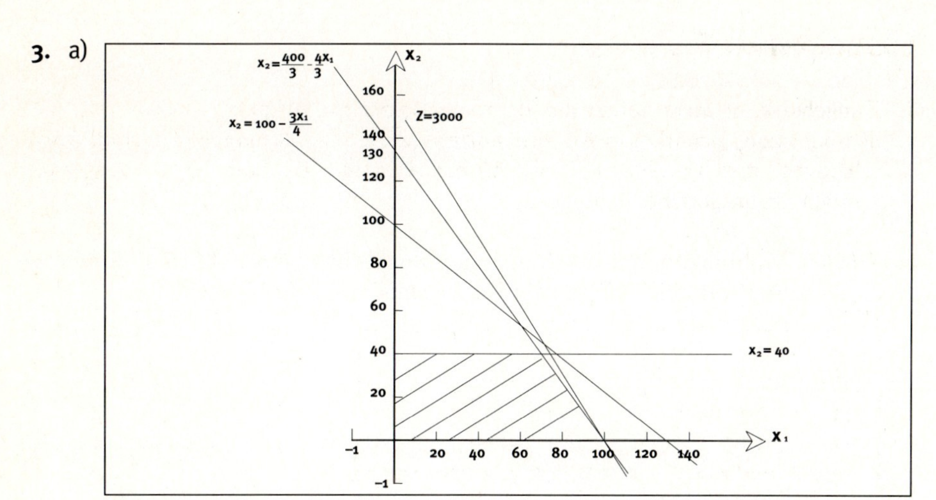


*Abb. 9.10*

Das Maximum befindet sich bei $x_1 = 100$ und $x_2 = 0$. Der Maximalwert für Z ist hier 3000.

b) Das Ausgangstableau sieht folgendermaßen aus:

**Tableau 1**

| BV | $x_1$ | $x_2$ | $y_1$ | $y_2$ | $y_3$ | Z | $b_i$ | $q_i$ |
|---|---|---|---|---|---|---|---|---|
| $y_1$ | 4 | 3 | 1 | 0 | 0 | 0 | 400 | 100 |
| $y_2$ | 3 | 4 | 0 | 1 | 0 | 0 | 400 | $133\frac{1}{3}$ |
| $y_3$ | 0 | 3 | 0 | 0 | 1 | 0 | 120 | |
| Z | −30 | −20 | 0 | 0 | 0 | 1 | 0 | |

**Tableau 2**

| BV | $x_1$ | $x_2$ | $y_1$ | $y_2$ | $y_3$ | Z | $b_i$ |
|---|---|---|---|---|---|---|---|
| $x_1$ | 1 | 0,75 | 0,25 | 0 | 0 | 0 | 100 |
| $y_2$ | 0 | 1,75 | -0,75 | 1 | 0 | 0 | 100 |
| $y_3$ | 0 | 3 | 0 | 0 | 1 | 0 | 120 |
| Z | 0 | 2,5 | 7,5 | 0 | 0 | 1 | 3000 |

Das Tableau ist optimal, die in a) gefundene grafische Lösung wird bestätigt.

**4.** a) Falls man mit $x_1$ die von Produkt $P_1$ und mit $x_2$ die von $P_2$ hergestellten Einheiten bezeichnet, erhält man folgendes mathematische Modell:
Zielfunktion
$Z = 10x_1 + 15x_2 \rightarrow$ Max!

Restriktionsungleichungen
$20x_1 + 20x_2 \leq 700$
$18x_1 + 9x_2 \leq 540$
$10x_2 \leq 200$
$x_1 \geq 5$
Nichtnegativitätsbedingungen
$x_1 \geq 0, x_2 \geq 0$
Nach Multiplikation der 4. Restriktionsungleichung mit „–1“ und Einführen der Schlupfvariablen erhält man das folgende Gleichungssystem:
$-10x_1 - 15x_2 + Z = 0$
$20x_1 + 20x_2 + y_1 = 700$
$18x_1 + 9x_2 + y_2 = 540$
$10x_2 + y_3 = 200$
$-x_1 + y_4 = -5$
(mit $x_1 \geq 0, x_2 \geq 0, y_1 \geq 0, y_2 \geq 0, y_3 \geq 0, y_4 \geq 0$)

b) **Tableau 1**

| BV | $x_1$ | $x_2$ | $y_1$ | $y_2$ | $y_3$ | $y_4$ | Z | $b_i$ |
|---|---|---|---|---|---|---|---|---|
| $y_1$ | 20 | 20 | 1 | 0 | 0 | 0 | 0 | 700 |
| $y_2$ | 18 | 9 | 0 | 1 | 0 | 0 | 0 | 540 |
| $y_3$ | 0 | 10 | 0 | 0 | 1 | 0 | 0 | 200 |
| $y_4$ | –1 | 0 | 0 | 0 | 0 | 1 | 0 | –5 |
| Z | –10 | –15 | 0 | 0 | 0 | 0 | 1 | 0 |

Der negative Koeffizient in der Spalte $b_i$ in der vorletzten Zeile zeigt an, dass es sich hier um die Phase 1 handelt. Als Pivotzeile kommt nur die vorletzte Zeile in Frage, da diese Zeile die einzige mit einer negativen rechten Seite ist. Auch das Pivotelement „–1“ ist eindeutig bestimmt und im Tableau gekennzeichnet. Damit lässt sich das zweite Tableau berechnen:

**Tableau 2**

| BV | $x_1$ | $x_2$ | $y_1$ | $y_2$ | $y_3$ | $y_4$ | Z | $b_i$ | $q_i$ |
|---|---|---|---|---|---|---|---|---|---|
| $y_1$ | 0 | 20 | 1 | 0 | 0 | 20 | 0 | 600 | 30 |
| $y_2$ | 0 | 9 | 0 | 1 | 0 | 18 | 0 | 450 | 50 |
| $y_3$ | 0 | 10 | 0 | 0 | 1 | 0 | 0 | 200 | 20 |
| $x_1$ | 1 | 0 | 0 | 0 | 0 | –1 | 0 | 5 | |
| Z | 0 | –15 | 0 | 0 | 0 | –10 | 1 | 50 | |

Da alle Koeffizienten in der rechten Spalte $b_i$ nichtnegativ sind, ist die Phase 1 abgeschlossen, die beiden in der Zielfunktionszeile stehenden negativen Koeffizienten zeigen, dass die optimale Lösung noch nicht erreicht ist. Es schließt sich daher die

Phase 2 an. Als Pivotspalte wird die durch „–15" gekennzeichnete Spalte gewählt. Mit Hilfe des Kriteriums des kleinsten Quotienten wird das im 2. Tableau gekennzeichnete Pivotelement bestimmt und das 3. Tableau berechnet. Da dieses auch noch nicht die optimale Lösung enthält, folgt direkt anschließend das 4. Tableau:

**Tableau 3**

| BV | $x_1$ | $x_2$ | $y_1$ | $y_2$ | $y_3$ | $y_4$ | Z | $b_i$ | $q_i$ |
|---|---|---|---|---|---|---|---|---|---|
| $y_1$ | 0 | 0 | 1 | 0 | −2 | [20] | 0 | 200 | 10 |
| $y_2$ | 0 | 0 | 0 | 1 | $-\frac{9}{10}$ | 18 | 0 | 270 | 15 |
| $x_2$ | 0 | 1 | 0 | 0 | $\frac{1}{10}$ | 0 | 0 | 20 | |
| $x_1$ | 1 | 0 | 0 | 0 | 0 | −1 | 0 | 5 | |
| Z | 0 | 0 | 0 | 0 | $\frac{3}{2}$ | (−10) | 1 | 350 | |

**Tableau 4**

| BV | $x_1$ | $x_2$ | $y_1$ | $y_2$ | $y_3$ | $y_4$ | Z | $b_i$ |
|---|---|---|---|---|---|---|---|---|
| $y_4$ | 0 | 0 | $\frac{1}{20}$ | 0 | $-\frac{1}{10}$ | 1 | 0 | 10 |
| $y_2$ | 0 | 0 | $-\frac{9}{10}$ | 1 | $\frac{9}{10}$ | 0 | 0 | 90 |
| $x_2$ | 0 | 1 | 0 | 0 | $\frac{1}{10}$ | 0 | 0 | 20 |
| $x_1$ | 1 | 0 | $\frac{1}{20}$ | 0 | $-\frac{1}{10}$ | 0 | 0 | 15 |
| Z | 0 | 0 | $\frac{1}{2}$ | 0 | $\frac{1}{2}$ | 0 | 1 | 450 |

c) Basisvariablen: $x_1 = 15$, $x_2 = 20$, $y_2 = 90$, $y_4 = 10$, $Z = 450$
Nichtbasisvariablen: $y_1 = 0$, $y_3 = 0$
Um den Deckungsbeitrag unter den vorgegebenen Nebenbedingungen zu maximieren, muss man 15 Einheiten von $P_1$ ($x_1 = 15$) und 20 Einheiten von $P_2$ ($x_2 = 20$) produzieren. Die Rohstoffe $R_1$ und $R_3$ werden bei diesem Produktionsprogramm vollständig verbraucht ($y_1 = 0$, $y_3 = 0$), während von $R_2$ 90 Einheiten ($y_2 = 90$) übrig bleiben. Der maximal zu erzielende Deckungsbeitrag beträgt 450 GE ($Z = 450$). Schließlich werden von $P_1$ 10 Einheiten über die geforderte Mindestproduktion hinaus produziert ($y_4 = 10$).

d) Die Lösung erhält man, wenn man das 100-fache der Spalte $y_1$ zur Spalte $b_i$ addiert.
Basisvariablen: $x_1 = 20$, $x_2 = 20$, $y_2 = 0$, $y_4 = 15$, $Z = 500$
Nichtbasisvariablen: $y_1 = 0$, $y_3 = 0$
Die ökonomische Interpretation erfolgt analog zu der unter c) vorgenommenen.

5. Bezeichnet man mit $x_1$ die vom Händler bezogenen Modelle vom Typ A und mit $x_2$ die vom Typ B, so erhält man folgendes mathematische Modell:
Zielfunktion
$Z = 5.100x_1 + 6.000x_2 \rightarrow$ Max!
Restriktionsungleichungen
$x_1 \geq 30$, $x_2 \geq 20$, $x_1 \leq 65$, $x_2 \leq 45$, $20.000x_1 + 25.000x_2 \leq 2.000.000$,
$3x_2 \geq x_1$ (oder $3x_2 - x_1 \geq 0$)
Nichtnegativitätsbedingungen
$x_1 \geq 0$, $x_2 \geq 0$

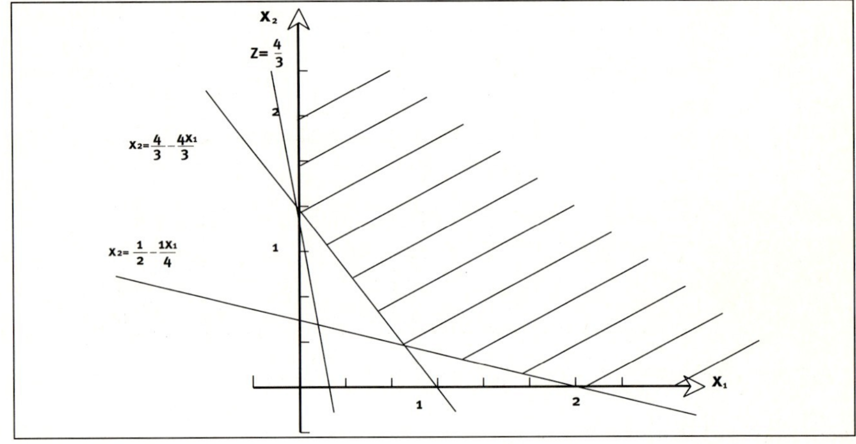


*Abb. 9.11*

Der optimale Punkt mit minimalem Zielfunktionswert $Z = \frac{4}{3}$ ist der Punkt $(0, \frac{4}{3})$.

7. Zielfunktion
$Z = x_1 + 2x_2 \rightarrow$ Min!
Restriktionsungleichungen
$3x_1 + 2x_2 \geq 16$, $2x_1 + 8x_2 \geq 48$, $x_1 + x_2 \leq 9$
Nichtnegativitätsbedingungen
$x_1 \geq 0$, $x_2 \geq 0$
Nach Multiplikation der Zielfunktion und der ersten beiden Nebenbedingungen mit „–1“ sowie dem Einführen der Schlupfvariablen erhält man folgendes Ausgangstableau.

**Tableau 1**

| BV | $x_1$ | $x_2$ | $y_1$ | $y_2$ | $y_3$ | $Z^*$ | $b_i$ |
|---|---|---|---|---|---|---|---|
| $y_1$ | –3 | –2 | 1 | 0 | 0 | 0 | –16 |
| $y_2$ | –2 | –8 | 0 | 1 | 0 | 0 | –48 |
| $y_3$ | 1 | 1 | 0 | 0 | 1 | 0 | 9 |
| $Z^*$ | 1 | 2 | 0 | 0 | 0 | 1 | 0 |

Die folgenden Umrechnungen führen zur optimalen Lösung:

**Tableau 2**

| BV | $x_1$ | $x_2$ | $y_1$ | $y_2$ | $y_3$ | $Z^*$ | $b_i$ | $q_i$ |
|---|---|---|---|---|---|---|---|---|
| $x_2$ | $\frac{3}{2}$ | 1 | $-\frac{1}{2}$ | 0 | 0 | 0 | 8 | $5\frac{1}{3}$ |
| $y_2$ | 10 | 0 | −4 | 1 | 0 | 0 | 16 | $1\frac{3}{5}$ |
| $y_3$ | $-\frac{1}{2}$ | 0 | $\frac{1}{2}$ | 0 | 1 | 0 | 1 | |
| $Z^*$ | −2 | 0 | 1 | 0 | 0 | 1 | −16 | |

Ende der Phase 1, Beginn der Phase 2

| BV | $x_1$ | $x_2$ | $y_1$ | $y_2$ | $y_3$ | Z | $b_i$ |
|---|---|---|---|---|---|---|---|
| $x_2$ | 0 | 1 | $\frac{1}{10}$ | $-\frac{3}{20}$ | 0 | 0 | $5\frac{3}{5}$ |
| $x_1$ | 1 | 0 | $-\frac{2}{5}$ | $\frac{1}{10}$ | 0 | 0 | $1\frac{3}{5}$ |
| $y_3$ | 0 | 0 | $\frac{3}{10}$ | $\frac{1}{20}$ | 1 | 0 | $1\frac{4}{5}$ |
| $Z^*$ | 0 | 0 | $\frac{1}{5}$ | $\frac{1}{5}$ | 0 | 1 | $-12\frac{4}{5}$ |

Basisvariablen: $x_1 = 1\frac{3}{5}$, $x_2 = 5\frac{3}{5}$, $y_3 = 1\frac{4}{5}$, $Z = -Z^* = 12\frac{4}{5}$

Nichtbasisvariablen: $y_1 = 0$, $y_2 = 0$

Kostenminimal ist es, 1,6 Gramm der Lösung 1 ($x_1 = 1\frac{3}{5}$) und 5,6 Gramm der Lösung 2 ($x_2 = 5\frac{3}{5}$) zuzusetzen. Dadurch werden die geforderten Mindestmengen an den beiden Vitaminen genau erreicht ($y_1 = 0$, $y_2 = 0$), und es entstehen Kosten in Höhe von $12\frac{4}{5}$GE. Die gesetzlich erlaubte Höchstgrenze für Zusätze wird um 1,8 Gramm ($y_3 = 1\frac{4}{5}$) unterschritten.

**8. Tableau 1**

| BV | $x_1$ | $x_2$ | $y_1$ | $y_2$ | $y_3$ | Z | $b_i$ | $q_i$ |
|---|---|---|---|---|---|---|---|---|
| $y_1$ | 3 | 2 | 1 | 0 | 0 | 0 | 120 | 60 |
| $y_2$ | 0 | 1 | 0 | 1 | 0 | 0 | 30 | 30 |
| $y_3$ | 5 | 10 | 0 | 0 | 1 | 0 | 300 | 30 |
| Z | −30 | −60 | 0 | 0 | 0 | 1 | 0 | |

**Tableau 2**

| BV | $x_1$ | $x_2$ | $y_1$ | $y_2$ | $y_3$ | Z | $b_i$ | $q_i$ |
|---|---|---|---|---|---|---|---|---|
| $y_1$ | [2] | 0 | 1 | 0 | −0,2 | 0 | 60 | 30 |
| $y_2$ | −0,5 | 0 | 0 | 1 | −0,1 | 0 | 0 | |
| $x_2$ | 0,5 | 1 | 0 | 0 | 0,1 | 0 | 30 | 60 |
| Z | (0) | 0 | 0 | 0 | 6 | 1 | 1.800 | |

Eine optimale Lösung ist erreicht.
Basisvariablen: $x_2 = 30$, $y_1 = 60$, $y_2 = 0$, $Z = 1.800$
Nichtbasisvariablen: $x_1 = 0$, $y_3 = 0$
Da die Basisvariable $y_2$ den Wert Null zugewiesen bekommt, liegt hier Degeneration vor. Die Null in der Zielfunktionszeile unterhalb der Nichtbasisvariablen $x_1$ zeigt an, dass weitere optimale Lösungen existieren. Um eine solche zu erhalten, wird die 1. Spalte zur Pivotspalte gewählt. Dort bestimmt man als Pivotelement mit dem Kriterium des kleinsten Quotienten die „1" in der ersten Zeile.

| BV | $x_1$ | $x_2$ | $y_1$ | $y_2$ | $y_3$ | Z | $b_i$ |
|---|---|---|---|---|---|---|---|
| $x_1$ | 1 | 0 | 0,5 | 0 | −0,1 | 0 | 30 |
| $y_2$ | 0 | 0 | 0,25 | 1 | −0,15 | 0 | 15 |
| $x_2$ | 0 | 1 | −0,25 | 0 | 0,15 | 0 | 15 |
| Z | 0 | 0 | 0 | 0 | 6 | 1 | 1.800 |

Diesem Tableau entnimmt man die neue optimale Lösung:
Basisvariablen: $x_1 = 30$, $x_2 = 15$, $y_2 = 15$, $Z = 1.800$
Nichtbasisvariablen: $y_1 = 0$, $y_3 = 0$
Diese Basislösung ist nicht degeneriert, denn jeder Basisvariablen wird ein von Null verschiedener Wert zugewiesen.
Eine dritte optimale Lösung berechnet man durch eine „konvexe Linearkombination" der beiden bisher ermittelten Lösungen. Für $\lambda = 0{,}5$ erhält man beispielsweise:
$(x_1, x_2) = \lambda\,(0, 30) + (1 - \lambda)\,(30, 15) = (15; 22{,}5)$
Also ist $x_1 = 15$, $x_2 = 22{,}5$ eine dritte optimale Lösung (von unendlich vielen existierenden).

# Stichwortverzeichnis

Abbildung 102
Ableitung 143
- , erste 146
- , höhere 155
- , partielle 206, 209
Abzissenachse 104
Achsenabschnitt 120
Achsensymmetrie 167
Annuität 86
Annuitätentilgung 89
Äquivalenzprinzip 69
Arithmetische Folge 53
Arithmetische Reihe 55
Asymptote 118
Aufzinsungsfaktor 62
Ausgangstableau 264

Barwert 60
Basis 30
Basislösung 264
Basisvariablen 264
Betrag 46
Betriebsminimum 165f.
Binomische Formel 23
Bruchrechnen 26

Deckungsbeitrag 138, 194
Definitionsbereich 102
Degeneration 290
Diagonalmatrix 228
Differential 149
- , totales 210
Differentialquotient 143, 146
Differenzieren 146, 151
Dreiecksmatrix 229
Durchschnitt 15

Einheitsmatrix 229
Elastizität 170
Elastizitätsfunktion 171
Endliche Zahlen 20
Erlösfunktion 194
Exponent 30
Exponential 43
Exponentialfunktionen 131
Exponentialgleichungen 43
Extrema 160, 161
Extremwertaufgaben 160

Faktorregel 151
Fixkosten 136
Flächenbestimmung 190
Folgen 52
Funktion 101
- , äußere 134
- , ganzrationale 123
- , gebrochen rationale 127
- , gerade 167
- , innere 134
- , konstante 119
- , lineare 119
- , quadratische 124
- , ungerade 167
- , verkettete 133
- von zwei Variablen 200

Ganze Zahlen 17
Gauß-Algorithmus 243
Geometrische Folge 54
Geometrische Reihe 56
Gerade 119
Gesamtfunktion 193
Gesamtkosten 193
Gewinn 194
Gewinnfunktion 138
Gewinnschwelle 138
Gewinnzone 138
Gleichung 35
- , lineare 37
- , quadratische 37
- dritten und höheren Grades 40
Gleichungssystem, lineares 240
Grafische Darstellung 104
Graph 106
Grenzfunktion 148, 193
Grenzkosten 193
Grenzsteuerfunktion 148
Grenzwert 115

Hauptnenner 27

Integral 177
- , bestimmtes 186
- , unbestimmtes 175, 177
Integration 175ff., 177
- , partielle 180

Intervall 19
Inverse 238
Isogewinngerade 259

Jahresersatzrate 82, 83

Kalkulationszinsfuß 71
Kapitalwertmethode 70
Kettenregel 153
Koeffizienten 119
Komplement 16
konkav 158
Konsumentenrente 194
konvex 158
Koordinatensystem 104, 105
Kosten, variable 136
Kostenfunktion 135
Krümmungsverhalten 157
Kurvendiskussion 167ff.

Lagrange-Methode 217
Laufzeit 64
Logarithmengleichungen 44
Logarithmus 33
Logarithmusfunktion 132
Logarithmusgesetze 34

Matrix 224ff.
- , Diagonal- 228
- , Dreiecks- 229
- , Einheits- 229
- , Null- 227
- , quadratische 228
- , transponierte 225
- , Addition 230
- , Multiplikation 233
Maximum, absolutes 162, 211
- , relatives 161, 211
Menge 11, 16
- , leere 13
Minimierungsproblem 283
Minimum 161
Minimum, absolutes 162
- , relatives 211
monoton fallend 111
monoton wachsend 109
Monotonie 109
Monotonieeigenschaften 156

Nachfragefunktionen 136
Natürliche Zahlen 17
Nichtbasisvariablen 264
Nullmatrix 227
Nullstellen 108
Nullvektor 227

Operationen mit Funktion 133
Optimalitätskriterium 264
Ordinatenachse 104

Parabel 124
Periodenüberschuss 71
Pivotelement 266
Pivotspalte 266
Pivotzeile 266f.
Polynome 123
Potenzen 30
- mit rationalen Exponenten 30
Potenzfunktionen 127
Potenzgesetze 31
Preis-Absatzfunktionen 136
Preisuntergrenze, kurzfristige 166
- , langfristige 166
Produktregel 152
Produktzeichen 25
Prozentannuität 87
Punkt, stationärer 213
Punktsymmetrie 167

Quadranten 104
Quotientenregel 152

Randextrema 164
Ratentilgung 85
Rationale Zahlen 18
Reelle Zahlen 18
Rente 73
- , nachschüssige 74
- , unterjährige 82
- , vorschüssige 73, 79
Rentenbarwert 73, 76, 80
Rentenendwert 75
Rentenperiode 73
Rentenrate 76, 80
Rentenrechnung 72
Rentenwert 73

Sattelpunkt 213
Schlupfvariable 263
Schnittmenge 15
Schwelle des Ertraggesetzes 166
Simplexalgorithmus 261f.
Skalar 231
Skalarprodukt 232f.
Sprungstellen 116
Stammfunktion 175f.

Standard-Maximum-Problem 255
Steigung 120
stetig 115
Stetigkeit 114
streng monoton fallend 111
streng monoton wachsend 110
Stückkosten 136, 165
Substitution 182
Summenregel 151
Summenzeichen 24
Symmetrieeigenschaften 167f.

Tableau 264
Teilmenge 14
Terme 20
Tilgungsplan 85, 89
Tilgungsrechnung 85

umkehrbar 113
Umkehrfunktion 112
Umsatzfunktion 137
Unendliche Zahlen 20
Unendlichkeitsstelle 116
Ungleichungen 44
unstetig 117

Variablensubstitution 217
Vektor, Null- 227
Vektor, Spalten- 226
Vektor, Zeilen- 226
Venn-Diagramm 13
Vereinigungsmenge 15
Verzinsung, einfache 59
- , gemischte 62, 65
- , unterjährige 58, 66

Wendepunkte 157
Wertebereich 102
Wertetabelle 103
Wurzel 31
Wurzelfunktionen 129
Wurzelgleichungen 42

Zins 57
Zinseszins 59
Zinseszinsformel 63
Zinseszinsrechnung 62
Zinsperiode 58
Zinsrate 58
Zinsrechnung 57
Zinssatz 58, 64
- , effektiver 67
- , nomineller 66
- , relativer 66
Zwei-Phasen-Simplexmethode 281